T0239028

Ereignisrisiko

Steffi Höse · Stefan Huschens

Ereignisrisiko

Statistische Verfahren und Konzepte zur Risikoquantifizierung

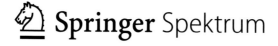

Springer Spektrum

Steffi Höse
Fakultät Wirtschaftswissenschaften
und Wirtschaftsingenieurwesen
Hochschule Zittau/Görlitz
Zittau, Deutschland

Stefan Huschens
Fakultät Wirtschaftswissenschaften
Technische Universität Dresden
Dresden, Deutschland

ISBN 978-3-662-64690-8   ISBN 978-3-662-64691-5   (eBook)
https://doi.org/10.1007/978-3-662-64691-5

Die Deutsche Nationalbibliothek verzeichnet diese Publikation in der Deutschen Nationalbibliografie; detaillierte bibliografische Daten sind im Internet über http://dnb.d-nb.de abrufbar.

© Springer-Verlag GmbH Deutschland, ein Teil von Springer Nature 2022
Das Werk einschließlich aller seiner Teile ist urheberrechtlich geschützt. Jede Verwertung, die nicht ausdrücklich vom Urheberrechtsgesetz zugelassen ist, bedarf der vorherigen Zustimmung des Verlags. Das gilt insbesondere für Vervielfältigungen, Bearbeitungen, Übersetzungen, Mikroverfilmungen und die Einspeicherung und Verarbeitung in elektronischen Systemen.
Die Wiedergabe von allgemein beschreibenden Bezeichnungen, Marken, Unternehmensnamen etc. in diesem Werk bedeutet nicht, dass diese frei durch jedermann benutzt werden dürfen. Die Berechtigung zur Benutzung unterliegt, auch ohne gesonderten Hinweis hierzu, den Regeln des Markenrechts. Die Rechte des jeweiligen Zeicheninhabers sind zu beachten.
Der Verlag, die Autoren und die Herausgeber gehen davon aus, dass die Angaben und Informationen in diesem Werk zum Zeitpunkt der Veröffentlichung vollständig und korrekt sind. Weder der Verlag noch die Autoren oder die Herausgeber übernehmen, ausdrücklich oder implizit, Gewähr für den Inhalt des Werkes, etwaige Fehler oder Äußerungen. Der Verlag bleibt im Hinblick auf geografische Zuordnungen und Gebietsbezeichnungen in veröffentlichten Karten und Institutionsadressen neutral.

Planung/Lektorat: Iris Ruhmann
Springer Spektrum ist ein Imprint der eingetragenen Gesellschaft Springer-Verlag GmbH, DE und ist ein Teil von Springer Nature.
Die Anschrift der Gesellschaft ist: Heidelberger Platz 3, 14197 Berlin, Germany

Wir widmen dieses Buch Andreas Georgiou[1]

---

[1] International Association for Official Statistics (2018) Statement in support for Andreas Georgiou. http://www.iaos-isi.org/index.php/latestnews/221-80-former-chief-statisticians-condemn-prosecution-of-andreas-georgiou. Zugegriffen: 30. Aug. 2021

International Statistical Institute (2021) ISI statements and letters concerning statistical ethics. https://www.isi-web.org/about/policies/professional-ethics/statements-and-letters-concerning-statistical-ethics. Zugegriffen: 7. Feb. 2022

Langkjaer-Bain R (2017) Trials of a statistician. Significance 14(4):14–19. https://doi.org/10.1111/j.1740-9713.2017.01052.x. Zugegriffen: 30. Aug. 2021

Vorwort

Der Fokus dieses Buches liegt auf statistischen Verfahren zur Quantifizierung von Ereignisrisiken. Es werden daher keine qualitativen Ansätze sondern ausschließlich quantitative Konzepte zur Risikoeinschätzung behandelt. Den Ausgangspunkt bilden dabei Ereignisse, deren Eintreten von einer Person oder Organisation als Schaden und deren mögliches Eintreten deshalb als Risiko empfunden wird. Geeignete Maßzahlen zur Quantifizierung dieser Ereignisrisiken sind Eintrittswahrscheinlichkeiten, die in komplexeren Risikomodellen Über- oder Unterschreitungswahrscheinlichkeiten darstellen können, oder Ereignisintensitäten. Dabei ist das Ziel dieses Buches – im Unterschied zu zahlreichen, teils hervorragenden, Monographien über Risikoanalyse und quantitatives Risikomanagement – Risikomaße nicht nur als wahrscheinlichkeitstheoretische Konzepte zu diskutieren, sondern die Ermittlung von Risikomaßzahlen durch statistische Verfahren und somit den Anwendungsbezug in den Vordergrund zu stellen.

Einerseits wird dieser Anwendungsbezug durch die besondere Ausrichtung des Buches auf verschiedene Anwendungsbereiche erreicht. Dazu werden prototypische Risikosituationen herausgearbeitet, die in verschiedenen Anwendungsbereichen, z. B. dem Gebiet der Finanz- und Versicherungswirtschaft (monetäre Risiken), der Biometrie (medizinische und ökologische Risiken) und der Technometrie (technologische Risiken), mit unterschiedlichen inhaltlichen Interpretationen angetroffen werden, aber mit denselben statistischen Methoden bearbeitet werden können. Im Unterschied zur ökonomischen und versicherungsmathematischen Literatur, findet keine ausschließliche Fokussierung auf monetäre Risiken statt. Eine interdisziplinäre Sichtweise wird angestrebt, indem auch gesundheitsökonomische und ingenieurwissenschaftliche Themenbereiche integriert werden und somit ein Ansatz gewählt wird, der methodisch fachübergreifend und somit nachhaltig ist.

Andererseits wird die Anwendungsorientierung durch die Angabe kurzer Berechnungsbeispiele für alle statistischen Verfahren und die Darstellung komplexerer Anwendungsfälle für ganze Gruppen von Verfahren erreicht.

Zusätzlich werden konkrete Software-Beispiele inklusive der notwendigen Anwendungshinweise angegeben. Dazu werden jeweils Prozeduren und Funktionen für

Excel (Office 2019), GAUSS (Version 21.0.8.4784), Mathematica (Version 12.3.1.0) und R (Version 4.1.1) aufgelistet.

Gemessen an der wahrscheinlichkeitstheoretisch orientierten wissenschaftlichen Literatur wird eine Darstellung auf einem relativ niedrigen mathematischen Niveau gewählt, so dass ein Einsatz in der Lehre z. B. in nicht mathematischen Studiengängen möglich ist. Dennoch wird auf formale Exaktheit Wert gelegt. Die zum Verständnis notwendigen mathematischen, stochastischen und statistischen Grundlagen sind zur Ergänzung in den Anhängen A bis C zusammengefasst. Während in theoretischer Fachliteratur Theoreme im Mittelpunkt stehen, deren Umsetzung in ein konkretes statistisches Verfahren dem Anwender überlassen wird, stehen hier statistische Verfahren im Sinne algorithmischer Anwendungen auf Daten im Vordergrund. Ergebnis der Anwendung eines statistischen Verfahrens ist eine statistische Maßzahl oder eine Testentscheidung. Dennoch werden Herleitungen zentraler Gleichungen und der methodische Hintergrund aller dargestellten Verfahren ergänzend im Anhang jedes Kapitels beleuchtet. Für aktuelle Hinweise siehe: http://www.ereignisrisiko.de

Dresden   Steffi Höse
August 2021   Stefan Huschens

Inhaltsverzeichnis

1 Einleitung... 1
   1.1   Risiko und Wahrscheinlichkeit.................................. 1
   1.2   Quantifizierung und Steuerung von Ereignisrisiken 2
   1.3   Wahrscheinlichkeiten und Intensitäten als Risikomaßzahlen
        für Ereignisrisiken 4
   Literatur.. 7

2 Eintrittswahrscheinlichkeit als Risikomaßzahl 9
   2.1   Quantitative Modellierung.................................. 9
        2.1.1   Eintrittswahrscheinlichkeit und Bernoulli-Variable............ 9
        2.1.2   Absolute und relative Häufigkeiten 10
        2.1.3   Stichprobenmodell................................... 11
   2.2   Punktschätzung 12
   2.3   Intervallschätzung 15
        2.3.1   Exakte Konfidenzschranken und -intervalle nach
                Clopper und Pearson 16
        2.3.2   Approximative Konfidenzschranken und -intervalle nach Wald ... 23
        2.3.3   Anwendungsfall: Bonität und Ausfallwahrscheinlichkeit 28
   2.4   Statistisches Testen 31
        2.4.1   Exakte Tests für eine Eintrittswahrscheinlichkeit 32
        2.4.2   Approximative Tests für eine Eintrittswahrscheinlichkeit........ 36
        2.4.3   Anwendungsfall: Bonität und Ausfallwahrscheinlichkeit 39
        2.4.4   Rolle der Nullhypothese beim zweiseitigen Test.............. 42
   2.5   Resümee.. 42
   2.6   Methodischer Hintergrund und Herleitungen 46
   Literatur.. 62

3 Über- und Unterschreitungswahrscheinlichkeit als Risikomaßzahlen 65
   3.1   Quantitative Modellierung.................................. 65
        3.1.1   Über- und Unterschreitungswahrscheinlichkeiten als
                Verteilungskennzahlen................................. 67

3.1.2 Über- und Unterschreitungshäufigkeiten 71
3.2 Statistische Inferenz für Über- und
    Unterschreitungswahrscheinlichkeiten 72
    3.2.1 Verteilungsfreier versus verteilungsgebundener Ansatz 72
    3.2.2 Statistische Inferenz ohne Verteilungsannahme 73
    3.2.3 Statistische Inferenz mit Verteilungsannahme 75
3.3 Normalverteilung mit unbekanntem Erwartungswert und
    gegebener Standardabweichung 76
    3.3.1 Punktschätzung 77
    3.3.2 Intervallschätzung 79
    3.3.3 Statistisches Testen 85
3.4 Normalverteilung mit gegebenem Erwartungswert und
    unbekannter Standardabweichung 89
    3.4.1 Punktschätzung 90
    3.4.2 Intervallschätzung 92
    3.4.3 Statistisches Testen 99
3.5 Normalverteilung mit unbekannten Parametern 105
    3.5.1 Punktschätzung 105
    3.5.2 Intervallschätzung 108
    3.5.3 Statistisches Testen 114
3.6 Resümee 118
3.7 Methodischer Hintergrund und Herleitungen 120
Literatur 141

4   Ereignisintensität als Risikomaßzahl 143
4.1 Quantitative Modellierung 143
4.2 Punktschätzung 145
4.3 Intervallschätzung 147
    4.3.1 Exakte Konfidenzschranken und -intervalle für die
          Ereignisintensität 148
    4.3.2 Approximative Konfidenzschranken und -intervalle
          für die Ereignisintensität 153
    4.3.3 Anwendungsfall: Fehlerrate und Fehlerintensität 157
4.4 Statistisches Testen 159
    4.4.1 Exakte Tests für eine Ereignisintensität 159
    4.4.2 Approximative Tests für eine Ereignisintensität 164
    4.4.3 Anwendungsfall: Fehlerrate und Fehlerintensität 167
    4.4.4 Rolle der Nullhypothese beim zweiseitigen Test 168
4.5 Ereignisse in mehreren disjunkten Zeitintervallen 169
4.6 Resümee 171
4.7 Methodischer Hintergrund und Herleitungen 174
Literatur 188

5 Risikobeurteilung ohne beobachtete Schadenereignisse 189
  5.1 Der Fall der Null-Beobachtung 189
  5.2 Null-Beobachtung im Bernoulli-Modell 191
    5.2.1 Vermeidung der Null-Beobachtung 192
    5.2.2 Likelihoodinferenz 193
    5.2.3 Konfidenzschranken und -intervalle 195
    5.2.4 Statistisches Testen 197
  5.3 Null-Beobachtung im Poisson-Modell 199
    5.3.1 Vermeidung der Null-Beobachtung 200
    5.3.2 Likelihoodinferenz 201
    5.3.3 Konfidenzschranken und -intervalle 203
    5.3.4 Statistisches Testen 205
  5.4 Alternativen zur Maximum-Likelihood-Schätzung und
    Ad-Hoc-Schätzwerte 207
    5.4.1 Minimax-Schätzung 207
    5.4.2 Bayesianische Schätzung 209
    5.4.3 Ad-hoc-Schätzwerte 210
  5.5 Resümee 212
  5.6 Methodischer Hintergrund und Herleitungen 213
  Literatur 214

6 Risikovergleich 217
  6.1 Quantitative Modellierung 217
  6.2 Statistische Schätzverfahren für den Risikovergleich 220
    6.2.1 Risikodifferenz 221
    6.2.2 Absolute Risikoreduktion 226
    6.2.3 Risikoverhältnis 229
    6.2.4 Relative Risikoerhöhung 232
    6.2.5 Relative Risikoreduktion 233
    6.2.6 Odds-Verhältnis 236
  6.3 Statistische Testverfahren für den Risikovergleich 239
  6.4 Resümee 244
  6.5 Methodischer Hintergrund und Herleitungen 245
  Literatur 259

7 Anhang A: Mathematische Konzepte 261
  Literatur 264

8 Anhang B: Stochastische Konzepte 265
  8.1 Zufallsvariable und Wahrscheinlichkeitsverteilung 265
  8.2 Erwartungswert, Varianz und Standardabweichung 267
  8.3 Quantil 269
  8.4 Diskrete univariate Verteilungen 270

8.5   Stetige univariate Verteilungen 272
8.6   Transformierte Zufallsvariablen............................... 278
8.7   Zufallsvektor und mehrdimensionale Wahrscheinlichkeitsverteilung 278
8.8   Konvergenz und Asymptotik 280
Literatur... 281

9   Anhang C: Statistische Konzepte 283
9.1   Grundbegriffe... 283
9.2   Eigenschaften von Schätzern................................. 285
       9.2.1   Eigenschaften für endlichen Stichprobenumfang 286
       9.2.2   Asymptotische Eigenschaften 287
9.3   Erwartungswertschätzung 289
9.4   Intervallschätzung 291
9.5   Statistisches Testen 294
9.6   Stichproben aus endlichen Grundgesamtheiten.................... 298
Literatur... 301

Stichwortverzeichnis... 303

Abkürzungen und Symbole

Abkürzungen

i. i. d.	stochastically **i**ndependent and **i**dentically **d**istributed
ISO	International Organization for Standardization
ML	Maximum-Likelihood
MSE	mean squared error

Symbole

$\sim$	verteilt als
$\approx$	approximative Gleichheit
$\stackrel{\text{def}}{=}$	definitorisches Gleichheitszeichen
$\lceil x \rceil$	kleinste ganze Zahl, die nicht kleiner als x ist
$\lfloor x \rfloor$	größte ganze Zahl, die nicht größer als x ist
$\binom{n}{k}$	Binomialkoeffizient
$\emptyset$	leere Menge
$\xrightarrow{\text{f.s.}}$	fast sichere Konvergenz
$\xrightarrow{\text{P}}$	Konvergenz in Wahrscheinlichkeit
$\xrightarrow{\text{V}}$	Konvergenz in Verteilung
$\xrightarrow{2}$	Konvergenz im quadratischen Mittel
A	Ablehnbereich für eine Testgröße
$B_{\alpha,\beta,p}$	p-Quantil von Beta(α, β)
Ber(π)	Bernoulli-Verteilung mit Parameter π
Beta(α, β)	Betaverteilung mit Parametern α und β
Bias$[T, \theta]$	Verzerrung des Schätzers T für den Parameter θ
Bin(n, π)	Binomialverteilung mit Parametern n und π
$\mathbb{C}\text{ov}[X, Y]$	Kovarianz von X und Y
$\mathbb{C}\text{orr}[X, Y]$	Korrelation von X und Y

$\mathbb{E}[X]$	Erwartungswert einer Zufallsvariablen X
$\mathrm{Exp}(\lambda)$	Exponentialverteilung mit Parameter λ
$f_X(x)$	Dichtefunktion einer stetigen Zufallsvariablen X an der Stelle x
$F_{v_1, v_2, p}$	p-Quantil von $F(v_1, v_2)$
$F_X(x)$	Verteilungsfunktion der Zufallsvariablen X an der Stelle x
$\bar{F}_X(x)$	Überlebensfunktion der Zufallsvariablen X an der Stelle x
$F(k; \lambda)$	Verteilungsfunktion von Poi(λ) an der Stelle k (in Kap. 4 und Abschn. 5.3)
$F(k; n, \pi)$	Verteilungsfunktion von Bin(n, π) an der Stelle k (in Kap. 2 und Abschn. 5.2)
$F(x; v)$	Verteilungsfunktion von $\chi^2(v)$ an der Stelle x (in Kap. 3)
$F(x; v, \delta)$	Verteilungsfunktion von $t(v, \delta)$ an der Stelle x (in Kap. 3)
$F(v_1, v_2)$	F-Verteilung mit Parametern v_1 und v_2
$G(\theta)$	Gütefunktion eines Tests an der Stelle θ
$G(k; \lambda)$	von rechts bis einschließlich Stelle k kumulierte Wahrscheinlichkeiten von Poi(λ) (in Kap. 4 und Abschn. 5.3)
$G(k; n, \pi)$	von rechts bis einschließlich Stelle k kumulierte Wahrscheinlichkeiten von Bin(n, π) (in Kap. 2 und Abschn. 5.2)
H_0	Nullhypothese
H_1	Gegenhypothese
$\mathrm{Hyp}(N, M, n)$	Hypergeometrische Verteilung mit Parametern N, M und n
$L_x(\theta)$	Likelihoodfunktion für gegebenen Beobachtungswert x an der Stelle θ
$L(\theta, t)$	Verlustfunktion eines Schätzwerts t für den Parameter θ
$\lim_{x \uparrow c} f(x)$	linksseitiger Grenzwert einer Funktion f an einer Stelle c
$\lim_{x \downarrow c} f(x)$	rechtsseitiger Grenzwert einer Funktion f an einer Stelle c
$\mathrm{LN}(\mu, \sigma^2)$	Log-Normalverteilung mit Parametern μ und σ^2
$\mathrm{MSE}[T, \theta]$	Mittlerer quadratischer Fehler des Schätzers T für den Parameter θ
n	Stichprobenumfang
$N(\mu, \sigma^2)$	Normalverteilung mit Parametern μ und σ^2
$\mathbb{N}$	Menge der natürlichen Zahlen
$p_X(x)$	Wahrscheinlichkeitsfunktion einer diskreten Zufallsvariablen X an der Stelle x
$P(A)$	Wahrscheinlichkeit eines Ereignisses A
$\mathrm{Poi}(\lambda)$	Poisson-Verteilung mit Parameter λ
$\mathbb{R}$	Menge der reellen Zahlen
$\bar{\mathbb{R}}$	Menge der erweiterten reellen Zahlen
$R(\theta, T)$	Risikofunktion eines Schätzers T für den Parameter θ
s	empirische Standardabweichung
s_T	Schätzwert für den Standardfehler σ_T eines Schätzers T

$s_{(\mu)}$	empirische Standardabweichung bei bekanntem Erwartungswert μ
S	zufällige Standardabweichung
S_T	Schätzer für den Standardfehler σ_T eines Schätzers T
$S_{(\mu)}$	zufällige Standardabweichung bei bekanntem Erwartungswert μ
$t_{v,p}$	p-Quantil von $t(v)$
$t_{v,\delta,p}$	p-Quantil von $t(v, \delta)$
$t(v)$	t-Verteilung mit v Freiheitsgraden
$t(v, \delta)$	nichtzentrale t-Verteilung mit v Freiheitsgraden und Nichtzentralitäts-parameter δ
$\mathbb{T}$	Träger einer diskreten Zufallsvariablen
Uni(α, β)	Gleichverteilung auf dem Intervall $[\alpha, \beta]$
$\mathbb{V}[X]$	Varianz einer Zufallsvariablen X
Vert$[X]$	Verteilung einer Zufallsvariablen X
Weibull(α, β)	Weibull-Verteilung mit Parametern α und β
$\bar{x}$	arithmetischer Mittelwert
$\bar{X}$	zufälliges arithmetisches Mittel
z_p	p-Quantil der Standardnormalverteilung
α	Irrtumsniveau bei Konfidenzaussagen, Signifikanzniveau bei Tests
B(x, y)	Betafunktion an der Stelle (x, y)
$\Gamma(x)$	Gammafunktion an der Stelle x
$\delta(c)$	Einpunktverteilung auf c
θ_1	Risikodifferenz oder absolute Risikoerhöhung
θ_2	absolute Risikoreduktion
θ_3	Risikoverhältnis
θ_4	relative Risikoerhöhung
θ_5	relative Risikoreduktion
θ_6	Odds-Verhältnis
λ	Poisson-Parameter
$\hat{\lambda}$	Schätzwert für λ
λ_0	Referenzwert für Poisson-Parameter
π	Kreiskonstante (nicht kursiv)
π	Bernoulli-Parameter (kursiv)
$\hat{\pi}$	Schätzwert für π
π_0	Referenzwert für Bernoulli-Parameter
π_i	Schadenwahrscheinlichkeit in Gruppe $i = 1, 2$
$\pi_{>c}$	Überschreitungswahrscheinlichkeit einer Schranke c
$\pi_{<c}$	Unterschreitungswahrscheinlichkeit einer Schranke c
$\hat{\pi}_{>c}$	Schätzwert für $\pi_{>c}$
$\hat{\pi}_{<c}$	Schätzwert für $\pi_{<c}$
$\tilde{\pi}_{>c}$	Schätzer für $\pi_{>c}$

$\tilde{\pi}_{<c}$	Schätzer für $\pi_{<c}$
σ_T	Standardfehler (Standardabweichung) eines Schätzers T
$\sigma[X]$	Standardabweichung einer Zufallsvariablen X
φ	Dichtefunktion der Standardnormalverteilung
Φ	Verteilungsfunktion der Standardnormalverteilung
$\chi^2_{v,p}$	p-Quantil von $\chi^2(v)$
$\chi^2(v)$	Chi-Quadrat-Verteilung mit v Freiheitsgraden

Einleitung

1

1.1 Risiko und Wahrscheinlichkeit

Risikobegriff Im Folgenden gehen wir von einem Risikobegriff im engeren Sinn aus und verstehen unter *Risiko* (engl. risk) die Möglichkeit des Eintretens eines Ereignisses, dass von einer Person oder Institution als ungünstiges Ereignis oder Schadenereignis verstanden wird. Diese Verwendung des Risikobegriffs entspricht auch der umgangssprachlichen Verwendung, bei welcher der Begriff des Risikos dem Begriff der Chance als Möglichkeit des Eintretens eines günstigen Ereignisses gegenübersteht. Davon abweichend gibt es in bestimmten Wissenschaftszweigen die fachsprachliche Verwendung des Risikobegriffs im weiteren Sinn, wobei sich Risiko auch auf das Eintreten günstiger Ereignisse bezieht, während man umgangssprachlich nicht vom Risiko eines hohen Lotteriegewinns spricht. Auch die International Organization for Standardization (ISO) präferiert den Risikobegriff im weiteren Sinn und definiert den Begriff Risiko als „effect of uncertainty on objectives" (International Organization for Standardization 2009, S. 1). Diese einerseits sehr allgemeine, andererseits aber auch stark eingeschränkte Risikodefinition steht durchaus in der Kritik (Aven 2017; Aven und Ylönen 2019).

Risikomanagement In der Regel wird *Risikomanagement* (engl. risk management) als Oberbegriff für den gesamten Prozess des Umgangs mit Risiken durch eine Person oder Organisation verstanden. Dieser Prozess kann in mindestens zwei Phasen untergliedert werden, wobei jede Phase jeweils qualitative und quantitative Konzepte umfasst. Die erste Phase ist die *Risikoeinschätzung* (engl. risk assessment) und erzeugt Grundlageninformationen für die zweite Phase, bei welcher es sich um die *Risikosteuerung* (engl. risk treatment) handelt.

Die Phase der Risikoeinschätzung enthält qualitative Konzepte wie die Identifizierung von Risiken und deren qualitative Analyse. Den Kern der anschließenden *Risikoquantifizierung* (engl. quantification of risk) bzw. *quantitativen Risikoanalyse* (engl. quantitative

© Springer-Verlag GmbH Deutschland, ein Teil von Springer Nature 2022
S. Höse und S. Huschens, *Ereignisrisiko*,
https://doi.org/10.1007/978-3-662-64691-5_1

risk analysis) bilden statistische Methoden zur Risikomessung, die auf einer wahrscheinlichkeitstheoretischen Modellierung beruhen. Bei nicht ausreichend verfügbaren Daten kommen
auch subjektive Wahrscheinlichkeitseinschätzungen von Experten zum Einsatz.

In der Phase der Risikosteuerung werden basierend auf den Ergebnissen der Risikoeinschätzung Entscheidungen zur Risikovermeidung, -minderung, -vorbeugung und
-begrenzung, aber auch zur bewussten Risikoübernahme getroffen. Dabei erfolgt in der
Regel eine Risikoreduktion durch Techniken des Risikotransfers oder der Risikodiversifi-
kation. Die nicht vermeidbaren und bewusst übernommen Risiken müssen dauerhaft mit ,
Instrumenten des Risikomonitorings überwacht werden.

Abweichend von der Position, Risikoanalyse als Bestandteil der ersten Phase im Prozess
des Risikomanagements zu sehen, kann der Begriff Risikoanalyse auch sehr weit gesehen
werden, so z.B. durch die Society for Risk Analysis (2018, S. 8): „Risk analysis is defined to
include risk assessment, risk characterization, risk communication, risk management, and
policy relating to risk, in the context of risks of concern to individuals, to public and private
sector organizations, and to society at a local, regional, national, or global level."

Unsicherheit und Wahrscheinlichkeit Risiko ist eine Form der Unsicherheit, die typischerweise mit dem Konzept der Wahrscheinlichkeit verbunden ist. Es gibt weitere Formen
der Unsicherheit, z.B. die Ungewissheit im Sinn von F. H. Knight, die sich einer Modellierung durch Wahrscheinlichkeiten entziehen (Knight 1921, S. 19 f.). Dies gilt auch dann,
wenn der Wahrscheinlichkeitsbegriff von einem objektiven, an wiederholbaren Experimen-
ten orientierten Konzept, zu einem subjektiven Wahrscheinlichkeitsbegriff erweitert wird.
Ein extremes Beispiel sind emergente Risiken, die Ereignisse betreffen, die so unerwartet
„auftauchen", dass sie nicht als Möglichkeit vorausgedacht und -bedacht sind und damit
erst recht nicht wahrscheinlichkeitsmäßig bewertet sind.

In diesem Buch wird die quantitative Modellierung von Unsicherheit durch Wahrscheinlichkeiten betrachtet. In einer qualitativen Vorstufe kann die Möglichkeit des Eintretens
eines ungünstigen Ereignisse durch Attribute wie „sehr unwahrscheinlich", „unwahrscheinlich", „wahrscheinlich" oder „sehr wahrscheinlich" charakterisiert sein, aber das Ziel der
Risikomessung ist in der Regel die quantitative Beschreibung durch numerische Wahrschein-
lichkeitsangaben, die auf statistischen Verfahren beruhen.

1.2   Quantifizierung und Steuerung von Ereignisrisiken

Ereignisrisiko Bei der Quantifizierung der Folgen eines Ereignisses, dessen Eintreten
bestimmte Schäden verursacht, kann man zwei Komponenten unterscheiden: die erste Komponente betrifft den Eintritt des Schadensereignisses und die zweite Komponente betrifft die
Höhe des Schadens im Fall des Eintritts des Schadens. Im Beispiel einer Hochwasserka-
tastrophe können die beiden Komponenten des Eintretens des Ereignisses und der Beur-
teilung der dann resultierenden Schadenshöhe in einer Gemeinde unterschieden werden.

Man kann sich vorstellen, dass die Abschätzung der ersten Komponente die Aufgabe einer Arbeitsgruppe unter führender Beteiligung von Meteorologen und Hydrologen ist, während für die Abschätzung der Schadenshöhe bei Eintritt des Schadenfalls eine Arbeitsgruppe mit Spezialisten für Immobilienbewertung, für Verkehrs- und Infrastruktureinrichtungen usw. erforderlich ist. Das Beispiel soll verdeutlichen, dass das *Ereignisrisiko* als Risiko des Auftretens eines ungünstigen Ereignisses oder Schadenereignisses eine eigenständige Behandlung nicht nur verdient, sondern in der Regel sogar erfordert.

Risikoquantifizierung   Die Quantifizierung von Risiken erfordert deren *Modellierung*, welche typischerweise unter Verwendung wahrscheinlichkeitstheoretischer Konzepte erfolgt, und deren *Messung*, welche typischerweise mit Hilfe statistischer Verfahren durchgeführt wird. Nur selten und bei sehr einfachen Phänomenen ist eine Risikomessung ohne eine Risikomodellierung möglich. Zwar geht die Modellierung der Messung voraus, aber es besteht eine wechselseitige Abhängigkeit. Einerseits ist die Modellierung in der Regel Voraussetzung der Messung und andererseits muss die Modellierung die Ziele der Messung berücksichtigen. Modelle sind immer Vereinfachungen und Abstraktionen der Realität und dadurch für bestimmte Zwecke geeignet, für andere dagegen nicht.

Risikomodelle sind auch erforderlich, um Risikoeinschätzungen von Ereignissen vorzunehmen, die den bisherigen Erfahrungshorizont überschreiten. Beispielsweise muss die Quantifizierung einer Hochwassergefahr auch größere Werte als den bisher höchsten beobachteten Wasserstand einschätzen. Dies erfordert eine Modellierung durch ein geeignetes probabilistisches Modell. Dabei darf nicht aus den Augen verloren werden, dass ein Wahrscheinlichkeitsmodell bei aller Exaktheit der Formalisierung dennoch ein Modell der Realität bleibt, d. h. eine unvollständige Wiedergabe der Realität im Sinn einer Abstraktion und Idealisierung ist. Beispielsweise enthält das Modell wiederholter Bernoulli-Experimente Idealisierungen wie die Annahme der stochastischen Unabhängigkeit der Ereignisse aufeinanderfolgender Experimente und die Konstanz des Bernoulli-Parameters von Experiment zu Experiment.

Die Risikomessung erfolgt datengestützt mit Hilfe statistischer Schätzverfahren. So lassen sich die unbekannten Parameter der Risikomodelle – die sogenannten *Risikoparameter* – bzw. allgemeiner die unbekannten *Risikomaßzahlen* der Modelle durch statistische *Punktschätzverfahren* bestimmen. Zusätzlich oder alternativ können Unter- und Oberschranken für die interessierenden Risikomaßzahlen anhand statistischer *Intervallschätzverfahren* ermittelt werden. Dabei bestimmt die Art des zu modellierenden Ereignisrisikos die zu schätzenden Risikomaßzahlen. Handelt es sich um Schadenereignisse, die an einer Beobachtungseinheit nur einmalig auftreten können, dann ist deren Eintrittswahrscheinlichkeit die unbekannte und daher zu schätzende Risikomaßzahl. Tritt das Schadenereignis dadurch ein, dass eine Risikovariable eine kritische Schranke über- oder unterschreitet, dann sind Über- oder Unterschreitungswahrscheinlichkeiten die interessierenden Risikomaßzahlen. Im Rahmen der Betrachtung von gleichartigen wiederholbaren Schadenereignissen im Zeitablauf kann die Ereignisintensität als die zu schätzende Risikomaßzahl gesehen werden. Besondere

Anforderungen werden an die Risikomessung gestellt, falls die zu analysierenden Schadenereignisse selten auftreten und somit der Fall kleiner Eintrittswahrscheinlichkeiten oder kleiner Ereignisintensitäten vorliegt.

Risikosteuerung Als ein wesentliches Hilfsmittel zur Entscheidungsfindung im Rahmen der Risikosteuerung können *statistische Testverfahren* betrachtet werden. Statistische Tests sind einerseits wichtige Instrumente des Risikomonitorings und erlauben andererseits nach Vorliegen der Testentscheidung die Ableitung von Entscheidungen und Handlungsempfehlungen. Mit einem statistischen Test kann datengestützt überprüft werden, ob die interessierende Risikomaßzahl eine vorgegebene Schranke einhält. Im Finanzbereich werden solche Verfahren als *Backtestingverfahren* bezeichnet. Im Qualitätsmanagement spielen Kontrollkarten zur kontinuierlichen Überwachung von Produktionsprozessen eine wichtige Rolle, die als ein kontinuierlich durchgeführtes Testverfahren interpretiert werden können.

Neben der klassischen Testdurchführung, die auf einem vorgegebenen Signifikanzniveau α beruht, wird in diesem Buch auch die p-Wert-basierte Testdurchführung dargestellt. Dabei wird der p-Wert als Hilfsmittel für die Durchführung eines statistischen Tests zum vorgegebenem Signifikanzniveau α verwendet. Wir propagieren ausdrücklich nicht eine ritualisierte Verwendung des p-Wertes, bei der in Publikationen lediglich p-Werte ohne klare Angabe von Null- und Gegenhypothese und zugrunde liegender Teststatistik angegeben werden.

1.3 Wahrscheinlichkeiten und Intensitäten als Risikomaßzahlen für Ereignisrisiken

Es gibt prototypische Risikokonstellationen, die in verschiedenen Anwendungsbereichen, z. B. dem Gebiet der Finanz- und Versicherungswirtschaft (monetäre Risiken), der Biometrie (medizinische und ökologische Risiken) und der Technometrie (technologische Risiken), mit unterschiedlichen inhaltlichen Interpretationen angetroffen werden, aber mit denselben statistischen Methoden bearbeitet werden können.

Eintrittswahrscheinlichkeit Wenn das zufällige Eintreten eines ungünstigen Ereignisses bzw. Schadenereignisses interessiert, dann ist die naheliegende Risikomaßzahl zur Risikoquantifizierung die *Eintrittswahrscheinlichkeit* dieses ungünstigen Ereignisses bzw. Schadenereignisses.

- Im finanzwirtschaftlichen Bereich interessiert man sich für die Insolvenz einer Unternehmung. Die Eintrittswahrscheinlichkeit ist dann die Insolvenzwahrscheinlichkeit.
- Im medizinischen Bereich interessiert die Erkrankung oder der Todesfall einer Person. Die entsprechende Eintrittswahrscheinlichkeit heißt dann Erkrankungs- oder Sterbewahrscheinlichkeit.

- Im technologischen Bereich interessiert der Ausfall eines technischen Geräts oder das Auftreten eines defekten Teils im Produktionsprozess, das vorgegebene Spezifikationen verletzt. Die entsprechende Eintrittswahrscheinlichkeit ist dann die Ausfall- oder die Defektwahrscheinlichkeit.

Statistische Methoden zur Schätzung von Eintrittswahrscheinlichkeiten und zur Prüfung von Hypothesen über eine Eintrittswahrscheinlichkeit werden im Kap. 2 im Kontext eines Bernoulli-Modells behandelt. Dabei wird vorausgesetzt, dass Beobachtungen zur Verfügung stehen, die realisierte Werte von stochastisch unabhängigen Bernoulli-Variablen sind, wobei der Bernoulli-Parameter die interessierende Eintrittswahrscheinlichkeit ist.

Über- und Unterschreitungwahrscheinlichkeit Häufig kann das zufällige Eintreten eines ungünstigen Ereignisses dadurch modelliert werden, dass eine stetige Zufallsvariable eine kritische Schranke überschreitet. Die Eintrittswahrscheinlichkeit ist dann eine *Überschreitungswahrscheinlichkeit*. Wird das ungünstige Ereignis durch die Unterschreitung einer kritischen Schranke ausgelöst, so liegt eine *Unterschreitungswahrscheinlichkeit* vor.

- Das Vermögen eines Unternehmens wird stochastisch modelliert. Wenn der Vermögenswert unter eine Schranke fällt, die durch die Verschuldung des Unternehmens bestimmt ist, kommt es zur Insolvenz, so dass die Insolvenzwahrscheinlichkeit in diesem Fall eine Unterschreitungswahrscheinlichkeit ist.
- Wenn im medizinischen Bereich die Blutzuckerwerte den Normalbereich nach oben oder nach unten verlassen, dann kommt es zur sogenannten Über- oder Unterzuckerung. Die Wahrscheinlichkeit einer Über- oder Unterzuckerung ist somit eine Über- oder Unterschreitungswahrscheinlichkeit.
- Die Wahrscheinlichkeit, dass die Lebensdauer eines zufällig ausgewählten technischen Geräts die vereinbarte Garantiezeit unterschreitet und somit ein Garantiefall vorliegt, ist eine spezielle Defekt- oder Ausschusswahrscheinlichkeit.

Die Wahrscheinlichkeitsverteilung der stetigen Zufallsvariablen wird durch ein parametrisches Modell beschrieben, wodurch die gesuchte Über- oder Unterschreitungswahrscheinlichkeit als Funktion der Modellparameter ausgedrückt werden kann. Formal lässt sich dieser Fall auf die Schätzung einer Eintrittswahrscheinlichkeit im Kontext eines Bernoulli-Modells reduzieren, indem das jeweilige Ausmaß der Überschreitung vernachlässigt wird und lediglich registriert und weiterverarbeitet wird, ob eine Über- oder Unterschreitung der kritischen Schranke stattgefunden hat oder nicht. Nach diesem Schritt der Datenreduktion können im Prinzip alle statistischen Methoden des Kap. 2 angewendet werden. Allerdings bedeutet diese Reduktion einen erheblichen Informationsverlust. Statistische Verfahren zur Schätzung von Über- und Unterschreitungswahrscheinlichkeiten und zur Prüfung von Hypothesen über Über- und Unterschreitungswahrscheinlichkeiten, die diesen Informationsverlust vermeiden, werden im Kap. 3 vorgestellt.

Ereignisintensität Für die Modellierung von gleichartigen und wiederholbaren Schadenereignissen, die sich im Zeitablauf mit einer bestimmten Intensität realisieren, kann das Standardmodell des sogenannten Poisson-Stroms von Ereignissen verwendet werden. Dieses Modell ist dadurch charakterisiert, dass die zufällige Zeit zwischen aufeinanderfolgenden Ereignissen exponentialverteilt und die Anzahl der Ereignisse pro Zeiteinheit Poissonverteilt ist. Ein einziger positiver Parameter, der sogenannte Intensitätsparameter, der von uns im Folgenden als *Ereignisintensität* bezeichnet wird, legt den Poisson-Strom fest und beschreibt die durchschnittliche Anzahl von Ereignissen pro Zeiteinheit.

- Versicherungsunternehmen bieten Versicherungen beispielsweise zur Absicherung von Sturmschäden in einer bestimmten Region an. In diesem Kontext ist das Schadenereignis ein Sturmschaden und die zur Modellierung nötige Risikomaßzahl ist die Ereignisintensität von Stürmen in dieser Region.
- In der Biometrie können unerwünschte Mutationen in einem bestimmten Gen Schadenereignisse darstellen. Die interessierende Risikomaßzahl ist dann eine Mutationsintensität.
- Im technologischen Bereich stellen Störfälle in komplexen Industrieanlagen kritische und daher zu analysierende Schadenereignisse dar. Die entsprechenden Ereignisintensitäten beschreiben dann die durchschnittliche Anzahl von Störfällen pro vorgegebener Zeiteinheit.

Statistische Schätz- und Testverfahren für Ereignisintensitäten werden im Kap. 4 im Kontext des Poisson-Modells mit einer im Zeitablauf konstanten Ereignisintensität behandelt.

Risikobeurteilung ohne beobachtete Schadenereignisse Auch das wiederholte Nichtauftreten von Schadenereignissen enthält Informationen über interessierende Risikomaßzahlen. Typischerweise ist der Fall, dass keine Schadenereignisse beobachtet wurden, mit kleinen Ereigniswahrscheinlichkeiten oder kleinen Stichprobenumfängen verbunden. Dieser Fall kann somit auch bei einer relativ großen Anzahl von Beobachtungen im Bernoulli-Modell bzw. bei einem relativ langen Beobachtungszeitraum im Poisson-Modell eintreten, falls die Eintrittswahrscheinlichkeit bzw. Ereignisintensität des betreffenden Schadenereignisses hinreichend klein ist. Im Kap. 5 wird untersucht, welche statistischen Verfahren zur Bestimmung von Eintrittswahrscheinlichkeiten bzw. Ereignisintensitäten eingesetzt werden können, wenn keine Schadenereignisse beobachtet werden.

Risikovergleich Die Fragestellungen des Risikovergleichs ergeben sich typischerweise beim Vergleich von zwei Gruppen, wobei die Personen oder allgemeiner die statistischen Einheiten einer Untersuchungsgruppe einem Faktor ausgesetzt sind, der risikoerhöhend oder risikoreduzierend wirkt, während die Personen oder statistischen Einheiten einer Kontrollgruppe diesem Faktor nicht ausgesetzt sind. Für diese Situation gibt es verschiedene Maßzahlen, die auf den in beiden Gruppen gemessenen Schadenwahrscheinlichkeiten beruhen. Zu diesen Maßzahlen zählen die Risikodifferenz, welche bei Vorliegen eines risikoerhöhenden Faktors in der Untersuchungsgruppe auch als absolute Risikoerhöhung bezeichnet wird, das Risikoverhältnis, die absolute und relative Risikoreduktion, die relative Risikoerhöhung sowie das Odds-Verhältnis. Für diese Maßzahlen werden im Kap. 6 statistische Verfahren für die Punkt- und Intervallschätzung sowie statistische Testverfahren zur Überprüfung von Hypothesen über die Gleichheit oder Verschiedenheit der Schadenwahrscheinlichkeiten in zwei Gruppen behandelt.

Literatur

Aven T (2017) The flaws of the ISO 31000 conceptualisation of risk. J Risk Reliab 231(5):467–468
Aven T, Ylönen M (2019) The strong power of standards in the safety and risk fields: a threat to proper developments of these fields? Reliab Eng Syst Saf 189:279–286
International Organization for Standardization (2009) ISO guide 73:2009 risk management – vocabulary
Knight FH (1921) Risk, uncertainty, and profit. Sentry Press, New York
Society for Risk Analysis (2018) Society for risk analysis glossary. https://www.sra.org/wp-content/uploads/2020/04/SRA-Glossary-FINAL.pdf. Zugegriffen: 30. Aug. 2021

Eintrittswahrscheinlichkeit als Risikomaßzahl

2.1 Quantitative Modellierung

Ausgangspunkt ist ein Ereignis A, dessen Eintreten von einer Person oder Organisation als Schaden und dessen mögliches Eintreten deshalb als Risiko empfunden wird. Ein solches Ereignis wird im Folgenden als *ungünstiges Ereignis* oder *Schadenereignis* bezeichnet. Insbesondere werden in diesem Kapitel Schadenereignisse betrachtet, die an einer Beobachtungseinheit nur einmalig auftreten können. Beispiele für solche Schadenereignisse sind der Totalausfall einer Maschine, der tödliche Verlauf einer Krankheit, das tödliche Verunglücken bei einer Bergbesteigung, ein Flugzeugabsturz, der Ausfall eines Kreditnehmers, die Insolvenz eines Unternehmens usw. Können dagegen gleichartige Schadenereignisse an derselben Beobachtungseinheit wiederholt auftreten, kommt das in Kap. 4 behandelte Poisson-Modell zur Anwendung.

2.1.1 Eintrittswahrscheinlichkeit und Bernoulli-Variable

Die Wahrscheinlichkeit, dass ein ungünstiges Ereignis oder Schadenereignis A eintritt, wird als P(A) bezeichnet und ist typischerweise, aber nicht notwendig, eine kleine positive Wahrscheinlichkeit. Die Wahrscheinlichkeit P(A) wird als *Eintrittswahrscheinlichkeit* (engl. probability of occurrence) von A bezeichnet und kann als *Risikomaßzahl* interpretiert werden: „... *probability of occurrence* is a natural quantitative measure of risk" (Cox, Jr. 2002, S. 12). Je nach Anwendung haben interessierende Eintrittswahrscheinlichkeiten spezielle Bezeichnungen wie *Ausfallwahrscheinlichkeit, Versagenswahrscheinlichkeit, Sterbewahrscheinlichkeit, Ruinwahrscheinlichkeit, Insolvenzwahrscheinlichkeit, Realisierungswahrscheinlichkeit* usw. Die Modellierung des möglichen Eintritts eines Schadenereignisses A durch eine binäre Zufallsvariable

© Springer-Verlag GmbH Deutschland, ein Teil von Springer Nature 2022
S. Höse und S. Huschens, *Ereignisrisiko*,
https://doi.org/10.1007/978-3-662-64691-5_2

$$X \stackrel{\text{def}}{=} \begin{cases} 1, & \text{falls das Ereignis } A \text{ eintritt} \\ 0, & \text{falls das Ereignis } A \text{ nicht eintritt} \end{cases}$$

erlaubt es, die Eintrittswahrscheinlichkeit von A als interessierenden Modellparameter darzustellen. Die Zufallsvariable X wird im Folgenden als *Eintrittsindikator* des Ereignisses A bezeichnet. Es gilt

$$P(X = 1) = P(A) \quad \text{und} \quad P(X = 0) = 1 - P(A),$$

so dass die Zufallsvariable X Bernoulli-verteilt (Definition 8.2) mit *Bernoulli-Parameter*

$$\pi \stackrel{\text{def}}{=} P(A)$$

ist.[1] Wir schreiben dafür

$$\text{Vert}[X] = \text{Ber}(\pi) \quad \text{oder} \quad X \sim \text{Ber}(\pi).$$

Eine solche Bernoulli-verteilte Zufallsvariable heißt auch *Bernoulli-Variable*. Durch diesen Modellierungsschritt stellt der Bernoulli-Parameter π die Eintrittswahrscheinlichkeit des Ereignisses A und somit die interessierende Risikomaßzahl dar. In den Fällen $\pi = 0$ und $\pi = 1$ ist die gesamte Wahrscheinlichkeitsmasse der Wahrscheinlichkeitsverteilung von X auf einer Stelle konzentriert, so dass die Wahrscheinlichkeitsverteilung zu einer Einpunktverteilung (Definition 8.1) degeneriert ist.

2.1.2 Absolute und relative Häufigkeiten

Im Rahmen der deskriptiven (beschreibenden) Statistik und der Datenanalyse liegen beobachtete Werte an statistischen Einheiten vor, die anzeigen, ob das interessierende ungünstige Ereignis an diesen statistischen Einheiten eingetreten ist. Wenn in n beobachteten Fällen insgesamt k-mal das ungünstige Ereignis, z. B. Ausfall, Fehler, Erkrankung, Ruin usw., eingetreten ist, dann ist k die beobachtete Anzahl oder *absolute Häufigkeit* und k/n der beobachtete Anteil oder die *relative Häufigkeit* des ungünstigen Ereignisses. Die relative Häufigkeit des ungünstigen Ereignisses ist die empirische Entsprechung der Eintrittswahrscheinlichkeit dieses Ereignisses. Ist die Eintrittswahrscheinlichkeit die interessierende theoretische Risikomaßzahl, dann kann die relative Häufigkeit als empirische Risikomaßzahl bezeichnet werden.

Eine übliche Formalisierung ist in diesem Zusammenhang, den Eintritt des interessierenden ungünstigen Ereignisses mit Eins zu kodieren und den Nicht-Eintritt mit Null. Aus

---

[1] Der Bernoulli-Parameter $0 \leq \pi \leq 1$ darf nicht mit der – auch typographisch unterschiedenen – Kreiszahl π verwechselt werden, die z. B. in der Dichtefunktion der Standardnormalverteilung (Definition 8.7) auftaucht.

n beobachteten Fällen erhält man dann Werte $x_1, \ldots, x_n$ mit $x_i \in \{0, 1\}$ für $i = 1, \ldots, n$. Der i-te beobachtete Wert gibt somit für $x_i = 1$ den Eintritt des ungünstigen Ereignisses an und für $x_i = 0$ den Nicht-Eintritt. Dann ist die

$$\text{Anzahl der eingetretenen ungünstigen Ereignisse} = \sum_{i=1}^{n} x_i = k$$

die absolute Häufigkeit. Der Vorgang des Zählens der ungünstigen Ereignisse kann also durch die Summierung aller x_i formalisiert werden. Der Anteil der eingetretenen ungünstigen Ereignisse ist

$$\frac{\text{Anzahl der eingetretenen ungünstigen Ereignisse}}{n} = \frac{\sum\limits_{i=1}^{n} x_i}{n} = \frac{k}{n}.$$

Die relative Häufigkeit der ungünstigen Ereignisse entsteht also durch Relativierung der absoluten Häufigkeit bezogen auf die Gesamtzahl n der beobachteten Werte. Eine relative Häufigkeit, die aus n beobachteten Werten berechnet wird, ist ein Wert aus der Menge $\{0, 1/n, \ldots, (n-1)/n, 1\}$.

2.1.3 Stichprobenmodell

Im Rahmen der Inferenzstatistik ist die Eintrittswahrscheinlichkeit $\pi = \mathrm{P}(A)$ eines ungünstigen Ereignisses A unbekannt und soll datenbasiert mit statistischen Methoden erschlossen werden. Die n beobachteten Werte $x_1, \ldots, x_n$ mit $x_i \in \{0, 1\}$ für $i = 1, \ldots, n$ werden als Realisationen von Bernoulli-verteilten Zufallsvariablen $X_i \sim \mathrm{Ber}(\pi)$ für $i = 1, \ldots, n$ betrachtet. In diesem Zusammenhang heißen die beobachteten Werte $x_1, \ldots, x_n$ *Stichprobenwerte* und die Zufallsvariablen $X_1, \ldots, X_n$ *Stichprobenvariablen*. Die Anzahl n der beobachteten Werte heißt *Stichprobenumfang*.

Im Kontext der Risikomessung ist π die Eintrittswahrscheinlichkeit eines ungünstigen Ereignisses und somit die interessierende unbekannte Risikomaßzahl und die Bernoulli-Variablen X_i zeigen mit dem Wert Eins an, dass das ungünstige Ereignis eintritt.

Für die Stichprobenvariablen $X_1, \ldots, X_n$ ist ein *Stichprobenmodell* erforderlich, das spezifiziert, in welchem Sinn die Stichprobenwerte als Zufallsentnahme aus einer Grundgesamtheit aufgefasst werden können. Formal ist durch ein Stichprobenmodell die gemeinsame Wahrscheinlichkeitsverteilung der Stichprobenvariablen und der Zusammenhang mit dem interessierenden Parameter π als Grundlage für die Anwendung statistischer Schätz- und Testverfahren festgelegt. Dabei ist die Art der Abhängigkeit der Stichprobenvariablen entscheidend. Die folgende Annahme charakterisiert ein Stichprobenmodell mit stochastisch unabhängigen Stichprobenvariablen.

Annahme 2.1 (Bernoulli-Modell)   *Die Stichprobenwerte* $x_1, \ldots, x_n$ *sind Realisationen von stochastisch unabhängigen und identisch verteilten Stichprobenvariablen* $X_1, \ldots, X_n$ *mit der Bernoulli-Verteilung* $\mathrm{Ber}(\pi)$*, wobei* $0 \leq \pi \leq 1$.

Eine Stichprobe mit stochastisch unabhängigen und identisch verteilten (engl. stochastically independent and identically distributed) Stichprobenvariablen wird auch als *i. i. d.-Stichprobe* bezeichnet, siehe Abschn. 9.1 Es handelt sich um ein Standardmodell der Statistik, das auch als Referenzfall dient, wenn Abweichungen von der Unabhängigkeitsannahme vorliegen.

2.2   Punktschätzung

Die Messung des Risikos durch eine Eintrittswahrscheinlichkeit π führt, falls π unbekannt ist, aber beobachtete Werte $x_1, \ldots, x_n$ mit $x_i \in \{0, 1\}$ für $i = 1, \ldots, n$ vorliegen, zur statistischen Punktschätzung. Für die statistische Schätzung des Parameters π ist die Angabe eines Punktschätzwertes ergänzt durch eine Genauigkeitsangabe erforderlich. Die Genauigkeit kann durch die Standardabweichung des Punktschätzers gemessen werden, falls dieser näherungsweise normalverteilt ist. In anderen Fällen ist es eher sinnvoll, eine Punktschätzung durch eine Intervallschätzung im Sinne des Abschn. 2.3 zu ergänzen.

Im Folgenden wird das durch Annahme 2.1 definierte Stichprobenmodell vorausgesetzt, wobei die unbekannte Eintrittswahrscheinlichkeit π der Parameter des Modells ist.

Schätzwert   Im unterstellten Stichprobenmodell ist der arithmetische Mittelwert der Stichprobenwerte $x_1, \ldots, x_n$ der übliche Schätzwert für die Eintrittswahrscheinlichkeit π. Der arithmetische Mittelwert ist zugleich die relative Häufigkeit der Stichprobenwerte mit $x_i = 1$, d. h. die relative Häufigkeit der beobachteten ungünstigen Ereignisse.

Verfahren 2.1 (Schätzwert für die Eintrittswahrscheinlichkeit)   *Aus n Stichprobenwerten* $x_1, \ldots, x_n$ *mit* $x_i \in \{0, 1\}$ *für* $i = 1, \ldots, n$ *wird ein Schätzwert für die Eintrittswahrscheinlichkeit* π *als*

$$\bar{x} \overset{\text{def}}{=} \frac{1}{n} \sum_{i=1}^{n} x_i$$

berechnet.

Schätzer   Der berechnete Schätzwert $\bar{x}$ für π ist eine Realisation des *Schätzers*

$$\bar{X} \overset{\text{def}}{=} \frac{1}{n} \sum_{i=1}^{n} X_i,$$

für den Parameter π. Der Schätzer $\bar{X}$ ist zugleich das arithmetische Mittel der Stichprobenvariablen $X_1, \ldots, X_n$ und die zufällige relative Häufigkeit der ungünstigen Ereignisse. Der Schätzer $\bar{X}$ hat den Erwartungswert π und ist somit ein erwartungstreuer Schätzer für π; zur Erwartungstreue siehe Abschn. 9.2.1. Die Wahrscheinlichkeitsverteilung des Schätzers $\bar{X}$ lässt sich mit Hilfe einer Binomialverteilung (Definition 8.3) angeben. Es gilt $n\bar{X} = K$ mit

$$K \stackrel{\text{def}}{=} \sum_{i=1}^{n} X_i \sim \text{Bin}(n, \pi), \tag{2.1}$$

so dass $\bar{X}$ eine diskrete Zufallsvariable mit den Wahrscheinlichkeiten

$$\text{P}\left(\bar{X} = \frac{k}{n}\right) = \text{P}(K = k) = \binom{n}{k}\pi^k(1 - \pi)^{n-k} \quad \text{für } k = 0, 1, \ldots, n$$

ist.

Standardfehler und geschätzter Standardfehler In der Regel wird der Schätzwert $\bar{x}$ für π durch den zugehörigen *geschätzten Standardfehler* ergänzt, der eine Information über die Streuung der Schätzwerte gibt. Als *Standardfehler* (engl. standard error) des Schätzers $\bar{X}$ wird dessen Standardabweichung

$$\sigma_{\bar{X}} \stackrel{\text{def}}{=} \sigma[\bar{X}] = \sqrt{\mathbb{V}[\bar{X}]} = \sqrt{\frac{\pi(1 - \pi)}{n}} \tag{2.2}$$

bezeichnet. Der Standardfehler hängt vom unbekannten Parameter π ab und wird mit wachsendem Stichprobenumfang n kleiner. Wird der unbekannte Parameter durch den Schätzwert $\bar{x}$ ersetzt, so resultiert der geschätzte Standardfehler $s_{\bar{X}}$.

Verfahren 2.2 (Geschätzter Standardfehler) *Aus n Stichprobenwerten $x_1, \ldots, x_n$ mit $x_i \in \{0, 1\}$ für $i = 1, \ldots, n$ wird bei der Schätzung der Eintrittswahrscheinlichkeit π durch $\bar{x}$ ein Schätzwert für den Standardfehler $\sigma_{\bar{X}}$ als*

$$s_{\bar{X}} = \sqrt{\frac{\bar{x}(1 - \bar{x})}{n}} \tag{2.3}$$

bestimmt.

Bei Anwendungen wird der geschätzte Standardfehler häufig verkürzend als Standardfehler bezeichnet. Exakter ist es, bei $s_{\bar{X}}$ vom geschätzten Standardfehler und bei $\sigma_{\bar{X}}$ vom Standardfehler zu sprechen, um die beiden Konzepte unterscheiden zu können. Der Schätzwert $\bar{x}$ und der geschätzte Standardfehler $s_{\bar{X}}$ werden häufig zahlenmäßig in der Form $\bar{x} \pm s_{\bar{X}}$ angegeben.

Beispiel zu den Verfahren 2.1 und 2.2

Gegeben sind $n = 400$ Stichprobenwerte $x_1, \ldots, x_{400} \in \{0, 1\}$. Die Anzahl der dabei beobachteten ungünstigen Ereignisse ist $k = \sum_{i=1}^{400} x_i = 40$. Dann ist

- $\bar{x} = \frac{40}{400} = 0.1$ der Schätzwert für die Eintrittswahrscheinlichkeit π,
- $s_{\bar{X}} = \sqrt{\frac{0.1(1-0.1)}{400}} = 0.015$ der geschätzte Standardfehler.

◄

Planung des Stichprobenumfangs Der geschätzte Standardfehler kann *nach* Vorliegen der Beobachtungen gebildet werden. Bei der Planung des Stichprobenumfangs müssen *vor* der Beobachtung Überlegungen zum Schätzfehler gemacht werden. Dies kann mit Hilfe des Standardfehlers aus (2.2) erfolgen.

Verfahren 2.3 (Notwendiger Stichprobenumfang) *Damit bei der Schätzung der Eintritts-wahrscheinlichkeit π durch $\bar{x}$ der Standardfehler aus (2.2) nicht größer als eine vorgegebene Schranke $d > 0$ ist, wird der notwendige Stichprobenumfang so bestimmt, dass*

$$n \geq \frac{1}{4d^2} \tag{2.4}$$

erfüllt ist.

Beispiel zu Verfahren 2.3

Bei der Schätzung der Eintrittswahrscheinlichkeit π aus einer beabsichtigten Stichprobe soll der Stichprobenumfang n so geplant werden, dass der Standardfehler nicht größer als 0.02 ist. Mit (2.4) erhält man

$$n \geq \frac{1}{4 \times 0.02^2} = 625.$$

Somit genügt ein Stichprobenumfang von $n = 625$, damit der Standardfehler bei der Schätzung des Parameters π nicht größer als 2 Prozentpunkte ist. ◄

Verbesserte Planung des Stichprobenumfangs bei Vorinformation Bei Anwendungen im Risikobereich sind interessierende Eintrittswahrscheinlichkeiten typischerweise klein, so dass die (2.4) zugrunde liegende Abschätzung $\pi(1 - \pi) \leq 1/4$ der Varianz einer Bernoulli-Verteilung sehr grob ist, da die Obergrenze für $\pi = 1/2$ angenommen wird. Wenn über die Eintrittswahrscheinlichkeit eine Vorinformation vorliegt, dann ist eine verbesserte Planung des Stichprobenumfangs möglich.

Verfahren 2.4 (Notwendiger Stichprobenumfang bei Vorinformation) *Über die Eintrittswahrscheinlichkeit π liegt eine Vorinformation der Form $\pi \leq \pi_0$ mit einer gegebenen Schranke $\pi_0 < 1/2$ oder der Form $\pi \geq \pi_0$ mit einer gegebenen Schranke $\pi_0 > 1/2$ vor. Damit dann bei der Schätzung der Eintrittswahrscheinlichkeit π durch $\bar{x}$ der Standardfehler aus (2.2) nicht größer als eine vorgegebene Schranke $d > 0$ ist, wird der notwendige Stichprobenumfang so bestimmt, dass*

$$n \geq \frac{\pi_0(1 - \pi_0)}{d^2} \tag{2.5}$$

erfüllt ist.

Beispiel zu Verfahren 2.4

Bei der Schätzung der Eintrittswahrscheinlichkeit π aus einer geplanten Stichprobe vom Umfang n soll sichergestellt werden, dass der Standardfehler nicht größer als 0.02 ist, wobei die Vorinformation $\pi \leq \pi_0 = 0.2$ vorliegt. Mit (2.5) erhält man

$$n \geq \frac{0.2(1 - 0.2)}{0.02^2} = 400.$$

Mit der Vorinformation $\pi \leq 0.2$ genügt bereits ein Stichprobenumfang von $n = 400$, damit der Standardfehler bei der Schätzung des Parameters π nicht größer als 2 Prozentpunkte ist. Im Vergleich zu Verfahren 2.3 ohne Vorinformation hat sich der notwendige Stichprobenumfang von 625 auf 400 reduziert. ◀

2.3 Intervallschätzung

Fortgeschrittene Methoden des Risikomanagements verlangen die Angabe von Unter- und Oberschranken für die unbekannten Risikoparameter. Daher kann die statistische Intervallschätzung nicht nur als Ergänzung zur Punktschätzung gesehen werden, sondern hat als Verfahren der Risikomessung eine eigenständige Bedeutung.

Aufgabenstellungen Bezüglich der unbekannten Eintrittswahrscheinlichkeit π können im Rahmen der Intervallschätzung die folgenden drei häufig betrachteten Aufgabenstellungen unterschieden werden. Mit Hilfe der Stichprobenwerte $x_1, \ldots, x_n$ soll

1. eine Schranke angegeben werden, über der die Eintrittswahrscheinlichkeit π mit hohem Vertrauensgrad liegt,
2. eine Schranke angegeben werden, unter der die Eintrittswahrscheinlichkeit π mit hohem Vertrauensgrad liegt,
3. ein Intervall angegeben werden, in welchem die Eintrittswahrscheinlichkeit π mit hohem Vertrauensgrad liegt.

Konfidenzschranken und -intervalle Diesen Aufgabenstellungen entsprechen die folgenden statistischen Verfahren der Intervallschätzung, siehe Abschn. 9.4. Für die Eintrittswahrscheinlichkeit π wird entweder der *Wert u einer unteren Konfidenzschranke U*, der *Wert v einer oberen Konfidenzschranke V* oder der *Wert $[u, v]$ eines Konfidenzintervalls $[U, V]$* zu einem vorgegebenen *Konfidenzniveau $1 - \alpha$* bestimmt. Der Wert u der unteren Konfidenzschranke ergibt den Wert $[u, 1]$ eines einseitig unten begrenzten Konfidenzintervalls $[U, 1]$ und der Wert v der oberen Konfidenzschranke ergibt den Wert $[0, v]$ eines einseitig oben begrenzten Konfidenzintervalls $[0, V]$. Übliche Konfidenzniveaus sind 90 %, 95 % und 99 %. Die Werte u und v sind Zahlen, die aus den Stichprobenwerten $x_1, \ldots, x_n$ bestimmt werden. Dagegen sind die entsprechenden Stichprobenfunktionen U und V Zufallsvariablen, die Wahrscheinlichkeitsaussagen wie (2.8) bis (2.13) ermöglichen, mit denen die Güte des statistischen Verfahrens charakterisiert wird.

Es gibt mehrere Arten solcher Konfidenzschranken und -intervalle. Die beiden wichtigsten sind die sogenannten exakten Verfahren nach Clopper und Pearson und die approximativen Verfahren nach Wald. Es wird jeweils das durch Annahme 2.1 charakterisierte Stichprobenmodell vorausgesetzt.

2.3.1 Exakte Konfidenzschranken und -intervalle nach Clopper und Pearson

Die Berechnung der Werte u und v für Konfidenzschranken und für Grenzen eines Konfidenzintervalls basiert auf den folgenden Komponenten:

- dem vorgegebenen Konfidenzniveau $1 - \alpha$, wobei $0 < \alpha < 1$,
- dem bekannten Stichprobenumfang n,
- der beobachteten Anzahl $k = \sum_{i=1}^{n} x_i$ ungünstiger Ereignisse, wobei $k \in \{0, 1, \ldots, n\}$,
- der Verteilungsfunktion

$$F(k; n, \pi) = \sum_{j=0}^{k} \binom{n}{j} \pi^j (1 - \pi)^{n-j} \tag{2.6}$$

einer Zufallsvariablen $K \sim \mathrm{Bin}(n, \pi)$ an der Stelle k, welche die Wahrscheinlichkeit $\mathrm{P}(K \leq k)$ angibt, und der Funktion

$$G(k; n, \pi) = \sum_{j=k}^{n} \binom{n}{j} \pi^j (1 - \pi)^{n-j}, \tag{2.7}$$

die für die Zufallsvariable K die Wahrscheinlichkeit $\mathrm{P}(K \geq k)$ angibt.

Die folgende Konstruktionsidee von Konfidenzschranken und -intervallen geht auf Clopper und Pearson (1934) zurück, die ursprünglich nur Konfidenzintervalle betrachtet haben. Die zu bestimmenden Schranken und Intervallgrenzen hängen von α, dem Stichprobenumfang n und über k von den beobachteten Werten $x_1, \ldots, x_n$ ab.

Verfahren 2.5 (Untere Konfidenzschranke für die Eintrittswahrscheinlichkeit) *Der Wert u einer unteren Clopper-Pearson-Konfidenzschranke zum Konfidenzniveau $1 - \alpha$ für die Eintrittswahrscheinlichkeit π ergibt sich folgendermaßen: Falls $k = 0$ beobachtet wird, wird $u = 0$ gesetzt. Falls $k > 0$ beobachtet wird, wird u so bestimmt, dass $G(k; n, u) = \alpha$ mit G aus (2.7) gilt.*

Die Größe u ist die Realisation einer Zufallsvariablen U. Die zufällige untere Konfidenzschranke U zum Konfidenzniveau $1 - \alpha$ für die Eintrittswahrscheinlichkeit π hat die Eigenschaft

$$P_\pi(U \leq \pi) \geq 1 - \alpha \quad \text{für alle } 0 \leq \pi \leq 1. \tag{2.8}$$

Somit liegt die untere Konfidenzschranke U mindestens mit der Wahrscheinlichkeit $1 - \alpha$ unterhalb von π. Die Zufallsvariable U hängt von $K \sim \text{Bin}(n, \pi)$ aus (2.1) ab. Daher variiert die Verteilung von U mit dem Parameter π, was den tiefgestellten Index π motiviert.

Aus der unteren Konfidenzschranke erhält man unter Berücksichtigung der Beschränkung $\pi \leq 1$ ein einseitig unten begrenztes Konfidenzintervall.

Verfahren 2.6 (Unten begrenztes Konfidenzintervall für die Eintrittswahrscheinlichkeit) *Der Wert eines einseitig unten begrenzten Clopper-Pearson-Konfidenzintervalls zum Konfidenzniveau $1-\alpha$ für die Eintrittswahrscheinlichkeit π ist $[u, 1]$ mit u aus Verfahren 2.5.*

Für $k < n$ kann $\pi = 1$ ausgeschlossen werden und daher das Intervall $[u, 1)$ anstelle des Intervalls $[u, 1]$ verwendet werden. Für das zufällige Intervall $[U, 1]$ gilt

$$P_\pi(\pi \in [U, 1]) \geq 1 - \alpha \quad \text{für alle } 0 \leq \pi \leq 1, \tag{2.9}$$

so dass die Überdeckungswahrscheinlichkeit des Konfidenzintervalls $[U, 1]$ mindestens so groß wie das vorgegebene Konfidenzniveau $1 - \alpha$ ist.

Verfahren 2.7 (Obere Konfidenzschranke für die Eintrittswahrscheinlichkeit) *Der Wert v einer oberen Clopper-Pearson-Konfidenzschranke zum Konfidenzniveau $1 - \alpha$ für die Eintrittswahrscheinlichkeit π ergibt sich folgendermaßen: Falls $k = n$ beobachtet wird, wird $v = 1$ gesetzt. Falls $k < n$ beobachtet wird, wird v so bestimmt, dass $F(k; n, v) = \alpha$ mit F aus (2.6) gilt.*

Die Größe v ist die Realisation einer Zufallsvariablen V, die von K abhängt. Die zufällige obere Konfidenzschranke V zum Konfidenzniveau $1 - \alpha$ für die Eintrittswahrscheinlichkeit π hat die Eigenschaft

$$P_\pi(\pi \leq V) \geq 1 - \alpha \quad \text{für alle } 0 \leq \pi \leq 1. \tag{2.10}$$

Somit liegt die obere Konfidenzschranke V mindestens mit der Wahrscheinlichkeit $1 - \alpha$ oberhalb von π.

Aus der oberen Konfidenzschranke erhält man unter Berücksichtigung der Beschränkung $\pi \geq 0$ ein einseitig oben begrenztes Konfidenzintervall.

Verfahren 2.8 (Oben begrenztes Konfidenzintervall für die Eintrittswahrscheinlichkeit) *Der Wert eines einseitig oben begrenzten Clopper-Pearson-Konfidenzintervalls zum Konfidenzniveau $1 - \alpha$ für die Eintrittswahrscheinlichkeit π ist $[0, v]$ mit v aus Verfahren 2.7.*

Für $k > 0$ kann $\pi = 0$ ausgeschlossen werden und daher das Intervall $(0, v]$ anstelle des Intervalls $[0, v]$ verwendet werden. Für das zufällige Intervall $[0, V]$ gilt

$$P_\pi(\pi \in [0, V]) \geq 1 - \alpha \quad \text{für alle } 0 \leq \pi \leq 1. \tag{2.11}$$

Verfahren 2.9 (Konfidenzintervall für die Eintrittswahrscheinlichkeit) *Der Wert $[u, v]$ eines Clopper-Pearson-Konfidenzintervalls zum Konfidenzniveau $1 - \alpha$ für die Eintrittswahrscheinlichkeit π ergibt sich folgendermaßen:*

- *Falls $k = 0$ beobachtet wird, wird $u = 0$ gesetzt. Falls $k > 0$ beobachtet wird, wird u so bestimmt, dass $G(k; n, u) = \alpha/2$ mit G aus (2.7) gilt.*
- *Falls $k = n$ beobachtet wird, wird $v = 1$ gesetzt. Falls $k < n$ beobachtet wird, wird v so bestimmt, dass $F(k; n, v) = \alpha/2$ mit F aus (2.6) gilt.*

Die Zufallsvariablen U und V, die die Grenzen eines Konfidenzintervalls $[U, V]$ zum Konfidenzniveau $1 - \alpha$ für die Eintrittswahrscheinlichkeit π bilden, haben die Eigenschaften $U \leq V$ und

$$P_\pi(U \leq \pi \leq V) \geq 1 - \alpha \quad \text{für alle } 0 \leq \pi \leq 1. \tag{2.12}$$

Somit hat das Konfidenzintervall $[U, V]$ eine Überdeckungswahrscheinlichkeit $P_\pi(U \leq \pi \leq V)$ von mindestens $1 - \alpha$ und die Wahrscheinlichkeit, mit der das Konfidenzintervall den Parameter π nicht enthält, ist höchstens α, d. h.

$$P_\pi(\pi \notin [U, V]) \leq \alpha \quad \text{für alle } 0 \leq \pi \leq 1. \tag{2.13}$$

Güteeigenschaften der Intervallschätzung, z. B. die Wahrscheinlichkeitsaussagen (2.12) und (2.13), sind stets Eigenschaften des Konfidenzintervalls $[U, V]$ und damit des statistischen Verfahrens, nicht aber Eigenschaften eines aus Stichprobenwerten berechneten Wertes $[u, v]$ dieses Konfidenzintervalls. Zur frequentistischen Interpretation von Konfidenzintervallen siehe Abschn. 9.4.

Die Werte der Konfidenzschranken in den Verfahren 2.5 und 2.7 sowie der Grenzen der Konfidenzintervalle in den Verfahren 2.6, 2.8 und 2.9 sind jeweils implizit als Parameterwerte gegeben, die eine bestimmte Gleichung erfüllen müssen. Für den Wert u der unteren Konfidenzschranke ist im Fall $k > 0$ die numerische Auflösung der Gleichung $G(k; n, u) = \alpha$ nach u erforderlich. Analog ist für den Wert v einer oberen Konfidenzschranke im Fall $k < n$ die numerische Auflösung der Gleichung $F(k; n, v) = \alpha$ nach v erforderlich. Die Werte der Intervallgrenzen des Konfidenzintervalls sind identisch mit den Werten unterer und oberer Konfidenzschranken für jeweils halbiertes α. In Spezialfällen lassen sich diese Gleichungen analytisch auflösen und die Werte u und v können explizit angegeben werden: Im Fall $k = n$ ist der Wert der unteren Konfidenzschranke $u = \alpha^{1/n}$ und der Wert der Untergrenze des Konfidenzintervalls $u = (\alpha/2)^{1/n}$. Im Fall $k = 0$ ist der Wert der oberen Konfidenzschranke $v = 1 - \alpha^{1/n}$ und der Wert der Obergrenze des Konfidenzintervalls ist $v = 1 - (\alpha/2)^{1/n}$.

Anstelle der Verwendung numerischer Lösungsverfahren gibt es die Möglichkeit, die Konfidenzschranken und Intervallgrenzen durch Quantile bestimmter Beta- oder F-Verteilungen explizit auszudrücken. Die resultierenden Ergebnisse aller drei Ansätze sind numerisch identisch. Mit $B_{c,d,p}$ sei das p-Quantil einer Betaverteilung (Definition 8.12) mit den Parametern c und d bezeichnet.

Verfahren 2.10 (Untere Konfidenzschranke für die Eintrittswahrscheinlichkeit) *Der Wert u einer unteren Clopper-Pearson-Konfidenzschranke zum Konfidenzniveau $1 - \alpha$ für die Eintrittswahrscheinlichkeit π ist*

$$u = \begin{cases} 0 & \text{für } k = 0 \\ B_{k,n-k+1,\alpha} & \text{für } k > 0 \end{cases}. \tag{2.14}$$

Verfahren 2.11 (Unten begrenztes Konfidenzintervall für die Eintrittswahrscheinlichkeit) *Der Wert eines einseitig unten begrenzten Clopper-Pearson-Konfidenzintervalls zum Konfidenzniveau $1 - \alpha$ für die Eintrittswahrscheinlichkeit π ist $[u, 1]$ mit u aus (2.14).*

Für $k < n$ kann $\pi = 1$ ausgeschlossen werden.

Verfahren 2.12 (Obere Konfidenzschranke für die Eintrittswahrscheinlichkeit) *Der Wert v einer oberen Clopper-Pearson-Konfidenzschranke zum Konfidenzniveau $1 - \alpha$ für die Eintrittswahrscheinlichkeit π ist*

$$v = \begin{cases} B_{k+1,n-k,1-\alpha} & \text{für } k < n \\ 1 & \text{für } k = n \end{cases}. \tag{2.15}$$

Verfahren 2.13 (Oben begrenztes Konfidenzintervall für die Eintrittswahrscheinlich-keit) *Der Wert eines einseitig oben begrenzten Clopper-Pearson-Konfidenzintervalls zum Konfidenzniveau* $1 - \alpha$ *für die Eintrittswahrscheinlichkeit* π *ist* $[0, v]$ *mit* v *aus (2.15).*

Für $k > 0$ kann $\pi = 0$ ausgeschlossen werden.

Verfahren 2.14 (Konfidenzintervall für die Eintrittswahrscheinlichkeit) *Der Wert* $[u, v]$ *eines Clopper-Pearson-Konfidenzintervalls zum Konfidenzniveau* $1 - \alpha$ *für die Ein-trittswahrscheinlichkeit* π *hat die Intervallgrenzen*

$$u = \begin{cases} 0 & \text{für } k = 0 \\ B_{k,n-k+1,\alpha/2} & \text{für } k > 0 \end{cases} \tag{2.16}$$

und

$$v = \begin{cases} B_{k+1,n-k,1-\alpha/2} & \text{für } k < n \\ 1 & \text{für } k = n \end{cases}. \tag{2.17}$$

Beispiel zu den Verfahren 2.10 bis 2.14

Gegeben sind $n = 400$ beobachtete Werte $x_1, \ldots, x_{400} \in \{0, 1\}$ mit $k = \sum_{i=1}^{400} x_i = 40$ beobachteten ungünstigen Ereignissen. Das vorgegebene Konfidenzniveau sei $1 - \alpha = 95\,\%$.

- Mit (2.14) erhält man den Wert

$$u = B_{40,361,0.05} \approx 0.0763 \tag{2.18}$$

einer unteren Clopper-Pearson-Konfidenzschranke zum Konfidenzniveau 95 % für die Eintrittswahrscheinlichkeit π. Daraus ergibt sich der Wert $[0.0763, 1)$ eines einseitig unten begrenzten Clopper-Pearson-Konfidenzintervalls.
- Mit (2.15) erhält man den Wert

$$v = B_{41,360,0.95} \approx 0.1282 \tag{2.19}$$

einer oberen Clopper-Pearson-Konfidenzschranke zum Konfidenzniveau 95 % für die Eintrittswahrscheinlichkeit π. Daraus ergibt sich der Wert $(0, 0.1282]$ eines einseitig oben begrenzten Clopper-Pearson-Konfidenzintervalls.
- Mit (2.16) und (2.17) erhält man

$$u = B_{40,361,0.025} \approx 0.0724 \quad \text{und} \quad v = B_{41,360,0.975} \approx 0.1337 \tag{2.20}$$

und somit $[0.0724, 0.1337]$ als Wert eines Clopper-Pearson-Konfidenzintervalls zum Konfidenzniveau 95 % für die Eintrittswahrscheinlichkeit π.

◄

Berechnungs- und Softwarehinweise

Der Wert $B_{40,361,0.05}$ aus (2.18) kann folgendermaßen berechnet werden:

Software	Funktionsaufruf
Excel	BETA.INV(0,05;40;361)
GAUSS	cdfBetaInv(0.05,40,361)
Mathematica	Quantile[BetaDistribution[40,361],0.05]
R	qbeta(0.05,40,361)

Für Excel wurde eine deutsche Spracheinstellung vorausgesetzt. Andernfalls müssen Dezimalpunkte verwendet werden und Kommata als Trennzeichen.

Mit R können Werte der Konfidenzschranken und -intervalle mit der Funktion `binom.test` berechnet werden:

- `binom.test(40,400,alternative="greater",conf.level=0.95)` ergibt den Wert $[0.0763, 1)$ des einseitig unten begrenzten 95 %-Konfidenzintervalls und damit implizit auch den Wert der unteren Konfidenzschranke aus (2.18).
- `binom.test(40,400,alternative="less",conf.level=0.95)` ergibt den Wert $(0, 0.1282]$ des einseitig oben begrenzten 95 %-Konfidenzintervalls und damit implizit auch den Wert der oberen Konfidenzschranke aus (2.19).
- `binom.test(40,400,alternative="two.sided",conf.level=0.95)` ergibt den Wert $[0.0724, 0.1337]$ des 95 %-Konfidenzintervalls und damit die Intervallgrenzen aus (2.20).

Für die Optionen `"greater"`, `"less"` und `"two.sided"` können auch die Kurzformen `"g"`, `"l"` und `"t"` verwendet werden.

Alternativ kann der Wert $[0.0724, 0.1337]$ des 95 %-Konfidenzintervalls nach Laden des Zusatzpaketes `epitools` (Version 0.5–10) mit dem Aufruf

```
binom.exact(40,400,conf.level=0.95)
```

berechnet werden.

Ohne explizite Angabe eines Konfidenzniveaus verwenden `binom.test` und `binom.exact` die Voreinstellung `conf.level=0.95`, weshalb diese Angabe hier auch entfallen könnte. ◄

Anmerkung 2.1 (Berechnung von Konfidenzschranken und -intervallen mit Quantilen der F-Verteilung) Vor der allgemeinen Verbreitung persönlicher Computer wurde für die Anwendung vieler statistischer Verfahren auf tabellierte Werte bestimmter Wahrscheinlichkeitsverteilungen zurückgegriffen. Dabei standen typischerweise Tabellen für F-Verteilungen zur Verfügung, nicht aber für Betaverteilungen. Daher sind in der Literatur häufig Formeln zu finden, die Konfidenzschranken und Grenzen von Konfidenzintervallen durch Quantile der F-Verteilung ausdrücken, obwohl die entstehenden Formeln schwerfälliger als diejenigen sind, die auf Quantilen von Betaverteilungen beruhen. Siehe dazu die methodischen Erläuterungen in Abschn. 2.6.

Anmerkung 2.2 (Alternative α-Aufteilung) Bei Konfidenzintervallen ist neben der Aufteilung von α durch Halbierung, die zu zentralen Konfidenzintervallen wie in (2.16) und (2.17) führt, auch eine asymmetrische Aufteilung von α möglich, die zu Konfidenzintervallen mit verbesserten Güteeigenschaften führt, aber komplexere Berechnungen und zusätzliche Auswahlkriterien erfordert (Blyth und Still 1983).

Anmerkung 2.3 (Gleichmäßig beste Konfidenzintervalle) Zwischen den einseitig unten und oben begrenzten Konfidenzintervallen nach Clopper und Pearson und gleichmäßig besten einseitig unten und oben begrenzten Konfidenzintervallen besteht ein enger Zusammenhang (Witting 1985, S. 295 ff.). Es zeigt sich, dass bis auf durch die Diskretheit der Verteilung hervorgerufene Komplikationen die Konfidenzschranken nach Clopper und Pearson nicht verbesserbar sind, solange Konfidenzschranken mit Niveau $1 - \alpha$ im Sinn von (9.11) und (9.14) verlangt werden.

Anmerkung 2.4 (Exakte versus approximative Konfidenzintervalle) Die Konfidenzintervalle nach Clopper und Pearson werden als exakte Konfidenzintervalle bezeichnet, weil sie auf der Binomialverteilung der Stichprobenfunktion K für endlichen Stichprobenumfang n beruhen und nicht auf einer approximativen Verteilung. Dadurch werden die vorgegebenen Konfidenzniveaus durch die Konfidenzintervalle nach Clopper und Pearson im Sinn der Ungleichung (9.23) eingehalten. Ein Missverständnis wäre es, unter Exaktheit ein Konfidenzintervall mit konstanter Überdeckungswahrscheinlichkeit im Sinn von Gl. (9.25) zu verstehen, da ein solches wegen der Diskretheit der Binomialverteilung grundsätzlich nicht existiert. Analoges gilt für Konfidenzschranken.

Bei einem Konfidenzintervall im Sinn von (9.23) ist die Wahrscheinlichkeit, mit der das Konfidenzintervall den zu schätzenden Parameter nicht enthält, höchstens α. Wenn man diese Beschränkung aufhebt und stattdessen verlangt, dass (9.25) approximativ gelten soll, öffnet sich ein weites Feld verschiedener Ansätze und Vergleichskriterien. So vergleichen Pires und Amado (2008) zwanzig und Newcombe (2011) dreizehn verschiedene Konfidenzintervalle nach verschiedenen Kriterien.

Die im folgenden Abschnitt behandelten Konfidenzschranken und -intervalle beruhen auf einer Approximation der Binomialverteilung durch eine Normalverteilung. Die dabei resultierenden Konfidenzintervalle erfüllen (9.23) nicht, dafür aber (9.25) approximativ.

2.3.2 Approximative Konfidenzschranken und -intervalle nach Wald

Anstelle exakter Konfidenzschranken und -intervalle werden häufig approximative Konfidenzschranken und -intervalle verwendet, deren Hauptvorteil die durchsichtigere Struktur und einfache Berechnung ist. Diesem Vorteil steht der Nachteil gegenüber, dass die vorgegebenen Konfidenzniveaus selbst für große Stichprobenumfänge nur approximativ eingehalten werden.

Für die Eintrittswahrscheinlichkeit π erfolgt die Berechnung der Werte der auf der *Wald-Approximation*, siehe (9.6), beruhenden Konfidenzschranken und -intervalle aus den Stichprobenwerten $x_1, \ldots, x_n$. Es werden der Stichprobenumfang n, der Punktschätzwert $\bar{x} = k/n$, der geschätzte Standardfehler $s_{\bar{X}}$ aus (2.3), ein vorgegebenes Konfidenzniveau $1 - \alpha$ und die $(1 - \alpha)$- und $(1 - \alpha/2)$-Quantile $z_{1-\alpha}$ und $z_{1-\alpha/2}$ der Standardnormalverteilung benötigt.

Verfahren 2.15 (Untere Konfidenzschranke für die Eintrittswahrscheinlichkeit) *Der Wert u einer unteren Wald-Konfidenzschranke zum approximativen Konfidenzniveau* $1 - \alpha$ *für die Eintrittswahrscheinlichkeit* π *ist*

$$u = \bar{x} - z_{1-\alpha} s_{\bar{X}}. \tag{2.21}$$

In (2.21) kann $-z_{1-\alpha}$ durch $+z_\alpha$ ersetzt werden. Die Größe u ist eine Realisation der zufälligen unteren Konfidenzschranke U mit der asymptotischen Eigenschaft

$$\lim_{n \to \infty} P_\pi(U \leq \pi) = 1 - \alpha \quad \text{für alle } 0 < \pi < 1, \tag{2.22}$$

welche die Approximation

$$P_\pi(U \leq \pi) \approx 1 - \alpha \quad \text{für alle } 0 < \pi < 1$$

für endlichen, aber hinreichend großen Stichprobenumfang n rechtfertigt.

Verfahren 2.16 (Unten begrenztes Konfidenzintervall für die Eintrittswahrscheinlichkeit) *Der Wert eines einseitig unten begrenzten Konfidenzintervalls zum approximativen Konfidenzniveau* $1 - \alpha$ *für die Eintrittswahrscheinlichkeit* π *ist* $[u, 1]$ *mit u aus (2.21).*

Für das zufällige Intervall $[U, 1]$ gilt

$$\lim_{n \to \infty} P_{\pi}(\pi \in [U, 1]) = 1 - \alpha \quad \text{für alle } 0 < \pi < 1 \qquad (2.23)$$

und damit die Approximation

$$P_{\pi}(\pi \in [U, 1]) \approx 1 - \alpha \quad \text{für alle } 0 < \pi < 1$$

für endlichen, aber hinreichend großen Stichprobenumfang n.

Verfahren 2.17 (Obere Konfidenzschranke für die Eintrittswahrscheinlichkeit) *Der Wert v einer oberen Wald-Konfidenzschranke zum approximativen Konfidenzniveau $1 - \alpha$ für die Eintrittswahrscheinlichkeit π ist*

$$v = \bar{x} + z_{1-\alpha} s_{\bar{X}}. \qquad (2.24)$$

Die zugehörige zufällige Konfidenzschranke V hat die asymptotische Eigenschaft

$$\lim_{n \to \infty} P_{\pi}(\pi \leq V) = 1 - \alpha \quad \text{für alle } 0 < \pi < 1, \qquad (2.25)$$

womit die Approximation

$$P_{\pi}(\pi \leq V) \approx 1 - \alpha \quad \text{für alle } 0 < \pi < 1$$

für endlichen, aber hinreichend großen Stichprobenumfang n gerechtfertigt wird.

Verfahren 2.18 (Oben begrenztes Konfidenzintervall für die Eintrittswahrscheinlichkeit) *Der Wert eines einseitig oben begrenzten Konfidenzintervalls zum approximativen Konfidenzniveau $1 - \alpha$ für die Eintrittswahrscheinlichkeit π ist $[0, v]$ mit v aus (2.24).*

Für das zufällige Intervall $[0, V]$ gilt

$$\lim_{n \to \infty} P_{\pi}(\pi \in [0, V]) = 1 - \alpha \quad \text{für alle } 0 < \pi < 1 \qquad (2.26)$$

und damit die Approximation

$$P_{\pi}(\pi \in [0, V]) \approx 1 - \alpha \quad \text{für alle } 0 < \pi < 1.$$

Verfahren 2.19 (Konfidenzintervall für die Eintrittswahrscheinlichkeit) *Der Wert*
[u, v] eines Wald-Konfidenzintervalls zum approximativen Konfidenzniveau $1 - \alpha$ *für die*
Eintrittswahrscheinlichkeit π *ist durch die Intervallgrenzen*

$$u = \bar{x} - z_{1-\alpha/2} s_{\bar{X}} \quad \text{und} \quad v = \bar{x} + z_{1-\alpha/2} s_{\bar{X}} \qquad (2.27)$$

gegeben.

In (2.27) kann $-z_{1-\alpha/2}$ durch $+z_{\alpha/2}$ ersetzt werden. Die zugehörigen zufälligen Intervallgrenzen U und V des Konfidenzintervalls $[U, V]$ haben die Eigenschaften $U \leq V$ und

$$\lim_{n \to \infty} P_\pi (U \leq \pi \leq V) = 1 - \alpha \quad \text{für alle } 0 < \pi < 1. \qquad (2.28)$$

Das Wald-Konfidenzintervall für π hat also für endlichen, aber hinreichend großen Stichprobenumfang n eine Überdeckungswahrscheinlichkeit, die approximativ den Wert $1 - \alpha$
hat, d. h.

$$P_\pi (U \leq \pi \leq V) \approx 1 - \alpha \quad \text{für alle } 0 < \pi < 1.$$

Die Überdeckungswahrscheinlichkeit kann somit kleiner oder größer als $1 - \alpha$ sein, so dass
das vorgegebene Konfidenzniveau $1 - \alpha$ nur näherungsweise erreicht wird.

In den Spezialfällen $\pi \in \{0, 1\}$ haben die Wahrscheinlichkeiten $P_\pi (U \leq \pi), P_\pi (\pi \leq V)$
und $P_\pi (U \leq \pi \leq V)$ für jeden endlichen Stichprobenumfang n und damit auch asymptotisch für $n \to \infty$ den Wert Eins.

Bei den Verfahren 2.16, 2.18 und 2.19 kann berücksichtigt werden, dass der Wert $\pi = 0$
ausscheidet, falls $\bar{x} > 0$, und dass der Wert $\pi = 1$ ausscheidet, falls $\bar{x} < 1$.

Im Fall $\bar{x} = 0$ bzw. $\bar{x} = 1$ degenerieren die Werte der einseitig oben bzw. unten begrenzten
Konfidenzintervalle und der Wald-Konfidenzintervalle bei jedem vorgegebenen Konfidenz-
niveau, da dann $s_{\bar{X}}$ den Wert Null hat. Im Unterschied dazu degenerieren Clopper-Pearson-
Konfidenzintervalle nicht, siehe Abschn. 2.3.1.

Die Wald-Konfidenzschranken und das Wald-Konfidenzintervall erreichen das vorgegebene Konfidenzniveau asymptotisch im Sinn von (2.22), (2.25) und (2.28). Daher spricht
man auch von asymptotischen Konfidenzschranken und vom asymptotischen Konfidenzintervall.

Werden zur Berechnung der Wald-Konfidenzschranken in (2.21) und (2.24) sehr geringe
oder sehr hohe Konfidenzniveaus vorgegeben oder ist bei kleinem Stichprobenumfang der
geschätzte Standardfehler $s_{\bar{X}}$ relativ groß, so können die resultierenden Werte der Wald-
Konfidenzschranken den Parameterraum von π verlassen. Um dies zu verhindern, können
stattdessen die Kappungsformeln

$$u = \begin{cases} \max\{0, \bar{x} - z_{1-\alpha} s_{\bar{X}}\} & \text{für } 0 < \alpha < 1/2 \\ \bar{x} & \text{für } \alpha = 1/2 \\ \min\{1, \bar{x} - z_{1-\alpha} s_{\bar{X}}\} & \text{für } 1/2 < \alpha < 1 \end{cases}$$

und

$$v = \begin{cases} \min\{1, \bar{x} + z_{1-\alpha}s_{\bar{X}}\} & \text{für } 0 < \alpha < 1/2 \\ \bar{x} & \text{für } \alpha = 1/2 \\ \max\{0, \bar{x} + z_{1-\alpha}s_{\bar{X}}\} & \text{für } 1/2 < \alpha < 1 \end{cases}$$

verwendet werden, die zu Werten modifizierter Wald-Konfidenzschranken führen. In Analogie können in (2.27) die Werte

$$u = \max\{0, \bar{x} - z_{1-\alpha/2}s_{\bar{X}}\} \quad \text{und} \quad v = \min\{1, \bar{x} + z_{1-\alpha/2}s_{\bar{X}}\}$$

der Grenzen modifizierter Wald-Konfidenzintervalle berechnet werden.

Beispiel zu den Verfahren 2.15 bis 2.19

Gegeben sind $n = 400$ Stichprobenwerte $x_1, \ldots, x_{400} \in \{0, 1\}$ mit $k = \sum_{i=1}^{400} x_i = 40$ beobachteten ungünstigen Ereignissen. Das vorgegebene Konfidenzniveau ist $1 - \alpha = 95\,\%$. Gesucht sind Werte unterer und oberer Wald-Konfidenzschranken, der zugehörigen einseitig begrenzten Konfidenzintervalle und eines Wald-Konfidenzintervalls für die unbekannte Eintrittswahrscheinlichkeit π.

Zunächst werden der Punktschätzwert $\bar{x} = k/n = 0.1$ und der geschätzte Standardfehler $s_{\bar{X}} = \sqrt{0.1(1 - 0.1)}/\sqrt{400} = 0.015$ ermittelt. Zusätzlich werden die Quantile $z_{1-\alpha} = z_{0.95} \approx 1.6449$ und $z_{1-\alpha/2} = z_{0.975} \approx 1.9600$ der Standardnormalverteilung benötigt.

- Aus (2.21) folgt der Wert

$$u = \bar{x} - z_{1-\alpha}s_{\bar{X}} \approx 0.1 - 1.6449 \times 0.015 \approx 0.0753$$

einer unteren Wald-Konfidenzschranke zum approximativen Konfidenzniveau $95\,\%$ für die Eintrittswahrscheinlichkeit π. Daraus ergibt sich unter Berücksichtigung von $k < n$ bzw. $\bar{x} < 1$ und damit $\pi < 1$ der Wert $[0.0753, 1)$ eines einseitig unten begrenzten Wald-Konfidenzintervalls für π.

- Aus (2.24) folgt der Wert

$$v = \bar{x} + z_{1-\alpha}s_{\bar{X}} \approx 0.1 + 1.6449 \times 0.015 \approx 0.1247$$

einer oberen Wald-Konfidenzschranke zum approximativen Konfidenzniveau $95\,\%$ für die Eintrittswahrscheinlichkeit π. Daraus ergibt sich unter Berücksichtigung von $k > 0$ bzw. $\bar{x} > 0$ und damit $\pi > 0$ der Wert $(0, 0.1247]$ eines einseitig oben begrenzten Wald-Konfidenzintervalls für π.

- Mit (2.27) erhält man die Intervalluntergrenze

$$u = \bar{x} - z_{1-\alpha/2}s_{\bar{X}} \approx 0.1 - 1.9600 \times 0.015 = 0.0706, \tag{2.29}$$

die Intervallobergrenze

$$v = \bar{x} + z_{1-\alpha/2}s_{\bar{X}} \approx 0.1 + 1.9600 \times 0.015 = 0.1294 \tag{2.30}$$

und somit [0.0706, 0.1294] als Wert eines Wald-Konfidenzintervalls zum approximativen Konfidenzniveau 95 % für die Eintrittswahrscheinlichkeit π.

◀

Berechnungs- und Softwarehinweise

Das 95 %-Quantil der Standardnormalverteilung kann folgendermaßen berechnet werden:

Software	Funktionsaufruf
Excel	NORM.S.INV(0,95)
GAUSS	cdfNi(0.95)
Mathematica	Quantile[NormalDistribution[0,1],0.95]
R	qnorm(0.95)

Mit R kann nach Laden des Zusatzpaketes binom (Version 1.1-1) mit dem Aufruf
binom.confint(40,400,conf.level=0.95,method="asymptotic")
oder nach Laden des Zusatzpaketes epitools (Version 0.5-10) mit dem Aufruf
binom.approx(40,400,conf.level=0.95)
der Wert eines Wald-Konfidenzintervalls zum approximativen Konfidenzniveau 95 % und den Intervallgrenzen aus (2.29) und (2.30) berechnet werden. Ohne explizite Angabe eines Konfidenzniveaus verwenden binom.confint und binom.approx die Voreinstellung conf.level=0.95, weshalb diese Angabe hier auch entfallen könnte. ◀

Planung des Stichprobenumfangs Die Struktur der Intervallgrenzen aus (2.27) ermöglicht es, für ein Wald-Konfidenzintervall zum approximativen Konfidenzniveau $1-\alpha$ gemäß Verfahren 2.19 vor der Beobachtung den Stichprobenumfang so zu planen, dass die Intervalllänge eine vorgegebene Schranke nicht überschreitet.

Verfahren 2.20 (Notwendiger Stichprobenumfang) *Damit die Länge eines Wald-Konfidenzintervalls zum approximativen Konfidenzniveau $1-\alpha$ für eine Eintrittswahrscheinlichkeit π nicht größer als eine vorgegebene Schranke $d > 0$ ist, wird der notwendige Stichprobenumfang so bestimmt, dass*

$$n \geq \left(\frac{z_{1-\alpha/2}}{d}\right)^2 \tag{2.31}$$

erfüllt ist.

Beispiel zu Verfahren 2.20

Bei der Schätzung der Eintrittswahrscheinlichkeit π aus einer beabsichtigten Stichprobe soll der Stichprobenumfang n so geplant werden, dass die Länge eines Wald-Konfidenzintervalls zum approximativen Konfidenzniveau $1 - \alpha = 95\%$ nicht größer als 0.08 ist. Mit $z_{1-\alpha/2} = z_{0.975} \approx 1.9600$ und (2.31) erhält man

$$n \geq \left(\frac{1.9600}{0.08}\right)^2 = 600.25.$$

Somit genügt bei der Schätzung von π ein Stichprobenumfang von $n = 601$, damit das Wald-Konfidenzintervall zum approximativen Konfidenzniveau 95% nicht länger als 0.08 ist. ◄

2.3.3   Anwendungsfall: Bonität und Ausfallwahrscheinlichkeit

Ein Kreditinstitut hat $n = 4000$ Kreditnehmer vergleichbarer Bonität in einer Ratingklasse zusammengefasst. Die Bonität jedes Kreditnehmers wird durch seine Ausfallwahrscheinlichkeit innerhalb eines Jahres gemessen. Für alle Kreditnehmer der Ratingklasse wird vereinfachend eine einheitliche Ausfallwahrscheinlichkeit π unterstellt. Außerdem wird angenommen, dass die den Kreditnehmern zugeordneten Ausfallvariablen $X_i \sim \mathrm{Ber}(\pi)$ für $i = 1, \ldots, n$ stochastisch unabhängig sind. Dabei zeigt $X_i = 1$ den Ausfall des i-ten Kreditnehmers an, der darin besteht, dass die vertraglich vereinbarten Zahlungsverpflichtungen durch den Kreditnehmer nachhaltig nicht erfüllt werden. Die getroffene Unabhängigkeitsannahme ist im Fall eines sogenannten Point-in-Time-Ratings gerechtfertigt, da die Ausfallwahrscheinlichkeit der Kreditnehmer dann in einem bedingten Kontext gesehen wird, so dass stochastische Unabhängigkeit bedingt auf die Realisationen der die Bonität aller Kreditnehmer beeinflussenden gemeinsamen Risikofaktoren vorliegt, siehe dazu auch Anmerkung 2.8.

Innerhalb eines Jahres wurden $k = 40$ Ausfälle bei $n = 4000$ Kreditnehmern beobachtet. Dies entspricht einer Ausfallquote von

$$\bar{x} = k/n = 40/4000 = 0.01 = 1\%,$$

die ein Punktschätzwert für die unbekannte Ausfallwahrscheinlichkeit π ist. Der zugehörige geschätzte Standardfehler aus (2.3) ist

$$s_{\bar{x}} = \sqrt{\frac{0.01(1 - 0.01)}{4000}} \approx 0.001573 = 0.1573\%.$$

Auf der Basis dieser Schätzung ist geplant, der Ratingklasse die Ausfallwahrscheinlichkeit 1 % zuzuordnen. Es sind allerdings noch einige Fragen zur statistischen Genauigkeit zu beantworten, für welche die Berechnung von Konfidenzschranken und -intervallen sinnvoll ist. Welche Arten von Konfidenzschranken und -intervallen adäquat sind, hängt von der jeweiligen inhaltlichen Fragestellung ab. Für die folgenden drei Fälle wird jeweils vom Konfidenzniveau $1 - \alpha = 98\,\%$ ausgegangen.

1. Die Ersteller des Ratingsystems und der Risikovorstand der Bank interessieren sich für die Genauigkeit der Punktschätzung und berechnen daher Konfidenzintervalle als Ergänzung zur Punktschätzung.

   – Der Wert des Clopper-Pearson-Konfidenzintervalls zum Konfidenzniveau 98 % ergibt sich mit den Grenzen aus (2.16) und (2.17) als

   $$[B_{k,n-k+1,\alpha/2}, B_{k+1,n-k,1-\alpha/2}] = [B_{40,3961,0.01}, B_{41,3960,0.99}]$$
   $$\approx [0.6703\,\%, 1.4306\,\%].$$

   – Der Wert des Wald-Konfidenzintervalls zum approximativen Konfidenzniveau 98 % ergibt sich mit (2.27) und $z_{1-\alpha/2} = z_{0.99} \approx 2.3263$ als

   $$[\bar{x} - z_{1-\alpha/2}s_{\bar{X}}, \bar{x} + z_{1-\alpha/2}s_{\bar{X}}] \approx [0.6340\,\%, 1.3660\,\%].$$

2. Die Bankenaufsicht befürchtet, dass die Ausfallwahrscheinlichkeit durch die beobachtete Ausfallquote zu niedrig eingeschätzt ist. Sie interessiert sich deswegen dafür, wie hoch die Ausfallwahrscheinlichkeit sein kann, die mit der beobachteten Ausfallquote von 1 % noch verträglich ist. Dazu berechnet sie eine obere Konfidenzschranke für die Ausfallwahrscheinlichkeit, um zu wissen, unterhalb welchen Niveaus sich die Ausfallwahrscheinlichkeit mit großer statistischer Sicherheit befindet.

   – Der Wert der oberen Clopper-Pearson-Konfidenzschranke zum Konfidenzniveau 98 % ergibt sich mit (2.15) als

   $$B_{k+1,n-k,1-\alpha} = B_{41,3960,0.98} \approx 1.3773\,\%,$$

   woraus sich der Wert $(0, 0.013773]$ des entsprechenden einseitig oben begrenzten Konfidenzintervalls ergibt.
   – Der Wert der oberen Wald-Konfidenzschranke zum approximativen Konfidenzniveau 98 % ergibt sich mit (2.24) und $z_{1-\alpha} = z_{0.98} \approx 2.0537$ als

   $$\bar{x} + z_{1-\alpha}s_{\bar{X}} \approx 1.3231\,\%,$$

woraus sich der Wert $(0, 0.013231]$ des entsprechenden einseitig oben begrenzten Konfidenzintervalls ergibt.

Diese oberen Konfidenzschranken zeigen, dass mit der beobachteten Ausfallquote von 1 % zwar größere Ausfallwahrscheinlichkeiten als 1 % verträglich sind, diese aber nicht beliebig hoch sein können. Vielmehr liegen die mit den Beobachtungen verträglichen Ausfallwahrscheinlichkeiten mit großer statistischer Sicherheit unterhalb von 1.38 %.

3. Der Vorstandsvorsitzende der Bank befürchtet Ertragseinbußen durch eine zu hoch eingeschätzte Ausfallwahrscheinlichkeit, da diese zur Abwanderung von Kunden zur Konkurrenz führen könnte, wenn die dort niedriger eingeschätzte Ausfallwahrscheinlichkeit bessere Zinskonditionen für die Kunden ermöglicht. Er interessiert sich deswegen dafür, wie niedrig die Ausfallwahrscheinlichkeit sein kann, die mit der beobachteten Ausfallquote von 1 % noch verträglich ist. Der Vorstandsvorsitzende lässt daher eine untere Konfidenzschranke für die Ausfallwahrscheinlichkeit berechnen, um zu wissen, oberhalb welchen Niveaus sich die Ausfallwahrscheinlichkeit mit großer statistischer Sicherheit befindet.

– Der Wert der unteren Clopper-Pearson-Konfidenzschranke zum Konfidenzniveau 98 % ergibt sich mit (2.14) als

$$B_{k,n-k+1,\alpha} = B_{40,3961,0.02} \approx 0.7036\,\%,$$

woraus sich der Wert $[0.007036, 1)$ des entsprechenden einseitig unten begrenzten Konfidenzintervalls ergibt.

– Der Wert der unteren Wald-Konfidenzschranke zum approximativen Konfidenzniveau 98 % ergibt sich mit (2.21) als

$$\bar{x} - z_{1-\alpha} s_{\bar{X}} \approx 0.6769\,\%,$$

woraus sich der Wert $[0.006769, 1)$ des entsprechenden einseitig unten begrenzten Konfidenzintervalls ergibt.

Die untere Konfidenzschranke von rund 0.7 % zeigt, dass mit der beobachteten Ausfallquote von 1 % kleinere Ausfallwahrscheinlichkeiten als 1 % bis hinab zu 0.7 %, aber nicht beliebig kleine Ausfallwahrscheinlichkeiten, verträglich sind.

In Abb. 2.1 sind alle Ergebnisse zusammengefasst. Die exakten Konfidenzintervalle nach Clopper und Pearson sind in blau dargestellt, die approximativen Konfidenzintervalle nach Wald sind rot eingezeichnet. Die Unterschiede zwischen den auf exakten Konfidenzaussagen einerseits und den auf approximativen Verfahren beruhenden Konfidenzaussagen andererseits dürften bei der vorliegenden Datensituation und dem vorgegebenen Signifikanzniveau für die meisten Anwendungen nicht relevant sein.

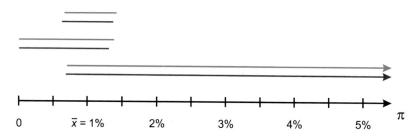

Abb. 2.1 Konfidenzintervalle (oberes Linienpaar), einseitig oben begrenzte Konfidenzintervalle (mittleres Linienpaar) und einseitig unten begrenzte Konfidenzintervalle (unteres Linienpaar) nach Clopper und Pearson (blau) und nach Wald (rot)

2.4 Statistisches Testen

Aus statistischer Sicht ist ein wesentlicher Teil des Risikomonitorings das statistische Testen zur Überwachung der Einhaltung von Referenzwerten. Bezüglich der unbekannten Eintrittswahrscheinlichkeit π können drei häufig betrachtete Aufgabenstellungen unterschieden werden.

Aufgabenstellungen Es soll mit Hilfe der Stichprobenwerte $x_1, \ldots, x_n$ statistisch abgesichert werden, dass die Eintrittswahrscheinlichkeit π

1. unter einem vorgegebenen Referenzwert π_0 liegt,
2. über einem vorgegebenen Referenzwert π_0 liegt,
3. über oder unter einem vorgegebenen Referenzwert π_0 liegt.

Dabei wird vorausgesetzt, dass für den Referenzwert $0 < \pi_0 < 1$ gilt und dass das durch Annahme 2.1 charakterisierte Stichprobenmodell vorliegt.

Null- und Gegenhypothese Den unterschiedlichen Aufgabenstellungen entsprechen bestimmte Kombinationen von Nullhypothese H_0 und Gegenhypothese H_1. Dabei ist die Logik statistischer Tests, mit Hilfe der Beobachtungen die Nullhypothese zugunsten der Gegenhypothese abzulehnen. Zu den Grundlagen statistischer Testverfahren siehe Abschn. 9.5. Den drei obigen Aufgabenstellungen entsprechen somit die Hypothesenpaare

1. $H_0 : \pi \geq \pi_0$, $H_1 : \pi < \pi_0$,
2. $H_0 : \pi \leq \pi_0$, $H_1 : \pi > \pi_0$,
3. $H_0 : \pi = \pi_0$, $H_1 : \pi \neq \pi_0$.

Klassische versus p-Wert-basierte Testdurchführung Bei der klassischen Durchführung eines statistischen Testverfahrens wird die Nullhypothese abgelehnt, wenn eine aus den

Stichprobenwerten berechnete Testgröße einen kritischen Wert unter- oder überschreitet, der vom vorgegebenen Signifikanzniveau α, z. B. 5 %, und den Hypothesen abhängt. Dagegen beruht die p-Wert-basierte Testdurchführung auf der Berechnung des p-Werts, der von den Stichprobenwerten und den Hypothesen abhängt. Der p-Wert wird mit dem vorgegebenen Signifikanzniveau verglichen und die Nullhypothese wird für kleine p-Werte abgelehnt, siehe Abschn. 9.5. Bei beiden Vorgehensweisen beschränkt das vom Anwender vorgegebene Signifikanzniveau die Fehlerwahrscheinlichkeit 1. Art, siehe Abschn. 9.5.

2.4.1 Exakte Tests für eine Eintrittswahrscheinlichkeit

Den obigen Aufgabenstellungen entsprechend können drei exakte Testverfahren unterschieden werden, die jeweils als klassisches oder als p-Wert-basiertes Testverfahren durchgeführt werden können. Diese Verfahren sind in der Literatur als *Tests für einen Anteilswert* oder *Binomialtests* bekannt (Rinne 2008, S. 530).

Klassische Testdurchführung Aus den n Stichprobenwerten $x_1, \ldots, x_n$ wird als *Testgröße* die Anzahl $k = \sum_{i=1}^{n} x_i$ der eingetretenen ungünstigen Ereignisse berechnet. Diese Testgröße ist mit bestimmten kritischen Werten zu vergleichen, deren Berechnung auf dem Referenzwert π_0 und den kumulierten Wahrscheinlichkeiten, die durch die Funktionen F und G aus (2.6) und (2.7) angegeben sind, beruht. Dabei ist in den ersten beiden Verfahren π_0 ein Parameterwert, der auf der Grenze zwischen den durch die Null- und Gegenhypothese zugelassenen Parameterbereichen liegt, und im dritten Verfahren ist π_0 der durch die Nullhypothese postulierte Parameter. Alle Verfahren sind statistische Tests zum Niveau α, d. h. die Fehlerwahrscheinlichkeit 1. Art – nämlich die Wahrscheinlichkeit dafür, die Nullhypothese abzulehnen, obwohl diese richtig ist – ist durch das vorgegebene Signifikanzniveau $0 < \alpha < 1$ nach oben beschränkt.

Verfahren 2.21 (Test zur Bestätigung von $\pi < \pi_0$) *Die Hypothese $H_0 : \pi \geq \pi_0$ wird zugunsten von $H_1 : \pi < \pi_0$ abgelehnt, falls $k < k_u$, wobei der kritische Wert $k_u \in \{0, 1, \ldots, n\}$ so bestimmt wird, dass*

$$F(k_u - 1; n, \pi_0) \leq \alpha < F(k_u; n, \pi_0) \tag{2.32}$$

mit F aus (2.6) und $F(-1; n, \pi_0) = 0$ gilt.

Die Testgröße k ist der realisierte Wert einer Testvariablen $K \sim \text{Bin}(n, \pi)$, die für verschiedene Parameter π verschiedene Binomialverteilungen besitzt. Für die Testvariable K gilt

$$\mathrm{P}_\pi(K < k_u) \leq \alpha \quad \text{für alle } \pi \geq \pi_0, \tag{2.33}$$

so dass ein Test zum Niveau α vorliegt.

Verfahren 2.22 (Test zur Bestätigung von $\pi > \pi_0$) *Die Hypothese $H_0 : \pi \leq \pi_0$ wird zugunsten von $H_1 : \pi > \pi_0$ abgelehnt, falls $k > k_o$, wobei der kritische Wert $k_o \in \{0, 1, \ldots, n\}$ so bestimmt wird, dass*

$$G(k_o + 1; n, \pi_0) \leq \alpha < G(k_o; n, \pi_0) \tag{2.34}$$

mit G aus (2.7) und $G(n + 1; n, \pi_0) = 0$ gilt.

Für die Testvariable K gilt

$$\mathrm{P}_\pi(K > k_o) \leq \alpha \quad \text{für alle } \pi \leq \pi_0, \tag{2.35}$$

so dass ein Test zum Niveau α vorliegt.

Verfahren 2.23 (Test zur Bestätigung von $\pi \neq \pi_0$) *Die Hypothese $H_0 : \pi = \pi_0$ wird zugunsten von $H_1 : \pi \neq \pi_0$ abgelehnt, falls $k < k_1$ oder $k > k_2$, wobei die kritischen Werte $k_1, k_2 \in \{0, 1, \ldots, n\}$ so bestimmt werden, dass*

$$F(k_1 - 1; n, \pi_0) \leq \frac{\alpha}{2} < F(k_1; n, \pi_0) \tag{2.36}$$

mit F aus (2.6) und $F(-1; n, \pi_0) = 0$ sowie

$$G(k_2 + 1; n, \pi_0) \leq \frac{\alpha}{2} < G(k_2; n, \pi_0) \tag{2.37}$$

mit G aus (2.7) und $G(n + 1; n, \pi_0) = 0$ gelten.

Für die Testvariable K gilt

$$\mathrm{P}_{\pi_0}(K < k_1) + \mathrm{P}_{\pi_0}(K > k_2) \leq \alpha, \tag{2.38}$$

so dass ein Test zum Niveau α vorliegt.

In (2.33), (2.35) und (2.38) stehen jeweils auf der linken Seite der Ungleichung die Fehlerwahrscheinlichkeiten 1. Art, welche durch α nach oben beschränkt sind. Da die Verteilung von K diskret ist und hier keine randomisierten Tests, siehe Abschn. 9.5, zugelassen werden, ist die maximale Fehlerwahrscheinlichkeit 1. Art in Abhängigkeit von der Kombination der Größen n, π_0 und α kleiner als das Signifikanzniveau α oder in Spezialfällen auch gleich α. Wenn das vorgegebene Signifikanzniveau α nicht erreicht werden kann, ist der Test konservativ. Die kleinste erreichbare positive Fehlerwahrscheinlichkeit 1. Art ergibt sich im ersten Fall als $F(0; n, \pi_0) = (1 - \pi_0)^n$ und im zweiten Fall als $G(n; n, \pi_0) = \pi_0^n$. Wenn ein noch kleineres Signifikanzniveau α vorgegeben wird, dann wird die entsprechende Nullhypothese niemals abgelehnt, so dass die Fehlerwahrscheinlichkeit 1. Art den Wert Null hat.

Wegen des Zusammenhangs zwischen Werten der Verteilungsfunktion einer Binomialverteilung und Quantilen der Betaverteilung können die Testverfahren 2.21 bis 2.23 auch folgendermaßen durchgeführt werden. Dabei bezeichnet $B_{c,d,p}$ das p-Quantil einer Beta-verteilung mit den Parametern c und d und es wird $B_{0,d,p} \overset{\text{def}}{=} 0$ und $B_{c,0,p} \overset{\text{def}}{=} 1$ festgelegt.

Verfahren 2.24 (Test zur Bestätigung von $\pi < \pi_0$) *Die Hypothese $H_0 : \pi \geq \pi_0$ wird zugunsten von $H_1 : \pi < \pi_0$ abgelehnt, falls $B_{k+1,n-k,1-\alpha} \leq \pi_0$.*

Verfahren 2.25 (Test zur Bestätigung von $\pi > \pi_0$) *Die Hypothese $H_0 : \pi \leq \pi_0$ wird zugunsten von $H_1 : \pi > \pi_0$ abgelehnt, falls $B_{k,n-k+1,\alpha} \geq \pi_0$.*

Verfahren 2.26 (Test zur Bestätigung von $\pi \neq \pi_0$) *Die Hypothese $H_0 : \pi = \pi_0$ wird zugunsten von $H_1 : \pi \neq \pi_0$ abgelehnt, falls $B_{k+1,n-k,1-\alpha/2} \leq \pi_0$ oder $B_{k,n-k+1,\alpha/2} \geq \pi_0$.*

p-Wert-basierte Testdurchführung Die Berechnung des p-Wertes erfolgt mit den Funktionen F und G aus (2.6) und (2.7) unter Verwendung des Referenzwertes π_0. Mit einem vorgegebenen Signifikanzniveau $0 < \alpha < 1$ ist folgendermaßen vorzugehen:

Verfahren 2.27 (Test zur Bestätigung von $\pi < \pi_0$) *Die Hypothese $H_0 : \pi \geq \pi_0$ wird zugunsten von $H_1 : \pi < \pi_0$ abgelehnt, falls $p_1 \leq \alpha$, wobei der p-Wert als*

$$p_1 = F(k; n, \pi_0) \tag{2.39}$$

mit F aus (2.6) berechnet wird.

Verfahren 2.28 (Test zur Bestätigung von $\pi > \pi_0$) *Die Hypothese $H_0 : \pi \leq \pi_0$ wird zugunsten von $H_1 : \pi > \pi_0$ abgelehnt, falls $p_2 \leq \alpha$, wobei der p-Wert als*

$$p_2 = G(k; n, \pi_0) \tag{2.40}$$

mit G aus (2.7) berechnet wird.

Verfahren 2.29 (Test zur Bestätigung von $\pi \neq \pi_0$) *Die Hypothese $H_0 : \pi = \pi_0$ wird zugunsten von $H_1 : \pi \neq \pi_0$ abgelehnt, falls $p_3 \leq \alpha$, wobei der p-Wert als*

$$p_3 = 2 \min\{p_1, p_2\} \tag{2.41}$$

mit p_1 aus (2.39) und p_2 aus (2.40) berechnet wird.

Ein p-Wert hängt also von den beobachteten Stichprobenwerten und den Hypothesen ab. Die Angabe eines p-Wertes ohne Angabe von Hypothesen ist sinnlos. Im ersten Fall ergibt sich für $k = n$ der p-Wert $p_1 = 1$, so dass keine Ablehnung der Nullhypothese erfolgt. Im zweiten Fall ergibt sich für $k = 0$ der p-Wert $p_2 = 1$, so dass keine Ablehnung der Nullhypothese erfolgt.

Beispiel zu Verfahren 2.28

Gegeben sind $n = 400$ Stichprobenwerte $x_1, \ldots, x_{400} \in \{0, 1\}$ mit $k = \sum_{i=1}^{400} x_i = 40$
beobachteten ungünstigen Ereignissen. Es soll statistisch abgesichert werden, dass die
Eintrittswahrscheinlichkeit π über einem vorgegebenen Referenzwert $\pi_0 = 0.07$ liegt.
Aus statistischer Sicht wird getestet, ob die Hypothese $H_0 : \pi \leq 0.07$ aufgrund der
beobachteten Werte zugunsten der Hypothese $H_1 : \pi > 0.07$ abgelehnt werden kann.
Das vorgegebene Signifikanzniveau sei $\alpha = 5\%$.
Es wird der p-Wert

$$p = G(40; 400, 0.07) \approx 0.01548 \tag{2.42}$$

mit G aus (2.7) berechnet und mit dem vorgegebenen Signifikanzniveau α verglichen. Da
$p \approx 0.01548 < 0.05 = \alpha$ gilt, wird die Nullhypothese zugunsten der Gegenhypothese
abgelehnt. ◄

Berechnungs- und Softwarehinweise

Die Berechnung von $G(40; 400, 0.07)$ aus (2.42) kann unter Ausnutzung der Symme-
triebeziehung (8.11) mit der Verteilungsfunktion der Binomialverteilung Bin(400, 0.93)
erfolgen. Es gilt $G(40; 400, 0.07) = F(360; 400, 0.93)$. Dieser Wert kann folgendermaßen berechnet werden:

Software	Funktionsaufruf
Excel	`BINOM.VERT(360;400;0,93;WAHR)`
GAUSS	`cdfBinomial(360,400,0.93)`
Mathematica	`CDF[BinomialDistribution[400,0.93],360]`
R	`pbinom(360,400,0.93)`

Mit R kann die Funktion `binom.test` zur Testdurchführung genutzt werden. Der
Aufruf
$\qquad$ `binom.test(40,400,p=0.07,alternative="greater")`
ergibt die Ausgabe: `p-value = 0.01548`. ◄

Anmerkung 2.5 (Fehlerwahrscheinlichkeiten 2. Art) Die Fehlerwahrscheinlichkeiten 2. Art
als Wahrscheinlichkeiten, eine falsche Nullhypothese beizubehalten, werden beispielhaft
für Verfahren 2.21 diskutiert. Für $k_u \in \{1, \ldots, n\}$ gilt

$$P_\pi(K \geq k_u) < 1 - P_{\pi_0}(K < k_u) \quad \text{für alle } \pi < \pi_0. \tag{2.43}$$

Auf der linken Seite der Ungleichung stehen Fehlerwahrscheinlichkeiten 2. Art, die durch
das Komplement der maximalen Fehlerwahrscheinlichkeit 1. Art nach oben beschränkt sind,
da die Wahrscheinlichkeit $P_\pi(K \geq k_u) = 1 - P_\pi(K < k_u)$ als Funktion des Parameters
π streng monoton wachsend ist. Je näher der Parameter π am Referenzwert π_0 liegt, umso

näher liegt die Fehlerwahrscheinlichkeit 2. Art bei dem Komplement der maximalen Fehlerwahrscheinlichkeiten 1. Art. Der für (2.43) ausgeschlossene Fall $k_u = 0$ tritt dann ein,
wenn das vorgegebene Signifikanzniveau α kleiner als $F(0; n, \pi_0) = (1 - \pi_0)^n$ ist. In
diesem Fall ist der Ablehnbereich die leere Menge. Die Nullhypothese wird dann niemals
abgelehnt, so dass die Fehlerwahrscheinlichkeit 1. Art den Wert Null für alle $\pi \geq \pi_0$ und
die Fehlerwahrscheinlichkeit 2. Art den Wert Eins für alle $\pi < \pi_0$ hat.

Anmerkung 2.6 (Alternative α-Aufteilung) Im Fall der Hypothesen $H_0 : \pi = \pi_0$ und
$H_1 : \pi \neq \pi_0$ ist die Aufteilung von α durch Halbierung wie in (2.36) und (2.37) bzw.
Verfahren 2.26 üblich. Diese Halbierung verbirgt sich auch hinter (2.41). Im Fall von $\pi_0 \neq$
$1/2$ ist die Verteilung von $K \sim \text{Bin}(n, \pi_0)$ nicht symmetrisch, so dass eine asymmetrische
Aufteilung von α Tests mit verbesserten Güteeigenschaften ermöglicht, siehe Lehmann und
Romano (2005, S. 113) und Rüger (2002, Beispiele 3.11, 4.16).

2.4.2   Approximative Tests für eine Eintrittswahrscheinlichkeit

Anstelle exakter statistischer Tests, bei denen die Fehlerwahrscheinlichkeit 1. Art durch das
vorgegebene Signifikanzniveau für beliebige Stichprobenumfänge nach oben beschränkt ist,
werden häufig approximative Testverfahren verwendet, deren Hauptvorteil eine scheinbar
einfachere Berechnung ist. Allerdings steht diesem Vorteil der Nachteil gegenüber, dass bei
approximativen Testverfahren die Fehlerwahrscheinlichkeit 1. Art selbst für große Stichprobenumfänge nur näherungsweise beim vorgegebenem Signifikanzniveau liegt, dieses also
auch überschritten werden kann.

Klassische Testdurchführung Aus den n Stichprobenwerten $x_1, \ldots, x_n$ wird zunächst
$\bar{x} = k/n$ und unter Verwendung des Referenzwertes $0 < \pi_0 < 1$ anschließend die Testgröße

$$t \stackrel{\text{def}}{=} \begin{cases} -\infty & \text{für } \bar{x} = 0 \\ \sqrt{n}\,\dfrac{\bar{x} - \pi_0}{\sqrt{\bar{x}(1-\bar{x})}} & \text{für } 0 < \bar{x} < 1 \\ \infty & \text{für } \bar{x} = 1 \end{cases} \tag{2.44}$$

berechnet. Die Entscheidungsregeln für die Testdurchführung beruhen dann auf einem Vergleich der berechneten Testgröße t mit bestimmten Quantilen der Standardnormalverteilung.
Mit dem vorgegebenen Signifikanzniveau $0 < \alpha < 1$ ist folgendermaßen vorzugehen:

Verfahren 2.30 (Test zur Bestätigung von $\pi < \pi_0$) *Die Hypothese $H_0 : \pi \geq \pi_0$ wird
zugunsten von $H_1 : \pi < \pi_0$ abgelehnt, falls $t < z_\alpha$.*

Falls also die Testgröße t kleiner als das α-Quantil z_α der Standardnormalverteilung ist, wird
die Nullhypothese zum vorgegebenen Signifikanzniveau α zugunsten der Gegenhypothese

abgelehnt. Für dieses Testverfahren ist die Wahrscheinlichkeit für den Fehler 1. Art – nämlich den Fehler, die Nullhypothese abzulehnen, obwohl diese richtig ist – approximativ durch α nach oben beschränkt. Somit liegt ein approximativer Test zum Niveau α vor.

Verfahren 2.31 (Test zur Bestätigung von $\pi > \pi_0$) *Die Hypothese $H_0 : \pi \leq \pi_0$ wird zugunsten von $H_1 : \pi > \pi_0$ abgelehnt, falls $t > z_{1-\alpha}$.*

Auch für dieses Verfahren ist die Fehlerwahrscheinlichkeit 1. Art approximativ durch das vorgegebene Signifikanzniveau α nach oben beschränkt, so dass ein approximativer Test zum Niveau α vorliegt.

Verfahren 2.32 (Test zur Bestätigung von $\pi \neq \pi_0$) *Die Hypothese $H_0 : \pi = \pi_0$ wird zugunsten von $H_1 : \pi \neq \pi_0$ abgelehnt, falls $t < z_{\alpha/2}$ oder $t > z_{1-\alpha/2}$.*

Das Verfahren ist ein approximativer Test zum Niveau α.

Diese approximativen Verfahren beruhen auf asymptotischen Eigenschaften und sind daher problematisch bei kleinen Stichprobenumfängen. Übliche Faustregeln für hinreichend große Stichprobenumfänge n, die die Anwendung der approximativen Testverfahren rechtfertigen, sind $n\pi_0(1 - \pi_0) > 9$, siehe Rinne (2008, S. 531), oder alternativ die gleichzeitige Einhaltung der Bedingungen $n\pi_0 \geq 5$ und $n(1 - \pi_0) \geq 5$, siehe Bamberg et al. (2017, S. 153).

p-**Wert-basierte Testdurchführung** Zur Berechnung des *p*-Wertes werden die Testgröße t aus (2.44) und die Verteilungsfunktion Φ der Standardnormalverteilung, ergänzt durch $\Phi(-\infty) = 0$ und $\Phi(\infty) = 1$, benötigt.

Mit dem vorgegebenen Signifikanzniveau $0 < \alpha < 1$ ist folgendermaßen vorzugehen:

Verfahren 2.33 (Test zur Bestätigung von $\pi < \pi_0$) *Die Hypothese $H_0 : \pi \geq \pi_0$ wird zugunsten von $H_1 : \pi < \pi_0$ abgelehnt, falls $p_1 < \alpha$, wobei der p-Wert als*

$$p_1 = \Phi(t) \tag{2.45}$$

berechnet wird.

Verfahren 2.34 (Test zur Bestätigung von $\pi > \pi_0$) *Die Hypothese $H_0 : \pi \leq \pi_0$ wird zugunsten von $H_1 : \pi > \pi_0$ abgelehnt, falls $p_2 < \alpha$, wobei der p-Wert als*

$$p_2 = 1 - \Phi(t) \tag{2.46}$$

berechnet wird.

Verfahren 2.35 (Test zur Bestätigung von $\pi \neq \pi_0$) *Die Hypothese $H_0 : \pi = \pi_0$ wird zugunsten von $H_1 : \pi \neq \pi_0$ abgelehnt, falls $p_3 < \alpha$, wobei der p-Wert als*

$$p_3 = 2 \min\{p_1, p_2\} \tag{2.47}$$

mit p_1 aus (2.45) und p_2 aus (2.46) berechnet wird.

Beispiel zu den Verfahren 2.31 und 2.34

Gegeben sind $n = 400$ Stichprobenwerte $x_1, \ldots, x_{400} \in \{0, 1\}$ mit $k = \sum_{i=1}^{400} x_i = 40$ beobachteten ungünstigen Ereignissen. Das vorgegebene Signifikanzniveau sei $\alpha = 5\,\%$. Der Referenzwert für die Eintrittswahrscheinlichkeit π sei $\pi_0 = 0.07$. Es soll überprüft werden, ob die Hypothese $H_0 : \pi \leq 0.07$ aufgrund der beobachteten Werte zugunsten von $H_1 : \pi > 0.07$ abgelehnt werden muss.
Es werden $\bar{x} = k/n = 0.1$ und daraus gemäß (2.44) die Testgröße

$$t = \sqrt{400}\,\frac{0.1 - 0.07}{\sqrt{0.1(1 - 0.1)}} = 2$$

berechnet.

- Bei der klassischen Testdurchführung mit Verfahren 2.31 wird diese Testgröße mit dem $(1 - \alpha)$-Quantil $z_{1-\alpha} = z_{0.95} \approx 1.6449$ der Standardnormalverteilung verglichen. Da hier $t = 2 > 1.6449 \approx z_{0.95}$ gilt, wird die Nullhypothese bei $\alpha = 5\,\%$ zugunsten der Gegenhypothese abgelehnt.
- Alternativ wird bei der p-Wert-basierten Testdurchführung mit Verfahren 2.34 aus der Testgröße t der p-Wert gemäß (2.46) als

$$p_2 = 1 - \Phi(2) \approx 0.0228 \tag{2.48}$$

berechnet und mit dem vorgegebenen Signifikanzniveau verglichen. Da $p_2 \approx 0.0228 < 0.05 = \alpha$ gilt, wird auch bei diesem Vorgehen die Nullhypothese zugunsten der Gegenhypothese abgelehnt.

◀

Berechnungs- und Softwarehinweise

Zur Berechnung von $1 - \Phi(2)$ aus (2.48) kann die Symmetrieeigenschaft (8.17) genutzt werden. Es gilt also $1 - \Phi(2) = \Phi(-2)$. Dieser Wert kann beispielsweise folgendermaßen berechnet werden:

Software	Funktionsaufruf
Excel	`NORM.S.VERT(-2;WAHR)`
GAUSS	`cdfN(-2)`
Mathematica	`CDF[NormalDistribution[0,1],-2]`
R	`pnorm(-2)`

◀

Anmerkung 2.7 (Alternative asymptotische Testverfahren) Es gibt alternative Testverfahren, die anstelle der Testgröße t aus (2.44) auf der Testgröße

$$t' = \sqrt{n} \frac{\bar{x} - \pi_0}{\sqrt{\pi_0(1 - \pi_0)}}$$

beruhen. Die zugehörige Testvariable T' ist die sogenannte Score-Statistik, die für $\pi = \pi_0$ asymptotisch standardnormalverteilt ist, siehe (2.63). Auf T' basierende Testverfahren können mit R und der Funktion `prop.test` durchgeführt werden. Im Fall der Hypothesen $H_0 : \pi = \pi_0$ und $H_1 : \pi \neq \pi_0$ ist keines der beiden Testverfahren, die auf t oder t' beruhen, dem anderen gleichmäßig überlegen, da sich die zugehörigen Gütefunktionen kreuzen (Casella und Berger 2002, S. 493 f.). Für Werte von π, die weit entfernt vom Referenzwert π_0 liegen, hat ein Test, der auf der Testgröße t beruht, größere Macht und damit eine kleinere Fehlerwahrscheinlichkeit 2. Art als ein Test, der auf der Testgröße t' beruht. Für Werte π in der Nähe des Referenzwertes π_0 gilt die umkehrte Aussage.

2.4.3 Anwendungsfall: Bonität und Ausfallwahrscheinlichkeit

Der Anwendungsfall aus Abschn. 2.3.3 wird aufgegriffen und weitergeführt. Bei der Erstellung des Ratingsystems wurde den Kreditnehmern in der betrachteten Ratingklasse die Ausfallwahrscheinlichkeit 1 % zugewiesen. Nachdem ein Jahr vergangen ist, soll im Rahmen eines Monitorings diese Zuordnung einer Ausfallwahrscheinlichkeit überprüft werden. In diesem Jahr wurden $k = 120$ Ausfallereignisse bei $n = 10\,000$ Kreditnehmern beobachtet, was eine beobachtete Ausfallquote von 1.2 % bedeutet. Es stellt sich die Frage, ob die beobachtete Ausfallquote von 1.2 % mit der hypothetischen Ausfallwahrscheinlichkeit $\pi_0 = 1$ % noch verträglich ist und die vorliegende Abweichung durch statistische Schwankungen der Ausfallquote um die Ausfallwahrscheinlichkeit erklärt werden kann. Die Auswahl des adäquaten statistischen Testverfahrens wird durch die inhaltliche Fragestellung bestimmt. Für die folgenden drei Fälle wird vom Signifikanzniveau $\alpha = 2$ % ausgegangen.

1. Die Ersteller des Ratingsystems und der Risikovorstand interessieren sich dafür, ob durch die beobachtete Ausfallquote von 1.2 % die behauptete Ausfallwahrscheinlichkeit $\pi_0 = 1$ % in Frage gestellt wird. Dazu werden die Hypothesen $H_0 : \pi = 1$ % und $H_1 : \pi \neq 1$ % aufgestellt.

– Der exakte Test dieser Hypothesen kann mit Hilfe des p-Wertes aus (2.41) durchgeführt werden, der sich als

$$
\begin{aligned}
p_3 &= 2\min\{F(k; n, \pi_0), G(k; n, \pi_0)\} \\
&= 2\min\{F(120; 10\,000, 0.01), G(120; 10\,000, 0.01)\} \\
&\approx 2\min\{0.9779, 0.0276\} \\
&= 0.0552
\end{aligned}
$$

berechnet. Wegen $p_3 > \alpha$ wird H_0 nicht abgelehnt.

– Der approximative Test dieser Hypothesen kann auf Basis der Testgröße t aus (2.44) und dem daraus resultierenden p-Wert aus (2.47) durchgeführt werden. Im vorliegenden Fall ergibt sich die Testgröße

$$
t = \sqrt{10\,000}\,\frac{0.012 - 0.01}{\sqrt{0.012(1 - 0.012)}} \approx 1.8368
$$

und damit ein p-Wert von

$$
p_3 = 2\min\{\Phi(t), 1 - \Phi(t)\} \approx 2\min\{0.9669, 0.0331\} = 0.0662.
$$

Wegen $p_3 > \alpha$ wird H_0 nicht abgelehnt.

Die Abweichung der beobachteten Ausfallquote 1.2% von der hypothetischen Ausfallwahrscheinlichkeit $\pi_0 = 1\%$ ist nicht so stark, dass damit die Nullhypothese $H_0 : \pi = 1\%$ erschüttert wird. Die Beobachtungen sind mit dieser Nullhypothese verträglich.

2. Die Bankenaufsicht befürchtet, dass die durch das Ratingsystem behauptete Ausfallwahrscheinlichkeit π_0 zu niedrig angesetzt ist. Um dies der Bank statistisch gesichert nachzuweisen, versucht die Bankenaufsicht, die Hypothese $H_0 : \pi \leq \pi_0$ zugunsten von $H_1 : \pi > \pi_0$ abzulehnen.

– Der exakte Test dieser Hypothesen kann mit Hilfe des p-Wertes aus (2.40) durchgeführt werden, der sich als

$$
p_2 = G(k; n, \pi_0) = G(120; 10\,000, 0.01) \approx 0.0276
$$

berechnet. Wegen $p_2 > \alpha$ kann H_0 nicht abgelehnt werden.

– Der approximative Test dieser Hypothesen kann mit Hilfe des p-Wertes aus (2.46) auf Basis der Testgröße t aus (2.44) durchgeführt werden. Im vorliegenden Fall ist $t \approx 1.8368$ und damit

$$
p_2 = 1 - \Phi(t) \approx 0.0331.
$$

Wegen $p_2 > \alpha$ kann H_0 nicht abgelehnt werden.

Bedenken der Bankenaufsicht dahingehend, dass die durch das Ratingsystem postulierte Ausfallwahrscheinlichkeit $\pi_0 = 1\,\%$ zu niedrig ist, können in diesem Fall nicht durch einen statistischen Test bestätigt werden, da die Nullhypothese $H_0 : \pi \leq 1\,\%$ noch mit der beobachteten Ausfallquote von $1.2\,\%$ verträglich ist.

3. Der Vorstandsvorsitzende der Bank befürchtet, dass die durch das Ratingsystem behauptete Ausfallwahrscheinlichkeit π_0 zu hoch ist. Er möchte daher die Hypothese $H_0 : \pi \geq \pi_0$ statistisch gesichert zugunsten von $H_1 : \pi < \pi_0$ ablehnen, um eine Neukalibrierung der behaupteten Ausfallwahrscheinlichkeit π_0 zu erreichen.

   – Der exakte Test dieser Hypothesen kann mit Hilfe des p-Wertes aus (2.39) durchgeführt werden, der sich als

   $$p_1 = F(k; n, \pi_0) = F(120; 10\,000, 0.01) \approx 0.9779$$

   berechnet. Wegen $p_1 > \alpha$ kann H_0 nicht abgelehnt werden.
   – Der approximative Test dieser Hypothesen kann mit Hilfe des p-Wertes aus (2.45) auf Basis der Testgröße t aus (2.44) durchgeführt werden. Im vorliegenden Fall ist $t \approx 1.8368$ und damit

   $$p_1 = \Phi(t) \approx 0.9669.$$

   Wegen $p_1 > \alpha$ kann H_0 nicht abgelehnt werden.

   Da die beobachtete Ausfallquote größer als π_0 ist, geben die Daten keine Hinweise, die gegen die Nullhypothese $H_0 : \pi \geq \pi_0$ sprechen.

In allen drei Fällen kann die Nullhypothese nicht abgelehnt werden. Die Unterschiede zwischen den exakten und den approximativen Verfahren sind nicht groß und führen beim unterstellten Signifikanzniveau $\alpha = 2\,\%$ nicht zu unterschiedlichen Testentscheidungen. Im zweiten Fall würden das exakte und das approximative Testverfahren bei einem Signifikanzniveau von $\alpha = 5\,\%$ zu einer Ablehnung der Nullhypothese führen.

Anmerkung 2.8 (Stochastische Unabhängigkeit als kritische Voraussetzung) Die Konfidenzintervalle in Abschn. 2.3.3 und die Testverfahren in diesem Abschnitt beruhen auf dem durch Annahme 2.1 spezifizierten Stichprobenmodell, welches stochastische Unabhängigkeit der Stichprobenvariablen voraussetzt. Diese Eigenschaft ist im Rahmen der Kreditrisikomodellierung kritisch zu sehen, da die Kreditnehmer typischerweise gemeinsamen Risikofaktoren ausgesetzt sind, die deren Bonität beeinflussen. Für Testverfahren mit korrelierten Beobachtungen im Rahmen eines Risikofaktormodells siehe z. B. Huschens (2006). Grundsätzlich sind auf stochastischer Unabhängigkeit der Stichprobenvariablen beruhende Verfahren dann zulässig, wenn sie in einem bedingten Kontext gesehen werden, bei dem stochastische Unabhängigkeit bedingt auf Realisationen der gemeinsamen Risikofaktoren vorliegt.

2.4.4 Rolle der Nullhypothese beim zweiseitigen Test

Falls das Ziel eines statistischen Tests die Bestätigung der Hypothese $\pi = \pi_0$ mit $\pi_0 > 0$ ist, dann ist ein Test mit dem Hypothesenpaar $H_0 : \pi = \pi_0$ versus $H_1 : \pi \neq \pi_0$ nur teilweise zielführend. Denn die Nichtablehnung von H_0 ist nur eine schwache Form der Bestätigung von H_0, da zwar die Fehlerwahrscheinlichkeit 1. Art durch α kontrolliert wird, aber die Fehlerwahrscheinlichkeit 2. Art sehr groß sein kann und nur durch $1 - \alpha$ nach oben beschränkt ist. Eine zu bestätigende Arbeitshypothese sollte grundsätzlich als Gegenhypothese H_1 formuliert werden, siehe Abschn. 9.5.

Eine erste Möglichkeit zur Begrenzung der Fehlerwahrscheinlichkeit 2. Art besteht darin, durch geänderte Hypothesen die Rollen der Fehler 1. und 2. Art zu tauschen. Die direkte Vertauschung von Null- und Gegenhypothese führt nicht zum Ziel, da Tests für das Hypothesenpaar $H_0 : \pi \neq \pi_0$ versus $H_1 : \pi = \pi_0$ nicht zur Verfügung stehen (Rüger 2002, S. 21 f.). Wenn man aber mit Hilfe einer positiven Zahl c eine gewisse, inhaltlich begründete Toleranzzone um den Referenzwert π_0 zieht, lassen sich die Hypothesen

$$H_0 : \pi \leq \pi_0 - c \text{ oder } \pi \geq \pi_0 + c \quad \text{versus} \quad H_1 : \pi_0 - c < \pi < \pi_0 + c$$

testen, wobei die Ablehnung von H_0 zu einer statistischen Bestätigung von H_1 führt. Tests mit dieser Struktur bzw. der etwas allgemeineren Struktur

$$H_0 : \pi \leq \pi_1 \text{ oder } \pi \geq \pi_2 \quad \text{versus} \quad H_1 : \pi_1 < \pi < \pi_2$$

mit $\pi_1 < \pi_2$ haben leider in der statistischen Lehrbuchliteratur bisher kaum Beachtung gefunden, obwohl deren Eigenschaften untersucht und beschrieben sind (Lehmann und Romano 2005, S. 81 ff.). Allerdings sind zur Bestimmung beider Grenzen des Ablehnbereichs nichtlineare Optimierungsprobleme mit Ungleichungen als Nebenbedingungen zu lösen.

Eine zweite Möglichkeit zur Begrenzung der Fehlerwahrscheinlichkeit 2. Art bestünde darin, mit einem großen Signifikanzniveau α zu arbeiten, wodurch eine große Fehlerwahrscheinlichkeit 1. Art in Kauf genommen, aber zugleich die Fehlerwahrscheinlichkeit 2. Art begrenzt würde. Wollte man die Fehlerwahrscheinlichkeit 2. Art z. B. auf maximal 5 % begrenzen, so müsste der ungewöhnlich große und schwierig zu interpretierende Wert von $\alpha = 95\,\%$ vorgegeben werden.

2.5 Resümee

Die einfachste Risikomaßzahl, die im Risikomanagement eine Rolle spielt, ist die Eintrittswahrscheinlichkeit eines ungünstigen Ereignisses oder Schadenereignisses. Für vorliegende Daten ist die relative Häufigkeit der beobachteten ungünstigen Ereignisse das empirische Äquivalent zur Eintrittswahrscheinlichkeit. Um von beobachten Werten auf eine unbekannte

Eintrittswahrscheinlichkeit zu schließen, müssen statistische Inferenzverfahren der induktiven Statistik eingesetzt werden.

Asymmetrische Risikowirkung Typischerweise sind die Wirkungen einer Unterschätzung und die einer Überschätzung der Eintrittswahrscheinlichkeit eines Schadenereignisses sehr unterschiedlich, so dass Abweichungen von einem Referenzwert je nach Richtung unterschiedliche Bedeutung haben. Daraus ergibt sich im Risikomanagement die besondere Relevanz statistischer Verfahren mit einseitiger Fragestellung. Solche Verfahren sind untere oder obere Konfidenzschranken, einseitig unten oder oben begrenzte Konfidenzintervalle und einseitige statistische Testverfahren. Dies schränkt die Relevanz zweiseitiger statistischer Verfahren, wie Konfidenzintervalle und zweiseitige statistische Tests, nicht ein. Zweiseitige Verfahren haben ihre Bedeutung bei der Genauigkeitsbeurteilung in Ergänzung zu Verfahren der Punktschätzung.

Bevorzugung exakter Verfahren Durch die individuelle Verfügbarkeit numerischer Verfahren auf Computern hat sich ein Paradigmenwechsel bezüglich des Schwierigkeitsgrades der Durchführung statistischer Verfahren vollzogen. Während die Methodenauswahl in älterer Statistikliteratur noch durch die Verfügbarkeit von Tabellen bestimmter Wahrscheinlichkeitsverteilungen und Berechnungsmöglichkeiten limitiert ist, kann dies inzwischen nicht mehr als Selektionskriterium für statistische Methoden gelten. Daher werden hier exakte Test- und Intervallschätzverfahren für Bernoulli-verteilte Stichprobenvariablen ausführlich behandelt.

- Bei den exakten Konfidenzschranken und -intervallen nach Clopper und Pearson ist die Irrtumswahrscheinlichkeit durch das vorgegebene Irrtumsniveau α nach oben beschränkt. Bei den entsprechenden exakten Testverfahren ist die Fehlerwahrscheinlichkeit 1. Art durch das vorgegebene Signifikanzniveau α nach oben beschränkt. Dadurch können die Fehlerwahrscheinlichkeiten exakter Verfahren eine bestimmte vorgegebene Schranke nicht überschreiten. Im Gegensatz dazu liegen die Fehlerwahrscheinlichkeiten bei approximativen Verfahren selbst bei großen Stichprobenumfängen nur näherungsweise bei der vorgegebenen Schranke und können diese Schranke somit sowohl über- als auch unterschreiten.
- Die exakten Verfahren können grundsätzlich für alle Stichprobenumfänge angewendet werden und sind daher approximativen Verfahren vorzuziehen, die auf asymptotischen Güteeigenschaften beruhen und auf große Stichprobenumfänge angewiesen sind.
- Die exakten Konfidenzschranken und -intervalle nach Clopper und Pearson können auch für sehr kleine oder sehr große Eintrittswahrscheinlichkeiten verwendet werden, bei denen asymptotisch begründete Verfahren nur bei extrem großen Stichprobenumfängen gerechtfertigt werden können.

Berechnungs- und Softwarehinweise Um die Umsetzung exakter Verfahren zu erleichtern, werden Berechnungs- und Anwendungshinweise für mehrere Softwarepakete (Excel, GAUSS, Mathematica und R) gegeben.

Klassische und p-Wert-basierte Testdurchführung Die klassische Testdurchführung ist motiviert von der Bestimmung kritischer Werte aus Verteilungstabellen. Dagegen sind p-Werte in der Berechnungsphase etwas aufwendiger, aber für die Testentscheidung genügt der Vergleich des berechneten p-Werts mit dem vorgegebenen Signifikanzniveau. Da es Disziplinen gibt, in denen die klassische Testdurchführung dominiert, und andere, in denen statistische Tests beinahe ausschließlich p-Wert-basiert durchgeführt werden, werden hier beide Vorgehensweise, die im Ergebnis stets äquivalent sind, parallel betrachtet.

Formulierung der Testhypothesen Eine statistisch zu sichernde Hypothese ist in der Regel als Gegenhypothese zu formulieren. Die Ablehnung einer Nullhypothese zugunsten einer Gegenhypothese ist eine statistische Bestätigung der Gegenhypothese mit einer Fehlerwahrscheinlichkeit, die durch das vorgegebene Signifikanzniveau α nach oben beschränkt ist. Die Nichtablehnung einer Nullhypothese ist nur eine schwache Bestätigung der Nullhypothese ohne Kontrolle der entsprechenden Fehlerwahrscheinlichkeit 2. Art.

Überblick über die statistischen Verfahren In diesem Kapitel werden insgesamt 35 Verfahren zum statistischen Schätzen und Testen von Eintrittswahrscheinlichkeiten dargestellt. Die erste Gruppe statistischer Verfahren wird in Tab. 2.1 zusammengefasst und betrifft die statistische Punktschätzung einer Eintrittswahrscheinlichkeit und die Genauigkeit dieser Schätzung. Dabei geht es zunächst um den Punktschätzwert ergänzt durch den geschätzten Standardfehler. Um den Standardfehler zu beschränken, kann vor der Stichprobenziehung der Stichprobenumfang bestimmt werden, der erforderlich ist, um den Standardfehler nicht über eine vorgegebene Schranke wachsen zu lassen. Falls geeignete Vorinformationen über die zu schätzende Eintrittswahrscheinlichkeit vorliegen, ist eine verbesserte Abschätzung des notwendigen Stichprobenumfangs möglich.

Tab. 2.2 gibt einen Überblick über die zweite Gruppe statistischer Verfahren, welche die Intervallschätzung für eine Eintrittswahrscheinlichkeit thematisiert. Es werden jeweils fünf exakte Verfahren mit impliziter und – im numerischen Ergebnis dazu äquivalent –

Tab. 2.1 Verfahren zur Punktschätzung für die Eintrittswahrscheinlichkeit

Nr.	Zweck des Verfahrens
2.1	Punktschätzwert
2.2	Geschätzter Standardfehler
2.3	Notwendiger Stichprobenumfang
2.4	Notwendiger Stichprobenumfang mit Vorinformation

Tab. 2.2 Verfahren zur Intervallschätzung für die Eintrittswahrscheinlichkeit

Nr.	Zweck des Verfahrens	Methodik	Werte
2.5	Untere Konfidenzschranke	Exakt	Implizit
2.6	Einseitig unten begrenztes Konfidenzintervall	Exakt	Implizit
2.7	Obere Konfidenzschranke	Exakt	Implizit
2.8	Einseitig oben begrenztes Konfidenzintervall	Exakt	Implizit
2.9	Konfidenzintervall	Exakt	Implizit
2.10	Untere Konfidenzschranke	Exakt	Explizit
2.11	Einseitig unten begrenztes Konfidenzintervall	Exakt	Explizit
2.12	Obere Konfidenzschranke	Exakt	Explizit
2.13	Einseitig oben begrenztes Konfidenzintervall	Exakt	Explizit
2.14	Konfidenzintervall	Exakt	Explizit
2.15	Untere Konfidenzschranke	Approximativ	Explizit
2.16	Einseitig unten begrenztes Konfidenzintervall	Approximativ	Explizit
2.17	Obere Konfidenzschranke	Approximativ	Explizit
2.18	Einseitig oben begrenztes Konfidenzintervall	Approximativ	Explizit
2.19	Konfidenzintervall	Approximativ	Explizit
2.20	Notwendiger Stichprobenumfang für ein Konfidenzintervall	Approximativ	Explizit

mit expliziter Angabe der Konfidenzschranken und Konfidenzintervallgrenzen betrachtet. Dabei basiert die explizite Angabe auf Quantilen der Betaverteilung. Zusätzlich werden fünf approximative Verfahren mit expliziter Angabe der Konfidenzschranken und Konfidenzintervallgrenzen basierend auf einem asymptotisch gültigen Zusammenhang mit der Normalverteilung dargestellt. Darauf aufbauend wird ein Verfahren angegeben, dass zur Bestimmung des Stichprobenumfangs dient, der notwendig ist, um die Länge eines approximativen Konfidenzintervalls zu beschränken.

Die dritte Gruppe statistischer Verfahren wird in Tab. 2.3 vergleichend gegenübergestellt und besteht aus Testverfahren für eine Eintrittswahrscheinlichkeit. Im Rahmen einer klassischen Testdurchführung werden jeweils drei exakte statistische Testverfahren mit impliziter – und in der Testentscheidung dazu äquivalent – mit expliziter Angabe der kritischen Werte betrachtet. Letztere basieren auf Quantilen der Betaverteilung. Ergänzend dazu werden drei exakte Testverfahren dargestellt, die auf einer p-Wert-basierten Testdurchführung beruhen, wobei die p-Werte mit Hilfe der Binomialverteilung explizit angegeben werden. Zusätzlich

Tab. 2.3 Statistische Testverfahren für eine Eintrittswahrscheinlichkeit

Nr.	Null- und Gegenhypothese		Methodik	Testdurchführung	Kritische Werte
2.21	$\pi \geq \pi_0$	$\pi < \pi_0$	Exakt	Klassisch	Implizit
2.22	$\pi \leq \pi_0$	$\pi > \pi_0$	Exakt	Klassisch	Implizit
2.23	$\pi = \pi_0$	$\pi \neq \pi_0$	Exakt	Klassisch	Implizit
2.24	$\pi \geq \pi_0$	$\pi < \pi_0$	Exakt	Klassisch	Explizit
2.25	$\pi \leq \pi_0$	$\pi > \pi_0$	Exakt	Klassisch	Explizit
2.26	$\pi = \pi_0$	$\pi \neq \pi_0$	Exakt	Klassisch	Explizit
2.27	$\pi \geq \pi_0$	$\pi < \pi_0$	Exakt	p-Wert-basiert	
2.28	$\pi \leq \pi_0$	$\pi > \pi_0$	Exakt	p-Wert-basiert	
2.29	$\pi = \pi_0$	$\pi \neq \pi_0$	Exakt	p-Wert-basiert	
2.30	$\pi \geq \pi_0$	$\pi < \pi_0$	Approximativ	Klassisch	Explizit
2.31	$\pi \leq \pi_0$	$\pi > \pi_0$	Approximativ	Klassisch	Explizit
2.32	$\pi = \pi_0$	$\pi \neq \pi_0$	Approximativ	Klassisch	Explizit
2.33	$\pi \geq \pi_0$	$\pi < \pi_0$	Approximativ	p-Wert-basiert	
2.34	$\pi \leq \pi_0$	$\pi > \pi_0$	Approximativ	p-Wert-basiert	
2.35	$\pi = \pi_0$	$\pi \neq \pi_0$	Approximativ	p-Wert-basiert	

können approximative statistische Testverfahren durchgeführt werden, die auf einem asymptotisch gültigen Zusammenhang mit der Normalverteilung basieren. Im Rahmen einer klassischen Testdurchführung werden drei approximative Testverfahren mit expliziter Angabe der kritischen Werte als Quantile der Standardnormalverteilung betrachtet. Ergänzend dazu werden drei approximative Testverfahren angegeben, die auf einer p-Wert-basierten Testdurchführung beruhen, wobei die p-Werte mit Hilfe der Verteilungsfunktion der Standardnormalverteilung explizit angegeben werden können. Stets gilt, dass die klassische und die p-Wert-basierte Testdurchführung zu äquivalenten Testentscheidungen führen.

2.6   Methodischer Hintergrund und Herleitungen

Methodischer Hintergrund von Verfahren 2.1, Gl. (2.2) und Verfahren 2.2 Der Schätzwert $\bar{x}$ für die Eintrittswahrscheinlichkeit π ist eine Realisation des Schätzers $\bar{X}$. Die Schätzung eines Bernoulli-Parameters π durch $\bar{X}$ ist ein Spezialfall der Erwartungswertschätzung, siehe Abschn. 9.3, mit $\mu = \pi$, $\sigma^2 = \pi(1 - \pi)$ und $\sigma = \sqrt{\pi(1 - \pi)}$. Daher ist der Schätzer $\bar{X}$ erwartungstreu für die Eintrittswahrscheinlichkeit π. Zum allgemeinen Begriff der Erwartungstreue siehe Abschn. 9.2.1. Außerdem hat der Schätzer $\bar{X}$ asymptotische Güteeigenschaften, wenn der Stichprobenumfang n gegen Unendlich strebt. Der Schätzer $\bar{X}$ für π ist konsistent, konsistent im quadratischen Mittel und stark konsistent. Zu den

Konsistenzbegriffen und den damit verbundenen Arten, mit denen der zufällige Schätz-fehler $\bar{X} - \pi$ für über alle Grenzen wachsenden Stichprobenumfang verschwindet, siehe Abschn. 9.2.2.

Der in (2.2) angegebene Standardfehler für die Schätzung von π durch $\bar{X}$ ergibt sich gemäß (9.7), wenn $\sigma = \sqrt{\pi(1-\pi)}$ verwendet wird. Der in (2.3) angegebene geschätzte Standardfehler ergibt sich, wenn in (2.2) der unbekannte Parameter π durch den Schätzwert $\bar{x}$ ersetzt wird.

Methodischer Hintergrund von Verfahren 2.3 Wenn man berücksichtigt, dass $\pi(1-\pi)$ durch den Maximalwert $1/4$, der für $\pi = 1/2$ angenommen wird, nach oben beschränkt ist, ergibt sich aus (2.2) die Abschätzung

$$\sigma_{\bar{X}} \le \frac{1}{2\sqrt{n}} \qquad (2.49)$$

für den Standardfehler. Um diesen nicht größer als eine vorgegebene Schranke $d > 0$ werden zu lassen, führt der Ansatz $1/(2\sqrt{n}) \le d$ zu (2.4).

Methodischer Hintergrund von Verfahren 2.4 Mit der Vorinformation $\pi \le \pi_0$ und einer Schranke $\pi_0 < 1/2$ wird der ungünstigste Fall von $\pi(1-\pi)$ für $\pi_0(1-\pi_0) < 1/4$ erreicht und es resultiert die gegenüber (2.49) verbesserte Abschätzung

$$\sigma_{\bar{X}} \le \sqrt{\frac{\pi_0(1-\pi_0)}{n}}.$$

Dieselbe verbesserte Abschätzung ergibt sich mit der Vorinformation $\pi \ge \pi_0$ und einer Schranke $\pi_0 > 1/2$. Damit der Standardfehler nicht größer als eine vorgegebene Schranke $d > 0$ ist, führt der Ansatz $\sqrt{\pi_0(1-\pi_0)/n} \le d$ zu (2.5).

Methodischer Hintergrund der Verfahren 2.5 bis 2.14 Die Begründung der Verfahren 2.5 bis 2.9 hängt entscheidend von Monotonie- und Stetigkeitseigenschaften der Wahrschein-lichkeiten

$$F(x; n, \pi) = \mathrm{P}_\pi(K \le x) \quad \text{und} \quad G(x; n, \pi) = \mathrm{P}_\pi(K \ge x)$$

für $K \sim \mathrm{Bin}(n, \pi)$ ab, wenn diese für festes $n \in \mathbb{N}$ und festes $x \in \mathbb{R}$ als Funktion des Parameters π betrachtet werden. Die Verfahren 2.10 bis 2.14 basieren auf folgendem Zusammenhang zwischen der Binomialverteilung und einer Betaverteilung (Rinne 2008, S. 346).

Eigenschaft 2.1 *Für* $K \sim \mathrm{Bin}(n, \pi)$, $k \in \{1, \ldots, n\}$ *und* $X \sim \mathrm{Beta}(k, n-k+1)$ *gilt*

$$\mathrm{P}_\pi(K \ge k) = \mathrm{P}_{k,n-k+1}(X \le \pi). \qquad (2.50)$$

Aus dieser Eigenschaft ergeben sich die benötigten Monotonie- und Stetigkeitseigenschaften, sowie Zusammenhänge zwischen den Parametern einer Binomialverteilung und Quantilen der Betaverteilung.

Da die Wahrscheinlichkeit auf der rechten Seite von (2.50) die Verteilungsfunktion einer betaverteilten Zufallsvariablen ist, die eine positive Dichte im Intervall $(0, 1)$ hat, ergeben sich folgende Eigenschaften der Wahrscheinlichkeiten $F(x; n, \pi)$ und $G(x; n, \pi)$ als Funktion von π.

Eigenschaft 2.2 *Für $n \in \mathbb{N}$ und $0 \leq x < n$ ist $F(x; n, \pi)$ eine stetige und streng monoton fallende Funktion von $\pi \in [0, 1]$ mit $F(x; n, 0) = 1$ und $F(x; n, 1) = 0$.*

Für andere Werte von x ist $F(x; n, \pi)$ als Funktion von π konstant, da $F(x; n, \pi) = 0$ für $x < 0$ und $F(x; n, \pi) = 1$ für $x \geq n$ gilt.

Eigenschaft 2.3 *Für $n \in \mathbb{N}$ und $0 < x \leq n$ ist $G(x; n, \pi)$ eine stetige und streng monoton wachsende Funktion von $\pi \in [0, 1]$ mit $G(x; n, 0) = 0$ und $G(x; n, 1) = 1$.*

Für andere Werte von x ist $G(x; n, \pi)$ als Funktion von π konstant, da $G(x; n, \pi) = 1$ für $x \leq 0$ und $G(x; n, \pi) = 0$ für $x > n$ gilt.

Methodischer Hintergrund von Verfahren 2.5 Zu beweisen ist Aussage (2.8), wobei die Zufallsvariable $U = u(K)$ von $K \sim \mathrm{Bin}(n, \pi)$ abhängt. Die Zufallsvariable U ist für $K = 0$ durch $U = 0$ und für $K > 0$ implizit durch $G(K; n, U) = \alpha$ festgelegt. Ungleichung (2.8) folgt aus

$$P_\pi(U = \pi) = 1 \quad \text{für } \pi = 0$$

und

$$P_\pi(U < \pi) \geq 1 - \alpha \quad \text{für } 0 < \pi \leq 1. \tag{2.51}$$

Die erste Gleichung gilt, da $P_0(K = 0) = P_0(u(K) = 0) = 1$ aus $\pi = 0$ folgt. Es ist noch (2.51) zu zeigen. Dazu wird

$$P_\pi(U < \pi) = P_\pi(G(K; n, \pi) > \alpha) \geq 1 - \alpha \quad \text{für } 0 < \pi \leq 1 \tag{2.52}$$

gezeigt. Zunächst wird die Gleichheit der Ereignisse $\{U < \pi\}$ und $\{G(K; n, \pi) > \alpha\}$ gezeigt, wobei die Eigenschaft 2.3 verwendet wird. K nimmt Werte $k \in \{0, 1, \dots, n\}$ an.

1. Für $k = 0$ gilt $u(0) = 0 < \pi$ und $G(0; n, \pi) = 1 > \alpha$, so dass beide Ereignisse eintreten.
2. Für $0 < k \leq n$ hat die Gleichung $G(k; n, x) = \alpha$ eine eindeutige Lösung x und die Funktion $G(k; n, x)$ ist streng monoton wachsend in x. Aus $u(k) < \pi$ und $G(n; n, u(k)) = \alpha$ folgt daher $G(k; n, \pi) > \alpha$. Umgekehrt folgt $u(k) < \pi$ aus $G(k; n, \pi) > \alpha$ und $G(k; n, u(k)) = \alpha$.

Es gilt daher $\{U < \pi\} = \{G(K; n, \pi) > \alpha\}$, woraus das Gleichheitszeichen in (2.52) folgt. Die rechte Ungleichung in (2.52) folgt, indem (8.30) für die Zufallsvariable $K \sim \text{Bin}(n, \pi)$ angewendet wird.

Methodischer Hintergrund von Verfahren 2.6 Mit (2.8) und $\pi \leq 1$ folgt

$$P_\pi(\pi \in [U, 1]) = P_\pi(U \leq \pi \leq 1) = P_\pi(U \leq \pi) \geq 1 - \alpha \quad \text{für alle } 0 \leq \pi \leq 1.$$

Methodischer Hintergrund von Verfahren 2.7 Zu beweisen ist Aussage (2.10), wobei die Zufallsvariable $V = v(K)$ von $K \sim \text{Bin}(n, \pi)$ abhängt. Die Zufallsvariable V ist für $K = n$ durch $V = 1$ und für $K < n$ implizit durch $F(K; n, V) = \alpha$ festgelegt. Ungleichung (2.10) folgt aus

$$P_\pi(V = \pi) = 1 \quad \text{für } \pi = 1$$

und

$$P_\pi(V > \pi) \geq 1 - \alpha \quad \text{für } 0 \leq \pi < 1. \tag{2.53}$$

Die erste Gleichung gilt, da $P_1(K = n) = P_1(v(K) = 1) = 1$ aus $\pi = 1$ folgt. Es bleibt (2.53) zu zeigen. Dazu wird

$$P_\pi(V > \pi) = P_\pi(F(K; n, \pi) > \alpha) \geq 1 - \alpha \quad \text{für } 0 \leq \pi < 1 \tag{2.54}$$

gezeigt. Zunächst wird die Gleichheit der Ereignisse $\{V > \pi\}$ und $\{F(K; n, \pi) > \alpha\}$ gezeigt, wobei die Eigenschaft 2.2 verwendet wird. K nimmt Werte $k \in \{0, 1, \ldots, n\}$ an.

1. Für $k = n$ gilt $v(n) = 1 > \pi$ und $F(n; n, \pi) = 1 > \alpha$, so dass beide Ereignisse eintreten.
2. Für $0 \leq k < n$ hat die Gleichung $F(k; n, x) = \alpha$ eine eindeutige Lösung x und die Funktion $F(k; n, x)$ ist streng monoton fallend in x. Aus $v(k) > \pi$ und $F(k; n, v(k)) = \alpha$ folgt daher $F(k; n, \pi) > \alpha$. Umgekehrt folgt $v(k) > \pi$ aus $F(k; n, \pi) > \alpha$ und $F(k; n, v(k)) = \alpha$.

Es gilt daher $\{V > \pi\} = \{F(K; n, \pi) > \alpha\}$, woraus das Gleichheitszeichen in (2.54) folgt. Die rechte Ungleichung in (2.54) ist eine Anwendung von (8.28) auf die Zufallsvariable K.

Methodischer Hintergrund von Verfahren 2.8 Mit (2.10) und $\pi \geq 0$ folgt

$$P_\pi(\pi \in [0, V]) = P_\pi(0 \leq \pi \leq V) = P_\pi(\pi \leq V) \geq 1 - \alpha \quad \text{für alle } 0 \leq \pi \leq 1.$$

Methodischer Hintergrund von Verfahren 2.9 Zu beweisen ist Aussage (2.12), wobei die Zufallsvariablen U und V von $K \sim \text{Bin}(n, \pi)$ abhängen. Dabei sind U und V jeweils zum Konfidenzniveau $1 - \alpha/2$ konstruierte untere und obere Konfidenzschranken gemäß der Verfahren 2.5 und 2.7. Die Zufallsvariable U ist für $K = 0$ durch $U = 0$ und für $K > 0$

implizit durch $G(K; n, U) = \alpha/2$ festgelegt. Die Zufallsvariable V ist für $K = n$ durch $V = 1$ und für $K < n$ implizit durch $F(K; n, V) = \alpha/2$ festgelegt.

Ungleichung (2.12) folgt aus

$$P_\pi(U = \pi < V) = 1 \quad \text{für } \pi = 0,$$

$$P_\pi(U < \pi = V) = 1 \quad \text{für } \pi = 1$$

und

$$P_\pi(U < \pi < V) \geq 1 - \alpha \quad \text{für } 0 < \pi < 1.$$

Die erste Gleichung gilt, da aus $\pi = 0$ zunächst $P_0(K = 0) = 1$ und daraus $P_0(u(K) = 0) = 1$ und $P_0(v(K) = 1 - (\alpha/2)^{1/n}) = 1$ folgt. Die zweite Gleichung gilt, da aus $\pi = 1$ zunächst $P_1(K = n) = 1$ und daraus $P_1(u(K) = (\alpha/2)^{1/n}) = 1$ und $P_1(v(K) = 1) = 1$ folgt. Im dritten Fall $0 < \pi < 1$ gilt

$$P_\pi(U \geq \pi) = 1 - P_\pi(U < \pi) \leq \alpha/2$$

wegen (2.51) und

$$P_\pi(V \leq \pi) = 1 - P_\pi(V > \pi) \leq \alpha/2$$

wegen (2.53). Daraus ergibt sich

$$P_\pi(U < \pi < V) = 1 - P_\pi(U \geq \pi) - P_\pi(V \leq \pi) \geq 1 - \alpha/2 - \alpha/2 = 1 - \alpha.$$

Methodischer Hintergrund von Verfahren 2.10 Zu zeigen ist für $k \in \{1, \ldots, n\}$ die Äquivalenz der impliziten Definition von u durch $G(k; n, u) = \alpha$ aus Verfahren 2.5 und der expliziten Angabe $u = B_{k,n-k+1,\alpha}$ aus Verfahren 2.10. Wegen Eigenschaft 2.1 und $G(k; n, u) = P_u(K \geq k)$ gilt

$$G(k; n, u) = \alpha \iff P_{k,n-k+1}(X \leq u) = \alpha \iff u = B_{k,n-k+1,\alpha} \tag{2.55}$$

mit $X \sim \text{Beta}(k, n - k + 1)$.

Methodischer Hintergrund von Verfahren 2.11 Die Äquivalenz der Verfahren 2.11 und 2.6 ergibt sich aus (2.55).

Methodischer Hintergrund von Verfahren 2.12 Zu zeigen ist für $k \in \{0, \ldots, n - 1\}$ die Äquivalenz der impliziten Definition von v durch $F(k; n, v) = \alpha$ aus Verfahren 2.7 und der expliziten Angabe $v = B_{k+1,n-k,1-\alpha}$ aus Verfahren 2.12. Die Bedingung

$$F(k; n, v) = P_v(K \leq k) = \alpha$$

ist äquivalent zu $P_v(K \geq k + 1) = 1 - \alpha$. Wegen Eigenschaft 2.1 gilt

$$F(k; n, v) = \alpha \iff P_{k+1,n-k}(X \leq v) = 1 - \alpha \iff v = B_{k+1,n-k,1-\alpha} \qquad (2.56)$$

mit $X \sim \text{Beta}(k + 1, n - k)$.

Methodischer Hintergrund von Verfahren 2.13 Die Äquivalenz der Verfahren 2.13 und 2.8 ergibt sich aus (2.56).

Methodischer Hintergrund von Verfahren 2.14 Die Äquivalenz der explizit angegebenen Werte u und v in Verfahren 2.14 mit den impliziten Definitionen aus Verfahren 2.9 ergibt sich aus (2.55) und (2.56), indem man jeweils α durch $\alpha/2$ ersetzt.

Methodischer Hintergrund zu Anmerkung 2.1 und zu den Verfahren 2.10 bis 2.14 Die Quantile von Betaverteilungen aus (2.14) bis (2.17) können alternativ durch Quantile von F-Verteilungen ausgedrückt werden. Zwischen dem p-Quantil $B_{v_1,v_2,p}$ einer Betaverteilung mit den ganzzahligen Parametern v_1 und v_2 und dem p-Quantil $F_{2v_1,2v_2,p}$ einer F-Verteilung (Definition 8.14) mit den Parametern $2v_1$ und $2v_2$ besteht der Zusammenhang (Rinne 2008, S. 346; Lehmann und Romano 2005, S. 159; Witting 1985, S. 50):

$$B_{v_1,v_2,p} = \frac{v_1 F_{2v_1,2v_2,p}}{v_2 + v_1 F_{2v_1,2v_2,p}}.$$

Mit $v_1 = k$, $v_2 = n - k + 1$ und $p \in \{\alpha, \alpha/2\}$ ergeben sich die in (2.14) und (2.16) benötigten Quantile der Betaverteilung. Für $v_1 = k + 1$, $v_2 = n - k$ und $p \in \{1 - \alpha, 1 - \alpha/2\}$ ergeben sich die in (2.15) und (2.17) benötigten Quantile.

In der Literatur werden die Grenzen der Clopper-Pearson-Konfidenzintervalle auf sehr unterschiedliche Arten angegeben, so dass sich deren numerische Identität nicht sofort erschließt. Durch elementare Umformungen und Vertauschung der Parameter der F-Verteilung, siehe (8.25), ergeben sich die alternativen Darstellungen

$$B_{k,n-k+1,\alpha/2} = \frac{k F_{2k,2(n-k+1),\alpha/2}}{n - k + 1 + k F_{2k,2(n-k+1),\alpha/2}} \qquad (2.57)$$

$$= \left(1 + \frac{n - k + 1}{k F_{2k,2(n-k+1),\alpha/2}} \right)^{-1} \qquad (2.58)$$

$$= \frac{k}{k + (n - k + 1) F_{2(n-k+1),2k,1-\alpha/2}} \qquad (2.59)$$

$$= \left(1 + \frac{(n - k + 1) F_{2(n-k+1),2k,1-\alpha/2}}{k} \right)^{-1} \qquad (2.60)$$

für die Untergrenze und

$$B_{k+1,n-k,1-\alpha/2} = \frac{(k+1)F_{2(k+1),2(n-k),1-\alpha/2}}{n-k+(k+1)F_{2(k+1),2(n-k),1-\alpha/2}} \tag{2.61}$$

$$= \left(1 + \frac{n-k}{(k+1)F_{2(k+1),2(n-k),1-\alpha/2}}\right)^{-1} \tag{2.62}$$

$$= \frac{k+1}{k+1+(n-k)F_{2(n-k),2(k+1),\alpha/2}}$$

$$= \left(1 + \frac{(n-k)F_{2(n-k),2(k+1),\alpha/2}}{k+1}\right)^{-1}$$

für die Obergrenze eines Clopper-Pearson-Konfidenzintervalls zum Konfidenzniveau $1-\alpha$. Die auf der Betaverteilung beruhenden Grenzen aus (2.16) und (2.17) werden in Meeker et al. (2017, S. 103) und Hedderich und Sachs (2020, S. 357, Gl. (6.28)) angegeben. Häufig sind die auf Quantilen von F-Verteilungen beruhenden Unter- und Obergrenzen angegeben. Teils werden (2.57) und (2.61) kombiniert (Johnson et al. 2005, S. 131), teils (2.58) und (2.62) (Agresti und Coull 1998, S. 119), teils (2.60) und (2.62) (Meeker et al. 2017, S. 103) und teils (2.59) und (2.61) (Rinne 2008, S. 469).[2]

Methodischer Hintergrund der Verfahren 2.15 bis 2.19 Die Schätzung eines Bernoulli-Parameters π aus n stochastisch unabhängigen und identisch verteilten Zufallsvariablen $X_1, \ldots, X_n$ mit $X_1 \sim \text{Ber}(\pi)$ ist ein Spezialfall der Erwartungswertschätzung, siehe Abschn. 9.3, mit $\mu = \pi$ und $\sigma^2 = \pi(1-\pi)$.

Für $0 < \pi < 1$ ist $\sigma^2 > 0$ und somit gilt (9.8) in der speziellen Form

$$\sqrt{n}\,\frac{\bar{X}-\pi}{\sqrt{\pi(1-\pi)}} \xrightarrow{\text{v}} N(0,1). \tag{2.63}$$

Wegen $X_i \in \{0,1\}$ vereinfacht sich S_n aus (9.10) zu $S_n = \sqrt{\bar{X}(1-\bar{X})}$. Der zum geschätzten Standardfehler $s_{\bar{X}} = \sqrt{\bar{x}(1-\bar{x})}/\sqrt{n}$ gehörende zufällige geschätzte Standardfehler ist

$$S_{\bar{X}} = \frac{S_n}{\sqrt{n}}.$$

Damit ergibt sich aus (9.9) speziell

---

[2] In Hedderich und Sachs (2020, S. 357, Gl. (6.29)) sind v aus (2.61) und u aus (2.59) angegeben, allerdings muss es dort zweimal $1-\alpha/2$ anstatt $\alpha/2$ heißen. Dieser Fehler setzt sich im anschließenden Beispiel fort, wobei dagegen die R-Codes und die angegebenen Zahlenwerte korrekt sind. Zwar stimmen die in Hedderich und Sachs (2020, S. 357) angegebenen Grenzen des Konfidenzintervalls formelmäßig mit den in Casella und Berger (2002, S. 454) angegebenen Grenzen überein. Allerdings bezeichnet $F_{\nu_1,\nu_2,\alpha}$ in Casella und Berger (2002) nicht das α-Quantil, sondern den „upper α cutoff from an F distribution with ν_1 and ν_2 degrees of freedom", also das $(1-\alpha)$-Quantil einer F-Verteilung mit den Parametern ν_1 und ν_2.

$$Z_n \stackrel{\text{def}}{=} \frac{\bar{X} - \pi}{S_{\bar{X}}} \stackrel{\text{V}}{\to} N(0, 1) \tag{2.64}$$

mit der zugehörigen Approximation $\text{Vert}[Z_n] \approx N(0, 1)$, die auch Wald-Approximation heißt. Die asymptotische Verteilung in (2.64) ist wohlbekannt (Lehmann und Romano 2005, S. 435; Casella und Berger 2002, S. 493; Witting und Müller-Funk 1995, S. 250). Aus der Verteilungskonvergenz (2.64) folgt die punktweise Konvergenz der Verteilungsfunktionen von Z_n gegen die Verteilungsfunktion Φ der Standardnormalverteilung. Mit der asymptotisch für $n \to \infty$ verschwindenden Wahrscheinlichkeit $\pi^n + (1 - \pi)^n$ gilt $\bar{X}_n(1 - \bar{X}_n) = 0$ und damit $S_n = S_{\bar{X}} = 0$. Die Zufallsvariable Z_n kann in den Fällen mit $S_{\bar{X}} = 0$ beliebig definiert werden, ohne dass sich die asymptotische Aussage (2.64) ändert.

In den bisher ausgeschlossenen Spezialfällen $\pi \in \{0, 1\}$ gilt $\sigma^2 = 0$ und $P(S_{\bar{X}} = 0) = 1$, sodass die Normalverteilungsasymptotik aus (2.63) und (2.64) nicht anwendbar ist. Allerdings gilt in diesen beiden Fällen $P(\bar{X} = \pi) = 1$, sodass jedes Intervall, das $\bar{X}$ enthält, die Überdeckungswahrscheinlichkeit 1 für π hat.

Methodischer Hintergrund von Verfahren 2.15 Der berechnete Wert u ist eine Realisation der Zufallsvariablen $U \stackrel{\text{def}}{=} \bar{X} - z_{1-\alpha} S_{\bar{X}}$. Für $0 < \pi < 1$ gilt

$$\lim_{n \to \infty} P_\pi(U \leq \pi) = \lim_{n \to \infty} P_\pi\left(\frac{\bar{X} - \pi}{S_{\bar{X}}} \leq z_{1-\alpha}\right) = \Phi(z_{1-\alpha}) = 1 - \alpha,$$

womit (2.22) gezeigt ist. Für $\pi \in \{0, 1\}$ und jeden Stichprobenumfang gilt $P_\pi(U \leq \pi) = 1$.

Methodischer Hintergrund von Verfahren 2.16 Wegen $\pi \leq 1$ gilt

$$P_\pi(U \leq \pi) = P_\pi(U \leq \pi \leq 1) = P_\pi(\pi \in [U, 1])$$

für jeden Stichprobenumfang und alle $0 < \pi < 1$, sodass (2.23) aus (2.22) folgt.

Methodischer Hintergrund von Verfahren 2.17 Der berechnete Wert v ist eine Realisation der Zufallsvariablen $V \stackrel{\text{def}}{=} \bar{X} + z_{1-\alpha} S_{\bar{X}}$. Für $0 < \pi < 1$ gilt

$$\lim_{n \to \infty} P_\pi(V \geq \pi) = \lim_{n \to \infty} P_\pi\left(\frac{\bar{X} - \pi}{S_{\bar{X}}} \geq -z_{1-\alpha}\right) = 1 - \Phi(-z_{1-\alpha}) = 1 - \alpha,$$

woraus (2.25) folgt. Für $\pi \in \{0, 1\}$ und jeden Stichprobenumfang gilt $P(V \geq \pi) = 1$.

Methodischer Hintergrund von Verfahren 2.18 Wegen $\pi \geq 0$ gilt

$$P_\pi(V \geq \pi) = P_\pi(0 \leq \pi \leq V) = P_\pi(\pi \in [0, V])$$

für jeden Stichprobenumfang und alle $0 < \pi < 1$, sodass (2.26) aus (2.25) folgt.

Methodischer Hintergrund von Verfahren 2.19 Die berechneten Intervallgrenzen u und v sind Realisationen der Zufallsvariablen $U \stackrel{\text{def}}{=} \bar{X} - z_{1-\alpha/2} S_{\bar{X}}$ und $V \stackrel{\text{def}}{=} \bar{X} + z_{1-\alpha/2} S_{\bar{X}}$.

- Für $0 < \pi < 1$ gilt

$$\lim_{n \to \infty} P_\pi (U \leq \pi \leq V) = \lim_{n \to \infty} P_\pi (\bar{X} - z_{1-\alpha/2} S_{\bar{X}} \leq \pi \leq \bar{X} + z_{1-\alpha/2} S_{\bar{X}})$$

$$= \lim_{n \to \infty} P_\pi \left(-z_{1-\alpha/2} \leq \frac{\bar{X} - \pi}{S_{\bar{X}}} \leq z_{1-\alpha/2} \right)$$

$$= \Phi(z_{1-\alpha/2}) - \Phi(-z_{1-\alpha/2})$$

$$= 1 - \alpha/2 - \alpha/2$$

$$= 1 - \alpha$$

und damit Aussage (2.28) über das approximative Konfidenzintervall.
- Für $\pi \in \{0, 1\}$ und jeden Stichprobenumfang gilt $P_\pi (\bar{X} = \pi) = 1$, $P_\pi (S_{\bar{X}} = 0) = 1$ und somit

$$P(U \leq \pi \leq V) = 1.$$

Methodischer Hintergrund von Verfahren 2.20 Die Länge des Intervalls $[u, v]$ in (2.27) ist

$$v - u = \bar{x} + z_{1-\alpha/2} S_{\bar{X}} - (\bar{x} - z_{1-\alpha/2} S_{\bar{X}}) = 2z_{1-\alpha/2} S_{\bar{X}} = 2z_{1-\alpha/2} \sqrt{\bar{x}(1 - \bar{x})/n}.$$

Wegen $\bar{x}(1 - \bar{x}) \leq 1/4$ ergibt sich

$$v - u = 2z_{1-\alpha/2} \sqrt{\bar{x}(1 - \bar{x})/n} \leq \frac{z_{1-\alpha/2}}{\sqrt{n}}.$$

Für eine vorgegebene maximale Intervalllänge $d > 0$ sind $z_{1-\alpha/2}/\sqrt{n} \leq d$ und $n \geq (z_{1-\alpha/2}/d)^2$ äquivalent. Daher ist die Intervalllänge $v - u \leq d$, wenn für den Stichprobenumfang $n \geq (z_{1-\alpha/2}/d)^2$ gilt.

Methodischer Hintergrund von Verfahren 2.21

1. Zu zeigen ist, dass durch den kritischen Wert k_u aus (2.32) ein Test zum Niveau α definiert ist, d. h. dass (2.33) gilt. Durch das Konstruktionsverfahren aus (2.32) ist sichergestellt, dass

$$F(k_u - 1; n, \pi_0) = P_{\pi_0}(K \leq k_u - 1) = P_{\pi_0}(K < k_u) \leq \alpha$$

gilt. Daraus und wegen der Monotonie aus Eigenschaft 2.2 gilt

$$P_\pi (K < k_u) \leq P_{\pi_0}(K < k_u) \leq \alpha \quad \text{für alle } \pi \geq \pi_0,$$

womit (2.33) gezeigt ist.

2. Die maximale Fehlerwahrscheinlichkeit 1. Art, d. h. der Umfang des Tests, ist durch $P_{\pi_0}(K < k_u)$ gegeben. In Abhängigkeit vom gewählten Signifikanzniveau α kann ein Test mit Umfang α vorliegen, falls $P_{\pi_0}(K < k_u) = \alpha$ gilt.

3. Da $P_{\pi}(K < k_u)$ monoton fallend in π ist, gilt

$$P_{\pi'}(K < k_u) \geq P_{\pi''}(K < k_u) \quad \text{für alle } \pi' < \pi_0 \text{ und } \pi'' \geq \pi_0,$$

so dass der Test unverfälscht ist.

Methodischer Hintergrund von Verfahren 2.22

1. Zu zeigen ist, dass durch den kritischen Wert k_o aus (2.34) ein Test zum Niveau α definiert ist, also (2.35) gilt. Durch das Konstruktionsverfahren aus (2.34) ist sichergestellt, dass

$$G(k_o + 1; n, \pi_0) = P_{\pi_0}(K \geq k_o + 1) = P_{\pi_0}(K > k_o) \leq \alpha$$

gilt. Daraus und wegen der Monotonie aus Eigenschaft 2.3 gilt

$$P_{\pi}(K > k_o) \leq P_{\pi_0}(K > k_o) \leq \alpha \quad \text{für alle } \pi \leq \pi_0,$$

womit (2.35) gezeigt ist.

2. Die maximale Fehlerwahrscheinlichkeit 1. Art, d. h. der Umfang des Tests, ist durch $P_{\pi_0}(K > k_o)$ gegeben. In Abhängigkeit vom gewählten Signifikanzniveau α kann ein Test mit Umfang α vorliegen, falls $P_{\pi_0}(K > k_o) = \alpha$ gilt.

3. Da $P_{\pi}(K > k_o)$ monoton wachsend in π ist, gilt

$$P_{\pi'}(K > k_o) \geq P_{\pi''}(K > k_o) \quad \text{für alle } \pi' > \pi_0 \text{ und } \pi'' \leq \pi_0,$$

so dass der Test unverfälscht ist.

Methodischer Hintergrund von Verfahren 2.23

1. Zu zeigen ist, dass durch die kritischen Werte k_1 und k_2 aus (2.36) und (2.37) ein Test zum Niveau α definiert ist, also (2.38) gilt. Durch das Konstruktionsverfahren aus (2.36) ist sichergestellt, dass

$$F(k_1 - 1; n, \pi_0) = P_{\pi_0}(K \leq k_1 - 1) = P_{\pi_0}(K < k_1) \leq \alpha/2$$

gilt. Durch das Konstruktionsverfahren aus (2.37) ist sichergestellt, dass

$$G(k_2 + 1; n, \pi_0) = P_{\pi_0}(K \geq k_2 + 1) = P_{\pi_0}(K > k_2) \leq \alpha/2$$

gilt. Damit ist (2.38) erfüllt.

2. In Abhängigkeit vom gewählten Signifikanzniveau α kann ein Test mit Umfang α vorliegen, falls $P_{\pi_0}(K < k_1) + P_{\pi_0}(K > k_2) = \alpha$ gilt.
3. Im Unterschied zu den einseitigen Verfahren 2.21 und 2.22 folgt in diesem Fall im Allgemeinen nicht die Unverfälschtheit des Tests. Hintergrund ist die Asymmetrie der Binomialverteilung, falls der Bernoulli-Parameter von $1/2$ verschieden ist. Die Unverfälschtheit kann mit alternativen Verfahren mit nichtsymmetrischer Aufteilung von α auf die beiden Verteilungsenden erreicht werden (Rüger 2002, Beispiel 4.16). Diese Verfahren sind allerdings für Anwendungen von geringer Bedeutung.

Methodischer Hintergrund der Verfahren 2.24 bis 2.26 Die auf Quantilen der Betaverteilung beruhenden Testverfahren verwenden den Zusammenhang (2.50) zwischen $K \sim$ Bin(n, π) und $X \sim$ Beta$(k, n - k + 1)$. Aus diesem Zusammenhang ergibt sich folgende Eigenschaft.

Eigenschaft 2.4 *Es sei $K \sim$ Bin(n, π) und $B_{c,d,p}$ bezeichne das p-Quantil einer Betaverteilung mit den Parametern c und d. Es sei $0 < p < 1$. Für $k \in \{0, 1, \ldots, n - 1\}$ gilt*

$$P_\pi(K \leq k) \leq p \iff \pi \geq B_{k+1,n-k,1-p} \tag{2.65}$$

und für $k \in \{1, 2, \ldots, n\}$ gilt

$$P_\pi(K \geq k) \leq p \iff \pi \leq B_{k,n-k+1,p}. \tag{2.66}$$

Die Äquivalenz (2.65) ergibt sich aus (2.50) mit

$$P_\pi(K \leq k) \leq p \iff P_\pi(K \geq k + 1) \geq 1 - p$$
$$\iff P_{k+1,n-k}(X \leq \pi) \geq 1 - p$$
$$\iff \pi \geq B_{k+1,n-k,1-p}.$$

Die Äquivalenz (2.66) ergibt sich aus (2.50) mit

$$P_\pi(K \geq k) \leq p \iff P_{k,n-k+1}(X \leq \pi) \leq p \iff \pi \leq B_{k,n-k+1,p}.$$

Methodischer Hintergrund von Verfahren 2.24 Zu zeigen ist, dass die Bedingungen $k < k_u$ aus Verfahren 2.21 und $B_{k+1,n-k,1-\alpha} \leq \pi_0$ aus Verfahren 2.24 äquivalent sind. Aus $k < k_u$ folgt $k \leq k_u - 1$ und damit

$$P_{\pi_0}(K \leq k) = F(k; n, \pi_0) \leq F(k_u - 1; n, \pi_0) \leq \alpha,$$

wobei sich die letzte Ungleichung aus Verfahren 2.21 ergibt. Aus $P_{\pi_0}(K \leq k) = F(k; n, \pi_0) \leq \alpha$ folgt mit (2.32) die Ungleichung $F(k; n, \pi_0) < F(k_u; n, \pi_0)$ und damit $k < k_u$. Somit ist die Äquivalenz

$$k < k_u \iff P_{\pi_0}(K \le k) \le \alpha \qquad (2.67)$$

gezeigt. Wegen (2.65) gilt mit der Substitution $(\pi, p) = (\pi_0, \alpha)$ auch die Äquivalenz

$$P_{\pi_0}(K \le k) \le \alpha \iff \pi_0 \ge B_{k+1,n-k,1-\alpha}.$$

Damit ist die Äquivalenz

$$k < k_u \iff \pi_0 \ge B_{k+1,n-k,1-\alpha} \qquad (2.68)$$

gezeigt.

Methodischer Hintergrund von Verfahren 2.25 Zu zeigen ist, dass die Bedingungen $k > k_o$ aus Verfahren 2.22 und $B_{k,n-k+1,\alpha} \ge \pi_0$ aus Verfahren 2.25 äquivalent sind. Aus $k > k_o$ folgt $k \ge k_o + 1$ und damit

$$P_{\pi_0}(K \ge k) = G(k; n, \pi_0) \le G(k_o + 1; n, \pi_0) \le \alpha,$$

wobei sich die letzte Ungleichung aus Verfahren 2.22 ergibt. Aus $P_{\pi_0}(K \ge k) = G(k; n, \pi_0) \le \alpha$ folgt mit (2.34) die Ungleichung $G(k; n, \pi_0) < G(k_o; n, \pi_0)$ und damit $k > k_o$. Somit ist die Äquivalenz

$$k > k_o \iff P_{\pi_0}(K \ge k) \le \alpha \qquad (2.69)$$

gezeigt. Wegen (2.66) gilt mit der Substitution $(\pi, p) = (\pi_0, \alpha)$ auch die Äquivalenz

$$P_{\pi_0}(K \ge k) \le \alpha \iff B_{k,n-k+1,\alpha} \ge \pi_0.$$

Damit ist die Äquivalenz

$$k > k_o \iff B_{k,n-k+1,\alpha} \ge \pi_0 \qquad (2.70)$$

gezeigt.

Methodischer Hintergrund von Verfahren 2.26 Zu zeigen ist, dass die Bedingung ($k < k_1$ oder $k > k_2$) aus Verfahren 2.23 und die Bedingung ($B_{k+1,n-k,1-\alpha/2} \le \pi_0$ oder $B_{k,n-k+1,\alpha/2} \ge \pi_0$) aus Verfahren 2.26 äquivalent sind. Aus (2.68) folgt mit der Substitution von (k_u, α) durch $(k_1, \alpha/2)$ die Äquivalenz von $k < k_1$ und $B_{k+1,n-k,1-\alpha/2} \le \pi_0$. Aus (2.70) folgt mit der Substitution von (k_o, α) durch $(k_2, \alpha/2)$ die Äquivalenz von $k > k_2$ und $B_{k,n-k+1,\alpha/2} \ge \pi_0$.

Methodischer Hintergrund von Verfahren 2.27 Zu zeigen ist die Äquivalenz der Bedingungen $k < k_u$ aus Verfahren 2.21 und $p_1 \le \alpha$ mit p_1 aus Verfahren 2.27. Es gilt $p_1 = F(k; n, \pi_0) = P_{\pi_0}(K \le k)$, so dass sich die gesuchte Äquivalenz aus (2.67) ergibt.

Methodischer Hintergrund von Verfahren 2.28 Zu zeigen ist die Äquivalenz der Bedingungen $k > k_o$ aus Verfahren 2.22 und $p_2 \leq \alpha$ mit p_2 aus Verfahren 2.28. Es gilt $p_2 = G(k; n, \pi_0) = P_{\pi_0}(K \geq k)$, so dass sich die gesuchte Äquivalenz aus (2.69) ergibt.

Methodischer Hintergrund von Verfahren 2.29 Zu zeigen ist die Äquivalenz der Bedingung ($k < k_1$ oder $k > k_2$) aus Verfahren 2.23 zur Bedingung $p_3 \leq \alpha$ mit p_3 aus Verfahren 2.29. Aus den beiden vorangegangenen Abschnitten ist klar, dass $k < k_1$ äquivalent zu $p_1 = F(k; n, \pi_0) \leq \alpha/2$ und dass $k > k_2$ äquivalent zu $p_2 = G(k; n, \pi_0) \leq \alpha/2$ ist. Somit ist die Bedingung ($k < k_1$ oder $k > k_2$) äquivalent zu ($p_1 \leq \alpha/2$ oder $p_2 \leq \alpha/2$). Die letzte Bedingung kann zu $\min\{p_1, p_2\} \leq \alpha/2$ und schließlich zu $2\min\{p_1, p_2\} \leq \alpha$ zusammengefasst werden. Damit ergibt sich für $p_3 = 2\min\{p_1, p_2\}$ die Bedingung $p_3 \leq \alpha$.

Herleitung von Gl. (2.43) Aus $\pi < \pi_0$ folgt mit der strengen Monotonie der Funktion G in π aus Eigenschaft 2.3, dass

$$P_\pi(K \geq k_u) = G(k_u; n, \pi) < G(k_u; n, \pi_0) = P_{\pi_0}(K \geq k_u) = 1 - P_{\pi_0}(K < k_u)$$

für $k_u \in \{1, \ldots, n\}$. Da die Funktion G stetig in π ist, gilt

$$\sup_{\{\pi \,|\, \pi < \pi_0\}} P_\pi(K \geq k_u) = 1 - P_{\pi_0}(K < k_u).$$

Methodischer Hintergrund der Verfahren 2.30 bis 2.32 Da es sich um approximative Testverfahren handelt, ist die Fehlerwahrscheinlichkeit 1. Art nicht exakt durch α nach oben beschränkt. Es gelten nur approximative Aussagen, die auf asymptotisch gültigen Eigenschaften beruhen. Der Testgröße t aus (2.44) entspricht die Testvariable

$$T = \begin{cases} -\infty & \text{für } \bar{X} = 0 \\ \sqrt{n}\,\dfrac{\bar{X} - \pi_0}{\sqrt{\bar{X}(1 - \bar{X})}} & \text{für } 0 < \bar{X} < 1 \\ \infty & \text{für } \bar{X} = 1 \end{cases},$$

wobei $n\bar{X} \sim \text{Bin}(n, \pi)$ gilt. Die Verteilung der Testvariablen T variiert mit dem Stichprobenumfang n und der Eintrittswahrscheinlichkeit π.

Die Testvariable T ist eine erweiterte Zufallsvariable (siehe Anmerkung 8.3). Für den Ausnahmefall $T = -\infty$ gilt

$$P_\pi(T = -\infty) = P_\pi(K = 0) = (1 - \pi)^n$$

und asymptotisch

$$\lim_{n \to \infty} P_\pi(T = -\infty) = \lim_{n \to \infty} (1 - \pi)^n = \begin{cases} 1 & \text{für } \pi = 0 \\ 0 & \text{für } 0 < \pi \leq 1 \end{cases}.$$

Für den Ausnahmefall $T = \infty$ gilt

$$P_\pi(T = \infty) = P_\pi(K = n) = \pi^n$$

und asymptotisch

$$\lim_{n \to \infty} P_\pi(T = \infty) = \lim_{n \to \infty} \pi^n = \begin{cases} 1 & \text{für } \pi = 1 \\ 0 & \text{für } 0 \leq \pi < 1 \end{cases}.$$

Für $0 < \pi < 1$ und über alle Grenzen wachsenden Stichprobenumfang verschwindet die Wahrscheinlichkeit dafür, dass einer der beiden Ausnahmefälle eintritt, da

$$\lim_{n \to \infty} P_\pi(T \in \{-\infty, \infty\}) = \lim_{n \to \infty} P_\pi(K \in \{0, n\}) = \lim_{n \to \infty} \left((1 - \pi)^n + \pi^n\right) = 0$$

gilt.

Im Fall $\pi = \pi_0$ gilt $T \xrightarrow{V} N(0, 1)$ für $n \to \infty$ wegen (2.64).

Methodischer Hintergrund von Verfahren 2.30 Es wird gezeigt, dass durch den kritischen Wert z_α ein Test zum approximativen Niveau α definiert ist, indem

$$P_{\pi_0}(T < z_\alpha) \approx \alpha \tag{2.71}$$

und

$$P_\pi(T < z_\alpha) \leq P_{\pi_0}(T < z_\alpha) \quad \text{für alle } \pi > \pi_0 \tag{2.72}$$

begründet werden.

1. Im Fall $\pi = \pi_0$ gilt $T \xrightarrow{V} N(0, 1)$ für $n \to \infty$ und daher

$$\lim_{n \to \infty} P_{\pi_0}(T < z_\alpha) = \alpha.$$

Diese asymptotische Eigenschaft gilt als Rechtfertigung der Approximation (2.71) für endlichen, aber hinreichend großen Stichprobenumfang.

2. Für die Funktion $g: [0, 1] \to \mathbb{R} \cup \{-\infty, \infty\}$ mit

$$g(x) = \begin{cases} -\infty & \text{für } x = 0 \\ \sqrt{n} \, \dfrac{x - \pi_0}{\sqrt{x(1-x)}} & \text{für } 0 < x < 1 \\ \infty & \text{für } x = 1 \end{cases} \tag{2.73}$$

gilt

$$g(0) = -\infty < g(x) < g(1) = \infty$$

und

$$g'(x) = \sqrt{n}\frac{[x(1-x)]^{1/2} - (x-\pi_0)(1/2)[x(1-x)]^{-1/2}(1-2x)}{x(1-x)}$$
$$= \sqrt{n}\frac{2x(1-x) - (x-\pi_0)(1-2x)}{2[x(1-x)]^{3/2}}$$
$$= \sqrt{n}\frac{x + \pi_0(1-2x)}{2[x(1-x)]^{3/2}}$$
$$= \sqrt{n}\frac{x(1-\pi_0) + \pi_0(1-x)}{2[x(1-x)]^{3/2}} > 0$$

für alle $0 < x < 1$, so dass g eine streng monoton wachsende Funktion in x ist. Für $\pi > \pi_0$ gilt wegen Eigenschaft 2.3

$$P_\pi(K \geq x) \geq P_{\pi_0}(K \geq x) \quad \text{für alle } x \in \mathbb{R}$$

und somit gilt für die Komplementwahrscheinlichkeiten

$$P_\pi(K < x) \leq P_{\pi_0}(K < x) \quad \text{für alle } x \in \mathbb{R}.$$

Da g eine stetige und streng monoton wachsende Funktion ist, gilt auch

$$P_\pi(g(K/n) < z_\alpha) \leq P_{\pi_0}(g(K/n) < z_\alpha),$$

wodurch (2.72) gezeigt ist, da $T = g(K/n)$ ist.

Methodischer Hintergrund von Verfahren 2.31 Es wird gezeigt, dass durch den kritischen Wert $z_{1-\alpha}$ ein Test zum approximativen Niveau α definiert ist, indem

$$P_{\pi_0}(T > z_{1-\alpha}) \approx \alpha \tag{2.74}$$

und

$$P_\pi(T > z_{1-\alpha}) \leq P_{\pi_0}(T > z_{1-\alpha}) \quad \text{für alle } \pi < \pi_0 \tag{2.75}$$

begründet werden.

1. Im Fall $\pi = \pi_0$ gilt $T \overset{V}{\to} N(0,1)$ für $n \to \infty$ und daher

$$\lim_{n\to\infty} P_{\pi_0}(T > z_{1-\alpha}) = \alpha.$$

Diese asymptotische Eigenschaft gilt als Rechtfertigung der Approximation (2.74) für endlichen, aber hinreichend großen Stichprobenumfang n.

2. Für $\pi < \pi_0$ gilt wegen Eigenschaft 2.2

$$P_\pi(K \leq x) \geq P_{\pi_0}(K \leq x) \quad \text{für alle } x \in \mathbb{R}$$

und somit gilt für die Komplementwahrscheinlichkeiten

$$P_\pi(K > x) \leq P_{\pi_0}(K > x) \quad \text{für alle } x \in \mathbb{R}.$$

Da g aus (2.73) eine stetige und streng monoton wachsende Funktion ist, gilt auch

$$P_\pi(g(K/n) > z_{1-\alpha}) \leq P_{\pi_0}(g(K/n) > z_{1-\alpha}),$$

wodurch (2.75) gezeigt ist, da $T = g(K/n)$.

Methodischer Hintergrund von Verfahren 2.32 Es wird gezeigt, dass durch die kritischen Werte $z_{\alpha/2}$ und $z_{1-\alpha/2}$ ein Test zum approximativen Niveau α definiert ist, indem

$$P_{\pi_0}(T < z_{\alpha/2}) + P_{\pi_0}(T > z_{1-\alpha/2}) \approx \alpha$$

begründet wird. Im Fall $\pi = \pi_0$ gilt $T \overset{V}{\to} N(0,1)$ für $n \to \infty$ und damit

$$\lim_{n \to \infty} P_{\pi_0}(T < z_{\alpha/2}) = \lim_{n \to \infty} P_{\pi_0}(T > z_{1-\alpha/2}) = \alpha/2,$$

woraus

$$\lim_{n \to \infty} (P_{\pi_0}(T < z_{\alpha/2}) + P_{\pi_0}(T > z_{1-\alpha/2})) = \alpha$$

folgt.

Methodischer Hintergrund von Verfahren 2.33 Zu zeigen ist die Äquivalenz der Bedingungen $t < z_\alpha$ aus Verfahren 2.30 und $p_1 < \alpha$ aus Verfahren 2.33. Im Fall $k = 0$ ist $t = -\infty < z_\alpha$ und $p_1 = \Phi(-\infty) = 0 < \alpha$, so dass H_0 mit beiden Verfahren bei jedem vorgegebenen positiven Signifikanzniveau abgelehnt wird. Im Fall $0 < k < n$ gilt

$$t < z_\alpha \iff \Phi(t) < \Phi(z_\alpha) \iff p_1 < \alpha,$$

da Φ eine streng monoton wachsende Funktion ist. Im Fall $k = n$ ist $t = \infty > z_\alpha$ und $p_1 = \Phi(\infty) = 1 > \alpha$, so dass H_0 mit beiden Verfahren bei jedem vorgegebenen Signifikanzniveau $0 < \alpha < 1$ nicht abgelehnt wird.

Methodischer Hintergrund von Verfahren 2.34 Zu zeigen ist die Äquivalenz der Bedingungen $t > z_{1-\alpha}$ aus Verfahren 2.31 und $p_2 < \alpha$ aus Verfahren 2.34. Im Fall $k = 0$ ist $t = -\infty < z_{1-\alpha}$ und $p_2 = 1 - \Phi(-\infty) = 1 > \alpha$, so dass H_0 mit beiden Verfahren bei jedem vorgegebenen Signifikanzniveau $0 < \alpha < 1$ nicht abgelehnt wird. Im Fall $0 < k < n$ gilt

$$t > z_{1-\alpha} \iff \Phi(t) > \Phi(z_{1-\alpha}) \iff 1 - p_2 > 1 - \alpha \iff p_2 < \alpha,$$

da Φ eine streng monoton wachsende Funktion ist. Im Fall $k = n$ ist $t = \infty > z_{1-\alpha}$ und $p_2 = 1 - \Phi(\infty) = 0 < \alpha$, so dass H_0 mit beiden Verfahren bei jedem vorgegebenen Signifikanzniveau $0 < \alpha < 1$ abgelehnt wird.

Methodischer Hintergrund von Verfahren 2.35 Zu zeigen ist die Äquivalenz der Bedingungen ($t < z_{\alpha/2}$ oder $t > z_{1-\alpha/2}$) aus Verfahren 2.32 und $p_3 < \alpha$ aus Verfahren 2.35. Im Fall $k = 0$ ist $t = -\infty < z_{\alpha/2}$ und $p_3 = 2\min\{\Phi(-\infty), 1 - \Phi(-\infty)\} = 0 < \alpha$, so dass H_0 mit beiden Verfahren bei jedem vorgegebenen Signifikanzniveau $0 < \alpha < 1$ abgelehnt wird. Im Fall $0 < k < n$ gilt

$$t < z_{\alpha/2} \text{ oder } t > z_{1-\alpha/2} \iff \Phi(t) < \Phi(z_{\alpha/2}) \text{ oder } \Phi(t) > \Phi(z_{1-\alpha/2})$$
$$\iff \Phi(t) < \alpha/2 \text{ oder } 1 - \Phi(t) < \alpha/2$$
$$\iff \min\{\Phi(t), 1 - \Phi(t)\} < \alpha/2$$
$$\iff 2\min\{\Phi(t), 1 - \Phi(t)\} < \alpha$$
$$\iff 2\min\{p_1, p_2\} < \alpha.$$

Im Fall $k = n$ ist $t = \infty > z_{1-\alpha/2}$ und $p_3 = 2\min\{\Phi(\infty), 1 - \Phi(\infty)\} = 0 < \alpha$, so dass H_0 mit beiden Verfahren bei jedem vorgegebenen Signifikanzniveau $0 < \alpha < 1$ abgelehnt wird.

Literatur

Agresti A, Coull BA (1998) Approximate is better than „exact" for interval estimation of binomial proportions. Am Statistician 52(2):119–126

Bamberg G, Baur F, Krapp M (2017) Statistik: Eine Einführung für Wirtschafts- und Sozialwissenschaftler, 18. Aufl. Walter de Gruyter, Berlin

Blyth CR, Still HA (1983) Binomial confidence intervals. J Am Stat Assoc 78(381):108–116

Casella G, Berger RL (2002) Statistical inference, 2. Aufl. Duxbury, Pacific Grove

Clopper CJ, Pearson ES (1934) The use of confidence or fiducial limits illustrated in the case of the binomial. Biometrika 26(4):404–413

Cox LA Jr (2002) Risk analysis: foundations, models, and methods. Kluwer Academic Publishers, Boston

Hedderich J, Sachs L (2020) Angewandte Statistik: Methodensammlung mit R, 17. Aufl. Springer Spektrum, Berlin

Huschens S (2006) Backtesting von Ausfallwahrscheinlichkeiten. In: Burkhardt T, Knabe A, Lohmann K, Walther U (Hrsg) Risikomanagement aus Bankenperspektive. Grundlagen, mathematische Konzepte und Anwendungsfelder. Berliner Wissenschafts-Verlag, Berlin, S 167–180

Johnson NL, Kemp AW, Kotz S (2005) Univariate discrete distributions, 3. Aufl. Wiley, Hoboken

Lehmann EL, Romano JP (2005) Testing statistical hypotheses, 3. Aufl. Springer, New York

Meeker WQ, Hahn GJ, Escobar LA (2017) Statistical intervals: a guide for practitioners and researchers, 2. Aufl. Wiley, Hoboken

Newcombe RG (2011) Measures of location for confidence intervals for proportions. Comm Stat – Theory Methods 40(10):1743–1767

Pires AM, Amado C (2008) Interval estimators for a binomial proportion: comparison of twenty methods. REVSTAT – Stat J 6(2):165–197

Rinne H (2008) Taschenbuch der Statistik, 4. Aufl. Harri Deutsch, Frankfurt a. M.

Rüger B (2002) Test- und Schätztheorie, Band II: Statistische Tests. Oldenbourg, München

Witting H (1985) Mathematische Statistik I. Parametrische Verfahren bei festem Stichprobenumfang. Teubner, Stuttgart

Witting H, Müller-Funk U (1995) Mathematische Statistik II, Asymptotische Statistik: Parametrische Modelle und nichtparametrische Funktionale. Teubner, Stuttgart

Über- und Unterschreitungswahrscheinlichkeit als Risikomaßzahlen

3.1 Quantitative Modellierung

Betrachtet wird eine Zufallsvariable X, die den durch eine Person oder Organisation empfundenen Schaden derart modelliert, dass größere Werte von X einen größeren Schaden anzeigen. Da somit das mögliche Auftreten von großen Werten von X ein Risiko darstellt, wird eine solche Zufallsvariable im Folgenden als *Risikovariable* bezeichnet. Je nach Anwendungsfeld wird eine Risikovariable auch als Schadenvariable oder Verlustvariable bezeichnet. Die Wahrscheinlichkeit, mit der die Risikovariable X eine vorgegebene kritische Schranke c überschreitet, über welcher der Schaden zu hoch ist, wird als *Überschreitungswahrscheinlichkeit* (engl. exceedance probability) der Schranke c bezeichnet. Überschreitungswahrscheinlichkeiten sind spezielle Eintrittswahrscheinlichkeiten, siehe Kap. 2, mit einer spezifizierten Risikovariablen und einer vorgegebenen Schranke.

In anderen Fällen, z. B. bei der Modellierung der Lebensdauer technischer Geräte, wird das mögliche Auftreten von kleinen Werten einer Zufallsvariablen X als Risiko empfunden und es stehen *Unterschreitungswahrscheinlichkeiten* einer vorgegebenen Schranke im Mittelpunkt des Interesses. In solchen Fällen wird X als *Chancenvariable* bezeichnet. Bei bestimmten Anwendungen heißen diese Variablen auch Gewinnvariablen.

Die folgenden Beispiele illustrieren vorgegebene Schranken und zugehörige Über- bzw. Unterschreitungswahrscheinlichkeiten:

- Die Lebensdauer eines Versicherungsnehmers wird stochastisch modelliert. Aus Sicht einer Rentenversicherung ist diese zufällige Lebensdauer eine Risikovariable. Wenn die Lebensdauer eine vertraglich vereinbarte Schranke überschreitet, dann realisiert sich für die Rentenversicherung ein Risikofall. Die Überschreitungswahrscheinlichkeit dieser Schranke ist inhaltlich die Überlebenswahrscheinlichkeit einer bestimmten Altersgrenze.
- Das zukünftige Vermögen eines Unternehmens wird stochastisch modelliert und durch eine Chancenvariable abgebildet. Wenn der Vermögenswert unter eine Schranke fällt,

© Springer-Verlag GmbH Deutschland, ein Teil von Springer Nature 2022
S. Höse und S. Huschens, *Ereignisrisiko*,
https://doi.org/10.1007/978-3-662-64691-5_3

die durch die Verschuldung des Unternehmens bestimmt ist, führt dies zur Insolvenz dieses Unternehmens. Die Unterschreitungswahrscheinlichkeit dieser Schranke wird als Insolvenzwahrscheinlichkeit bezeichnet.

- Wenn die zufällige Lebensdauer eines technischen Geräts kürzer als die Garantiezeit ist, dann liegt ein Garantiefall vor. Die zugehörige Unterschreitungswahrscheinlichkeit ist eine spezielle Fehler- oder Ausschusswahrscheinlichkeit.
- Bei einer Option auf einen Aktienkurs kommt es zur positiven Auszahlung, wenn ein bestimmter Referenzkurs zu einem zukünftigen Zeitpunkt überschritten wird. Bei einer stochastischen Modellierung des zukünftigen Aktienkurses besteht aus Sicht des Käufers der Option das Risiko in der Unterschreitung des Referenzkurses und es interessiert daher die Unterschreitungswahrscheinlichkeit dieses Referenzkurses.
- Die an einer Windkraftanlage auftretende Windgeschwindigkeit wird als Zufallsvariable aufgefasst und durch eine Wahrscheinlichkeitsverteilung, z. B. eine Weibull-Verteilung, modelliert. Unter einer bestimmten Windstärke und oberhalb einer bestimmten Windstärke ist aus wirtschaftlichen oder technischen Gründen keine Stromerzeugung möglich, weshalb entsprechende Unter- und Überschreitungswahrscheinlichkeiten interessieren.

Das letzte Beispiel zeigt, dass es neben den reinen Fällen einer Risikovariablen und einer Chancenvariablen weitere Fälle gibt, bei denen für dieselbe Zufallsvariable sowohl eine Über- als auch eine Unterschreitungswahrscheinlichkeit als Risikomaßzahl von Interesse ist.

Die Überschreitungswahrscheinlichkeit bezogen auf eine vorgegebene Schranke $c \in \mathbb{R}$ ist die Wahrscheinlichkeit, mit der die Risikovariable X einen Wert größer als c annimmt. Formal ist diese Wahrscheinlichkeit durch

$$\pi_{>c} \overset{\text{def}}{=} \pi_{>c}[X] \overset{\text{def}}{=} \mathrm{P}(X > c) \tag{3.1}$$

gegeben und kann als Risikomaßzahl interpretiert werden. Entsprechend ist die Unterschreitungswahrscheinlichkeit bezogen auf eine vorgegebene Schranke $c \in \mathbb{R}$ die Wahrscheinlichkeit, mit der eine Chancenvariable X einen Wert kleiner als c annimmt. Diese Unterschreitungswahrscheinlichkeit ist formal durch

$$\pi_{<c} \overset{\text{def}}{=} \pi_{<c}[X] \overset{\text{def}}{=} \mathrm{P}(X < c) \tag{3.2}$$

gegeben und kann als Risikomaßzahl für eine Chancenvariable interpretiert werden. Die verkürzten Schreibweisen $\pi_{>c}$ bzw. $\pi_{<c}$ werden verwendet, falls aus dem Zusammenhang klar ist, auf welche Zufallsvariable sich die Über- bzw. Unterschreitungswahrscheinlichkeit bezieht. Es muss betont werden, dass $\pi_{>c}[X]$ und $\pi_{<c}[X]$ nicht Funktionen der Zufallsvariablen sind, sondern Kennzahlen der Wahrscheinlichkeitsverteilung der Zufallsvariablen X.

In formal-mathematischer Hinsicht ist jede Unterschreitungswahrscheinlichkeit durch eine Überschreitungswahrscheinlichkeit darstellbar, indem man von einer Chancenvariablen

X und der zugehörigen Schranke c zur Risikovariablen $-X$ und der zugehörigen Schranke $-c$ wechselt, denn es gilt

$$\pi_{<c}[X] = \pi_{>-c}[-X]. \tag{3.3}$$

Dieser Zusammenhang ist nützlich, um aus einer bekannten Formel für die Überschreitungswahrscheinlichkeit eine Formel für eine Unterschreitungswahrscheinlichkeit zu erhalten. Die Unterschreitungswahrscheinlichkeit der Chancenvariablen X bezüglich der Schranke c ist demnach die Überschreitungswahrscheinlichkeit der Risikovariablen $-X$ bezüglich der Schranke $-c$. Aus rein mathematischer Sicht wäre mit diesem Hinweis das Thema Unterschreitungswahrscheinlichkeit abgearbeitet, da sich jede Unterschreitungswahrscheinlichkeit durch diese formal einfache Transformation als Überschreitungswahrscheinlichkeit ausdrücken lässt. Im Folgenden wird dennoch häufig neben der Über- auch die Unterschreitungswahrscheinlichkeit angegeben, weil z. B. für positive Zufallsvariablen X der Übergang zur Zufallsvariablen $-X$ nicht anschaulich sein muss und aus einer betrachteten Familie von Wahrscheinlichkeitsverteilungen hinausführen kann.

Die Über- und Unterschreitungswahrscheinlichkeiten einer vorgegebenen Schranke c für dieselbe Zufallsvariable X sind durch

$$\pi_{>c}[X] + \mathrm{P}(X = c) + \pi_{<c}[X] = 1$$

miteinander verbunden. Hieraus ergibt sich für den Fall $\mathrm{P}(X = c) = 0$, der z. B. für alle Zufallsvariablen mit stetiger Verteilungsfunktion vorliegt, der Zusammenhang

$$\pi_{<c}[X] = 1 - \pi_{>c}[X].$$

3.1.1 Über- und Unterschreitungswahrscheinlichkeiten als Verteilungskennzahlen

Die Über- und Unterschreitungswahrscheinlichkeiten aus (3.1) und (3.2) können allgemein durch die Verteilungsfunktion F_X der Zufallsvariablen X ausgedrückt werden. Im Fall einer stetigen bzw. diskreten Zufallsvariablen ist eine Darstellung mithilfe der Dichtefunktion bzw. Wahrscheinlichkeitsfunktion möglich. Die Zusammenhänge sind in Tab. 3.1 in tabellarischer Form zusammengestellt.

Wenn für die Zufallsvariable X ein parametrisches Wahrscheinlichkeitsmodell spezifiziert ist, dann können die Über- und Unterschreitungswahrscheinlichkeiten aus (3.1) und (3.2) für eine vorgegebene Schranke $c \in \mathbb{R}$ als Funktionen der Verteilungsparameter ausgedrückt werden. In Tab. 3.2 sind die Über- und Unterschreitungswahrscheinlichkeiten für einige ausgewählte stetige Verteilungen angegeben.

Der letzte Fall der Betaverteilung ist ein Beispiel, in dem für die Über- und Unterschreitungswahrscheinlichkeiten nur eine Integraldarstellung, aber kein geschlossener Ausdruck mit einfachen Funktionen möglich ist. Eigentlich ist dies auch für die Normalverteilung der

Tab. 3.1 Über- und Unterschreitungswahrscheinlichkeit einer vorgegebenen Schranke c durch eine Zufallsvariable X ausgedrückt mit Hilfe einer Verteilungs-, Dichte- oder Wahrscheinlichkeitsfunktion

Zufallsvariable X	$\pi_{>c}[X]$	$\pi_{<c}[X]$
Mit Verteilungsfunktion F_X	$1 - F_X(c)$	$F_X(c) - P(X = c)$
Mit stetiger Verteilungsfunktion F_X	$1 - F_X(c)$	$F_X(c)$
Mit Dichtefunktion f_X	$\int\limits_{c}^{\infty} f_X(x)\mathrm{d}x$	$\int\limits_{-\infty}^{c} f_X(x)\mathrm{d}x$
Mit Wahrscheinlichkeitsfunktion p_X und Träger $\mathbb{T} = \{x \in \mathbb{R} \mid p_X(x) > 0\}$	$\sum\limits_{x \in \mathbb{T},\, x>c} p_X(x)$	$\sum\limits_{x \in \mathbb{T},\, x<c} p_X(x)$

Falls F_X an der Stelle c stetig ist, gilt $P(X = c) = 0$ und damit $\pi_{<c}[X] = F_X(c)$; falls F_X an der Stelle c eine Sprungstelle hat, gilt $\pi_{<c}[X] = \lim\limits_{x \uparrow c} F_X(x) < F_X(c)$

Tab. 3.2 Über- und Unterschreitungswahrscheinlichkeit einer vorgegebenen Schranke c durch eine Zufallsvariable X für einige stetige Verteilungen

Vert$[X]$	$\pi_{>c}[X]$	$\pi_{<c}[X]$
Uni(α, β)	$\begin{cases} 1 & \text{für } c < \alpha \\ \frac{\beta-c}{\beta-\alpha} & \text{für } \alpha \leq c \leq \beta \\ 0 & \text{für } c > \beta \end{cases}$	$\begin{cases} 0 & \text{für } c < \alpha \\ \frac{c-\alpha}{\beta-\alpha} & \text{für } \alpha \leq c \leq \beta \\ 1 & \text{für } c > \beta \end{cases}$
$N(\mu, \sigma^2)$	$\Phi\left(\frac{\mu-c}{\sigma}\right)$	$\Phi\left(\frac{c-\mu}{\sigma}\right)$
$LN(\mu, \sigma^2)$	$\begin{cases} \Phi\left(\frac{\mu-\ln(c)}{\sigma}\right) & \text{für } c > 0 \\ 1 & \text{sonst} \end{cases}$	$\begin{cases} \Phi\left(\frac{\ln(c)-\mu}{\sigma}\right) & \text{für } c > 0 \\ 0 & \text{sonst} \end{cases}$
$\text{Exp}(\lambda)$	$\begin{cases} e^{-\lambda c} & \text{für } c \geq 0 \\ 1 & \text{sonst} \end{cases}$	$\begin{cases} 1 - e^{-\lambda c} & \text{für } c \geq 0 \\ 0 & \text{sonst} \end{cases}$
Weibull(α, β)	$\begin{cases} e^{-\left(\frac{c}{\alpha}\right)^{\beta}} & \text{für } c \geq 0 \\ 1 & \text{sonst} \end{cases}$	$\begin{cases} 1 - e^{-\left(\frac{c}{\alpha}\right)^{\beta}} & \text{für } c \geq 0 \\ 0 & \text{sonst} \end{cases}$
Beta(α, β)	$\begin{cases} 1 & \text{für } c \leq 0 \\ \frac{\int_{c}^{1} x^{\alpha-1}(1-x)^{\beta-1}\mathrm{d}x}{B(\alpha,\beta)} & \text{für } 0 < c < 1 \\ 0 & \text{für } c \geq 1 \end{cases}$	$\begin{cases} 0 & \text{für } c \leq 0 \\ \frac{\int_{0}^{c} x^{\alpha-1}(1-x)^{\beta-1}\mathrm{d}x}{B(\alpha,\beta)} & \text{für } 0 < c < 1 \\ 1 & \text{für } c \geq 1 \end{cases}$

Φ bezeichnet die Verteilungsfunktion der Standardnormalverteilung, siehe (8.16). B bezeichnet die Betafunktion, siehe (7.6)

Fall; es ist lediglich durch die Verwendung des üblichen abkürzenden Symbols Φ für einen Integralausdruck, vgl. (8.16), nicht offensichtlich.

In Tab. 3.3 sind Über- und Unterschreitungswahrscheinlichkeiten einer Schranke c für einige ausgewählte diskrete Verteilungen angegeben. Typischerweise existieren für diskrete

Tab. 3.3 Über- und Unterschreitungswahrscheinlichkeit einer vorgegebenen Schranke c durch eine Zufallsvariable X für einige diskrete Verteilungen

Vert$[X]$	$\pi_{>c}[X]$	$\pi_{<c}[X]$
Ber(π)	$\begin{cases} 1 & \text{für } c < 0 \\ \pi & \text{für } 0 \leq c < 1 \\ 0 & \text{für } c \geq 1 \end{cases}$	$\begin{cases} 0 & \text{für } c \leq 0 \\ 1 - \pi & \text{für } 0 < c \leq 1 \\ 1 & \text{für } c > 1 \end{cases}$
Bin(n, π)	$\begin{cases} 1 & \text{für } c < 0 \\ \sum_{j=\lfloor c \rfloor+1}^{n} p_j & \text{für } 0 \leq c < n \\ 0 & \text{für } c \geq n \end{cases}$	$\begin{cases} 0 & \text{für } c \leq 0 \\ \sum_{j=0}^{\lceil c \rceil-1} p_j & \text{für } 0 < c \leq n \\ 1 & \text{für } c > n \end{cases}$
	mit $p_j = p_X(j) = \binom{n}{j}\pi^j(1-\pi)^{n-j}$ für $j = 0, 1, \ldots, n$	
Poi(λ)	$\begin{cases} 1 & \text{für } c < 0 \\ \sum_{j=\lfloor c \rfloor+1}^{\infty} p_j & \text{für } c \geq 0 \end{cases}$	$\begin{cases} 0 & \text{für } c \leq 0 \\ \sum_{j=0}^{\lceil c \rceil-1} p_j & \text{für } c > 0 \end{cases}$
	mit $p_j = p_X(j) = e^{-\lambda}\frac{\lambda^j}{j!}$ für $j = 0, 1, \ldots$	

Zu den Rundungsfunktionen $\lceil c \rceil$ und $\lfloor c \rfloor$ siehe (7.2) und (7.3). Zum Binomialkoeffizienten $\binom{n}{j}$ siehe (7.1)

Verteilungen keine geschlossenen einfachen Ausdrücke für die Über- und Unterschreitungswahrscheinlichkeiten, sondern nur Summendarstellungen über einzelne Wahrscheinlichkeiten.

Beispiel: Gleichverteilte Wartezeit

Bei zufälliger Ankunft an einer Wartestelle eines regelmäßig getakteten Verkehrsmittels, wie z. B. einer U-Bahn, das im Zeitabstand $d > 0$ verkehrt, ist die zufällige Wartezeit X eine auf dem Intervall $[0, d]$ gleichverteilte Zufallsvariable, d. h. $X \sim \text{Uni}(0, d)$. Die Überschreitungswahrscheinlichkeit einer kritischen Wartezeit $c \in [0, d]$ ergibt sich mit dem entsprechenden Tabelleneintrag aus Tab. 3.2 als

$$\pi_{>c}[X] = \text{P}(X > c) = \frac{d - c}{d}.$$ ◄

Beispiel: Normalverteilter Messfehler

Bei der Messung einer Größe μ wird der Messfehler durch eine normalverteilte Zufallsgröße mit Erwartungswert Null und Varianz σ^2 modelliert. Für die zufällige Messung X gilt dann $X \sim \text{N}(\mu, \sigma^2)$. Die Wahrscheinlichkeit, dass eine zufällige Messung den Wert $c = \mu + 2\sigma$ überschreitet, ergibt sich mit dem entsprechenden Tabelleneintrag aus Tab. 3.2 als

$$\pi_{>c}[X] = \Phi\left(\frac{\mu - (\mu + 2\sigma)}{\sigma}\right) = \Phi(-2) \approx 0.0228.$$ ◀

Berechnungs- und Softwarehinweise

Für die Berechnung der Überschreitungswahrscheinlichkeit im vorherigen Beispiel wird die Verteilungsfunktion Φ der Standardnormalverteilung an der Stelle -2 benötigt, die man beispielsweise folgendermaßen erhält:

Software	*Funktionsaufruf*
Excel	`NORM.S.VERT(-2;WAHR)`
GAUSS	`cdfN(-2)`
Mathematica	`CDF[NormalDistribution[0,1],-2]`
R	`pnorm(-2)`

Für Excel wurde eine deutsche Spracheinstellung vorausgesetzt. Andernfalls müssen Dezimalpunkte verwendet werden und Kommata als Trennzeichen. ◀

Zur Modellierung der Lebensdauer technischer Geräte wird häufig die Weibull-Verteilung verwendet, die für $\alpha = \frac{1}{\lambda}$ und $\beta = 1$ die Exponentialverteilung als Spezialfall enthält.

Beispiel: Weibull-verteilte Lebensdauer

Die zufällige Lebensdauer X eines technischen Gerätes in Jahren sei durch eine Weibull-Verteilung mit den Parametern $\alpha = 4$ und $\beta = 1$ modelliert. Dann ist die erwartete Lebensdauer, vgl. (8.22) und (7.5),

$$\mathbb{E}[X] = \alpha\Gamma(1 + 1/\beta) = 4\Gamma(2) = 4.$$

Die Wahrscheinlichkeit des Ausfalls vor einer kritischen Lebensdauer $c = 1$ ist die durch den entsprechenden Tabelleneintrag aus Tab. 3.2 gegebene Unterschreitungswahrscheinlichkeit

$$\pi_{<1}[X] = 1 - e^{-(\frac{1}{\alpha})^\beta} = 1 - e^{-(\frac{1}{4})^1} \approx 0.2212.$$

Die Wahrscheinlichkeit des Ausfalls vor Erreichen der mittleren Lebensdauer von vier Jahren ist die Unterschreitungswahrscheinlichkeit

$$\pi_{<4}[X] = 1 - e^{-(\frac{4}{\alpha})^\beta} = 1 - e^{-(\frac{4}{4})^1} = 1 - e^{-1} \approx 0.6321.$$

Diese Art technischer Geräte hält durchschnittlich vier Jahre, fällt mit einer Wahrscheinlichkeit von rund 22 % im ersten Lebensjahr aus und fällt mit einer Wahrscheinlichkeit von rund 63 % vor Erreichen der erwarteten Lebensdauer aus. Ein Ausfall nach Erreichen der erwarteten Lebensdauer erfolgt somit in rund 37 % der Fälle. ◄

Wenn durch die Zufallsvariable X die zufällige Lebenszeit eines technischen Gerätes modelliert ist, so gibt die Verteilungsfunktion

$$F_X(x) = P(X \leq x)$$

von X an der Stelle $x \in \mathbb{R}$ die Wahrscheinlichkeit an, dass das technische Gerät bis zum Zeitpunkt x ausgefallen ist, und durch die Wahrscheinlichkeit

$$P(X > x) = 1 - F_X(x)$$

ist die Wahrscheinlichkeit des Überlebens des Zeitpunktes x gegeben. Diese spezielle Interpretation motiviert, dass die Funktion

$$\bar{F}_X(x) = 1 - F_X(x), \quad x \in \mathbb{R}$$

Überlebensfunktion (engl. survival function, survivor function) oder *Reliabilitätsfunktion* (engl. reliability function) genannt wird. Teilweise wird die Bezeichnung Überlebensfunktion für $\bar{F}_X$ auch in Zusammenhängen verwendet, in denen X inhaltlich keine zufällige Lebenszeit bezeichnet.

3.1.2 Über- und Unterschreitungshäufigkeiten

Im Rahmen der beschreibenden Statistik und Datenanalyse ist das natürliche empirische Äquivalent einer Überschreitungswahrscheinlichkeit die relative Häufigkeit der Überschreitungen. Während sich eine Überschreitungswahrscheinlichkeit typischerweise auf ein einzelnes zukünftiges Ereignis bezieht, wird die relative Häufigkeit aus endlich vielen beobachteten Werten bestimmt.

Es wird davon ausgegangen, dass eine kritische Schranke $c \in \mathbb{R}$ gegeben ist und dass für die interessierende Variable X die beobachteten Werte $x_1, \ldots, x_n$ vorliegen. Eine Überschreitung der Schranke c durch den i-ten beobachteten Wert liegt vor, wenn $x_i > c$ ist. Mit den Indikatorwerten

$$\mathbf{1}_{\{x_i > c\}} \stackrel{\text{def}}{=} \begin{cases} 1, & \text{falls } x_i > c \\ 0 & \text{sonst} \end{cases}, \quad i = 1, \ldots, n \tag{3.4}$$

erhält man transformierte Beobachtungen mit den möglichen Werten 0 und 1, die anzeigen, ob eine Überschreitung vorliegt ($\mathbf{1}_{\{x_i > c\}} = 1$) oder nicht ($\mathbf{1}_{\{x_i > c\}} = 0$). Das Zählen der Überschreitungen kann durch Summierung der $\mathbf{1}_{\{x_i > c\}}$ formalisiert werden. Die *Anzahl* oder *absolute Häufigkeit der Überschreitungen* einer Schranke c ist durch

$$\sum_{i=1}^{n} \mathbf{1}_{\{x_i > c\}}$$

gegeben. Der *Anteil* oder die *relative Häufigkeit der Überschreitungen* einer Schranke c ist

$$\frac{1}{n} \sum_{i=1}^{n} \mathbf{1}_{\{x_i > c\}}. \qquad (3.5)$$

Analog liegt eine Unterschreitung der Schranke c durch den i-ten beobachteten Wert für $x_i < c$ vor. Mit den Indikatorwerten

$$\mathbf{1}_{\{x_i < c\}} \overset{\text{def}}{=} \begin{cases} 1, & \text{falls } x_i < c \\ 0 & \text{sonst} \end{cases}, \quad i = 1, \ldots, n$$

erhält man transformierte Beobachtungen, die anzeigen, ob eine Unterschreitung vorliegt ($\mathbf{1}_{\{x_i < c\}} = 1$) oder nicht ($\mathbf{1}_{\{x_i < c\}} = 0$). Die *Anzahl* oder *absolute Häufigkeit der Unterschreitungen* einer Schranke c ist die Summe

$$\sum_{i=1}^{n} \mathbf{1}_{\{x_i < c\}}$$

und der *Anteil* oder die *relative Häufigkeit der Unterschreitungen* einer Schranke c ist

$$\frac{1}{n} \sum_{i=1}^{n} \mathbf{1}_{\{x_i < c\}}. \qquad (3.6)$$

3.2   Statistische Inferenz für Über- und Unterschreitungswahrscheinlichkeiten

Für die Anwendung nicht nur rein beschreibender, sondern inferenzstatistischer Verfahren ist stets ein Modellrahmen erforderlich, in welchem die beobachteten Stichprobenwerte als Realisationen von Stichprobenvariablen aufgefasst werden. Es wird vorausgesetzt, dass für die interessierende Variable X insgesamt n beobachtete Werte $x_1, \ldots, x_n$ vorliegen, die Realisationen der stochastisch unabhängigen und identisch verteilten Stichprobenvariablen $X_1, \ldots, X_n$ sind, deren Wahrscheinlichkeitsverteilung jeweils die Wahrscheinlichkeitsverteilung von X ist.

3.2.1   Verteilungsfreier versus verteilungsgebundener Ansatz

Je nach verfügbarer Information über die Wahrscheinlichkeitsverteilung von X können zwei Ansätze unterschieden werden.

Der erste Modellierungsansatz ist in dem Sinn verteilungsfrei, dass die zugelassene Menge der Wahrscheinlichkeitsverteilungen von X nicht eingeschränkt und durch die größt-mögliche nichtparametrische Verteilungsklasse beschrieben ist. Dies bedeutet nicht, dass die in diesem Fall zur Anwendung kommende statistische Methodik nichtparametrisch ist. Vielmehr sind die Über- und Unterschreitungswahrscheinlichkeiten als Bernoulli-Parameter interpretierbar, so dass die auf der Binomialverteilung beruhenden Verfahren des Kap. 2 angewendet werden können.

Der zweite Modellierungsansatz ist verteilungsgebunden in dem Sinn, dass ein spezi-elles parametrisches Wahrscheinlichkeitsmodell für X, z. B. das Normalverteilungsmodell, vorausgesetzt wird.

3.2.2 Statistische Inferenz ohne Verteilungsannahme

In diesem Abschnitt wird keine spezielle parametrische Verteilungsklasse für die Wahrscheinlichkeitsverteilung von X vorausgesetzt. Die folgende Annahme charakterisiert ein verteilungsfreies Stichprobenmodell mit stochastisch unabhängigen Stichprobenvaria-blen.

Annahme 3.1 (Verteilungsfreies Stichprobenmodell) *Die Stichprobenwerte $x_1, \ldots, x_n$ sind Realisationen von stochastisch unabhängigen und identisch verteilten Stichprobenva-riablen $X_1, \ldots, X_n$ jeweils mit der Wahrscheinlichkeitsverteilung von X.*

Eine Überschreitung der Schranke c durch den i-ten Stichprobenwert x_i liegt vor, falls $x_i > c$ ist. Dies bedeutet, dass $\mathbf{1}_{\{x_i>c\}} = 1$ für den durch (3.4) definierten Indikator gilt. Da die Stichprobenwerte $x_1, \ldots, x_n$ Realisationen der Stichprobenvariablen $X_1, \ldots, X_n$ sind, sind die transformierten Stichprobenwerte $\mathbf{1}_{\{x_1>c\}}, \ldots, \mathbf{1}_{\{x_n>c\}}$ Realisationen der transformierten Stichprobenvariablen

$$\mathbf{1}_{\{X_i>c\}} \stackrel{\text{def}}{=} \begin{cases} 1, & \text{falls } X_i > c \\ 0 & \text{sonst} \end{cases}, \quad i = 1, \ldots, n,$$

die als Indikatorvariablen die Überschreitung einer Schranke c anzeigen. Aus Annahme 3.1 folgt, dass die Zufallsvariablen $\mathbf{1}_{\{X_i>c\}}$ für $i = 1, \ldots, n$ stochastisch unabhängig und identisch verteilt sind. Diese Zufallsvariablen sind Bernoulli-verteilt mit dem Bernoulli-Parameter $\pi_{>c} = \pi_{>c}[X] = \mathrm{P}(X > c)$. Die Indikatorvariablen

$$\mathbf{1}_{\{X_i<c\}} \stackrel{\text{def}}{=} \begin{cases} 1, & \text{falls } X_i < c \\ 0 & \text{sonst} \end{cases}, \quad i = 1, \ldots, n$$

zeigen die zufällige Unterschreitung einer Schranke c an. Diese Zufallsvariablen sind stochastisch unabhängig und identisch Bernoulli-verteilt mit dem Bernoulli-Parameter $\pi_{<c} = \pi_{<c}[X] = P(X < c)$.

Die transformierten Stichprobenvariablen $\mathbf{1}_{\{X_1 > c\}}, \ldots, \mathbf{1}_{\{X_n > c\}}$ erfüllen somit zusammen mit dem Bernoulli-Parameter $\pi_{>c}$ Annahme 2.1 aus Kap. 2. Analog erfüllen die transformierten Stichprobenvariablen $\mathbf{1}_{\{X_1 < c\}}, \ldots, \mathbf{1}_{\{X_n < c\}}$ zusammen mit dem Bernoulli-Parameter $\pi_{<c}$ ebenfalls Annahme 2.1. Da Annahme 2.1 eine hinreichende Voraussetzung für die Anwendung der Verfahren 2.1 bis 2.35 aus Kap. 2 ist, können diese Verfahren beim Schätzen und Testen von Über- und Unterschreitungswahrscheinlichkeiten eingesetzt werden. Dabei ist zu beachten, dass die Werte $\mathbf{1}_{\{x_1 > c\}}, \ldots, \mathbf{1}_{\{x_n > c\}}$ bzw. $\mathbf{1}_{\{x_1 < c\}}, \ldots, \mathbf{1}_{\{x_n < c\}}$ die Rolle der Werte $x_1, \ldots, x_n$ in Kap. 2 einnehmen.

Schätzwerte Beispielsweise erhält man durch sinngemäße Anwendung des Verfahrens 2.1 den *Schätzwert*

$$\hat{\pi}_{>c} = \frac{1}{n} \sum_{i=1}^{n} \mathbf{1}_{\{x_i > c\}} \tag{3.7}$$

für die Überschreitungswahrscheinlichkeit $\pi_{>c}$ einer gegebenen Schranke c und den *Schätzwert*

$$\hat{\pi}_{<c} = \frac{1}{n} \sum_{i=1}^{n} \mathbf{1}_{\{x_i < c\}} \tag{3.8}$$

für die Unterschreitungswahrscheinlichkeit $\pi_{<c}$ einer gegebenen Schranke c. Im nichtparametrischen Ansatz ergibt sich also die relative Häufigkeit der Überschreitungen der Schranke c aus (3.5) als natürlicher Schätzwert für die Überschreitungswahrscheinlichkeit $\pi_{>c}$. Analog ist die relative Häufigkeit der Unterschreitungen der Schranke c aus (3.6) ein Schätzwert für die Unterschreitungswahrscheinlichkeit $\pi_{<c}$.

Beispiel: Zufällige Wartezeit

Das Beispiel einer zufälligen Wartezeit aus Abschn. 3.1.1 wird wieder aufgegriffen und verallgemeinert. Die Modellierung der zufälligen Wartezeit X durch eine auf dem Intervall $[0, d]$ gleichverteilte Zufallsvariable geht von der Idealisierung aus, dass die Verkehrsmittel exakt mit dem fahrplanmäßigen Abstand $d > 0$ verkehren. Eine realistischere Modifikation modelliert den Abstand zwischen zwei Verkehrsmitteln durch eine Zufallsvariable, deren Werte um den fahrplanmäßigen Abstand d schwanken. Damit unterliegt die Verteilung der zufälligen Wartezeit zwei Zufallseinflüssen, nämlich der zufälligen Ankunft an der Wartestelle und dem zufälligen Abstand zwischen zwei Verkehrsmitteln.

Da die Verteilung einer zufälligen Wartezeit X sehr vielgestalt sein kann und sich kein offensichtlich geeignetes parametrisches Modell anbietet, ist ein verteilungsfreies Vorgehen naheliegend. Dazu wird ein Schätzwert $\hat{\pi}_{>c}$ für die Überschreitungswahrscheinlichkeit $\pi_{>c}[X]$ einer kritischen Wartezeit c als die durch (3.7) definierte relative Häufigkeit der Überschreitungen berechnet. ◄

Schätzer Die zufällige relative Häufigkeit der Über- bzw. Unterschreitungen

$$\tilde{\pi}_{>c} = \frac{1}{n}\sum_{i=1}^{n}\mathbf{1}_{\{X_i > c\}} \quad \text{bzw.} \quad \tilde{\pi}_{<c} = \frac{1}{n}\sum_{i=1}^{n}\mathbf{1}_{\{X_i < c\}}$$

ist ein erwartungstreuer *Schätzer* für die Überschreitungswahrscheinlichkeit $\pi_{>c}$ bzw. die Unterschreitungswahrscheinlichkeit $\pi_{<c}$.

Geschätzte Standardfehler Durch analoge Anwendung von Verfahren 2.2 erhält man als Ergänzung zu den Punktschätzwerten $\hat{\pi}_{>c}$ und $\hat{\pi}_{<c}$ aus (3.7) und (3.8) die *geschätzten Standardfehler*

$$\sqrt{\frac{\hat{\pi}_{>c}(1 - \hat{\pi}_{>c})}{n}} \quad \text{und} \quad \sqrt{\frac{\hat{\pi}_{<c}(1 - \hat{\pi}_{<c})}{n}}.$$

Weitere statistische Verfahren Mit den Verfahren 2.3 bzw. 2.4 ist es ohne bzw. mit Vorliegen von Vorinformationen möglich, den notwendigen Stichprobenumfang so zu bestimmen, dass der Standardfehler nicht größer als eine vorgegebenen Schranke ist. Die Verfahren 2.5 bis 2.19 ermöglichen die Bestimmung von Konfidenzschranken und -intervallen für Über- und Unterschreitungswahrscheinlichkeiten. Das Verfahren 2.20 ermöglicht die Planung des notwendigen Stichprobenumfangs, so dass die Intervalllänge eines approximativen Konfidenzintervalls eine vorgegebene Schranke nicht überschreitet. Durch Anwendung der Verfahren 2.21 bis 2.35 können statistische Hypothesentests für Über- und Unterschreitungswahrscheinlichkeiten durchgeführt werden.

3.2.3 Statistische Inferenz mit Verteilungsannahme

Im Folgenden wird unterstellt, dass genügend Vorwissen vorliegt, um die Verteilung der interessierenden Variablen X durch eine parametrische Verteilungsklasse zu beschreiben. Dabei gibt es einen oder mehrere unbekannte Parameter, so dass die Verteilung von X nicht detailliert spezifiziert ist. In diesem Fall kann die Über- oder Unterschreitungswahrscheinlichkeit einer vorgegebenen Schranke durch die Parameter der Verteilung ausgedrückt werden. Beispiele für solche parametrischen Verteilungsklassen und die jeweiligen Formeln für die Über- oder Unterschreitungswahrscheinlichkeit einer vorgegebenen Schranke c sind in Tab. 3.2 für einige stetige und in Tab. 3.3 für einige diskrete Wahrscheinlichkeitsverteilungen angegeben.

Bei statistischen Inferenzmethoden müssen jeweils spezifische Eigenschaften der jeweiligen Verteilungsklassen berücksichtigt werden. Die Schätzung der interessierenden Über- oder Unterschreitungswahrscheinlichkeit erfolgt über die Zwischenstufe der Parameterschätzung des Wahrscheinlichkeitsmodells. Die Maximum-Likelihood-Methode (ML-Methode) zur Ermittlung von Schätzern führt dabei auf einem einfachen Ersetzungsweg von den Maximum-Likelihood-Schätzwerten (ML-Schätzwerten) der Verteilungsparameter zu einem Schätzwert für die Risikomaßzahl, die eine Funktion der Verteilungsparameter ist. Der so durch Substitution entstandene Schätzwert kann als ML-Schätzwert der Risikomaßzahl interpretiert werden.

Beispielhaft werden in den folgenden drei Abschnitten drei Ansätze vorgestellt, die auf einer Normalverteilung für die interessierende Variable X beruhen. Für eine vorgegebene Schranke c und eine normalverteilte Zufallsvariable $X \sim N(\mu, \sigma^2)$ ist die Überschreitungswahrscheinlichkeit $\pi_{>c} = \pi_{>c}[X]$ bzw. die Unterschreitungswahrscheinlichkeit $\pi_{<c} = \pi_{<c}[X]$ der Schranke c durch

$$\pi_{>c} = \Phi\left(\frac{\mu - c}{\sigma}\right) \quad \text{bzw.} \quad \pi_{<c} = \Phi\left(\frac{c - \mu}{\sigma}\right) \tag{3.9}$$

gegeben, vgl. Tab. 3.2. Neben der Verteilungsfunktion Φ der Standardnormalverteilung und der gegebenen Schranke c enthalten diese Formeln die beiden Verteilungsparameter μ und σ. Für diese werden im Folgenden drei Situationen unterschieden, für die unterschiedliche statistische Verfahren erforderlich sind:

1. der Erwartungswert μ ist unbekannt und die Standardabweichung σ ist gegeben,
2. die Standardabweichung σ ist unbekannt und der Erwartungswert μ ist gegeben,
3. der Erwartungswert μ und die Standardabweichung σ sind unbekannt.

3.3   Normalverteilung mit unbekanntem Erwartungswert und gegebener Standardabweichung

Dem Fall, dass die Standardabweichung σ der Normalverteilung bekannt ist, während der Erwartungswert μ der unbekannte, aus n beobachteten Werten zu schätzende Parameter ist, entspricht das folgende Stichprobenmodell.

Annahme 3.2 (Normalverteilungsmodell, Standardabweichung bekannt) *Die Stichprobenwerte $x_1, \ldots, x_n$ sind Realisationen von stochastisch unabhängigen und identisch verteilten Stichprobenvariablen $X_1, \ldots, X_n$ mit der Wahrscheinlichkeitsverteilung von $X \sim N(\mu, \sigma^2)$, wobei $\sigma > 0$ gegeben ist und $\mu \in \mathbb{R}$ ein unbekannter Verteilungsparameter ist.*

Die für X zugelassenen Verteilungen liegen somit in der einparametrigen Verteilungsfamilie $\{N(\mu, \sigma^2) \mid \mu \in \mathbb{R}\}$.

Für die nachfolgenden Verfahren 3.1 bis 3.24 gelten folgende gemeinsame Voraussetzungen und Bezeichnungen:

- Annahme 3.2 ist erfüllt,
- eine Schranke $c \in \mathbb{R}$ ist vorgegeben und
- $\pi_{>c}$ und $\pi_{<c}$ bezeichnen die Über- und Unterschreitungswahrscheinlichkeiten aus (3.9) für diese Schranke c.

3.3.1 Punktschätzung

Die Messung des Risikos durch Über- oder Unterschreitungswahrscheinlichkeiten führt, falls diese Wahrscheinlichkeiten unbekannt sind, aber n beobachtete Werte $x_1, \ldots, x_n$ von Risiko- oder Gewinnvariablen vorliegen, zunächst zur statistischen Punktschätzung und anschließend zu geeigneten Intervallschätzverfahren.

Schätzwerte Da σ bekannt ist, ist in den Formeln (3.9) für die Überschreitungswahrscheinlichkeit $\pi_{>c}$ und die Unterschreitungswahrscheinlichkeit $\pi_{<c}$ einer vorgegebenen Schranke c nur der Parameter μ unbekannt. Dieser kann im Rahmen des Stichprobenmodells aus Annahme 3.2 durch den ML-Schätzwert

$$\bar{x} \stackrel{\text{def}}{=} \frac{1}{n} \sum_{i=1}^{n} x_i \tag{3.10}$$

aus den beobachteten Werten $x_1, \ldots, x_n$ geschätzt werden. Durch Substitution ergibt sich anschließend ein Punktschätzwert für die unbekannte Über- und Unterschreitungswahrscheinlichkeit.

Verfahren 3.1 (Schätzwert für die Überschreitungswahrscheinlichkeit) *Ein Schätzwert für die Überschreitungswahrscheinlichkeit $\pi_{>c}$ einer Schranke c ist*

$$\hat{\pi}_{>c} = \Phi\left(\frac{\bar{x} - c}{\sigma}\right) \tag{3.11}$$

mit $\bar{x}$ aus (3.10).

Verfahren 3.2 (Schätzwert für die Unterschreitungswahrscheinlichkeit) *Ein Schätzwert für die Unterschreitungswahrscheinlichkeit $\pi_{<c}$ einer Schranke c ist*

$$\hat{\pi}_{<c} = \Phi\left(\frac{c - \bar{x}}{\sigma}\right) \tag{3.12}$$

mit $\bar{x}$ aus (3.10).

Beispiel: Wahrscheinlichkeit einer negativen Rendite

In einem Standardmodell der Finanzmarkttheorie wird für den Preis eines Wertpapiers eine normalverteilte Rendite

$$R \sim N(\mu, \sigma^2)$$

mit erwarteter Rendite μ und positiver Standardabweichung σ, die in diesem Kontext *Volatilität* genannt wird, unterstellt. Wenn man nach der Wahrscheinlichkeit einer negativen Rendite fragt, dann interessiert die Unterschreitungswahrscheinlichkeit der Schranke $c = 0$. Diese Unterschreitungswahrscheinlichkeit ist gemäß (3.9) durch

$$\pi_{<0} = \pi_{<0}[R] = P(R < 0) = \Phi\left(-\frac{\mu}{\sigma}\right)$$

gegeben.

Ist die erwartete Rendite μ unbekannt, aber die Volatilität σ gegeben, dann ist gemäß Verfahren 3.2

$$\hat{\pi}_{<0} = \Phi\left(-\frac{\bar{r}}{\sigma}\right)$$

ein Schätzwert für $\pi_{<0}$ basierend auf dem arithmetischen Mittelwert

$$\bar{r} = \frac{1}{n}\sum_{i=1}^{n} r_i$$

der n beobachteten Renditen $r_1, \ldots, r_n$.

Falls die Volatilität $\sigma = 0.2$ beträgt und sich aus $n = 10$ beobachteten Renditen ein arithmetischer Mittelwert $\bar{r} = 0.1$ ergibt, dann erhält man für die Unterschreitungswahrscheinlichkeit $\pi_{<0} = \Phi(-\mu/0.2)$ den Punktschätzwert $\hat{\pi}_{<0} = \Phi(-0.1/0.2) = \Phi(-0.5) \approx 0.3085$. ◄

Berechnungs- und Softwarehinweise

Für die Berechnung der Schätzwerte in den Verfahren 3.1 und 3.2 wird die Verteilungsfunktion Φ der Standardnormalverteilung an einer bestimmten Stelle benötigt; siehe dazu die Hinweise in Abschn. 3.1.1. ◄

Schätzer und deren Verteilung Die Schätzwerte $\hat{\pi}_{>c}$ aus (3.11) und $\hat{\pi}_{<c}$ aus (3.12) sind Funktionen der Stichprobenwerte $x_1, \ldots, x_n$ und Realisationen der Schätzer

$$\tilde{\pi}_{>c} = \Phi\left(\frac{\bar{X} - c}{\sigma}\right) \quad \text{und} \quad \tilde{\pi}_{<c} = \Phi\left(\frac{c - \bar{X}}{\sigma}\right). \tag{3.13}$$

Diese Schätzer sind Zufallsvariablen, die über den ML-Schätzer

$$\bar{X} = \frac{1}{n}\sum_{i=1}^{n} X_i \tag{3.14}$$

für den Parameter μ von den Stichprobenvariablen $X_1, \ldots, X_n$ abhängen. Da der Verteilungstyp von $\bar{X}$ bekannt ist, es gilt nämlich $\bar{X} \sim N(\mu, \sigma^2/n)$, die Größen c, σ und n bekannt sind, sowie die Funktion Φ bekannt ist, liegt mit (3.13) auch der Verteilungstyp der Schätzer $\tilde{\pi}_{>c}$ und $\tilde{\pi}_{<c}$ fest.

3.3.2 Intervallschätzung

Soll die Punktschätzung um eine Genauigkeitsangabe ergänzt werden, sind statistische Verfahren der Intervallschätzung anzuwenden. Diese Verfahren können aber auch als Bestandteil eines modernen Risikomanagements gesehen werden, da für dieses die Angabe von Unter- und Oberschranken für die unbekannten Risikoparameter von essentieller Bedeutung ist.

Aufgabenstellungen Bezüglich der unbekannten Überschreitungswahrscheinlichkeit $\pi_{>c}$ können im Rahmen der Intervallschätzung die folgenden drei häufig betrachteten Aufgabenstellungen unterschieden werden. Mit Hilfe der n beobachteten Werte $x_1, \ldots, x_n$ einer Risikovariablen soll

1. eine Schranke angegeben werden, über der die Überschreitungswahrscheinlichkeit $\pi_{>c}$ mit hohem Vertrauensgrad liegt,
2. eine Schranke angegeben werden, unter der die Überschreitungswahrscheinlichkeit $\pi_{>c}$ mit hohem Vertrauensgrad liegt,
3. ein Intervall angegeben werden, in welchem die Überschreitungswahrscheinlichkeit $\pi_{>c}$ mit hohem Vertrauensgrad liegt.

Analoge Aufgabenstellungen können für die Unterschreitungswahrscheinlichkeit $\pi_{<c}$ unterschieden werden, wobei die Risikoabschätzung dann auf n beobachteten Werten einer Chancenvariablen beruht.

Konfidenzschranken und -intervalle Für beide Risikomaßzahlen $\pi_{>c}$ und $\pi_{<c}$ gilt: Den genannten drei Aufgabenstellungen entsprechen die folgenden statistischen Verfahren der Intervallschätzung, siehe Abschn. 9.4. Für die jeweils interessierende Risikomaßzahl wird zu einem vorgegebenen *Konfidenzniveau* $1 - \alpha$ entweder der *Wert u einer unteren Konfidenzschranke U*, der *Wert v einer oberen Konfidenzschranke V* oder der *Wert $[u, v]$ eines Konfidenzintervalls $[U, V]$* bestimmt. Der Wert u der unteren Konfidenzschranke führt zum Wert $[u, 1)$ eines einseitig unten begrenzten Konfidenzintervalls $[U, 1)$ und der Wert v der oberen Konfidenzschranke führt zum Wert $(0, v]$ eines einseitig oben begrenzten Konfidenzintervalls $(0, V]$.

In den folgenden Konfidenzaussagen ist $1 - \alpha$ stets das vorgegebene Konfidenzniveau, wobei $0 < \alpha < 1$ das zugehörige, in der Regel niedrige, vorgegebene Irrtumsniveau bezeich-

net. Alle präsentierten Konfidenzaussagen können mit konstanter Überdeckungswahrscheinlichkeit $1 - \alpha$ gemacht werden.

Im Fall eines bekannten Modellparameters σ hängen die Werte der Konfidenzschranken
und der Grenzen der Konfidenzintervalle vom $(1 - \alpha)$-Quantil $z_{1-\alpha}$ bzw. $(1 - \alpha/2)$-Quantil
$z_{1-\alpha/2}$ der Standardnormalverteilung und vom Schätzwert $\bar{x}$ aus (3.10) für den unbekannten
Modellparameter μ ab.

Konfidenzaussagen für Überschreitungswahrscheinlichkeiten Die Wahrscheinlichkeitsverteilung des Schätzers $\tilde{\pi}_{>c}$ kann genutzt werden, um die folgenden Konfidenzaussagen für die Überschreitungswahrscheinlichkeit $\pi_{>c}$ zu machen.

Verfahren 3.3 (Untere Konfidenzschranke für die Überschreitungswahrscheinlichkeit)
Der Wert einer unteren Konfidenzschranke mit konstanter Überdeckungswahrscheinlichkeit
$1 - \alpha$ *für die Überschreitungswahrscheinlichkeit* $\pi_{>c}$ *einer Schranke c ist*

$$u = \Phi\left(\frac{\bar{x} - c}{\sigma} - \frac{z_{1-\alpha}}{\sqrt{n}}\right).$$

Die Größe u ist eine Realisation der Zufallsvariablen

$$U = \Phi\left(\frac{\bar{X} - c}{\sigma} - \frac{z_{1-\alpha}}{\sqrt{n}}\right), \tag{3.15}$$

die über $\bar{X}$ aus (3.14) von den Stichprobenvariablen abhängt. Diese Zufallsvariable U hat
die Eigenschaft

$$P_\mu(U \leq \pi_{>c}) = 1 - \alpha \quad \text{für alle } \mu \in \mathbb{R}.$$

Die Verteilung von $\bar{X}$, und damit auch die Verteilung von U, variiert mit dem Parameter μ,
was den tiefgestellten Index μ motiviert. Die Zufallsvariable U liegt mit der Wahrscheinlichkeit $1 - \alpha$ unterhalb von $\pi_{>c}$. Somit ist U eine untere Konfidenzschranke mit konstanter
Überdeckungswahrscheinlichkeit $1-\alpha$ für die Überschreitungswahrscheinlichkeit $\pi_{>c}$ einer
Schranke c.

Aus der unteren Konfidenzschranke erhält man unter Berücksichtigung der Beschränkung
$\pi_{>c} < 1$ ein einseitig unten begrenztes Konfidenzintervall.

**Verfahren 3.4 (Unten begrenztes Konfidenzintervall für die Überschreitungswahr-
scheinlichkeit)** *Der Wert eines einseitig unten begrenzten Konfidenzintervalls mit konstanter Überdeckungswahrscheinlichkeit* $1 - \alpha$ *für die Überschreitungswahrscheinlichkeit* $\pi_{>c}$
einer Schranke c ist $[u, 1)$ *mit u aus Verfahren 3.3.*

Für das zufällige Intervall $[U, 1)$ mit U aus (3.15) gilt

$$P_\mu(\pi_{>c} \in [U, 1)) = 1 - \alpha \quad \text{für alle } \mu \in \mathbb{R}. \tag{3.16}$$

Das zufällige Intervall $[U, 1)$ überdeckt also mit der Wahrscheinlichkeit $1 - \alpha$ den Parameter $\pi_{>c}$. Somit ist $[U, 1)$ ein einseitig unten begrenztes Konfidenzintervall mit konstanter Überdeckungswahrscheinlichkeit $1 - \alpha$ für die Überschreitungswahrscheinlichkeit $\pi_{>c}$ einer Schranke c.

Verfahren 3.5 (Obere Konfidenzschranke für die Überschreitungswahrscheinlichkeit)
Der Wert einer oberen Konfidenzschranke mit konstanter Überdeckungswahrscheinlichkeit
$1 - \alpha$ für die Überschreitungswahrscheinlichkeit $\pi_{>c}$ einer Schranke c ist

$$v = \Phi \left(\frac{\bar{x} - c}{\sigma} + \frac{z_{1-\alpha}}{\sqrt{n}} \right).$$

Die Größe v ist eine Realisation der Zufallsvariablen

$$V = \Phi \left(\frac{\bar{X} - c}{\sigma} + \frac{z_{1-\alpha}}{\sqrt{n}} \right), \tag{3.17}$$

die über $\bar{X}$ aus (3.14) von den Stichprobenvariablen abhängt. Für die Zufallsvariable V gilt

$$P_\mu(V \geq \pi_{>c}) = 1 - \alpha \quad \text{für alle } \mu \in \mathbb{R},$$

so dass V eine obere Konfidenzschranke mit konstanter Überdeckungswahrscheinlichkeit $1 - \alpha$ für die Überschreitungswahrscheinlichkeit $\pi_{>c}$ einer Schranke c ist.

Aus der oberen Konfidenzschranke erhält man unter Berücksichtigung der Beschränkung $\pi_{>c} > 0$ ein einseitig oben begrenztes Konfidenzintervall.

Verfahren 3.6 (Oben begrenztes Konfidenzintervall für die Überschreitungswahr-scheinlichkeit) *Der Wert eines einseitig oben begrenzten Konfidenzintervalls mit konstanter Überdeckungswahrscheinlichkeit $1 - \alpha$ für die Überschreitungswahrscheinlichkeit $\pi_{>c}$ einer Schranke c ist $(0, v]$ mit v aus Verfahren 3.5.*

Für das zufällige Intervall $(0, V]$ mit V aus (3.17) gilt

$$P_\mu(\pi_{>c} \in (0, V]) = 1 - \alpha \quad \text{für alle } \mu \in \mathbb{R}, \tag{3.18}$$

so dass $(0, V]$ ein einseitig oben begrenztes Konfidenzintervall für die Überschreitungswahrscheinlichkeit $\pi_{>c}$ einer Schranke c ist.

Durch die Kombination einer unteren mit einer oberen Konfidenzschranke lässt sich ein Konfidenzintervall konstruieren.

Verfahren 3.7 (Konfidenzintervall für die Überschreitungswahrscheinlichkeit) *Der Wert $[u, v]$ eines Konfidenzintervalls mit konstanter Überdeckungswahrscheinlichkeit $1 - \alpha$ für die Überschreitungswahrscheinlichkeit $\pi_{>c}$ einer Schranke c ist durch die Intervallgren-*

zen

$$u = \Phi\left(\frac{\bar{x} - c}{\sigma} - \frac{z_{1-\alpha/2}}{\sqrt{n}}\right) \quad \text{und} \quad v = \Phi\left(\frac{\bar{x} - c}{\sigma} + \frac{z_{1-\alpha/2}}{\sqrt{n}}\right)$$

gegeben.

Für die entsprechenden zufälligen Intervallgrenzen

$$U = \Phi\left(\frac{\bar{X} - c}{\sigma} - \frac{z_{1-\alpha/2}}{\sqrt{n}}\right) \quad \text{und} \quad V = \Phi\left(\frac{\bar{X} - c}{\sigma} + \frac{z_{1-\alpha/2}}{\sqrt{n}}\right),$$

die das zufällige Intervall $[U, V]$ bilden, gilt

$$P_\mu(U \le \pi_{>c} \le V) = 1 - \alpha \quad \text{für alle } \mu \in \mathbb{R}. \tag{3.19}$$

Somit ist $[U, V]$ ein Konfidenzintervall mit konstanter Überdeckungswahrscheinlichkeit $1 - \alpha$ für die Überschreitungswahrscheinlichkeit $\pi_{>c}$ einer Schranke c. Außerdem gilt

$$P_\mu(\pi_{>c} < U) = P_\mu(\pi_{>c} > V) = \alpha/2 \quad \text{für alle } \mu \in \mathbb{R}, \tag{3.20}$$

sodass das Konfidenzintervall $[U, V]$ jeweils mit Wahrscheinlichkeit $\alpha/2$ rechts oder links von der Überschreitungswahrscheinlichkeit $\pi_{>c}$ liegt.

Die Wahrscheinlichkeitsaussagen (3.16) und (3.18) bis (3.20) sind Güteeigenschaften der Intervallschätzungen $[U, 1)$, $(0, V]$ und $[U, V]$ und damit des jeweiligen statistischen Verfahrens, nicht aber Eigenschaften der aus Stichprobenwerten berechneten Werte $[u, 1)$, $(0, v]$ und $[u, v]$. Zur frequentistischen Interpretation von Konfidenzintervallen siehe Abschn. 9.4.

Konfidenzaussagen für Unterschreitungswahrscheinlichkeiten In Analogie zu den Verfahren 3.3 bis 3.7 können Konfidenzaussagen für Unterschreitungswahrscheinlichkeiten angegeben werden.

Verfahren 3.8 (Untere Konfidenzschranke für die Unterschreitungswahrscheinlichkeit) *Der Wert einer unteren Konfidenzschranke mit konstanter Überdeckungswahrscheinlichkeit $1 - \alpha$ für die Unterschreitungswahrscheinlichkeit $\pi_{<c}$ einer Schranke c ist*

$$u = \Phi\left(\frac{c - \bar{x}}{\sigma} - \frac{z_{1-\alpha}}{\sqrt{n}}\right).$$

Die entsprechende Zufallsvariable U ist eine untere Konfidenzschranke mit konstanter Überdeckungswahrscheinlichkeit $1 - \alpha$ für die Unterschreitungswahrscheinlichkeit $\pi_{<c}$ einer Schranke c.

Verfahren 3.9 (Unten begrenztes Konfidenzintervall für die Unterschreitungswahrscheinlichkeit) *Der Wert eines einseitig unten begrenzten Konfidenzintervalls mit konstan-*

ter Überdeckungswahrscheinlichkeit $1 - \alpha$ *für die Unterschreitungswahrscheinlichkeit* $\pi_{<c}$ *einer Schranke* c *ist* $[u, 1)$ *mit* u *aus Verfahren* 3.8.

Das entsprechende zufällige Intervall $[U, 1)$ ist ein einseitig unten begrenztes Konfidenzintervall mit konstanter Überdeckungswahrscheinlichkeit $1 - \alpha$ für die Unterschreitungswahrscheinlichkeit $\pi_{<c}$ einer Schranke c.

Verfahren 3.10 (Obere Konfidenzschranke für die Unterschreitungswahrscheinlichkeit)
Der Wert einer oberen Konfidenzschranke mit konstanter Überdeckungswahrscheinlichkeit $1 - \alpha$ *für die Unterschreitungswahrscheinlichkeit* $\pi_{<c}$ *einer Schranke* c *ist*

$$v = \Phi\left(\frac{c - \bar{x}}{\sigma} + \frac{z_{1-\alpha}}{\sqrt{n}}\right).$$

Die entsprechende Zufallsvariable V ist eine obere Konfidenzschranke mit konstanter Überdeckungswahrscheinlichkeit $1 - \alpha$ für die Unterschreitungswahrscheinlichkeit $\pi_{<c}$ einer Schranke c.

Verfahren 3.11 (Oben begrenztes Konfidenzintervall für die Unterschreitungswahrscheinlichkeit) *Der Wert eines einseitig oben begrenzten Konfidenzintervalls mit konstanter Überdeckungswahrscheinlichkeit* $1 - \alpha$ *für die Unterschreitungswahrscheinlichkeit* $\pi_{<c}$ *einer Schranke* c *ist* $(0, v]$ *mit* v *aus Verfahren* 3.10.

Das entsprechende zufällige Intervall $(0, V]$ ist ein einseitig oben begrenztes Konfidenzintervall mit konstanter Überdeckungswahrscheinlichkeit $1 - \alpha$ für die Unterschreitungswahrscheinlichkeit $\pi_{<c}$ einer Schranke c.

Verfahren 3.12 (Konfidenzintervall für eine Unterschreitungswahrscheinlichkeit) *Der Wert* $[u, v]$ *eines Konfidenzintervalls mit konstanter Überdeckungswahrscheinlichkeit* $1 - \alpha$ *für die Unterschreitungswahrscheinlichkeit* $\pi_{<c}$ *einer Schranke* c *ist durch die Intervallgrenzen*

$$u = \Phi\left(\frac{c - \bar{x}}{\sigma} - \frac{z_{1-\alpha/2}}{\sqrt{n}}\right) \quad \text{und} \quad v = \Phi\left(\frac{c - \bar{x}}{\sigma} + \frac{z_{1-\alpha/2}}{\sqrt{n}}\right)$$

gegeben.

Das entsprechende zufällige Intervall $[U, V]$ ist ein Konfidenzintervall mit konstanter Überdeckungswahrscheinlichkeit $1 - \alpha$ für die Unterschreitungswahrscheinlichkeit $\pi_{<c}$ einer Schranke c.

Das Beispiel zur Wahrscheinlichkeit einer negativen Rendite aus Abschn. 3.3.1 wird wieder aufgegriffen. Die Volatilität sei bekannt als $\sigma = 0.2$ und aus $n = 10$ beobachteten Renditen ergibt sich ein arithmetischer Mittelwert $\bar{r} = 0.1$. Für die Wahrscheinlichkeit einer negativen Rendite sollen, ergänzend zum Punktschätzwert $\hat{\pi}_{<0} \approx 0.3085$, Konfidenzaussagen zum vorgegebenen Konfidenzniveau $1 - \alpha = 0.95$ getroffen werden:

Für die folgenden Berechnungen werden das $(1 - \alpha)$-Quantil $z_{1-\alpha} = z_{0.95} \approx 1.6449$ und das $(1 - \alpha/2)$-Quantil $z_{1-\alpha/2} = z_{0.975} \approx 1.9600$ der Standardnormalverteilung benötigt.

- Mit Verfahren 3.8 erhält man den Wert

$$u = \Phi\left(\frac{c - \bar{r}}{\sigma} - \frac{z_{0.95}}{\sqrt{n}}\right) \approx \Phi\left(\frac{0 - 0.1}{0.2} - \frac{1.6449}{\sqrt{10}}\right) \approx 0.1538$$

einer unteren Konfidenzschranke mit konstanter Überdeckungswahrscheinlichkeit 95 % für die Unterschreitungswahrscheinlichkeit $\pi_{<0}$. Daraus ergibt sich mit Verfahren 3.9 der Wert $[0.1538, 1)$ eines einseitig unten begrenzten Konfidenzintervalls.

- Mit Verfahren 3.10 erhält man den Wert

$$v = \Phi\left(\frac{c - \bar{r}}{\sigma} + \frac{z_{0.95}}{\sqrt{n}}\right) \approx \Phi\left(\frac{0 - 0.1}{0.2} + \frac{1.6449}{\sqrt{10}}\right) \approx 0.5080$$

einer oberen Konfidenzschranke mit konstanter Überdeckungswahrscheinlichkeit 95 % für die Unterschreitungswahrscheinlichkeit $\pi_{<0}$. Daraus ergibt sich mit Verfahren 3.11 der Wert $(0, 0.5080]$ eines einseitig oben begrenzten Konfidenzintervalls.

- Mit Verfahren 3.12 erhält man

$$u = \Phi\left(\frac{c - \bar{r}}{\sigma} - \frac{z_{0.975}}{\sqrt{n}}\right) \approx \Phi\left(\frac{0 - 0.1}{0.2} - \frac{1.9600}{\sqrt{10}}\right) \approx 0.1314$$

und

$$v = \Phi\left(\frac{c - \bar{r}}{\sigma} + \frac{z_{0.975}}{\sqrt{n}}\right) \approx \Phi\left(\frac{0 - 0.1}{0.2} + \frac{1.9600}{\sqrt{10}}\right) \approx 0.5477$$

und somit $[0.1314, 0.5477]$ als Wert eines Konfidenzintervalls mit konstanter Überdeckungswahrscheinlichkeit 95 % für die Unterschreitungswahrscheinlichkeit $\pi_{<0}$.

◄

Berechnungs- und Softwarehinweise

Für die Berechnung der Werte u und v in den Verfahren 3.3 bis 3.12 wird die Verteilungsfunktion Φ der Standardnormalverteilung an einer bestimmten Stelle benötigt; siehe dazu die Hinweise in Abschn. 3.1.1.

Außerdem wird die Quantilfunktion Φ^{-1} der Standardnormalverteilung benötigt, um damit die Quantile $z_{1-\alpha} = \Phi^{-1}(1 - \alpha)$ und $z_{1-\alpha/2} = \Phi^{-1}(1 - \alpha/2)$ zu bestimmen. Beispielsweise kann das 95 %-Quantil $z_{0.95} \approx 1.6449$ der Standardnormalverteilung folgendermaßen berechnet werden:

Software	Funktionsaufruf
Excel	NORM.S.INV(0,95)
GAUSS	cdfNi(0.95)
Mathematica	Quantile[NormalDistribution[0,1],0.95]
R	qnorm(0.95)

Für Excel wurde eine deutsche Spracheinstellung vorausgesetzt. Andernfalls müssen Dezimalpunkte verwendet werden und Kommata als Trennzeichen. ◄

3.3.3 Statistisches Testen

Statistische Testverfahren – vgl. zu deren Grundlagen Abschn. 9.5 – für Über- und Unterschreitungswahrscheinlichkeiten stellen wesentliche Instrumente des Risikomonitorings dieser Risikomaßzahlen dar, da sie zu deren Überwachung dienen können. Zur Durchführung statistischer Tests muss stets das Signifikanzniveau $\alpha \in (0, 1)$ vorgegeben sein, das die Fehlerwahrscheinlichkeit 1. Art nach oben beschränkt. Alle nachfolgend präsentierten Verfahren beschreiben statistische Tests mit Umfang α.

Statistische Tests für die Überschreitungswahrscheinlichkeit Stellt die Überschreitungswahrscheinlichkeit $\pi_{>c}$ einer Schranke c die interessierende Risikomaßzahl dar, dann können die folgenden drei häufig betrachteten Aufgabenstellungen bezüglich eines vorgegebenen Referenzwertes $\pi_0 \in (0, 1)$ unterschieden werden:

1. Es soll statistisch abgesichert werden, dass $\pi_{>c}$ unter dem Referenzwert π_0 liegt. Dazu ist die Nullhypothese $H_0 : \pi_{>c} \geq \pi_0$ zugunsten der Gegenhypothese $H_1 : \pi_{>c} < \pi_0$ abzulehnen.
2. Es soll statistisch abgesichert werden, dass $\pi_{>c}$ über dem Referenzwert π_0 liegt. Dazu ist die Nullhypothese $H_0 : \pi_{>c} \leq \pi_0$ zugunsten der Gegenhypothese $H_1 : \pi_{>c} > \pi_0$ abzulehnen.
3. Es soll statistisch abgesichert werden, dass $\pi_{>c}$ über oder unter dem Referenzwert π_0 liegt. Dazu ist die Nullhypothese $H_0 : \pi_{>c} = \pi_0$ zugunsten der Gegenhypothese $H_1 : \pi_{>c} \neq \pi_0$ abzulehnen.

Für die statistischen Tests dieser drei Hypothesenpaare wird die Testgröße

$$t = \sqrt{n} \left(\frac{\bar{x} - c}{\sigma} - \Phi^{-1}(\pi_0) \right) \tag{3.21}$$

berechnet. Dabei bezeichnet $\bar{x}$ den auf Basis von n Beobachtungen ermittelten Schätzwert aus (3.10) für den unbekannten Modellparameter μ und $\Phi^{-1}(\pi_0)$ ist die Umkehrfunktion der Verteilungsfunktion der Standardnormalverteilung an der Stelle des Referenzwertes π_0. Im Kontext von Annahme 3.2 ist die Testgröße t der Wert einer Teststatistik, die standardnormalverteilt ist, falls $\pi_{>c} = \pi_0$ gilt.

Bei einer klassischen Testdurchführung wird die Testgröße t mit bestimmten kritischen Werten verglichen, die vom vorgegebenen Signifikanzniveau α und von den zu testenden Hypothesen abhängen. Im vorliegenden Kontext basieren die kritischen Werte auf dem $(1 - \alpha)$-Quantil $z_{1-\alpha}$ bzw. dem $(1 - \alpha/2)$-Quantil $z_{1-\alpha/2}$ der Standardnormalverteilung. Das konkrete Vorgehen ist in den folgenden drei Verfahren beschrieben.

Verfahren 3.13 (Test zur Bestätigung von $\pi_{>c} < \pi_0$) *Die Hypothese $H_0 : \pi_{>c} \geq \pi_0$ wird zugunsten von $H_1 : \pi_{>c} < \pi_0$ abgelehnt, falls $t < -z_{1-\alpha}$ mit t aus (3.21).*

Verfahren 3.14 (Test zur Bestätigung von $\pi_{>c} > \pi_0$) *Die Hypothese $H_0 : \pi_{>c} \leq \pi_0$ wird zugunsten von $H_1 : \pi_{>c} > \pi_0$ abgelehnt, falls $t > z_{1-\alpha}$ mit t aus (3.21).*

Verfahren 3.15 (Test zur Bestätigung von $\pi_{>c} \neq \pi_0$) *Die Hypothese $H_0 : \pi_{>c} = \pi_0$ wird zugunsten von $H_1 : \pi_{>c} \neq \pi_0$ abgelehnt, falls $|t| > z_{1-\alpha/2}$ mit t aus (3.21).*

Bei einer p-Wert-basierten Testdurchführung wird mit der Testgröße t aus (3.21) in Abhängigkeit von der Art der Hypothesen einer der drei p-Werte

$$p_1 = \Phi(t), \quad p_2 = 1 - \Phi(t), \quad p_3 = 2\min\{p_1, p_2\} \tag{3.22}$$

bestimmt und für die Testentscheidung mit dem vorgegebenen Signifikanzniveau α verglichen. Ein p-Wert hängt somit von den Hypothesen und über die Testgröße t von den beobachteten Stichprobenwerten ab und sollte stets mit den zugrunde liegenden Hypothesen angegeben werden.

Verfahren 3.16 (Test zur Bestätigung von $\pi_{>c} < \pi_0$) *Die Hypothese $H_0 : \pi_{>c} \geq \pi_0$ wird zugunsten von $H_1 : \pi_{>c} < \pi_0$ abgelehnt, falls $p_1 < \alpha$ mit p_1 aus (3.22).*

Verfahren 3.17 (Test zur Bestätigung von $\pi_{>c} > \pi_0$) *Die Hypothese $H_0 : \pi_{>c} \leq \pi_0$ wird zugunsten von $H_1 : \pi_{>c} > \pi_0$ abgelehnt, falls $p_2 < \alpha$ mit p_2 aus (3.22).*

Verfahren 3.18 (Test zur Bestätigung von $\pi_{>c} \neq \pi_0$) *Die Hypothese $H_0 : \pi_{>c} = \pi_0$ wird zugunsten von $H_1 : \pi_{>c} \neq \pi_0$ abgelehnt, falls $p_3 < \alpha$ mit p_3 aus (3.22).*

Statistische Tests für die Unterschreitungswahrscheinlichkeit Stellt die Unterschreitungswahrscheinlichkeit $\pi_{<c}$ einer Schranke c die interessierende Risikomaßzahl dar, dann können die folgenden drei häufig betrachteten Aufgabenstellungen bezüglich eines vorgegebenen Referenzwertes $\pi_0 \in (0, 1)$ unterschieden werden:

1. Es soll statistisch abgesichert werden, dass $\pi_{<c}$ unter dem Referenzwert π_0 liegt. Dazu ist die Nullhypothese $H_0 : \pi_{<c} \geq \pi_0$ zugunsten der Gegenhypothese $H_1 : \pi_{<c} < \pi_0$ abzulehnen.
2. Es soll statistisch abgesichert werden, dass $\pi_{<c}$ über dem Referenzwert π_0 liegt. Dazu ist die Nullhypothese $H_0 : \pi_{<c} \leq \pi_0$ zugunsten der Gegenhypothese $H_1 : \pi_{<c} > \pi_0$ abzulehnen.
3. Es soll statistisch abgesichert werden, dass $\pi_{<c}$ über oder unter dem Referenzwert π_0 liegt. Dazu ist die Nullhypothese $H_0 : \pi_{<c} = \pi_0$ zugunsten der Gegenhypothese $H_1 : \pi_{<c} \neq \pi_0$ abzulehnen.

Für die statistischen Tests dieser drei Hypothesenpaare wird die Testgröße

$$t = \sqrt{n} \left(\frac{\bar{x} - c}{\sigma} + \Phi^{-1}(\pi_0) \right) \tag{3.23}$$

berechnet. Im Kontext von Annahme 3.2 ist t der Wert einer Teststatistik, die standardnormalverteilt ist, falls $\pi_{<c} = \pi_0$ gilt. Daher kann bei einer klassischen Testdurchführung die Testgröße t mit bestimmten kritischen Werten verglichen werden, die erneut auf dem $(1-\alpha)$-Quantil $z_{1-\alpha}$ bzw. dem $(1 - \alpha/2)$-Quantil $z_{1-\alpha/2}$ der Standardnormalverteilung basieren. Das konkrete Vorgehen ist im Folgenden für alle drei Aufgabenstellungen beschrieben.

Verfahren 3.19 (Test zur Bestätigung von $\pi_{<c} < \pi_0$) *Die Hypothese $H_0 : \pi_{<c} \geq \pi_0$ wird zugunsten von $H_1 : \pi_{<c} < \pi_0$ abgelehnt, falls $t > z_{1-\alpha}$ mit t aus (3.23).*

Verfahren 3.20 (Test zur Bestätigung von $\pi_{<c} > \pi_0$) *Die Hypothese $H_0 : \pi_{<c} \leq \pi_0$ wird zugunsten von $H_1 : \pi_{<c} > \pi_0$ abgelehnt, falls $t < -z_{1-\alpha}$ mit t aus (3.23).*

Verfahren 3.21 (Test zur Bestätigung von $\pi_{<c} \neq \pi_0$) *Die Hypothese $H_0 : \pi_{<c} = \pi_0$ wird zugunsten von $H_1 : \pi_{<c} \neq \pi_0$ abgelehnt, falls $|t| > z_{1-\alpha/2}$ mit t aus (3.23).*

Bei einer p-Wert-basierten Testdurchführung wird mit der Testgröße t aus (3.23) in Abhängigkeit von der Art der Hypothesen einer der drei p-Werte

$$p_1 = 1 - \Phi(t), \quad p_2 = \Phi(t), \quad p_3 = 2 \min\{p_1, p_2\} \tag{3.24}$$

bestimmt und für die Testentscheidung mit dem vorgegebenen Signifikanzniveau α verglichen.

Verfahren 3.22 (Test zur Bestätigung von $\pi_{<c} < \pi_0$) *Die Hypothese $H_0 : \pi_{<c} \geq \pi_0$ wird zugunsten von $H_1 : \pi_{<c} < \pi_0$ abgelehnt, falls $p_1 < \alpha$ mit p_1 aus (3.24).*

Verfahren 3.23 (Test zur Bestätigung von $\pi_{<c} > \pi_0$) *Die Hypothese $H_0 : \pi_{<c} \leq \pi_0$ wird zugunsten von $H_1 : \pi_{<c} > \pi_0$ abgelehnt, falls $p_2 < \alpha$ mit p_2 aus (3.24).*

Verfahren 3.24 (Test zur Bestätigung von $\pi_{<c} \neq \pi_0$) *Die Hypothese $H_0 : \pi_{<c} = \pi_0$ wird zugunsten von $H_1 : \pi_{<c} \neq \pi_0$ abgelehnt, falls $p_3 < \alpha$ mit p_3 aus (3.24).*

***

Beispiel zu den Verfahren 3.19 und 3.22

Das Beispiel zur Wahrscheinlichkeit einer negativen Rendite aus den Abschn. 3.3.1 und 3.3.2 wird wieder aufgegriffen. Die Volatilität sei als $\sigma = 0.2$ bekannt und aus $n = 10$ beobachteten Renditen ergibt sich ein arithmetischer Mittelwert $\bar{r} = 0.1$.

Es soll statistisch abgesichert werden, dass die Wahrscheinlichkeit einer negativen Rendite unter 40 % liegt. Aus statistischer Sicht wird somit getestet, ob die Hypothese $H_0 : \pi_{<0} \geq \pi_0$ aufgrund der beobachteten Werte zugunsten der Hypothese $H_1 : \pi_{<0} < \pi_0$ mit $\pi_0 = 0.4$ abgelehnt werden kann. Das vorgegebene Signifikanzniveau sei $\alpha = 5\,\%$.

Gemäß (3.23) wird zunächst die Testgröße

$$t = \sqrt{n}\left(\frac{\bar{r} - c}{\sigma} + \Phi^{-1}(\pi_0)\right) = \sqrt{10}\left(\frac{0.1 - 0}{0.2} + \Phi^{-1}(0.4)\right) \approx 0.7800$$

berechnet.

- Bei der klassischen Testdurchführung mit Verfahren 3.19 wird diese Testgröße mit dem $(1 - \alpha)$-Quantil $z_{1-\alpha} = z_{0.95} \approx 1.6449$ der Standardnormalverteilung verglichen. Da hier $t \approx 0.7800 < 1.6449 \approx z_{0.95}$ gilt, wird die Nullhypothese bei $\alpha = 5\,\%$ nicht abgelehnt.
- Alternativ wird bei der p-Wert-basierten Testdurchführung mit Verfahren 3.22 aus der Testgröße t der p-Wert als

$$p_1 = 1 - \Phi(t) \approx 1 - \Phi(0.7800) \approx 0.2177$$

berechnet und mit dem vorgegebenen Signifikanzniveau verglichen. Da $p_1 \approx 0.2177 > 0.05 = \alpha$ gilt, wird auch bei diesem Vorgehen die Nullhypothese nicht abgelehnt.

Die in $n = 10$ Perioden beobachtete mittlere Rendite $\bar{r} = 0.1$ steht bei bekanntem $\sigma = 0.2$ und einem vorgegebenen Signifikanzniveau von $\alpha = 5\,\%$ nicht im Widerspruch zur Nullhypothese $\pi_{<0} \geq 0.4$. Es konnte somit nicht statistisch gesichert werden, dass die Wahrscheinlichkeit einer negativen Rendite geringer als 40 % ist. ◄

Berechnungs- und Softwarehinweise

Für die Berechnung der Testgrößen aus (3.21) und (3.23) und für die Testentscheidung in den Verfahren 3.13 bis 3.15 und 3.19 bis 3.21 wird die Quantilfunktion Φ^{-1} der Standardnormalverteilung benötigt; siehe dazu die Hinweise in Abschn. 3.3.2.

Für die Berechnung der p-Werte in den Verfahren 3.16 bis 3.18 und 3.22 bis 3.24 wird zusätzlich die Verteilungsfunktion Φ der Standardnormalverteilung benötigt; siehe dazu die Hinweise in Abschn. 3.1.1. ◄

3.4 Normalverteilung mit gegebenem Erwartungswert und unbekannter Standardabweichung

Dem Fall, dass der Erwartungswert μ der Normalverteilung bekannt ist, während die Standardabweichung σ der unbekannte, aus n beobachteten Werten zu schätzende Parameter ist, entspricht das folgende Stichprobenmodell.

Annahme 3.3 (Normalverteilungsmodell, Erwartungswert bekannt) *Die Stichprobenwerte $x_1, \ldots, x_n$ sind Realisationen von stochastisch unabhängigen und identisch verteilten Stichprobenvariablen $X_1, \ldots, X_n$ mit der Wahrscheinlichkeitsverteilung von $X \sim$ N(μ, σ^2), wobei $\mu \in \mathbb{R}$ gegeben ist und $\sigma > 0$ ein unbekannter Verteilungsparameter ist.*

Die für X zugelassenen Verteilungen liegen somit in der einparametrigen Verteilungsfamilie $\{N(\mu, \sigma^2) \mid \sigma > 0\}$.

Für die nachfolgenden Verfahren 3.25 bis 3.48 gelten folgende gemeinsame Voraussetzungen und Bezeichnungen:

- Annahme 3.3 ist erfüllt,
- eine Schranke $c \in \mathbb{R}$ ist vorgegeben und
- $\pi_{>c}$ und $\pi_{<c}$ bezeichnen die Über- und Unterschreitungswahrscheinlichkeiten aus (3.9) für diese Schranke c.

Fallunterscheidung Wenn die vorgegebene Schranke c mit dem bekannten Erwartungswert μ übereinstimmt, d. h. $\mu = c$, dann gilt

$$\pi_{>c} = \pi_{<c} = 1/2 \quad \text{für alle } \sigma > 0,$$

so dass die Über- und Unterschreitungswahrscheinlichkeiten bekannt sind und kein Anlass für den Einsatz statistischer Inferenzverfahren besteht. Im weiteren Verlauf ist daher immer der Fall $\mu \neq c$ von Interesse, wobei regelmäßig die Fälle $\mu > c$ und $\mu < c$ unterschieden werden müssen. Im Fall $\mu > c$ gilt

$$\pi_{>c} \in (1/2, 1) \quad \text{und} \quad \pi_{<c} \in (0, 1/2) \quad \text{für alle } \sigma > 0 \tag{3.25}$$

und im Fall $\mu < c$ gilt

$$\pi_{>c} \in (0, 1/2) \quad \text{und} \quad \pi_{<c} \in (1/2, 1) \quad \text{für alle } \sigma > 0. \tag{3.26}$$

Statistische Schätz- und Testverfahren müssen diese Parameterrestriktionen berücksichtigen.

3.4.1 Punktschätzung

Die folgenden Schätzwerte für Über- und Unterschreitungswahrscheinlichkeiten resultieren, indem man in den Formeln (3.9) für die Über- und Unterschreitungswahrscheinlichkeiten den unbekannten Parameter σ durch den Schätzwert

$$s_{(\mu)} \stackrel{\text{def}}{=} \sqrt{\frac{1}{n} \sum_{i=1}^{n} (x_i - \mu)^2} \tag{3.27}$$

ersetzt. Im Kontext des Stichprobenmodells aus Annahme 3.3 ist $s_{(\mu)}$ der ML-Schätzwert für den unbekannten Parameter σ. Dieser Schätzwert ist eine Realisation des ML-Schätzers

$$S_{(\mu)} \stackrel{\text{def}}{=} \sqrt{\frac{1}{n} \sum_{i=1}^{n} (X_i - \mu)^2} \tag{3.28}$$

für den Parameter σ. Dabei gilt $P(S_{(\mu)} > 0) = 1$ für alle $\mu \in \mathbb{R}$ und $\sigma > 0$, weswegen im Folgenden $s_{(\mu)} > 0$ vorausgesetzt werden kann, siehe dazu auch Anmerkung 3.1 am Ende dieses Abschnitts.

Verfahren 3.25 (Schätzwert für die Überschreitungswahrscheinlichkeit) *Ein Schätzwert für die Überschreitungswahrscheinlichkeit $\pi_{>c}$ einer Schranke c ist*

$$\hat{\pi}_{>c} = \Phi\left(\frac{\mu - c}{s_{(\mu)}}\right)$$

mit $s_{(\mu)}$ aus (3.27).

Verfahren 3.26 (Schätzwert für die Unterschreitungswahrscheinlichkeit) *Ein Schätzwert für die Unterschreitungswahrscheinlichkeit $\pi_{<c}$ einer Schranke c ist*

$$\hat{\pi}_{<c} = \Phi\left(\frac{c - \mu}{s_{(\mu)}}\right)$$

mit $s_{(\mu)}$ aus (3.27).

Die Schätzwerte aus den Verfahren 3.25 und 3.26 erfüllen die Parameterrestriktionen aus (3.25) und (3.26).

Beispiel: Wahrscheinlichkeit einer negativen Rendite

Das Beispiel zur Wahrscheinlichkeit $\pi_{<0}$ einer negativen Rendite aus Abschn. 3.3.1 wird wieder aufgegriffen und wie folgt abgewandelt: Die erwartete Rendite μ sei bekannt, während die Volatilität $\sigma > 0$ unbekannt sei.

Ist die erwartete Rendite μ gegeben, dann ist gemäß Verfahren 3.26

$$\hat{\pi}_{<0} = \Phi\left(-\frac{\mu}{s_{(\mu)}}\right)$$

ein Schätzwert für die unbekannte Wahrscheinlichkeit $\pi_{<0} = \Phi(-\mu/\sigma)$ einer negativen Rendite, wobei dieser Schätzwert auf der empirischen Standardabweichung

$$s_{(\mu)} = \sqrt{\frac{1}{n}\sum_{i=1}^{n}(r_i - \mu)^2}$$

der n beobachteten Renditen $r_1, \ldots, r_n$ basiert.

Falls die erwartete Rendite $\mu = 0.1$ ist und sich aus $n = 10$ beobachteten Renditen eine empirischen Standardabweichung $s_{(\mu)} = 0.2$ ergibt, dann erhält man für die Unterschreitungswahrscheinlichkeit $\pi_{<0} = \Phi(-0.1/\sigma)$ den Punktschätzwert $\hat{\pi}_{<0} = \Phi(-0.1/0.2) = \Phi(-0.5) \approx 0.3085$. ◄

Berechnungs- und Softwarehinweise

Für die Berechnung der Schätzwerte in den Verfahren 3.25 und 3.26 wird die Verteilungsfunktion Φ der Standardnormalverteilung an einer bestimmten Stelle benötigt, siehe dazu die Hinweise in Abschn. 3.1.1. ◄

Anmerkung 3.1 (Zu den Fällen $s_{(\mu)} = 0$ und $S_{(\mu)} = 0$) Im Stichprobenmodell 3.3 gilt $P(X_1 = \ldots = X_n = \mu) = 0$ und damit $P(S_{(\mu)} > 0) = 1$ für alle $n \in \mathbb{N}$, $\mu \in \mathbb{R}$ und $\sigma > 0$. Dies rechtfertigt es, im Folgenden stets $s_{(\mu)} > 0$ zu unterstellen. Die folgenden Schätzer, bei denen für $S_{(\mu)} = 0$ eine Division durch Null erfolgt, sind mit Wahrscheinlichkeit Eins wohldefiniert und mit Wahrscheinlichkeit Null nicht definiert. Diese Eigenschaft hat keinen Einfluss auf die Wahrscheinlichkeitsverteilung der Schätzer und alle folgenden Konfidenzaussagen und Eigenschaften der Testverfahren.

3.4.2 Intervallschätzung

Wie bereits erwähnt, sind die Über- und Unterschreitungswahrscheinlichkeit im Spezialfall $\mu = c$ bekannt, sodass in diesem Spezialfall keine weitergehenden Konfidenzaussagen oder Intervallschätzungen notwendig oder sinnvoll sind. Es wird daher im Folgenden stets $\mu \neq c$ vorausgesetzt. Ist diese Bedingung erfüllt, dann können sowohl für die Über- als auch für die Unterschreitungswahrscheinlichkeit die bereits in Abschn. 3.3.2 dargestellten drei Aufgabenstellungen mit den dazugehörigen statistischen Verfahren der Intervallschätzung unterschieden werden. Allerdings sind für die einseitig unten bzw. einseitig oben begrenzten Konfidenzintervalle zusätzlich die Parameterrestriktionen aus (3.25) und (3.26) zu berücksichtigen.

Alle folgenden Konfidenzaussagen für Über- und Unterschreitungswahrscheinlichkeiten beruhen auf der Wahrscheinlichkeitsverteilung des Schätzers $S_{(\mu)}$ aus (3.28) für den unbekannten Modellparameter σ. Diese Wahrscheinlichkeitsverteilung kann unter Annahme 3.3 mit Hilfe einer Chi-Quadrat-Verteilung mit n Freiheitsgraden charakterisiert werden, es gilt nämlich

$$\frac{n S_{(\mu)}^2}{\sigma^2} \sim \chi^2(n).$$

Zudem beruhen alle folgenden Konfidenzaussagen darauf, dass für $\mu \neq c$ zwischen $\pi_{>c}$ und σ und zwischen $\pi_{<c}$ und σ jeweils ein streng monotoner Zusammenhang besteht, dessen Richtung sich allerdings mit dem Vorzeichen von $\mu - c$ ändert. Daher sind nachfolgend stets die Fälle $\mu > c$ und $\mu < c$ zu unterscheiden, die sich dadurch auswirken, dass entgegengesetzte Verteilungsenden einer Chi-Quadrat-verteilten Zufallsgröße zu verwenden sind.

In den folgenden Konfidenzaussagen ist $1 - \alpha$ stets das vorgegebene Konfidenzniveau, wobei $\alpha \in (0, 1)$ das zugehörige, in der Regel niedrige, vorgegebene Irrtumsniveau bezeichnet. Alle präsentierten Konfidenzaussagen können mit konstanter Überdeckungswahrscheinlichkeit $1 - \alpha$ gemacht werden. Dabei hängen die Werte der Konfidenzschranken und der Grenzen der Konfidenzintervalle bei bekanntem Modellparameter μ von p-Quantilen $\chi_{n,p}^2$ einer Chi-Quadrat-Verteilung mit n Freiheitsgraden und vom Schätzwert $s_{(\mu)} > 0$ aus (3.27) für den unbekannten Modellparameter σ ab. Zur übersichtlicheren Darstellung wird im Folgenden für $0 < p < 1$ auf Realisationen

$$w_p \stackrel{\text{def}}{=} \Phi\left(\frac{\mu - c}{s_{(\mu)}} \sqrt{\frac{\chi_{n,p}^2}{n}} \right) \tag{3.29}$$

der Zufallsvariablen

$$W_p \stackrel{\text{def}}{=} \Phi\left(\frac{\mu - c}{S_{(\mu)}} \sqrt{\frac{\chi_{n,p}^2}{n}} \right) \tag{3.30}$$

zurückgegriffen.

Konfidenzaussagen für Überschreitungswahrscheinlichkeiten Aus bekannten Konfidenzaussagen für den Parameter σ im Kontext von Annahme 3.3 können unter Ausnutzung des monotonen Zusammenhangs zwischen σ und der Überschreitungswahrscheinlichkeit $\pi_{>c}$ Konfidenzaussagen für $\pi_{>c}$ gewonnen werden.

Verfahren 3.27 (Untere Konfidenzschranke für die Überschreitungswahrscheinlichkeit)
Der Wert einer unteren Konfidenzschranke mit konstanter Überdeckungswahrscheinlichkeit $1 - \alpha$ für die Überschreitungswahrscheinlichkeit $\pi_{>c}$ einer Schranke c ist

$$u = \begin{cases} w_\alpha & \text{für } \mu > c \\ w_{1-\alpha} & \text{für } \mu < c \end{cases}$$

mit w_p aus (3.29).

Der Wert u ist eine Realisation der Zufallsvariablen

$$U = \begin{cases} W_\alpha & \text{für } \mu > c \\ W_{1-\alpha} & \text{für } \mu < c \end{cases}, \tag{3.31}$$

die über W_p aus (3.30) und den Schätzer $S_{(\mu)}$ aus (3.28) für den Parameter σ von den Stichprobenvariablen abhängt, und die Eigenschaft

$$\mathrm{P}_\sigma(U \leq \pi_{>c}) = 1 - \alpha \quad \text{für alle } \sigma > 0$$

hat. Die Verteilung von $S_{(\mu)}$, und damit auch die Verteilung von U, variiert mit dem Parameter σ, was den tiefgestellten Index σ motiviert. Die Zufallsvariable U liegt mit der Wahrscheinlichkeit $1 - \alpha$ unterhalb von $\pi_{>c}$. Somit ist U eine untere Konfidenzschranke mit konstanter Überdeckungswahrscheinlichkeit $1 - \alpha$ für die Überschreitungswahrscheinlichkeit $\pi_{>c}$ einer Schranke c.

Aus der unteren Konfidenzschranke erhält man unter Berücksichtigung der Parameterrestriktionen aus (3.25) und (3.26) ein einseitig unten begrenztes Konfidenzintervall der Form $[U, b)$. Dabei ist U die untere Konfidenzschranke aus (3.31), die von den Stichprobenvariablen abhängt, während die obere Intervallgrenze b durch den Rand des jeweiligen Parameterraums bestimmt ist.

Verfahren 3.28 (Unten begrenztes Konfidenzintervall für die Überschreitungswahrscheinlichkeit) *Der Wert eines einseitig unten begrenzten Konfidenzintervalls mit konstanter Überdeckungswahrscheinlichkeit $1 - \alpha$ für die Überschreitungswahrscheinlichkeit $\pi_{>c}$ einer Schranke c ist*

$$[u, b) = \begin{cases} [w_\alpha, 1) & \text{für } \mu > c \\ [w_{1-\alpha}, 1/2) & \text{für } \mu < c \end{cases}.$$

Für das zugehörige zufällige Intervall $[U, b)$ mit U aus (3.31) gilt

$$P_\sigma(\pi_{>c} \in [U, b)) = 1 - \alpha \quad \text{für alle } \sigma > 0, \tag{3.32}$$

sodass $[U, b)$ ein einseitig unten begrenztes Konfidenzintervall mit konstanter Überdeckungswahrscheinlichkeit $1 - \alpha$ für die Überschreitungswahrscheinlichkeit $\pi_{>c}$ einer Schranke c ist.

Verfahren 3.29 (Obere Konfidenzschranke für die Überschreitungswahrscheinlichkeit)
Der Wert einer oberen Konfidenzschranke mit konstanter Überdeckungswahrscheinlichkeit
$1 - \alpha$ für die Überschreitungswahrscheinlichkeit $\pi_{>c}$ einer Schranke c ist

$$v = \begin{cases} w_{1-\alpha} & \text{für } \mu > c \\ w_\alpha & \text{für } \mu < c \end{cases}$$

mit w_p aus (3.29).

Der Wert v ist eine Realisation der zufälligen oberen Konfidenzschranke

$$V = \begin{cases} W_{1-\alpha} & \text{für } \mu > c \\ W_\alpha & \text{für } \mu < c \end{cases} \tag{3.33}$$

für die Überschreitungswahrscheinlichkeit $\pi_{>c}$, die über W_p aus (3.30) und den Schätzer $S_{(\mu)}$ aus (3.28) für den Parameter σ von den Stichprobenvariablen abhängt, und die Eigenschaft

$$P_\sigma(V \geq \pi_{>c}) = 1 - \alpha \quad \text{für alle } \sigma > 0$$

hat. Somit liegt die obere Konfidenzschranke V mit der Wahrscheinlichkeit $1 - \alpha$ oberhalb von $\pi_{>c}$ und hat die konstante Überdeckungswahrscheinlichkeit $1 - \alpha$.

Aus der oberen Konfidenzschranke V erhält man unter Berücksichtigung der Parameterbeschränkungen aus (3.25) und (3.26) ein einseitig oben begrenztes Konfidenzintervall, wobei die untere Intervallgrenze durch den jeweiligen Parameterraum bestimmt ist.

Verfahren 3.30 (Oben begrenztes Konfidenzintervall für die Überschreitungswahrscheinlichkeit) *Der Wert eines einseitig oben begrenzten Konfidenzintervalls mit konstanter Überdeckungswahrscheinlichkeit $1 - \alpha$ für die Überschreitungswahrscheinlichkeit $\pi_{>c}$ einer Schranke c ist*

$$(a, v] = \begin{cases} (1/2, w_{1-\alpha}] & \text{für } \mu > c \\ (0, w_\alpha] & \text{für } \mu < c \end{cases}$$

mit w_p aus (3.29).

Für das zugehörige zufällige Intervall $(a, V]$ mit V aus (3.33) gilt

$$P_\sigma(\pi_{>c} \in (a, V]) = 1 - \alpha \quad \text{für alle } \sigma > 0, \tag{3.34}$$

sodass $(a, V]$ ein einseitig oben begrenztes Konfidenzintervall mit konstanter Überdeckungswahrscheinlichkeit $1 - \alpha$ für die Überschreitungswahrscheinlichkeit $\pi_{>c}$ einer Schranke c ist.

Durch die Kombination einer unteren mit einer oberen Konfidenzschranke lässt sich ein Konfidenzintervall konstruieren.

Verfahren 3.31 (Konfidenzintervall für die Überschreitungswahrscheinlichkeit) *Der Wert $[u, v]$ eines Konfidenzintervalls mit konstanter Überdeckungswahrscheinlichkeit $1 - \alpha$ für die Überschreitungswahrscheinlichkeit $\pi_{>c}$ einer Schranke c ist durch*

$$[u, v] = \begin{cases} [w_{\alpha/2}, w_{1-\alpha/2}] & \text{für } \mu > c \\ [w_{1-\alpha/2}, w_{\alpha/2}] & \text{für } \mu < c \end{cases}$$

gegeben.

Für die entsprechenden zufälligen Intervallgrenzen U und V, die das Zufallsintervall

$$[U, V] = \begin{cases} [W_{\alpha/2}, W_{1-\alpha/2}] & \text{für } \mu > c \\ [W_{1-\alpha/2}, W_{\alpha/2}] & \text{für } \mu < c \end{cases}$$

bilden, gilt

$$P_\sigma(U \le \pi_{>c} \le V) = 1 - \alpha \quad \text{für alle } \sigma > 0. \tag{3.35}$$

Somit ist $[U, V]$ ist ein Konfidenzintervall mit konstanter Überdeckungswahrscheinlichkeit $1 - \alpha$ für die Überschreitungswahrscheinlichkeit $\pi_{>c}$ einer Schranke c. In den Fällen, in denen das Konfidenzintervall den Parameter nicht überdeckt, gilt

$$P_\sigma(\pi_{>c} < U) = P_\sigma(\pi_{>c} > V) = \alpha/2 \quad \text{für alle } \sigma > 0, \tag{3.36}$$

so dass das Konfidenzintervall $[U, V]$ jeweils mit Wahrscheinlichkeit $\alpha/2$ rechts oder links von der Überschreitungswahrscheinlichkeit $\pi_{>c}$ liegt.

Die Wahrscheinlichkeitsaussagen (3.32) und (3.34) bis (3.36) sind Güteeigenschaften der Intervallschätzungen $[U, b), (a, V]$ und $[U, V]$ und damit des jeweiligen statistischen Verfahrens, nicht aber Eigenschaften der aus Stichprobenwerten berechneten Werte $[u, b), (a, v]$ und $[u, v]$. Zur frequentistischen Interpretation von Konfidenzintervallen siehe Abschn. 9.4.

Konfidenzaussagen für Unterschreitungswahrscheinlichkeiten In Analogie zu den obigen Konfidenzaussagen für Überschreitungswahrscheinlichkeiten können die folgenden Konfidenzaussagen für Unterschreitungswahrscheinlichkeiten gewonnen werden.

Verfahren 3.32 (Untere Konfidenzschranke für die Unterschreitungswahrscheinlichkeit)
Der Wert einer unteren Konfidenzschranke mit konstanter Überdeckungswahrscheinlichkeit
$1 - \alpha$ *für die Unterschreitungswahrscheinlichkeit* $\pi_{<c}$ *einer Schranke c ist*

$$u = \begin{cases} 1 - w_{1-\alpha} & \text{für } \mu > c \\ 1 - w_\alpha & \text{für } \mu < c \end{cases}$$

mit w_p *aus (3.29).*

Die entsprechende Zufallsvariable U ist eine untere Konfidenzschranke mit konstanter Überdeckungswahrscheinlichkeit $1 - \alpha$ für die Unterschreitungswahrscheinlichkeit $\pi_{<c}$ einer Schranke c.

Verfahren 3.33 (Unten begrenztes Konfidenzintervall für die Unterschreitungswahr-scheinlichkeit) *Der Wert eines einseitig unten begrenzten Konfidenzintervalls mit konstanter Überdeckungswahrscheinlichkeit* $1 - \alpha$ *für die Unterschreitungswahrscheinlichkeit* $\pi_{<c}$ *einer Schranke c ist*

$$[u, b) = \begin{cases} [1 - w_{1-\alpha}, 1/2) & \text{für } \mu > c \\ [1 - w_\alpha, 1) & \text{für } \mu < c \end{cases}.$$

mit w_p *aus (3.29).*

Das entsprechende zufällige Intervall $[U, b)$ ist ein einseitig unten begrenztes Konfidenzintervall mit konstanter Überdeckungswahrscheinlichkeit $1 - \alpha$ für die Unterschreitungswahrscheinlichkeit $\pi_{<c}$ einer Schranke c.

Verfahren 3.34 (Obere Konfidenzschranke für die Unterschreitungswahrscheinlichkeit)
Der Wert einer oberen Konfidenzschranke mit konstanter Überdeckungswahrscheinlichkeit
$1 - \alpha$ *für die Unterschreitungswahrscheinlichkeit* $\pi_{<c}$ *einer Schranke c ist*

$$v = \begin{cases} 1 - w_\alpha & \text{für } \mu > c \\ 1 - w_{1-\alpha} & \text{für } \mu < c \end{cases}$$

mit w_p *aus (3.29).*

Die entsprechende Zufallsvariable V ist eine obere Konfidenzschranke mit konstanter Überdeckungswahrscheinlichkeit $1 - \alpha$ für die Unterschreitungswahrscheinlichkeit $\pi_{<c}$ einer Schranke c.

Verfahren 3.35 (Oben begrenztes Konfidenzintervall für die Unterschreitungswahr-scheinlichkeit) *Der Wert eines einseitig oben begrenzten Konfidenzintervalls mit konstan-*

ter Überdeckungswahrscheinlichkeit $1 - \alpha$ *für die Unterschreitungswahrscheinlichkeit* $\pi_{<c}$
einer Schranke c *ist*

$$(a, v] = \begin{cases} (0, 1 - w_\alpha] & \text{für } \mu > c \\ (1/2, 1 - w_{1-\alpha}] & \text{für } \mu < c \end{cases}$$

mit w_p *aus (3.29).*

Das entsprechende zufällige Intervall $(a, V]$ ist ein einseitig oben begrenztes Konfidenz-intervall mit konstanter Überdeckungswahrscheinlichkeit $1 - \alpha$ für die Unterschreitungs-wahrscheinlichkeit $\pi_{<c}$ einer Schranke c.

Verfahren 3.36 (Konfidenzintervall für die Unterschreitungswahrscheinlichkeit) *Der Wert eines Konfidenzintervalls mit konstanter Überdeckungswahrscheinlichkeit* $1 - \alpha$ *für die Unterschreitungswahrscheinlichkeit* $\pi_{<c}$ *einer Schranke* c *ist*

$$[u, v] = \begin{cases} [1 - w_{1-\alpha/2}, 1 - w_{\alpha/2}] & \text{für } \mu > c \\ [1 - w_{\alpha/2}, 1 - w_{1-\alpha/2}] & \text{für } \mu < c \end{cases}$$

mit w_p *aus (3.29).*

Das entsprechende zufällige Intervall $[U, V]$ ist ein Konfidenzintervall mit konstanter Über-deckungswahrscheinlichkeit $1 - \alpha$ für die Unterschreitungswahrscheinlichkeit $\pi_{<c}$ einer Schranke c.

Beispiel zu den Verfahren 3.32 bis 3.36

Das Beispiel zur Wahrscheinlichkeit einer negativen Rendite aus Abschn. 3.4.1 wird wieder aufgegriffen. Die erwartete Rendite sei als $\mu = 0.1$ bekannt und aus $n = 10$ beobachteten Renditen ergibt sich eine empirische Standardabweichung $s_{(\mu)} = 0.2$. Für die unbekannte Wahrscheinlichkeit $\pi_{<0}$ einer negativen Rendite sollen, ergänzend zum Punktschätzwert $\hat{\pi}_{<0} \approx 0.3085$, Konfidenzaussagen zum vorgegebenen Konfidenzni-veau $1 - \alpha = 0.95$ getroffen werden:
  Für die folgenden Berechnungen gilt stets $\mu = 0.1 > 0 = c$.

- Mit Verfahren 3.32 und $\chi^2_{10, 0.95} \approx 18.3070$ erhält man den Wert

$$u = 1 - w_{1-\alpha} = 1 - \Phi\left(\frac{\mu - c}{s_{(\mu)}} \sqrt{\frac{\chi^2_{n, 1-\alpha}}{n}}\right) = 1 - \Phi\left(\frac{0.1}{0.2} \sqrt{\frac{\chi^2_{10, 0.95}}{10}}\right) \approx 0.2494$$

einer unteren Konfidenzschranke mit konstanter Überdeckungswahrscheinlichkeit 95 % für die Unterschreitungswahrscheinlichkeit $\pi_{<0}$. Daraus ergibt sich mit Verfahren 3.33 der Wert $[0.2494, 1/2)$ eines einseitig unten begrenzten Konfidenzintervalls für die Unterschreitungswahrscheinlichkeit $\pi_{<0}$.

- Mit Verfahren 3.34 und $\chi^2_{10,0.05} \approx 3.9403$ erhält man den Wert

$$v = 1 - w_\alpha = 1 - \Phi\left(\frac{\mu - c}{s_{(\mu)}}\sqrt{\frac{\chi^2_{n,\alpha}}{n}}\right) = 1 - \Phi\left(\frac{0.1}{0.2}\sqrt{\frac{\chi^2_{10,0.05}}{10}}\right) \approx 0.3768$$

einer oberen Konfidenzschranke mit konstanter Überdeckungswahrscheinlichkeit 95 % für die Unterschreitungswahrscheinlichkeit $\pi_{<0}$. Daraus ergibt sich mit Verfahren 3.35 der Wert $(0, 0.3768]$ eines einseitig oben begrenzten Konfidenzintervalls für die Unterschreitungswahrscheinlichkeit $\pi_{<0}$.

- Mit Verfahren 3.36 und $\chi^2_{10,0.975} \approx 20.4832$ sowie $\chi^2_{10,0.025} \approx 3.2470$ erhält man

$$u = 1 - w_{1-\alpha/2} = 1 - \Phi\left(\frac{\mu - c}{s_{(\mu)}}\sqrt{\frac{\chi^2_{n,1-\alpha/2}}{n}}\right) = 1 - \Phi\left(\frac{0.1}{0.2}\sqrt{\frac{\chi^2_{10,0.975}}{10}}\right) \approx 0.2371$$

und

$$v = 1 - w_{\alpha/2} = 1 - \Phi\left(\frac{\mu - c}{s_{(\mu)}}\sqrt{\frac{\chi^2_{n,\alpha/2}}{n}}\right) = 1 - \Phi\left(\frac{0.1}{0.2}\sqrt{\frac{\chi^2_{10,0.025}}{10}}\right) \approx 0.3879$$

und somit $[0.2371, 0.3879]$ als Wert eines Konfidenzintervalls mit konstanter Überdeckungswahrscheinlichkeit 95 % für die Unterschreitungswahrscheinlichkeit $\pi_{<0}$.

◀

Berechnungs- und Softwarehinweise

Für die Berechnung der Werte u und v in den Verfahren 3.27 bis 3.36 wird die Verteilungsfunktion Φ der Standardnormalverteilung an einer bestimmten Stelle benötigt; siehe dazu die Hinweise in Abschn. 3.1.1.

Außerdem werden bestimmte Quantile einer Chi-Quadrat-Verteilung benötigt. Beispielsweise kann das 95 %-Quantil $\chi^2_{10,0.95} \approx 18.3070$ einer Chi-Quadrat-Verteilung mit 10 Freiheitsgraden folgendermaßen berechnet werden:

Software	Funktionsaufruf
Excel	`CHIQU.INV(0,95;10)`
GAUSS	`cdfChii(0.95,10)`
Mathematica	`Quantile[ChiSquareDistribution[10],0.95]`
R	`qchisq(0.95,10)`

Für Excel wurde eine deutsche Spracheinstellung vorausgesetzt. Andernfalls müssen Dezimalpunkte verwendet werden und Kommata als Trennzeichen. ◄

3.4.3 Statistisches Testen

Es wurde bereits zu Beginn von Abschn. 3.4 ausgeführt, dass die Über- und Unterschreitungswahrscheinlichkeiten im Spezialfall $\mu = c$ als $\pi_{>c} = \pi_{<c} = 1/2$ bekannt sind. Daher sind in diesem Spezialfall auch keine statistischen Tests notwendig oder sinnvoll. Aus diesem Grund wird in allen Testverfahren dieses Abschnitts $\mu \neq c$ vorausgesetzt. Für die Fälle $\mu > c$ und $\mu < c$ ergeben sich die Parameterrestriktionen aus (3.25) und (3.26). Diese A-priori-Beschränkungen des jeweiligen Parameterraums auf eines der beiden Intervalle $(0, 1/2)$ oder $(1/2, 1)$ sind bei der Formulierung und Interpretation von Hypothesen über die Parameter $\pi_{>c}$ und $\pi_{<c}$ zu berücksichtigen.

Als weitere Voraussetzung zur Durchführung statistischer Tests ist ein vorgegebenes Signifikanzniveau $\alpha \in (0, 1)$ notwendig, das die Fehlerwahrscheinlichkeit 1. Art nach oben beschränkt. Alle nachfolgend präsentierten Verfahren beschreiben statistische Tests mit Umfang α.

Statistische Tests für die Überschreitungswahrscheinlichkeit Ist die Bedingung $\mu \neq c$ erfüllt, dann können für die Überschreitungswahrscheinlichkeit $\pi_{>c}$ einer Schranke c die bereits in Abschn. 3.3.3 dargestellten drei Testfragestellungen bezüglich eines vorgegebenen Referenzwertes π_0 unterschieden werden. Der Referenzwert muss dabei im jeweils gültigen Parameterraum für $\pi_{>c}$ liegen; dies ist das Intervall $(1/2, 1)$ im Fall $\mu > c$ und das Intervall $(0, 1/2)$ im Fall $\mu < c$.

Für die statistischen Tests der resultierenden drei Hypothesenpaare wird die Testgröße

$$t = ns_{(\mu)}^2 \left(\frac{\Phi^{-1}(\pi_0)}{\mu - c} \right)^2 \tag{3.37}$$

berechnet. Dabei bezeichnet $s_{(\mu)} > 0$ den auf Basis von n Beobachtungen ermittelten Schätzwert aus (3.27) für den unbekannten Modellparameter σ bei bekanntem Parameter μ und $\Phi^{-1}(\pi_0)$ ist die Umkehrfunktion der Verteilungsfunktion der Standardnormalverteilung an der Stelle des Referenzwertes π_0. Im Kontext von Annahme 3.3 ist t der Wert einer Teststatistik, die einer Chi-Quadrat-Verteilung mit n Freiheitsgraden folgt, falls $\pi_{>c} = \pi_0$ gilt.

Bei der klassischen Testdurchführung wird die Testgröße t mit Quantilen einer Chi-Quadrat-Verteilung mit n Freiheitsgraden verglichen, welche durch das Signifikanzniveau α bestimmt sind.

Tabellarisch angegebene Verfahren 3.37 bis 3.39 Für jedes der folgenden drei Verfahren gilt: Θ *bezeichnet den jeweiligen Parameterraum für* $\pi_{>c}$. *Für einen vorgegebenen Referenzwert* $\pi_0 \in \Theta$ *wird die Hypothese* H_0 *zugunsten von* H_1 *abgelehnt, falls* t *aus* (3.37) *im Ablehnbereich* A *liegt.*

Verfahren 3.37 (Test zur Bestätigung von $\pi_{>c} < \pi_0$)

Fall	Θ	H_0	H_1	A
$\mu > c$	$(1/2, 1)$	$\pi_{>c} \in [\pi_0, 1)$	$\pi_{>c} \in (1/2, \pi_0)$	$(\chi^2_{n,1-\alpha}, \infty)$
$\mu < c$	$(0, 1/2)$	$\pi_{>c} \in [\pi_0, 1/2)$	$\pi_{>c} \in (0, \pi_0)$	$(0, \chi^2_{n,\alpha})$

Verfahren 3.38 (Test zur Bestätigung von $\pi_{>c} > \pi_0$)

Fall	Θ	H_0	H_1	A
$\mu > c$	$(1/2, 1)$	$\pi_{>c} \in (1/2, \pi_0]$	$\pi_{>c} \in (\pi_0, 1)$	$(0, \chi^2_{n,\alpha})$
$\mu < c$	$(0, 1/2)$	$\pi_{>c} \in (0, \pi_0]$	$\pi_{>c} \in (\pi_0, 1/2)$	$(\chi^2_{n,1-\alpha}, \infty)$

Verfahren 3.39 (Test zur Bestätigung von $\pi_{>c} \neq \pi_0$)

Fall	Θ	H_0	H_1	A
$\mu > c$	$(1/2, 1)$	$\pi_{>c} = \pi_0$	$\pi_{>c} \in \Theta \backslash \pi_0$	$(0, \chi^2_{n,\alpha/2}) \cup (\chi^2_{n,1-\alpha/2}, \infty)$
$\mu < c$	$(0, 1/2)$	$\pi_{>c} = \pi_0$	$\pi_{>c} \in \Theta \backslash \pi_0$	$(0, \chi^2_{n,\alpha/2}) \cup (\chi^2_{n,1-\alpha/2}, \infty)$

Bei einer p-Wert-basierten Testdurchführung wird aus der Testgröße t mit Hilfe der nicht geschlossen darstellbaren Verteilungsfunktion

$$F(x; n) = \mathrm{P}(X \leq x), \quad x \in \mathbb{R} \quad \text{für } X \sim \chi^2(n) \tag{3.38}$$

einer Chi-Quadrat-Verteilung mit n Freiheitsgraden in Abhängigkeit von der Art der Hypothesen ein p-Wert berechnet und mit dem vorgegebenen Signifikanzniveau α verglichen.

Tabellarisch angegebene Verfahren 3.40 bis 3.42 Für jedes der folgenden drei Verfahren gilt: Θ *bezeichnet den jeweiligen Parameterraum für* $\pi_{>c}$. *Für einen vorgegebenen Referenzwert* $\pi_0 \in \Theta$ *wird die Hypothese* H_0 *zugunsten von* H_1 *abgelehnt, falls* $p < \alpha$, *wobei der p-Wert mit Testgröße* t *aus* (3.37) *und Verteilungsfunktion* F *aus* (3.38) *berechnet wird.*

Verfahren 3.40 (Test zur Bestätigung von $\pi_{>c} < \pi_0$)

Fall	Θ	H_0	H_1	p
$\mu > c$	$(1/2, 1)$	$\pi_{>c} \in [\pi_0, 1)$	$\pi_{>c} \in (1/2, \pi_0)$	$1 - F(t; n)$
$\mu < c$	$(0, 1/2)$	$\pi_{>c} \in [\pi_0, 1/2)$	$\pi_{>c} \in (0, \pi_0)$	$F(t; n)$

Verfahren 3.41 (Test zur Bestätigung von $\pi_{>c} > \pi_0$)

Fall	Θ	H_0	H_1	p
$\mu > c$	$(1/2, 1)$	$\pi_{>c} \in (1/2, \pi_0]$	$\pi_{>c} \in (\pi_0, 1)$	$F(t; n)$
$\mu < c$	$(0, 1/2)$	$\pi_{>c} \in (0, \pi_0]$	$\pi_{>c} \in (\pi_0, 1/2)$	$1 - F(t; n)$

Verfahren 3.42 (Test zur Bestätigung von $\pi_{>c} \neq \pi_0$)

Fall	Θ	H_0	H_1	p
$\mu > c$	$(1/2, 1)$	$\pi_{>c} = \pi_0$	$\pi_{>c} \in \Theta \backslash \pi_0$	$2\min\{F(t; n), 1 - F(t; n)\}$
$\mu < c$	$(0, 1/2)$	$\pi_{>c} = \pi_0$	$\pi_{>c} \in \Theta \backslash \pi_0$	$2\min\{F(t; n), 1 - F(t; n)\}$

Die p-Werte hängen somit von den Hypothesen und über die Testgröße t von den beobachteten Stichprobenwerten ab.

Statistische Tests für die Unterschreitungswahrscheinlichkeit Ist die Bedingung $\mu \neq c$ erfüllt, dann können für die Unterschreitungswahrscheinlichkeit $\pi_{<c}$ einer Schranke c die bereits in Abschn. 3.3.3 dargestellten drei Testfragestellungen bezüglich eines vorgegebenen Referenzwertes π_0 der Unterschreitungswahrscheinlichkeit unterschieden werden. Der Referenzwert muss dabei im jeweils gültigen Parameterraum für $\pi_{<c}$ liegen; dies ist das Intervall $(0, 1/2)$ im Fall $\mu > c$ und das Intervall $(1/2, 1)$ im Fall $\mu < c$.

Für statistische Tests der resultierenden drei Hypothesenpaare wird die Testgröße t aus (3.37) berechnet. Im Kontext von Annahme 3.3 ist t der Wert einer Teststatistik, die einer Chi-Quadrat-Verteilung mit n Freiheitsgraden folgt, falls $\pi_{<c} = \pi_0$ gilt.

Bei der klassischen Testdurchführung wird die Testgröße t daher mit Quantilen einer Chi-Quadrat-Verteilung mit n Freiheitsgraden verglichen, welche durch das Signifikanzniveau α bestimmt sind.

Tabellarisch angegebene Verfahren 3.43 bis 3.45 *Für jedes der folgenden drei Verfahren gilt:* Θ *bezeichnet den jeweiligen Parameterraum für* $\pi_{<c}$. *Für einen vorgegebenen Referenzwert* $\pi_0 \in \Theta$ *wird die Hypothese* H_0 *zugunsten von* H_1 *abgelehnt, falls* t *aus (3.37) im Ablehnbereich A liegt.*

Verfahren 3.43 (Test zur Bestätigung von $\pi_{<c} < \pi_0$)

Fall	Θ	H_0	H_1	A
$\mu > c$	$(0, 1/2)$	$\pi_{<c} \in [\pi_0, 1/2)$	$\pi_{<c} \in (0, \pi_0)$	$(0, \chi^2_{n,\alpha})$
$\mu < c$	$(1/2, 1)$	$\pi_{<c} \in [\pi_0, 1)$	$\pi_{<c} \in (1/2, \pi_0)$	$(\chi^2_{n,1-\alpha}, \infty)$

Verfahren 3.44 (Test zur Bestätigung von $\pi_{<c} > \pi_0$)

Fall	Θ	H_0	H_1	A
$\mu > c$	$(0, 1/2)$	$\pi_{<c} \in (0, \pi_0]$	$\pi_{<c} \in (\pi_0, 1/2)$	$(\chi^2_{n,1-\alpha}, \infty)$
$\mu < c$	$(1/2, 1)$	$\pi_{<c} \in (1/2, \pi_0]$	$\pi_{<c} \in (\pi_0, 1)$	$(0, \chi^2_{n,\alpha})$

Verfahren 3.45 (Test zur Bestätigung von $\pi_{<c} \neq \pi_0$)

Fall	Θ	H_0	H_1	A
$\mu > c$	$(0, 1/2)$	$\pi_{<c} = \pi_0$	$\pi_{<c} \in \Theta \backslash \pi_0$	$(0, \chi^2_{n,\alpha/2}) \cup (\chi^2_{n,1-\alpha/2}, \infty)$
$\mu < c$	$(1/2, 1)$	$\pi_{<c} = \pi_0$	$\pi_{<c} \in \Theta \backslash \pi_0$	$(0, \chi^2_{n,\alpha/2}) \cup (\chi^2_{n,1-\alpha/2}, \infty)$

Bei einer p-Wert-basierten Testdurchführung wird aus der Testgröße t mit Hilfe der Verteilungsfunktion einer Chi-Quadrat-Verteilung mit n Freiheitsgraden in Abhängigkeit von der Art der Hypothesen ein p-Wert berechnet und mit dem vorgegebenen Signifikanzniveau α verglichen.

Tabellarisch angegebene Verfahren 3.46 bis 3.48 *Für jedes der folgenden drei Verfahren gilt:* Θ *bezeichnet den jeweiligen Parameterraum für* $\pi_{<c}$. *Für einen vorgegebenen Referenzwert* $\pi_0 \in \Theta$ *wird die Hypothese* H_0 *zugunsten von* H_1 *abgelehnt, falls* $p < \alpha$, *wobei der p-Wert mit Testgröße* t *aus (3.37) und Verteilungsfunktion F aus (3.38) berechnet wird.*

Verfahren 3.46 (Test zur Bestätigung von $\pi_{<c} < \pi_0$)

Fall	Θ	H_0	H_1	p
$\mu > c$	$(0, 1/2)$	$\pi_{<c} \in [\pi_0, 1/2)$	$\pi_{<c} \in (0, \pi_0)$	$F(t; n)$
$\mu < c$	$(1/2, 1)$	$\pi_{<c} \in [\pi_0, 1)$	$\pi_{<c} \in (1/2, \pi_0)$	$1 - F(t; n)$

Verfahren 3.47 (Test zur Bestätigung von $\pi_{<c} > \pi_0$)

Fall	Θ	H_0	H_1	p
$\mu > c$	$(0, 1/2)$	$\pi_{<c} \in (0, \pi_0]$	$\pi_{<c} \in (\pi_0, 1/2)$	$1 - F(t; n)$
$\mu < c$	$(1/2, 1)$	$\pi_{<c} \in (1/2, \pi_0]$	$\pi_{<c} \in (\pi_0, 1)$	$F(t; n)$

Verfahren 3.48 (Test zur Bestätigung von $\pi_{<c} \neq \pi_0$)

Fall	Θ	H_0	H_1	p
$\mu > c$	$(0, 1/2)$	$\pi_{<c} = \pi_0$	$\pi_{<c} \in \Theta \backslash \pi_0$	$2 \min\{F(t; n), 1 - F(t; n)\}$
$\mu < c$	$(1/2, 1)$	$\pi_{<c} = \pi_0$	$\pi_{<c} \in \Theta \backslash \pi_0$	$2 \min\{F(t; n), 1 - F(t; n)\}$

Beispiel zu den Verfahren 3.43 und 3.46

Das Beispiel zur Wahrscheinlichkeit einer negativen Rendite aus den Abschn. 3.4.1 und 3.4.2 wird wieder aufgegriffen. Die erwartete Rendite sei als $\mu = 0.1$ bekannt und aus $n = 10$ beobachteten Renditen ergibt sich eine empirische Standardabweichung $s_{(\mu)} = 0.2$.

Es soll statistisch abgesichert werden, dass die Wahrscheinlichkeit einer negativen Rendite unter 40 % liegt. Aus statistischer Sicht wird somit getestet, ob die Hypothese $H_0 : \pi_{<0} \in [\pi_0, 1/2)$ aufgrund der beobachteten Werte zugunsten der Hypothese $H_1 : \pi_{<0} \in (0, \pi_0)$ mit $\pi_0 = 0.4$ abgelehnt werden kann. Das vorgegebene Signifikanzniveau sei $\alpha = 5 \%$.

Gemäß (3.37) wird zunächst die Testgröße

$$t = n s_{(\mu)}^2 \left(\frac{\Phi^{-1}(\pi_0)}{\mu - c} \right)^2 = 10 \times 0.2^2 \left(\frac{\Phi^{-1}(0.4)}{0.1 - 0} \right)^2 \approx 2.5674$$

berechnet. Für die folgenden Berechnungen gilt stets $\mu = 0.1 > 0 = c$.

- Bei der klassischen Testdurchführung mit Verfahren 3.43 wird diese Testgröße mit dem α-Quantil $\chi^2_{n,\alpha} = \chi^2_{10,0.05} \approx 3.9403$ der Chi-Quadrat-Verteilung mit 10 Freiheitsgraden verglichen. Da hier $t \approx 2.5674 < 3.9403 \approx \chi^2_{10,0.05}$ gilt, wird die Nullhypothese bei $\alpha = 5\,\%$ abgelehnt.

- Alternativ wird bei der p-Wert-basierten Testdurchführung mit Verfahren 3.46 aus der Testgröße t der p-Wert als

$$p = F(t; n) \approx F(2.5674; 10) \approx 0.0101$$

berechnet und mit dem vorgegebenen Signifikanzniveau verglichen. Da $p \approx 0.0101 < 0.05 = \alpha$ gilt, wird auch bei diesem Vorgehen die Nullhypothese abgelehnt.

Die in $n = 10$ Perioden beobachtete empirische Standardabweichung $s_{(\mu)} = 0.2$ steht bei bekannter erwarteter Rendite $\mu = 0.1$, die größer als die Schranke $c = 0$ ist, und einem vorgegebenen Signifikanzniveau von $\alpha = 5\,\%$ im Widerspruch zur Nullhypothese. Es konnte somit statistisch gesichert gezeigt werden, dass die Wahrscheinlichkeit einer negativen Rendite geringer als 40\,\% ist. ◄

Berechnungs- und Softwarehinweise

Für die Berechnung der Testgröße in (3.37) wird die Quantilfunktion Φ^{-1} der Standardnormalverteilung benötigt; siehe dazu die Hinweise in Abschn. 3.3.2.

Für die Testentscheidung in den Verfahren 3.37 bis 3.39 und 3.43 bis 3.45 werden Quantile der Chi-Quadrat-Verteilung benötigt; siehe dazu die Hinweise in Abschn. 3.4.2.

Für die Berechnung der p-Werte in den Verfahren 3.40 bis 3.42 und 3.46 bis 3.48 wird die Verteilungsfunktion einer Chi-Quadrat-Verteilung benötigt. Beispielsweise kann die Verteilungsfunktion einer Chi-Quadrat-Verteilung mit 10 Freiheitsgraden an der Stelle 2.5674 folgendermaßen berechnet werden:

Software	Funktionsaufruf
Excel	CHIQU.VERT(2,5674;10)
GAUSS	1-cdfChic(2.5674,10)
Mathematica	CDF[ChiSquareDistribution[10],2.5674]
R	pchisq(2.5674,10)

Für Excel wurde eine deutsche Spracheinstellung vorausgesetzt. Andernfalls müssen Dezimalpunkte verwendet werden und Kommata als Trennzeichen. ◄

3.5 Normalverteilung mit unbekannten Parametern

Für den Fall, dass beide Parameter der Normalverteilung unbekannt sind, ist das folgende Stichprobenmodell relevant.

Annahme 3.4 (Normalverteilungsmodell) *Die Stichprobenwerte $x_1, \ldots, x_n$ sind Realisationen von stochastisch unabhängigen und identisch verteilten Stichprobenvariablen $X_1, \ldots, X_n$ mit der Wahrscheinlichkeitsverteilung von $X \sim N(\mu, \sigma^2)$ und dem unbekannten Parametervektor $(\mu, \sigma) \in \mathbb{R} \times (0, \infty)$.*

Die für X zugelassenen Verteilungen liegen somit in der zweiparametrigen Verteilungsfamilie $\{N(\mu, \sigma^2) \mid \mu \in \mathbb{R}, \ \sigma > 0\}$.

Für die nachfolgenden Verfahren 3.49 bis 3.72 gelten folgende gemeinsame Voraussetzungen und Bezeichnungen:

- Annahme 3.4 ist erfüllt,
- der Stichprobenumfang ist $n \geq 2$,
- eine Schranke $c \in \mathbb{R}$ ist vorgegeben und
- $\pi_{>c}$ und $\pi_{<c}$ bezeichnen die Über- und Unterschreitungswahrscheinlichkeiten aus (3.9) für diese Schranke c.

3.5.1 Punktschätzung

In den Formeln (3.9) für die Überschreitungswahrscheinlichkeit $\pi_{>c}$ und die Unterschreitungswahrscheinlichkeit $\pi_{<c}$ einer Schranke c sind die Modellparameter μ und σ unbekannt.

Schätzwerte Die folgenden Schätzwerte für Über- und Unterschreitungswahrscheinlichkeiten resultieren, indem man in den Formeln (3.9) den unbekannten Parametervektor (μ, σ) durch den Schätzwert

$$(\bar{x}, s) \stackrel{\text{def}}{=} \left(\frac{1}{n} \sum_{i=1}^{n} x_i, \ \sqrt{\frac{1}{n} \sum_{i=1}^{n} (x_i - \bar{x})^2} \right) \tag{3.39}$$

ersetzt. Im Kontext des Stichprobenmodells aus Annahme 3.4 ist $(\bar{x}, s)$ der ML-Schätzwert, welcher eine Realisation des ML-Schätzers

$$(\bar{X}, S) \stackrel{\text{def}}{=} \left(\frac{1}{n} \sum_{i=1}^{n} X_i, \ \sqrt{\frac{1}{n} \sum_{i=1}^{n} (X_i - \bar{X})^2} \right) \tag{3.40}$$

für den Parametervektor (μ, σ) ist. Für einen Stichprobenumfang $n \geq 2$ gilt dabei $P(S > 0) = 1$ für alle $\mu \in \mathbb{R}$ und $\sigma > 0$, weswegen im Folgenden $s > 0$ vorausgesetzt werden kann, siehe dazu auch Anmerkung 3.2 am Ende dieses Abschnitts.

Verfahren 3.49 (Schätzwert für die Überschreitungswahrscheinlichkeit) *Ein Schätzwert für die Überschreitungswahrscheinlichkeit $\pi_{>c}$ einer Schranke c ist*

$$\hat{\pi}_{>c} = \Phi\left(\frac{\bar{x} - c}{s}\right) \tag{3.41}$$

mit $\bar{x}$ und s aus (3.39).

Verfahren 3.50 (Schätzwert für die Unterschreitungswahrscheinlichkeit) *Ein Schätzwert für die Unterschreitungswahrscheinlichkeit $\pi_{<c}$ einer Schranke c ist*

$$\hat{\pi}_{<c} = \Phi\left(\frac{c - \bar{x}}{s}\right) \tag{3.42}$$

mit $\bar{x}$ und s aus (3.39).

Beispiel: Wahrscheinlichkeit einer negativen Rendite

Das Beispiel zur Wahrscheinlichkeit $\pi_{<0}$ einer negativen Rendite aus Abschn. 3.3.1 wird erneut aufgegriffen und wie folgt abgewandelt: Sowohl die erwartete Rendite μ als auch die Volatilität $\sigma > 0$ seien unbekannt.
Dann ist gemäß Verfahren 3.50

$$\hat{\pi}_{<0} = \Phi\left(-\frac{\bar{r}}{s}\right)$$

ein Schätzwert für die unbekannte Wahrscheinlichkeit $\pi_{<0} = \Phi(-\mu/\sigma)$ einer negativen Rendite, wobei dieser Schätzwert auf dem arithmetischen Mittelwert

$$\bar{r} = \frac{1}{n} \sum_{i=1}^{n} r_i$$

und der empirischen Standardabweichung

$$s = \sqrt{\frac{1}{n} \sum_{i=1}^{n} (r_i - \bar{r})^2}$$

der n beobachteten Renditen $r_1, \ldots, r_n$ basiert.

Falls sich aus $n = 10$ beobachteten Renditen ein arithmetischer Mittelwert $\bar{r} = 0.1$ und eine empirische Standardabweichung $s = 0.2$ ergibt, dann erhält man für die Unterschreitungswahrscheinlichkeit $\pi_{<0} = \Phi(-\mu/\sigma)$ den Punktschätzwert $\hat{\pi}_{<0} = \Phi(-0.1/0.2) = \Phi(-0.5) \approx 0.3085$. ◄

Berechnungs- und Softwarehinweise

Für die Berechnung der Schätzwerte in den Verfahren 3.49 und 3.50 wird die Verteilungsfunktion Φ der Standardnormalverteilung an einer bestimmten Stelle benötigt; siehe dazu die Hinweise in Abschn. 3.1.1. ◄

Schätzer und deren Verteilung Die Schätzwerte $\hat{\pi}_{>c}$ aus (3.41) und $\hat{\pi}_{<c}$ aus (3.42) sind Realisationen der Schätzer

$$\tilde{\pi}_{>c} = \Phi\left(\frac{\bar{X} - c}{S}\right) \quad \text{und} \quad \tilde{\pi}_{<c} = \Phi\left(\frac{c - \bar{X}}{S}\right) \tag{3.43}$$

für die Überschreitungswahrscheinlichkeit $\pi_{>c}$ und die Unterschreitungswahrscheinlichkeit $\pi_{<c}$ einer Schranke c, wobei $(\bar{X}, S)$ der ML-Schätzer für den unbekannten Parametervektor (μ, σ) aus (3.40) ist. Die Verteilungen der Schätzer $\tilde{\pi}_{>c}$ und $\tilde{\pi}_{<c}$ sind mit Hilfe einer nichtzentralen t-Verteilung, vgl. Definition 8.16, charakterisierbar. Es gilt nämlich

$$\sqrt{n-1}\,\Phi^{-1}(\tilde{\pi}_{>c}) = -\sqrt{n-1}\,\Phi^{-1}(\tilde{\pi}_{<c}) = T,$$

wobei

$$T \stackrel{\text{def}}{=} \sqrt{n-1}\,\frac{\bar{X} - c}{S} \sim t(\nu, \delta) \tag{3.44}$$

mit $\nu = n - 1$ Freiheitsgraden und dem Nichtzentralitätsparameter

$$\delta = \sqrt{n}\,\Phi^{-1}(\pi_{>c}) = -\sqrt{n}\,\Phi^{-1}(\pi_{<c}). \tag{3.45}$$

Somit hängt die Verteilung des Schätzers $\tilde{\pi}_{>c}$ bzw. $\tilde{\pi}_{<c}$ nur über den Ausdruck $\pi_{>c}$ bzw. $\pi_{<c}$ von den Parametern μ und σ ab. Durch diesen Zusammenhang kann die Verteilung von $\tilde{\pi}_{>c}$ für Konfidenzaussagen über $\pi_{>c}$ und die Verteilung von $\tilde{\pi}_{<c}$ für Konfidenzaussagen über $\pi_{<c}$ genutzt werden. Auf diese Beziehungen gestützt können mit Hilfe von T Konfidenzaussagen und statistische Testverfahren für die Über- und Unterschreitungswahrscheinlichkeiten begründet werden.

Eine zentrale Rolle bei der Anwendung in den Verfahren 3.51 bis 3.60 zur Intervallschätzung und den statistischen Testverfahren 3.61 bis 3.72 spielt daher die aus Stichprobenwerten berechnete Größe

$$t = \sqrt{n-1}\,\frac{\bar{x} - c}{s}, \tag{3.46}$$

die unter Annahme 3.4 eine Realisation der nichtzentral t-verteilten Zufallsvariablen T aus (3.44) ist.

Anmerkung 3.2 (Zu den Fällen s = 0 und S = 0) Im Fall $n = 1$ gilt $s = 0$ für jeden denkbaren beobachteten Wert $x_1 \in \mathbb{R}$. Damit S überhaupt als sinnvoller Schätzer für σ fungieren kann, wird daher $n \geq 2$ vorausgesetzt. Im Stichprobenmodell 3.4 gilt für $n \geq 2$, dass $P(X_1 = \ldots = X_n) = 0$ und damit $P(S > 0) = 1$ für alle $\mu \in \mathbb{R}$ und $\sigma > 0$. Dies rechtfertigt es, im Folgenden stets $s > 0$ zu unterstellen. Die Schätzer, bei denen für $S = 0$ eine Division durch Null erfolgt, sind mit Wahrscheinlichkeit Eins wohldefiniert und mit Wahrscheinlichkeit Null nicht definiert. Diese Eigenschaft hat keinen Einfluss auf die Wahrscheinlichkeitsverteilung der Schätzer und alle folgenden Konfidenzaussagen und Eigenschaften der Testverfahren.

3.5.2 Intervallschätzung

Sowohl für die Über- als auch für die Unterschreitungswahrscheinlichkeit können die bereits in Abschn. 3.3.2 dargestellten drei Aufgabenstellungen mit den dazugehörigen statistischen Verfahren der Intervallschätzung zum jeweils vorgegebenen Konfidenzniveau $1 - \alpha$ unterschieden werden.

Alle im Folgenden präsentierten Konfidenzaussagen können mit konstanter Überdeckungswahrscheinlichkeit $1 - \alpha$ gemacht werden. In diesen Aussagen bezeichnet

$$F(x; n - 1, \delta) = P(X \leq x) \quad \text{für } X \sim t(n - 1, \delta) \tag{3.47}$$

die nicht geschlossen darstellbare Verteilungsfunktion einer nichtzentralen t-Verteilung mit $n - 1$ Freiheitsgraden und einem von der jeweiligen Konfidenzaussage abhängigen Nichtzentralitätsparameter δ an der Stelle x.

Konfidenzaussagen für Überschreitungswahrscheinlichkeiten Die Verteilung des Schätzers $\tilde{\pi}_{>c}$ kann genutzt werden, um die folgenden Konfidenzaussagen für die Überschreitungswahrscheinlichkeit $\pi_{>c}$ zu erhalten.

Verfahren 3.51 (Untere Konfidenzschranke für die Überschreitungswahrscheinlichkeit)
Der Wert u einer unteren Konfidenzschranke mit konstanter Überdeckungswahrscheinlichkeit $1 - \alpha$ für die Überschreitungswahrscheinlichkeit $\pi_{>c}$ einer Schranke c ist implizit durch

$$F(t; n - 1, \sqrt{n}\Phi^{-1}(u)) = 1 - \alpha$$

mit F aus (3.47) und t aus (3.46) gegeben.

Der Wert u ist die Realisation einer Zufallsvariablen U, die implizit durch

$$F(T; n - 1, \sqrt{n}\Phi^{-1}(U)) = 1 - \alpha$$

definiert ist und für die

$$P_{\mu,\sigma}(U \le \pi_{>c}) = 1 - \alpha \quad \text{für alle } \mu \in \mathbb{R},\ \sigma > 0$$

gilt. Die Zufallsvariable U hängt über T aus (3.44) und den Schätzer $(\bar{X}, S)$ aus (3.40) von den Stichprobenvariablen ab. Die Verteilung von T, und damit auch die Verteilung von U, variiert mit den Parametern μ und σ, was den tiefgestellten Index motiviert. Da die Zufallsvariable U mit Wahrscheinlichkeit $1 - \alpha$ unterhalb von $\pi_{>c}$ liegt, ist U eine untere Konfidenzschranke mit konstanter Überdeckungswahrscheinlichkeit $1 - \alpha$ für die Überschreitungswahrscheinlichkeit $\pi_{>c}$ einer Schranke c.

Aus der unteren Konfidenzschranke erhält man unter Berücksichtigung der Beschränkung $\pi_{>c} < 1$ ein einseitig unten begrenztes Konfidenzintervall.

Verfahren 3.52 (Unten begrenztes Konfidenzintervall für die Überschreitungswahrscheinlichkeit) *Der Wert eines einseitig unten begrenzten Konfidenzintervalls mit konstanter Überdeckungswahrscheinlichkeit $1 - \alpha$ für die Überschreitungswahrscheinlichkeit $\pi_{>c}$ einer Schranke c ist $[u, 1)$ mit u aus Verfahren 3.51.*

Für das zufällige Intervall $[U, 1)$ gilt

$$P_{\mu,\sigma}(\pi_{>c} \in [U, 1)) = 1 - \alpha \quad \text{für alle } \mu \in \mathbb{R},\ \sigma > 0, \tag{3.48}$$

so dass $[U, 1)$ ein einseitig unten begrenztes Konfidenzintervall mit konstanter Überdeckungswahrscheinlichkeit $1 - \alpha$ für die Überschreitungswahrscheinlichkeit $\pi_{>c}$ einer Schranke c ist.

Verfahren 3.53 (Obere Konfidenzschranke für die Überschreitungswahrscheinlichkeit) *Der Wert v einer oberen Konfidenzschranke mit konstanter Überdeckungswahrscheinlichkeit $1 - \alpha$ für die Überschreitungswahrscheinlichkeit $\pi_{>c}$ einer Schranke c ist implizit durch*

$$F(t; n - 1, \sqrt{n}\Phi^{-1}(v)) = \alpha$$

mit F aus (3.47) und t aus (3.46) gegeben.

Der Wert v kann als Realisation einer zugehörigen Zufallsvariablen V gesehen werden, für die

$$P_{\mu,\sigma}(V \ge \pi_{>c}) = 1 - \alpha \quad \text{für alle } \mu \in \mathbb{R},\ \sigma > 0$$

gilt, so dass V eine obere Konfidenzschranke mit konstanter Überdeckungswahrscheinlichkeit $1 - \alpha$ für die Überschreitungswahrscheinlichkeit $\pi_{>c}$ einer Schranke c ist.

Aus der oberen Konfidenzschranke erhält man unter Berücksichtigung der Beschränkung $\pi_{>c} > 0$ ein einseitig oben begrenztes Konfidenzintervall.

Verfahren 3.54 (Oben begrenztes Konfidenzintervall für die Überschreitungswahrscheinlichkeit) *Der Wert eines einseitig oben begrenzten Konfidenzintervalls mit konstanter*

Überdeckungswahrscheinlichkeit $1 - \alpha$ *für die Überschreitungswahrscheinlichkeit* $\pi_{>c}$ *einer Schranke c ist* $(0, v]$ *mit v aus Verfahren* 3.53.

Für das zufällige Intervall $(0, V]$ gilt

$$P_{\mu,\sigma}(\pi_{>c} \in (0, V]) = 1 - \alpha \quad \text{für alle } \mu \in \mathbb{R}, \ \sigma > 0, \tag{3.49}$$

so dass $(0, V]$ eine einseitig oben begrenztes Konfidenzintervall mit konstanter Überdeckungswahrscheinlichkeit $1 - \alpha$ für die Überschreitungswahrscheinlichkeit $\pi_{>c}$ einer Schranke c ist.

Durch die Kombination einer unteren mit einer oberen Konfidenzschranke lässt sich ein Konfidenzintervall konstruieren.

Verfahren 3.55 (Konfidenzintervall für die Überschreitungswahrscheinlichkeit) *Die Werte u und v seien implizit durch*

$$F(t; n - 1, \sqrt{n}\Phi^{-1}(u)) = 1 - \alpha/2 \quad \text{und} \quad F(t; n - 1, \sqrt{n}\Phi^{-1}(v)) = \alpha/2 \tag{3.50}$$

mit F aus (3.47) und t aus (3.46) gegeben. Dann ist $[u, v]$ *der Wert eines Konfidenzintervalls mit konstanter Überdeckungswahrscheinlichkeit* $1 - \alpha$ *für die Überschreitungswahrscheinlichkeit* $\pi_{>c}$ *einer Schranke c.*

Für die entsprechenden zufälligen Intervallgrenzen U und V gilt

$$P_{\mu,\sigma}(U \leq \pi_{>c} \leq V) = 1 - \alpha \quad \text{für alle } \mu \in \mathbb{R}, \ \sigma > 0, \tag{3.51}$$

d. h. $[U, V]$ ist ein Konfidenzintervall mit konstanter Überdeckungswahrscheinlichkeit $1 - \alpha$ für die Überschreitungswahrscheinlichkeit $\pi_{>c}$ einer Schranke c. In den Fällen, in denen das Konfidenzintervall den Parameter nicht überdeckt, gilt

$$P_{\mu,\sigma}(\pi_{>c} < U) = P_{\mu,\sigma}(\pi_{>c} > V) = \alpha/2 \quad \text{für alle } \mu \in \mathbb{R}, \ \sigma > 0, \tag{3.52}$$

so dass das Konfidenzintervall $[U, V]$ jeweils mit Wahrscheinlichkeit $\alpha/2$ rechts oder links von $\pi_{>c}$ liegt.

Die Wahrscheinlichkeitsaussagen (3.48), (3.49), (3.51) und (3.52) sind Güteeigenschaften der Intervallschätzungen $[U, 1)$, $(0, V]$ und $[U, V]$ und damit des jeweiligen statistischen Verfahrens, nicht aber Eigenschaften der aus Stichprobenwerten berechneten Werte $[u, 1)$, $(0, v]$ und $[u, v]$. Zur frequentistischen Interpretation von Konfidenzintervallen siehe Abschn. 9.4.

Konfidenzaussagen für Unterschreitungswahrscheinlichkeiten Die Verteilung des Schätzers $\tilde{\pi}_{<c}$ kann genutzt werden, um die folgenden Konfidenzaussagen für die Unterschreitungswahrscheinlichkeit $\pi_{<c}$ zu erhalten.

Verfahren 3.56 (Untere Konfidenzschranke für die Unterschreitungswahrscheinlichkeit)
Der Wert u einer unteren Konfidenzschranke mit konstanter Überdeckungswahrscheinlichkeit $1 - \alpha$ *für die Unterschreitungswahrscheinlichkeit* $\pi_{<c}$ *einer Schranke c ist implizit durch*

$$F(t; n - 1, -\sqrt{n}\,\Phi^{-1}(u)) = \alpha \tag{3.53}$$

mit F aus (3.47) und t aus (3.46) gegeben.

Die entsprechende Zufallsvariable U ist eine untere Konfidenzschranke mit konstanter Überdeckungswahrscheinlichkeit $1 - \alpha$ für die Unterschreitungswahrscheinlichkeit $\pi_{<c}$ einer Schranke c.

Verfahren 3.57 (Unten begrenztes Konfidenzintervall für die Unterschreitungswahrscheinlichkeit) *Der Wert eines einseitig unten begrenzten Konfidenzintervalls mit konstanter Überdeckungswahrscheinlichkeit* $1 - \alpha$ *für die Unterschreitungswahrscheinlichkeit* $\pi_{<c}$ *einer Schranke c ist* $[u, 1)$ *mit u aus Verfahren 3.56.*

Das entsprechende zufällige Intervall $[U, 1)$ ist ein einseitig unten begrenztes Konfidenzintervall mit konstanter Überdeckungswahrscheinlichkeit $1 - \alpha$ für die Unterschreitungswahrscheinlichkeit $\pi_{<c}$ einer Schranke c.

Verfahren 3.58 (Obere Konfidenzschranke für die Unterschreitungswahrscheinlichkeit)
Der Wert v einer oberen Konfidenzschranke mit konstanter Überdeckungswahrscheinlichkeit $1 - \alpha$ *für die Unterschreitungswahrscheinlichkeit* $\pi_{<c}$ *einer Schranke c ist implizit durch*

$$F(t; n - 1, -\sqrt{n}\,\Phi^{-1}(v)) = 1 - \alpha$$

mit F aus (3.47) und t aus (3.46) gegeben.

Die entsprechende Zufallsvariable V ist eine obere Konfidenzschranke mit konstanter Überdeckungswahrscheinlichkeit $1 - \alpha$ für die Unterschreitungswahrscheinlichkeit $\pi_{<c}$ einer Schranke c.

Verfahren 3.59 (Oben begrenztes Konfidenzintervall für die Unterschreitungswahrscheinlichkeit) *Der Wert eines einseitig oben begrenzten Konfidenzintervalls mit konstanter Überdeckungswahrscheinlichkeit* $1 - \alpha$ *für die Unterschreitungswahrscheinlichkeit* $\pi_{<c}$ *einer Schranke c ist* $(0, v]$ *mit v aus Verfahren 3.58.*

Das entsprechende zufällige Intervall $(0, V]$ ist ein einseitig oben begrenztes Konfidenzintervall mit konstanter Überdeckungswahrscheinlichkeit $1 - \alpha$ für Unterschreitungswahrscheinlichkeit $\pi_{<c}$ einer Schranke c.

Verfahren 3.60 (Konfidenzintervall für die Unterschreitungswahrscheinlichkeit) *Die Werte u und v seien implizit durch*

$$F(t; n-1, -\sqrt{n}\Phi^{-1}(u)) = \alpha/2 \quad \text{und} \quad F(t; n-1, -\sqrt{n}\Phi^{-1}(v)) = 1 - \alpha/2$$

mit F aus (3.47) und t aus (3.46) gegeben. Dann ist $[u, v]$ der Wert eines Konfidenzintervalls mit konstanter Überdeckungswahrscheinlichkeit $1 - \alpha$ für die Unterschreitungswahrscheinlichkeit $\pi_{<c}$ einer Schranke c.

Für die entsprechenden zufälligen Intervallgrenzen U und V ist das zufällige Intervall $[U, V]$ ein Konfidenzintervall mit konstanter Überdeckungswahrscheinlichkeit $1 - \alpha$ für die Unterschreitungswahrscheinlichkeit $\pi_{<c}$ einer Schranke c.

Beispiel zu den Verfahren 3.56 bis 3.60

Das Beispiel zur Wahrscheinlichkeit einer negativen Rendite aus Abschn. 3.5.1 wird wieder aufgegriffen. Aus $n = 10$ beobachteten Renditen ergibt sich der arithmetische Mittelwert $\bar{r} = 0.1$ und die empirische Standardabweichung $s = 0.2$. Für die unbekannte Wahrscheinlichkeit $\pi_{<0}$ einer negativen Rendite sollen, ergänzend zum Punktschätzwert $\hat{\pi}_{<0} \approx 0.3085$, Konfidenzaussagen zum vorgegebenen Konfidenzniveau $1 - \alpha = 0.95$ getroffen werden:

Für die folgenden Berechnungen wird stets der Wert

$$t = \sqrt{n-1}\frac{\bar{r} - c}{s} = \sqrt{10-1}\frac{0.1 - 0}{0.2} = 1.5$$

aus (3.46) benötigt.

- Mit Verfahren 3.56 erhält man aus

$$F(t; n-1, -\sqrt{n}\Phi^{-1}(u)) = \alpha$$

zunächst

$$F(1.5; 9, -\sqrt{10}\Phi^{-1}(u)) = 0.05$$

und unter Nutzung von Software zur Nullstellenbestimmung den Wert $u \approx 0.1555$ einer unteren Konfidenzschranke mit konstanter Überdeckungswahrscheinlichkeit 95 % für die Unterschreitungswahrscheinlichkeit $\pi_{<0}$. Daraus ergibt sich mit Verfahren 3.57 der Wert $[0.1555, 1)$ eines einseitig unten begrenzten Konfidenzintervalls für die Unterschreitungswahrscheinlichkeit $\pi_{<0}$.
- Mit Verfahren 3.58 erhält man aus

$$F(t; n-1, -\sqrt{n}\Phi^{-1}(v)) = 1 - \alpha$$

zunächst

$$F(1.5; 9, -\sqrt{10}\Phi^{-1}(v)) = 0.95$$

und unter Nutzung von Software zur Nullstellenbestimmung den Wert $v \approx 0.5353$ einer oberen Konfidenzschranke mit konstanter Überdeckungswahrscheinlichkeit 95 % für die Unterschreitungswahrscheinlichkeit $\pi_{<0}$. Daraus ergibt sich mit Verfahren 3.59 der Wert $(0, 0.5353]$ eines einseitig oben begrenzten Konfidenzintervalls für die Unterschreitungswahrscheinlichkeit $\pi_{<0}$.

- Mit Verfahren 3.60 erhält man aus

$$F(t; n-1, -\sqrt{n}\Phi^{-1}(u)) = \alpha/2 \quad \text{und} \quad F(t; n-1, -\sqrt{n}\Phi^{-1}(v)) = 1 - \alpha/2$$

zunächst

$$F(1.5; 9, -\sqrt{10}\Phi^{-1}(u)) = 0.025 \quad \text{und} \quad F(1.5; 9, -\sqrt{10}\Phi^{-1}(v)) = 0.975$$

und unter Nutzung von Software zur Nullstellenbestimmung die Werte $u \approx 0.1315$ und $v \approx 0.5767$. Somit ist $[0.1315, 0.5767]$ der Wert eines Konfidenzintervalls mit konstanter Überdeckungswahrscheinlichkeit von 95 % für die Unterschreitungswahrscheinlichkeit $\pi_{<0}$.

◀

Berechnungs- und Softwarehinweise

In den Verfahren 3.51 bis 3.60 wird die Verteilungsfunktion einer nichtzentralen t-Verteilung benötigt. Beispielsweise kann der Wert $F(1.5; 9, 3.2035) \approx 0.05$ der Verteilungsfunktion einer nichtzentralen t-Verteilung mit 9 Freiheitsgraden und dem Nichtzentralitätsparameter 3.2035 an der Stelle 1.5 folgendermaßen berechnet werden:

Software	*Funktionsaufruf*
GAUSS	`cdfTnc(1.5,9,3.2035)`
Mathematica	`CDF[NoncentralStudentTDistribution[9,3.2035],1.5]`
R	`pt(1.5,9,3.2035)`

In Excel steht die nichtzentrale t-Verteilung im standardmäßigen Funktionsangebot nicht zur Verfügung.

Für die Berechnung der implizit definierten Konfidenzschranken und Grenzen von Konfidenzintervallen in den Verfahren 3.51 bis 3.60 ist ein einfaches Suchverfahren oder ein Programm zu Nullstellenbestimmung erforderlich. Beispielsweise muss für Verfahren 3.56 mit dem berechneten Wert t und für gegebene Werte n und α derjenige Wert u bestimmt werden, der Gl. (3.53) erfüllt. Es bietet sich an, zunächst denjenigen Parameterwert d zu bestimmen, der die Gleichheit

$$F(t; n-1, d) = \alpha$$

herstellt, und dann $u = \Phi(-d/\sqrt{n})$ zu berechnen.

- Die Bestimmung von d durch ein Suchverfahren ist numerisch relativ unproblematisch, da die Funktion $F(t; n-1, d)$ stetig und streng monoton fallend im Argument d ist. Für gegebene Werte $t = 1.5, n-1 = 9$ und $\alpha = 0.05$ kann der Wert $d \approx 3.2035$ beispielsweise folgendermaßen bestimmt werden.
  GAUSS-Programmcode zur Bestimmung von d:

  ```
  fn f(d) = cdfTnc(1.5,9,d)-0.05;
  eqSolve(&f,0);
  ```

  Mathematica-Programmcode zur Bestimmung von d:

  ```
  f(d_):=CDF[NoncentralStudentTDistribution[9,d],1.5]-0.05;
  FindRoot[f(d),{d,0}]
  ```

  R-Programmcode zur Bestimmung von d:

  ```
  f=function(d) pt(1.5,9,d)-0.05;
  uniroot(f,c(0,1),extendInt=c("downX"))
  ```

  In der jeweils zweiten Zeile des GAUSS- und Mathematica-Programmcodes ist 0 ein Startwert. In der zweiten Zeile des R-Programmcodes ist das Startintervall $(0,1)$ spezifiziert und die Information übergeben, dass die Funktion f monoton fallend ist.
- Für die Berechnung von $u = \Phi(-d/\sqrt{n}) \approx \Phi(-3.2035/\sqrt{10}) \approx \Phi(-1.0130) \approx 0.1555$ wird die Verteilungsfunktion Φ der Standardnormalverteilung an der Stelle -1.0130 benötigt; siehe dazu die Hinweise in Abschn. 3.1.1.

◄

3.5.3 Statistisches Testen

Zur Durchführung statistischer Tests muss ein Signifikanzniveau $\alpha \in (0, 1)$ vorgegeben sein, das die Fehlerwahrscheinlichkeit 1. Art nach oben beschränkt. Alle im Folgenden angegebenen Verfahren beschreiben Tests mit Umfang α.

Statistische Tests für die Überschreitungswahrscheinlichkeit Für die Überschreitungswahrscheinlichkeit $\pi_{>c}$ einer Schranke c können die bereits in Abschn. 3.3.3 dargestellten drei Testfragestellungen bezüglich eines vorgegebenen Referenzwertes π_0

unterschieden werden. Für die statistischen Tests der resultierenden drei Hypothesenpaare wird der Wert t aus (3.46) berechnet und bei der klassischen Testdurchführung in den Verfahren 3.61 bis 3.63 mit geeigneten p-Quantilen $t_{n-1,\delta_0,p}$ einer nichtzentralen t-Verteilung mit $n-1$ Freiheitsgraden und dem Nichtzentralitätsparameter

$$\delta_0 \stackrel{\text{def}}{=} \sqrt{n}\,\Phi^{-1}(\pi_0) \tag{3.54}$$

verglichen. Dabei bezeichnet n den Stichprobenumfang und $\Phi^{-1}(\pi_0)$ die Umkehrfunktion der Verteilungsfunktion der Standardnormalverteilung an der Stelle des vorgegebenen Referenzwertes π_0.

Verfahren 3.61 (Test zur Bestätigung von $\pi_{>c} < \pi_0$) *Die Hypothese $H_0 : \pi_{>c} \geq \pi_0$ wird zugunsten von $H_1 : \pi_{>c} < \pi_0$ abgelehnt, falls $t < t_{n-1,\delta_0,\alpha}$ mit t aus (3.46).*

Verfahren 3.62 (Test zur Bestätigung von $\pi_{>c} > \pi_0$) *Die Hypothese $H_0 : \pi_{>c} \leq \pi_0$ wird zugunsten von $H_1 : \pi_{>c} > \pi_0$ abgelehnt, falls $t > t_{n-1,\delta_0,1-\alpha}$ mit t aus (3.46).*

Verfahren 3.63 (Test zur Bestätigung von $\pi_{>c} \neq \pi_0$) *Die Hypothese $H_0 : \pi_{>c} = \pi_0$ wird zugunsten von $H_1 : \pi_{>c} \neq \pi_0$ abgelehnt, falls $t < t_{n-1,\delta_0,\alpha/2}$ oder falls $t > t_{n-1,\delta_0,1-\alpha/2}$ mit t aus (3.46).*

Bei einer p-Wert-basierten Testdurchführung wird basierend auf der Testgröße t aus (3.46) mit Hilfe der Verteilungsfunktion $F(t; n-1, \delta_0)$ einer nichtzentralen t-Verteilung mit $n-1$ Freiheitsgraden und dem Nichtzentralitätsparameter δ_0 aus (3.54) in Abhängigkeit von der Art der Hypothesen einer der drei p-Werte

$$p_1 = F(t; n-1, \delta_0), \quad p_2 = 1 - F(t; n-1, \delta_0), \quad p_3 = 2\min\{p_1, p_2\} \tag{3.55}$$

berechnet und für die Testentscheidung mit dem vorgegebenen Signifikanzniveau α verglichen. Ein p-Wert hängt somit von den Hypothesen und über die Testgröße t von den beobachteten Stichprobenwerten ab und sollte stets mit den zugrunde liegenden Hypothesen angegeben werden.

Verfahren 3.64 (Test zur Bestätigung von $\pi_{>c} < \pi_0$) *Die Hypothese $H_0 : \pi_{>c} \geq \pi_0$ wird zugunsten von $H_1 : \pi_{>c} < \pi_0$ abgelehnt, falls $p_1 < \alpha$ mit p_1 aus (3.55).*

Verfahren 3.65 (Test zur Bestätigung von $\pi_{>c} > \pi_0$) *Die Hypothese $H_0 : \pi_{>c} \leq \pi_0$ wird zugunsten von $H_1 : \pi_{>c} > \pi_0$ abgelehnt, falls $p_2 < \alpha$ mit p_2 aus (3.55).*

Verfahren 3.66 (Test zur Bestätigung von $\pi_{>c} \neq \pi_0$) *Die Hypothese $H_0 : \pi_{>c} = \pi_0$ wird zugunsten von $H_1 : \pi_{>c} \neq \pi_0$ abgelehnt, falls $p_3 < \alpha$ mit p_3 aus (3.55).*

Statistische Tests für die Unterschreitungswahrscheinlichkeit Für die Unterschreitungswahrscheinlichkeit $\pi_{<c}$ einer Schranke c können die bereits in Abschn. 3.3.3 dargestellten drei Testfragestellungen bezüglich eines vorgegebenen Referenzwertes π_0 der Unterschreitungswahrscheinlichkeit unterschieden werden. Für statistische Tests der resultierenden drei Hypothesenpaare zu einem vorgegebenen Signifikanzniveau α wird der Wert t aus (3.46) berechnet und bei der klassischen Testdurchführung in den Verfahren 3.67 bis 3.69 mit geeigneten p-Quantilen $t_{n-1,-\delta_0,p}$ einer nichtzentralen t-Verteilung mit $n-1$ Freiheitsgraden und dem Nichtzentralitätsparameter $-\delta_0$ mit δ_0 aus (3.54) verglichen.

Verfahren 3.67 (Test zur Bestätigung von $\pi_{<c} < \pi_0$) *Die Hypothese $H_0 : \pi_{<c} \geq \pi_0$ wird zugunsten von $H_1 : \pi_{<c} < \pi_0$ abgelehnt, falls $t > t_{n-1,-\delta_0,1-\alpha}$ mit t aus (3.46).*

Verfahren 3.68 (Test zur Bestätigung von $\pi_{<c} > \pi_0$) *Die Hypothese $H_0 : \pi_{<c} \leq \pi_0$ wird zugunsten von $H_1 : \pi_{<c} > \pi_0$ abgelehnt, falls $t < t_{n-1,-\delta_0,\alpha}$ mit t aus (3.46).*

Verfahren 3.69 (Test zur Bestätigung von $\pi_{<c} \neq \pi_0$) *Die Hypothese $H_0 : \pi_{<c} = \pi_0$ wird zugunsten von $H_1 : \pi_{<c} \neq \pi_0$ abgelehnt, falls $t < t_{n-1,-\delta_0,\alpha/2}$ oder falls $t > t_{n-1,-\delta_0,1-\alpha/2}$ mit t aus (3.46).*

Bei einer p-Wert-basierten Testdurchführung wird basierend auf der Testgröße t aus (3.46) mit Hilfe der Verteilungsfunktion $F(t; n-1, -\delta_0)$ einer nichtzentralen t-Verteilung mit $n-1$ Freiheitsgraden und dem Nichtzentralitätsparameter $-\delta_0$ mit δ_0 aus (3.54) in Abhängigkeit von der Art der Hypothesen einer der drei p-Werte

$$p_1 = 1 - F(t; n-1, -\delta_0), \quad p_2 = F(t; n-1, -\delta_0), \quad p_3 = 2\min\{p_1, p_2\} \qquad (3.56)$$

berechnet und für die Testentscheidung mit dem vorgegebenen Signifikanzniveau α verglichen.

Verfahren 3.70 (Test zur Bestätigung von $\pi_{<c} < \pi_0$) *Die Hypothese $H_0 : \pi_{<c} \geq \pi_0$ wird zugunsten von $H_1 : \pi_{<c} < \pi_0$ abgelehnt, falls $p_1 < \alpha$ mit p_1 aus (3.56).*

Verfahren 3.71 (Test zur Bestätigung von $\pi_{<c} > \pi_0$) *Die Hypothese $H_0 : \pi_{<c} \leq \pi_0$ wird zugunsten von $H_1 : \pi_{<c} > \pi_0$ abgelehnt, falls $p_2 < \alpha$ mit p_2 aus (3.56).*

Verfahren 3.72 (Test zur Bestätigung von $\pi_{<c} \neq \pi_0$) *Die Hypothese $H_0 : \pi_{<c} = \pi_0$ wird zugunsten von $H_1 : \pi_{<c} \neq \pi_0$ abgelehnt, falls $p_3 < \alpha$ mit p_3 aus (3.56).*

Beispiel zu den Verfahren 3.67 und 3.70

Das Beispiel zur Wahrscheinlichkeit einer negativen Rendite in den Abschn. 3.5.1 und 3.5.2 wird wieder aufgegriffen. Aus $n = 10$ beobachteten Renditen ergibt sich der arithmetische Mittelwert $\bar{r} = 0.1$ und die empirische Standardabweichung $s = 0.2$.

Es soll statistisch abgesichert werden, dass die Wahrscheinlichkeit einer negativen Rendite unter 40 % liegt. Aus statistischer Sicht wird somit getestet, ob die Hypothese $H_0 : \pi_{<0} \geq \pi_0$ aufgrund der beobachteten Werte zugunsten der Hypothese $H_1 : \pi_{<0} < \pi_0$ mit $\pi_0 = 0.4$ abgelehnt werden kann. Das vorgegebene Signifikanzniveau sei $\alpha = 5\%$.

Gemäß (3.46) wird zunächst die Testgröße

$$t = \sqrt{n-1}\frac{\bar{r}-c}{s} = \sqrt{10-1}\frac{0.1-0}{0.2} = 1.5$$

und der Nichtzentralitätsparameter

$$-\delta_0 = -\sqrt{n}\Phi^{-1}(\pi_0) = -\sqrt{10}\Phi^{-1}(0.4) \approx 0.8012$$

mit δ_0 aus (3.54) berechnet.

- Bei der klassischen Testdurchführung mit Verfahren 3.67 wird diese Testgröße mit dem $(1-\alpha)$-Quantil $t_{n-1,-\delta_0,1-\alpha} \approx t_{9,0.8012,0.95} \approx 2.8332$ der nichtzentralen t-Verteilung mit 9 Freiheitsgraden und Nichtzentralitätsparameter 0.8012 verglichen. Da hier $t = 1.5 < 2.8332 \approx t_{9,0.8012,0.95}$ gilt, wird die Nullhypothese bei $\alpha = 5\%$ nicht abgelehnt.

- Alternativ wird bei der p-Wert-basierten Testdurchführung mit Verfahren 3.70 aus der Testgröße t der p-Wert als

$$p_1 = 1 - F(t; n-1, -\delta_0) \approx 1 - F(1.5; 9, 0.8012) \approx 0.2675$$

berechnet und mit dem vorgegebenen Signifikanzniveau verglichen. Da $p \approx 0.2675 > 0.05 = \alpha$ gilt, wird auch bei diesem Vorgehen die Nullhypothese nicht abgelehnt.

Der in $n = 10$ Perioden beobachtete arithmetische Mittelwert $\bar{r} = 0.1$ und die empirische Standardabweichung $s = 0.2$ stehen bei einem vorgegebenen Signifikanzniveau von $\alpha = 5\%$ nicht im Widerspruch zur Nullhypothese. Es konnte somit nicht statistisch gesichert werden, dass die Wahrscheinlichkeit einer negativen Rendite geringer als 40 % ist. ◄

Berechnungs- und Softwarehinweise

Für die Berechnung des Nichtzentralitätsparameters δ_0 in (3.54) wird die Quantilfunktion Φ^{-1} der Standardnormalverteilung benötigt; siehe dazu die Hinweise in Abschn. 3.3.2.

Für die Testentscheidung in den Verfahren 3.61 bis 3.63 und 3.67 bis 3.69 werden bestimmte Quantile einer nichtzentralen t-Verteilung benötigt. Beispielsweise kann das 95 %-Quantil $t_{9,0.8012,0.95} \approx 2.8332$ einer nichtzentralen t-Verteilung mit 9 Freiheitsgraden und dem Nichtzentralitätsparameter 0.8012 folgendermaßen berechnet werden:
In GAUSS stehen die Quantile einer nichtzentralen t-Verteilung nicht unmittelbar zur Verfügung. Der GAUSS-Programmcode zur Bestimmung des 95 %-Quantiles mit Hilfe der Verteilungsfunktion ist:

```
fn f(q) = cdfTnc(q,9,0.8012)-0.95;
eqSolve(&f,0.8012);
```

In der zweiten GAUSS-Programmzeile ist 0.8012 ein Startwert, für den hier der Wert des Nichtzentralitätsparameters verwendet wird.
Der Funktionsaufruf mit Mathematica ist:

```
Quantile[NoncentralStudentTDistribution[9,0.8012],0.95]
```

Der Funktionsaufruf mit R ist:

```
qt(0.95,9,0.8012)
```

In Excel stehen die Quantile einer nichtzentralen t-Verteilung standardmäßig nicht zur Verfügung.
Für die Berechnung der p-Werte in den Verfahren 3.64 bis 3.66 und 3.70 bis 3.72 wird die Verteilungsfunktion einer nichtzentralen t-Verteilung benötigt; siehe dazu die Hinweise in Abschn. 3.5.2. ◄

3.6   Resümee

Über- und Unterschreitungswahrscheinlichkeiten sind einfache Risikomaßzahlen, die bei stochastischer Schadensmodellierung Anwendung finden können.

Stochastische Modellierung von Schäden Häufig kann der durch eine Person oder Organisation empfundene Schaden mit Hilfe einer Zufallsvariablen abgebildet werden. Führt das mögliche Auftreten von großen Werten dieser Zufallsvariablen zu Schäden und wird daher als Risiko empfunden, dann wird die Zufallsvariable als Risikovariable bezeichnet. Überschreitet eine Risikovariable eine vorgegebene kritische Schranke, über welcher der zugehörige Schaden als zu hoch empfunden wird, tritt ein Schadenereignis ein. Die Überschreitungswahrscheinlichkeit dieser Schranke ist als Eintrittswahrscheinlichkeit des Schadenereignisses die dann interessierende Risikomaßzahl. In anderen Fällen führt das mögliche Auftreten von kleinen Werten einer Zufallsvariablen zu Schäden und wird daher als Risiko empfunden. In solchen Fällen werden die zugrunde liegenden Zufallsvariablen als Chancenvariablen bezeichnet. Als interessierende Risikomaßzahl steht dann die Unterschreitungswahrscheinlichkeit einer vorgegebenen Schranke, unter welcher der Schaden als zu hoch empfunden wird, im Fokus der Betrachtung.

Verteilungsfreie oder verteilungsgebundene Modellierung Ist die interessierende Risikomaßzahl unbekannt, muss sie im Rahmen einer quantitativen Risikoanalyse durch statistische Schätzverfahren ermittelt werden. Dabei können im hier vorliegenden Kontext grundsätzlich zwei verschiedene Modellierungsansätze unterschieden werden.

Im Rahmen eines verteilungsfreien Ansatzes wird für die zugrunde liegende Risiko- bzw. Chancenvariable keine parametrische Verteilungsfamilie für die Wahrscheinlichkeitsverteilung spezifiziert. Bei diesem Vorgehen ist die relative Häufigkeit der Über- bzw. Unterschreitung einer vorgegebenen Schranke auch der natürliche Schätzwert für eine unbekannte Über- bzw. Unterschreitungswahrscheinlichkeit dieser Schranke. Dieses Vorgehen sollte keinesfalls als „modellfreier Ansatz" bezeichnet werden, da stets ein bestimmtes Stichprobenmodell, hier Annahme 3.1, unterstellt werden muss. Letztlich führt der verteilungsfreie Ansatz dazu, dass die Verfahren 2.1 bis 2.35 aus Kap. 2 zum Schätzen und Testen von Über- und Unterschreitungswahrscheinlichkeiten eingesetzt werden können.

Im Rahmen eines verteilungsgebundenden Ansatzes ist genügend Vorwissen vorhanden, um für die zugrunde liegende Risiko- bzw. Chancenvariable eine bestimmte Familie parametrischer Wahrscheinlichkeitsverteilungen zu unterstellen. Man spricht daher auch vom „parametrischen Ansatz". Bei diesem Vorgehen lässt sich die Über- bzw. Unterschreitungswahrscheinlichkeit als Funktion der – in der Regel unbekannten und zu schätzenden – Verteilungsparameter angeben. Einen Überblick dazu liefert Tab. 3.2 bzw. 3.3, in welcher Über- und Unterschreitungswahrscheinlichkeiten für einige ausgewählte stetige bzw. diskrete Verteilungen angegeben sind. Die resultierenden Schätzwerte für die Über- bzw. Unterschreitungswahrscheinlichkeit hängen bei diesem Vorgehen von geschätzten Parameterwerten und eventuell von weiteren bekannten Parametern der zur Schadensmodellierung unterstellten Verteilung ab.

Überblick über statistische Verfahren im Normalverteilungsmodell Sehr häufig wird die Klasse der Normalverteilungen zur Modellierung herangezogen. Daher wird der verteilungsgebundene Ansatz beispielhaft in folgenden drei Szenarien des Normalverteilungsmodells vorgestellt:

A Die Standardabweichung ist bekannt und der Erwartungswert ist unbekannt und wird geschätzt, vgl. dazu Abschn. 3.3.
B Der Erwartungswert ist bekannt und die Standardabweichung ist unbekannt und wird geschätzt, vgl. dazu Abschn. 3.4.

C Der Erwartungswert und die Standardabweichung sind unbekannt und werden simultan geschätzt, vgl. dazu Abschn. 3.5.

Die für die Szenarien A und B angegebenen Verfahren sind für jeden Stichprobenumfang $n \geq 1$ anwendbar. Aufgrund der simultanen Schätzung von zwei Verteilungsparametern in Szenario C sind die zugehörigen Verfahren nur für Stichprobenumfänge $n \geq 2$ anwendbar. In Szenario B sind Über- und Unterschreitungswahrscheinlichkeiten nur dann unbekannt, wenn Erwartungswert und Schranke nicht übereinstimmen. Es ist daher im Szenario B stets der Fall, dass der Erwartungswert oberhalb der Schranke liegt, vom Fall, dass der Erwartungswert unterhalb der Schranke liegt, zu unterscheiden.

In Tab. 3.4 sind 36 statistische Schätzverfahren für Über- und Unterschreitungswahrscheinlichkeiten zusammengestellt. Die Konfidenzschranken und Konfidenzintervalle in den Verfahren 3.3 bis 3.12, 3.27 bis 3.36 und 3.51 bis 3.60 sind exakte Verfahren in dem Sinn, dass sie nicht auf Approximationen oder asymptotisch gültigen Wahrscheinlichkeitsausssagen beruhen. Außerdem ist das vorgegebene Konfidenzniveau $1 - \alpha$ nicht nur eine Oberschranke für die Überdeckungswahrscheinlichkeit, sondern das Konfidenzniveau wird für alle Parameter angenommen, so dass in allen Fällen Konfidenzaussagen mit konstanter Überdeckungswahrscheinlichkeit $1 - \alpha$ vorliegen.

In Tab. 3.5 sind 36 statistische Testverfahren für Über- und Unterschreitungswahrscheinlichkeiten zusammengestellt. Die Testverfahren 3.13 bis 3.24, 3.37 bis 3.48 und 3.61 bis 3.72 sind exakte Verfahren in dem Sinn, dass sie nicht auf Approximationen oder der asymptotischen Verteilung einer Teststatistik beruhen. Für alle Tests stimmt die Fehlerwahrscheinlichkeit erster Art an der Stelle π_0 mit dem vorgegebenen Signifikanzniveau α überein.

Berechnungs- und Softwarehinweise Um die Umsetzung aller 72 Verfahren zu erleichtern, werden Berechnungs- und Anwendungshinweise für mehrere Softwarepakete (Excel, GAUSS, Mathematica und R) gegeben. Da an wenigen Stellen der reine Funktionsaufruf unzureichend ist, werden kurze Programmcodes zur Nullstellenbestimmung angegeben, wenn dies nötig ist.

3.7   Methodischer Hintergrund und Herleitungen

Herleitung von Gl. (3.3) Es gilt

$$\pi_{<c}[X] = \mathrm{P}(X < c) = \mathrm{P}(-X > -c) = \pi_{>-c}[-X].$$

Methodischer Hintergrund zu Tab. 3.1

- Wenn die Zufallsvariable X die Verteilungsfunktion F_X hat, dann gilt

Tab. 3.4 Verfahren zur Punkt- und Intervallschätzung für die Überschreitungswahrscheinlichkeit $\pi_{>c}$ und die Unterschreitungswahrscheinlichkeit $\pi_{<c}$ im Normalverteilungsfall bei (A) gegebener Standardabweichung und geschätztem Erwartungswert, (B) gegebenem Erwartungswert und geschätzter Standardabweichung und (C) geschätztem Erwartungswert und geschätzter Standardabweichung

A	B	C	Zweck des Verfahrens
3.1	3.25	3.49	Punktschätzwert für $\pi_{>c}$
3.2	3.26	3.50	Punktschätzwert für $\pi_{<c}$
3.3	3.27	3.51	Untere Konfidenzschranke für $\pi_{>c}$
3.4	3.28	3.52	Einseitig unten begrenztes Konfidenzintervall für $\pi_{>c}$
3.5	3.29	3.53	Obere Konfidenzschranke für $\pi_{>c}$
3.6	3.30	3.54	Einseitig oben begrenztes Konfidenzintervall für $\pi_{>c}$
3.7	3.31	3.55	Konfidenzintervall für $\pi_{>c}$
3.8	3.32	3.56	Untere Konfidenzschranke für $\pi_{<c}$
3.9	3.33	3.57	Einseitig unten begrenztes Konfidenzintervall für $\pi_{<c}$
3.10	3.34	3.58	Obere Konfidenzschranke für $\pi_{<c}$
3.11	3.35	3.59	Einseitig oben begrenztes Konfidenzintervall für $\pi_{<c}$
3.12	3.36	3.60	Konfidenzintervall für $\pi_{<c}$

Tab. 3.5 Statistische Testverfahren für die Überschreitungswahrscheinlichkeit $\pi_{>c}$ und die Unterschreitungswahrscheinlichkeit $\pi_{<c}$ im Normalverteilungsfall bei (A) gegebener Standardabweichung und geschätztem Erwartungswert, (B) gegebenem Erwartungswert und geschätzter Standardabweichung und (C) geschätztem Erwartungswert und geschätzter Standardabweichung

A	B	C	Nullhypothese	Gegenhypothese	Testdurchführung
3.13	3.37	3.61	$\pi_{>c} \geq \pi_0$	$\pi_{>c} < \pi_0$	Klassisch
3.14	3.38	3.62	$\pi_{>c} \leq \pi_0$	$\pi_{>c} > \pi_0$	Klassisch
3.15	3.39	3.63	$\pi_{>c} = \pi_0$	$\pi_{>c} \neq \pi_0$	Klassisch
3.16	3.40	3.64	$\pi_{>c} \geq \pi_0$	$\pi_{>c} < \pi_0$	p-Wert-basiert
3.17	3.41	3.65	$\pi_{>c} \leq \pi_0$	$\pi_{>c} > \pi_0$	p-Wert-basiert
3.18	3.42	3.66	$\pi_{>c} = \pi_0$	$\pi_{>c} \neq \pi_0$	p-Wert-basiert
3.19	3.43	3.67	$\pi_{<c} \geq \pi_0$	$\pi_{<c} < \pi_0$	Klassisch
3.20	3.44	3.68	$\pi_{<c} \leq \pi_0$	$\pi_{<c} > \pi_0$	Klassisch
3.21	3.45	3.69	$\pi_{<c} = \pi_0$	$\pi_{<c} \neq \pi_0$	Klassisch
3.22	3.46	3.70	$\pi_{<c} \geq \pi_0$	$\pi_{<c} < \pi_0$	p-Wert-basiert
3.23	3.47	3.71	$\pi_{<c} \leq \pi_0$	$\pi_{<c} > \pi_0$	p-Wert-basiert
3.24	3.48	3.72	$\pi_{<c} = \pi_0$	$\pi_{<c} \neq \pi_0$	p-Wert-basiert

$$\pi_{>c}[X] = P(X > c) = 1 - P(X \le c) = 1 - F_X(c)$$

und

$$\pi_{<c}[X] = P(X < c) = P(X \le c) - P(X = c) = F_X(c) - P(X = c).$$

Da jede Verteilungsfunktion monoton wachsend und rechtsseitig stetig ist, gibt es für die Stelle c genau zwei Möglichkeiten. Entweder ist F_X an der Stelle c stetig, dann gilt $P(X = c) = 0$ und damit $\pi_{<c}[X] = F_X(c)$. Oder c ist eine Sprungstelle von F_X, dann gilt $\pi_{<c}[X] = \lim_{x\uparrow c} F_X(x) < F_X(c)$ und $P(X = c) = F_X(c) - \lim_{x\uparrow c} F_X(x) > 0$.

- Falls die Verteilungsfunktion an der Stelle c stetig ist, gilt $P(X = c) = 0$ und damit $\pi_{<c}[X] = F_X(c)$.
- Wenn die Zufallsvariable X stetig ist und die Dichtefunktion f_X besitzt, dann gilt

$$\pi_{>c}[X] = P(X > c) = \int_c^\infty f_X(x)\mathrm{d}x$$

und

$$\pi_{<c}[X] = P(X < c) = \int_{-\infty}^c f_X(x)\mathrm{d}x.$$

- Wenn die Zufallsvariable X diskret mit der Wahrscheinlichkeitsfunktion p_X und dem Träger $\mathbb{T} = \{x \in \mathbb{R} \mid p_X(x) > 0\}$ ist, dann gilt

$$\pi_{>c}[X] = P(X > c) = \sum_{x \in \mathbb{T} \cap \{x \in \mathbb{R} \mid x > c\}} p_X(x) = \sum_{x \in \mathbb{T}, \, x > c} p_X(x)$$

und

$$\pi_{<c}[X] = P(X < c) = \sum_{x \in \mathbb{T} \cap \{x \in \mathbb{R} \mid x < c\}} p_X(x) = \sum_{x \in \mathbb{T}, \, x < c} p_X(x).$$

Methodischer Hintergrund zu Tab. 3.2 Für eine Zufallsvariable X mit stetiger Verteilungsfunktion F_X gilt $\pi_{>c}[X] = 1 - F_X(c)$ und $\pi_{<c}[X] = F_X(c)$, vgl. dazu Tab. 3.1.

- Die Verteilungsfunktion von $X \sim \text{Uni}(\alpha, \beta)$ ist durch (8.15) gegeben. Daher gilt

$$\pi_{>c}[X] = \begin{cases} 1 - 0 = 1 & \text{für } c < \alpha \\ 1 - \frac{c-\alpha}{\beta-\alpha} = \frac{\beta-c}{\beta-\alpha} & \text{für } \alpha \le c \le \beta \\ 1 - 1 = 0 & \text{für } c > \beta \end{cases}$$

und

$$\pi_{<c}[X] = \begin{cases} 0 & \text{für } c < \alpha \\ \frac{c-\alpha}{\beta-\alpha} & \text{für } \alpha \leq c \leq \beta \\ 1 & \text{für } c > \beta \end{cases}.$$

- Die Verteilungsfunktion von $X \sim N(\mu, \sigma^2)$ ist durch (8.18) gegeben. Daher gilt

$$\pi_{>c}[X] = 1 - \Phi\left(\frac{c-\mu}{\sigma}\right) = \Phi\left(\frac{\mu-c}{\sigma}\right).$$

Das letzte Gleichheitszeichen ergibt sich mit (8.17). Für die Unterschreitungswahrscheinlichkeit gilt

$$\pi_{<c}[X] = \Phi\left(\frac{c-\mu}{\sigma}\right).$$

- Die Verteilungsfunktion von $X \sim LN(\mu, \sigma^2)$ ist durch (8.19) gegeben. Daher gilt

$$\pi_{>c}[X] = \begin{cases} 1 - \Phi\left(\frac{\ln(c)-\mu}{\sigma}\right) = \Phi\left(\frac{\mu-\ln(c)}{\sigma}\right) & \text{für } c > 0 \\ 1 - 0 = 1 & \text{sonst} \end{cases}.$$

Das Gleichheitszeichen im ersten Fall der Fallunterscheidung ergibt sich mit (8.17). Für die Unterschreitungswahrscheinlichkeit gilt

$$\pi_{<c}[X] = \begin{cases} \Phi\left(\frac{\ln(c)-\mu}{\sigma}\right) & \text{für } c > 0 \\ 0 & \text{sonst} \end{cases}.$$

- Die Verteilungsfunktion von $X \sim Exp(\lambda)$ ist durch (8.20) gegeben. Daher gilt

$$\pi_{>c}[X] = \begin{cases} 1 - (1 - e^{-\lambda c}) = e^{-\lambda c} & \text{für } c \geq 0 \\ 1 - 0 = 1 & \text{sonst} \end{cases}.$$

und

$$\pi_{<c}[X] = \begin{cases} 1 - e^{-\lambda c} & \text{für } c \geq 0 \\ 0 & \text{sonst} \end{cases}.$$

- Die Verteilungsfunktion von $X \sim Weibull(\alpha, \beta)$ ist durch (8.21) gegeben. Daher gilt

$$\pi_{>c}[X] = \begin{cases} 1 - (1 - \exp(-(c/\alpha)^\beta)) = \exp(-(c/\alpha)^\beta) & \text{für } c \geq 0 \\ 1 - 0 = 1 & \text{sonst} \end{cases}.$$

und

$$\pi_{<c}[X] = \begin{cases} 1 - \exp(-(c/\alpha)^\beta) & \text{für } c \geq 0 \\ 0 & \text{sonst} \end{cases}.$$

- Die Dichtefunktion f_X von $X \sim Beta(\alpha, \beta)$ ist durch (8.23) gegeben. Daher gilt

$$\pi_{>c}[X] = \int\limits_{c}^{\infty} f_X(x)\mathrm{d}x = \begin{cases} 1 & \text{für } c \leq 0 \\ \int\limits_{c}^{1} \frac{x^{\alpha-1}(1-x)^{\beta-1}}{\mathrm{B}(\alpha,\beta)}\mathrm{d}x + 0 & \text{für } 0 < c < 1 \\ 0 & \text{für } c \geq 1 \end{cases}$$

und

$$\pi_{<c}[X] = \int\limits_{-\infty}^{c} f_X(x)\mathrm{d}x = \begin{cases} 0 & \text{für } c \leq 0 \\ 0 + \int\limits_{0}^{c} \frac{x^{\alpha-1}(1-x)^{\beta-1}}{\mathrm{B}(\alpha,\beta)}\mathrm{d}x & \text{für } 0 < c < 1 \\ 1 & \text{für } c \geq 1 \end{cases}.$$

Methodischer Hintergrund zu Tab. 3.3 Für eine diskrete Zufallsvariable X mit Wahrscheinlichkeitsfunktion p_X und Träger $\mathbb{T}$ gilt

$$\pi_{>c}[X] = \sum_{x \in \mathbb{T},\, x>c} p_X(x) \quad \text{und} \quad \pi_{<c}[X] = \sum_{x \in \mathbb{T},\, x<c} p_X(x),$$

vgl. dazu Tab. 3.1.

- Die Wahrscheinlichkeitsfunktion p_X von $X \sim \mathrm{Ber}(\pi)$ ist durch (8.8) gegeben. Der Träger ist $\mathbb{T} = \{0\}$ für $\pi = 0$, $\mathbb{T} = \{0, 1\}$ für $0 < \pi < 1$ und $\mathbb{T} = \{1\}$ für $\pi = 1$. Daher gilt

$$\pi_{>c}[X] = \begin{cases} p_X(0) + p_X(1) = 1 & \text{für } c < 0 \\ p_X(1) = \pi & \text{für } 0 \leq c < 1 \\ \sum\limits_{x \in \emptyset} p_X(x) = 0 & \text{für } c \geq 1 \end{cases}$$

und

$$\pi_{<c}[X] = \begin{cases} \sum\limits_{x \in \emptyset} p_X(x) = 0 & \text{für } c \leq 0 \\ p_X(0) = 1 - \pi & \text{für } 0 < c \leq 1 \\ p_X(0) + p_X(1) = 1 & \text{für } c > 1 \end{cases}.$$

- Die Wahrscheinlichkeitsfunktion p_X von $X \sim \mathrm{Bin}(n, \pi)$ ist durch (8.9) gegeben. Der Träger ist $\mathbb{T} = \{0\}$ für $\pi = 0$, $\mathbb{T} = \{0, 1, \ldots, n\}$ für $0 < \pi < 1$ und $\mathbb{T} = \{n\}$ für $\pi = 1$. Daher gilt

$$\pi_{>c}[X] = \begin{cases} 1 & \text{für } c < 0 \\ \sum\limits_{j=\lfloor c \rfloor+1}^{n} p_X(j) & \text{für } 0 \leq c < n \\ \sum\limits_{x \in \emptyset} p_X(x) = 0 & \text{für } c \geq n \end{cases}$$

und

$$\pi_{<c}[X] = \begin{cases} 0 & \text{für } c \le 0 \\ \sum\limits_{j=0}^{\lceil c \rceil - 1} p_X(j) & \text{für } 0 < c \le n \\ 1 & \text{für } c > n \end{cases}.$$

- Die Wahrscheinlichkeitsfunktion p_X von $X \sim \text{Poi}(\lambda)$ ist durch (8.12) gegeben. Der Träger ist $\mathbb{T} = \{0\}$ für $\lambda = 0$, $\mathbb{T} = \mathbb{N}$ für $\lambda > 0$. Daher gilt

$$\pi_{>c}[X] = \begin{cases} 1 & \text{für } c < 0 \\ \sum\limits_{j=\lfloor c \rfloor + 1}^{\infty} p_X(j) & \text{für } c \ge 0 \end{cases}$$

und

$$\pi_{<c}[X] = \begin{cases} 0 & \text{für } c \le 0 \\ \sum\limits_{j=0}^{\lceil c \rceil - 1} p_X(j) & \text{für } c > 0 \end{cases}.$$

Methodischer Hintergrund der Verfahren 3.1 und 3.2 Im Kontext von Annahme 3.2 ist die Standardabweichung σ bekannt und $\bar{X}$ ist der ML-Schätzer für μ (Patel und Read 1996, S. 367). Wenn $\hat{\theta}$ ein ML-Schätzer von $\theta \in \Theta$ ist und $g : \Theta \to \mathbb{R}$ eine Funktion ist, dann ist $g(\hat{\theta})$ ein ML-Schätzer von $g(\theta)$. Dies ist die so genannte Invarianzeigenschaft der ML-Schätzung (Casella und Berger 2002, S. 320). Also sind $\tilde{\pi}_{>c}$ und $\tilde{\pi}_{<c}$ aus (3.13) ML-Schätzer für $\pi_{>c}$ und $\pi_{<c}$. Somit sind $\hat{\pi}_{>c}$ aus Verfahren 3.1 und $\hat{\pi}_{<c}$ aus Verfahren 3.2 ML-Schätzwerte für $\pi_{>c}$ und $\pi_{<c}$.

Methodischer Hintergrund der Verfahren 3.3 bis 3.24 Für eine gegebene Standardabweichung σ und für eine vorgegebene Schranke c ist die Überschreitungswahrscheinlichkeit $\pi_{>c} = \Phi\left(\frac{\mu - c}{\sigma}\right)$ eine stetige und streng monoton wachsende Funktion des Parameters μ, da die Funktion Φ stetig und streng monoton wachsend ist und da σ positiv ist. Aus denselben Gründen ist die Unterschreitungswahrscheinlichkeit $\pi_{<c} = \Phi\left(\frac{c - \mu}{\sigma}\right)$ eine stetige und streng monoton fallende Funktion des Parameters μ. Dadurch können im Kontext von Annahme 3.2 Konfidenzaussagen für $\pi_{>c}$ und $\pi_{<c}$ aus Konfidenzaussagen für den Parameter μ gewonnen werden und das Testen von Hypothesen über $\pi_{>c}$ und $\pi_{<c}$ kann auf das Testen von Hypothesen über den Parameter μ zurückgeführt werden.

Anmerkung 3.3 (Konfidenzaussagen für den Erwartungswert der Normalverteilung bei gegebener Standardabweichung) Im Kontext von Annahme 3.2 hat die Zufallsvariable $\bar{X}$ die Verteilung $\text{N}(\mu, \sigma^2/n)$. Mit dieser ergeben sich – jeweils mit konstanter Überdeckungswahrscheinlichkeit $1 - \alpha$ –

- die untere Konfidenzschranke

$$U_\alpha = \bar{X} - \frac{z_{1-\alpha}}{\sqrt{n}}\sigma, \tag{3.57}$$

- das unten begrenzte Konfidenzintervall $[U_\alpha, \infty)$,
- die obere Konfidenzschranke

$$V_\alpha = \bar{X} + \frac{z_{1-\alpha}}{\sqrt{n}}\sigma, \tag{3.58}$$

- das oben begrenzte Konfidenzintervall $(-\infty, V_\alpha]$ und
- das zweiseitige Konfidenzintervall $[U_{\alpha/2}, V_{\alpha/2}]$

für den Parameter μ. Es gelten – jeweils für alle $\mu \in \mathbb{R}$ – die folgenden Aussagen

$$P_\mu(U_\alpha \le \mu) = P_\mu(\mu \in [U_\alpha, \infty)) = 1 - \alpha,$$
$$P_\mu(V_\alpha \ge \mu) = P_\mu(\mu \in (-\infty, V_\alpha]) = 1 - \alpha,$$

und

$$P_\mu(U_{\alpha/2} \le \mu \le V_{\alpha/2}) = 1 - \alpha, \quad P_\mu(\mu < U_{\alpha/2}) = P_\mu(\mu > V_{\alpha/2}) = \alpha/2.$$

Methodischer Hintergrund von Verfahren 3.3 Wegen

$$a \le \mu \iff \Phi\left(\frac{a-c}{\sigma}\right) \le \Phi\left(\frac{\mu-c}{\sigma}\right)$$

ist

$$U \overset{\text{def}}{=} \Phi\left(\frac{U_\alpha - c}{\sigma}\right) = \Phi\left(\frac{\bar{X} - c}{\sigma} - \frac{z_{1-\alpha}}{\sqrt{n}}\right)$$

mit U_α aus (3.57) eine untere Konfidenzschranke für $\pi_{>c}$ mit der Eigenschaft

$$P_\mu(U \le \pi_{>c}) = 1 - \alpha \quad \text{für alle } \mu \in \mathbb{R}.$$

Methodischer Hintergrund von Verfahren 3.4 Wegen $\pi_{>c} < 1$ gilt

$$P_\mu(U \le \pi_{>c}) = P_\mu(U \le \pi_{>c} < 1) = P_\mu(\pi_{>c} \in [U, 1)) = 1 - \alpha \quad \text{für alle } \mu \in \mathbb{R}.$$

Methodischer Hintergrund von Verfahren 3.5 Wegen

$$\mu \le b \iff \Phi\left(\frac{\mu-c}{\sigma}\right) \le \Phi\left(\frac{b-c}{\sigma}\right)$$

ist

$$V \overset{\text{def}}{=} \Phi\left(\frac{V_\alpha - c}{\sigma}\right) = \Phi\left(\frac{\bar{X} - c}{\sigma} + \frac{z_{1-\alpha}}{\sqrt{n}}\right)$$

mit V_α aus (3.58) eine obere Konfidenzschranke für $\pi_{>c}$ mit der Eigenschaft

$$P_\mu(V \ge \pi_{>c}) = 1 - \alpha \quad \text{für alle } \mu \in \mathbb{R}.$$

Methodischer Hintergrund von Verfahren 3.6 Wegen $\pi_{>c} > 0$ gilt

$$P_\mu(V \geq \pi_{>c}) = P_\mu(0 < \pi_{>c} \leq V) = P_\mu(\pi_{>c} \in (0, V]) = 1 - \alpha \quad \text{für alle } \mu \in \mathbb{R}.$$

Methodischer Hintergrund von Verfahren 3.7 Für

$$U \stackrel{\text{def}}{=} \Phi\left(\frac{\bar{X} - c}{\sigma} - \frac{z_{1-\alpha/2}}{\sqrt{n}}\right)$$

und

$$V \stackrel{\text{def}}{=} \Phi\left(\frac{\bar{X} - c}{\sigma} + \frac{z_{1+\alpha/2}}{\sqrt{n}}\right)$$

gilt $U \leq V$. Wegen Verfahren 3.5 und 3.6 gilt

$$P_\mu(U > \pi_{>c}) = P_\mu(V < \pi_{>c}) = \alpha/2 \quad \text{für alle } \mu \in \mathbb{R}$$

und somit

$$P_\mu(U \leq \pi_{>c} \leq V) = 1 - \alpha/2 - \alpha/2 = 1 - \alpha \quad \text{für alle } \mu \in \mathbb{R},$$

so dass das Intervall $[U, V]$ ein Konfidenzintervall für $\pi_{>c}$ mit den in (3.19) und (3.20) angegebenen Eigenschaften ist.

Methodischer Hintergrund der Verfahren 3.8 bis 3.12 Die Überlegungen zu Konfidenzaussagen für eine Unterschreitungswahrscheinlichkeit $\pi_{<c}$ können parallel zum methodischen Hintergrund der Verfahren 3.3 bis 3.7 hergeleitet werden, wobei zu beachten ist, dass $\pi_{<c}$ eine monoton fallende Funktion von μ ist, während $\pi_{>c}$ eine monoton wachsende Funktion von μ ist.

Ein alternativer und teilweise einfacherer Weg ist es, den Zusammenhang

$$\pi_{>c} = 1 - \pi_{<c} \tag{3.59}$$

zu verwenden, der hier besteht, da die Verteilungsfunktion von X stetig ist. Durch Einsetzen und Umformungen unter Berücksichtigung von $1 - \Phi(x) = \Phi(-x)$ erhält man dann aus den Konfidenzaussagen für $\pi_{>c}$ in den Verfahren 3.3 bis 3.7 die Konfidenzaussagen für $\pi_{<c}$ in den Verfahren 3.8 bis 3.12. Beispielsweise gilt

$$P_\mu(U \leq \pi_{>c}) = P_\mu(1 - U \geq 1 - \pi_{>c}) = P_\mu(\pi_{<c} \leq 1 - U).$$

Mit U aus (3.15) ergibt sich

$$1 - U = 1 - \Phi\left(\frac{\bar{X} - c}{\sigma} - \frac{z_{1-\alpha}}{\sqrt{n}}\right) = \Phi\left(\frac{c - \bar{X}}{\sigma} + \frac{z_{1-\alpha}}{\sqrt{n}}\right)$$

als die Verfahren 3.10 zugrunde liegende obere Konfidenzschranke V für die Unterschreitungswahrscheinlichkeit $\pi_{<c}$. Somit ergibt sich aus der unteren Konfidenzschranke U für die Überschreitungswahrscheinlichkeit $\pi_{>c}$, die Verfahren 3.3 zugrunde liegt, die obere Konfidenzschranke für die Unterschreitungswahrscheinlichkeit $\pi_{<c}$, die Verfahren 3.10 zugrunde liegt. Mit analogen Überlegungen erhält man aus der oberen Konfidenzschranke für $\pi_{>c}$, die Verfahren 3.5 zugrunde liegt, die untere Konfidenzschranke für $\pi_{<c}$, die Verfahren 3.8 zugrunde liegt, und aus dem Konfidenzintervall für $\pi_{>c}$, das Verfahren 3.7 zugrunde liegt, erhält man das Konfidenzintervall für $\pi_{<c}$, das Verfahren 3.12 zugrunde liegt.

Methodischer Hintergrund der Verfahren 3.13 bis 3.18 Das Testen einer Hypothese über $\pi_{>c}$ kann im Kontext von Annahme 3.2 auf das Testen von Hypothesen über den Parameter μ zurückgeführt werden. Denn für fixierte Werte c und $\sigma > 0$, besteht zwischen $\pi_{>c}$ und μ ein streng monotoner Zusammenhang. Für zwei Parameterwerte μ und μ' gilt

$$\mu < \mu' \iff \frac{\mu - c}{\sigma} < \frac{\mu' - c}{\sigma} \iff \Phi\left(\frac{\mu - c}{\sigma}\right) < \Phi\left(\frac{\mu' - c}{\sigma}\right).$$

Damit kann in diesem Zusammenhang der Übergang von μ zu $\pi_{>c} = \Phi(\frac{\mu-c}{\sigma})$ als eine Umparametrisierung gesehen werden.

Das Hypothesenpaar $H_0 : \pi_{>c} = \pi_0$ versus $H_1 : \pi_{>c} = \pi_1$ mit $\pi_0 \neq \pi_1$ ist damit äquivalent zum Hypothesenpaar $H_0 : \mu = \mu_0$ versus $H_1 : \mu = \mu_1$ mit $\mu = \Phi^{-1}(\pi_{>c})\sigma + c$ und speziell $\mu_0 = \Phi^{-1}(\pi_0)\sigma + c$ und $\mu_1 = \Phi^{-1}(\pi_1)\sigma + c$. Das Paar $H_0 : \pi_{>c} \geq \pi_0$ versus $H_1 : \pi_{>c} < \pi_0$ zusammengesetzter Hypothesen ist äquivalent zum Paar $H_0 : \mu \geq \mu_0$ versus $H_1 : \mu < \mu_0$ zusammengesetzter Hypothesen.

Anmerkung 3.4 (Tests über den Erwartungswert der Normalverteilung bei gegebener Standardabweichung) Im Kontext von Annahme 3.2 ist

$$T = \sqrt{n}\frac{\bar{X} - \mu_0}{\sigma} \tag{3.60}$$

die übliche Teststatistik des Gauß-Tests über den Parameter μ für die Hypothesenpaare

1. $H_0 : \mu \geq \mu_0,\ H_1 : \mu < \mu_0,$
2. $H_0 : \mu \leq \mu_0,\ H_1 : \mu > \mu_0,$
3. $H_0 : \mu = \mu_0,\ H_1 : \mu \neq \mu_0.$

Mit einem vorgegebenem Signifikanzniveau α gelten die folgenden Entscheidungsregeln für Tests über den Parameter μ, falls ein Wert t der Teststatistik T gegeben ist:

- $H_0 : \mu \geq \mu_0$ wird zugunsten von $H_1 : \mu < \mu_0$ abgelehnt, falls $t < -z_{1-\alpha}$,
- $H_0 : \mu \leq \mu_0$ wird zugunsten von $H_1 : \mu > \mu_0$ abgelehnt, falls $t > z_{1-\alpha}$,
- $H_0 : \mu = \mu_0$ wird zugunsten von $H_1 : \mu \neq \mu_0$ abgelehnt, falls $|t| > z_{1-\alpha/2}$.

Methodischer Hintergrund der Verfahren 3.13 bis 3.15 Wegen des streng monoton wachsenden Zusammenhangs zwischen $\pi_{>c}$ und μ kann die Teststatistik T des Gaußtests aus (3.60) auch verwendet werden, um Tests über $\pi_{>c}$ durchzuführen. Mit

$$\mu_0 = \Phi^{-1}(\pi_0)\sigma + c$$

ergibt sich die Teststatistik T in der Form

$$T = \sqrt{n}\left(\frac{\bar{X} - c}{\sigma} - \Phi^{-1}(\pi_0)\right). \tag{3.61}$$

Auf der Basis eines Wertes t der Teststatistik T ergeben sich folgende Entscheidungsregeln:

- $H_0 : \pi_{>c} \geq \pi_0$ wird zugunsten von $H_1 : \pi_{>c} < \pi_0$ abgelehnt, falls $t < -z_{1-\alpha}$,
- $H_0 : \pi_{>c} \leq \pi_0$ wird zugunsten von $H_1 : \pi_{>c} > \pi_0$ abgelehnt, falls $t > z_{1-\alpha}$,
- $H_0 : \pi_{>c} = \pi_0$ wird zugunsten von $H_1 : \pi_{>c} \neq \pi_0$ abgelehnt, falls $|t| > z_{1-\alpha/2}$.

Methodischer Hintergrund der Verfahren 3.16 bis 3.18 Für die p-Wert-basierte Test-durchführung wird die Äquivalenz mit der klassischen Testdurchführung gezeigt.

1. Es gilt

$$t < -z_{1-\alpha} = -\Phi^{-1}(1-\alpha) = \Phi^{-1}(\alpha) \iff \Phi(t) < \Phi(\Phi^{-1}(\alpha)) = \alpha, \tag{3.62}$$

so dass die Bedingungen $t < -z_{1-\alpha}$ aus Verfahren 3.13 und $p_1 < \alpha$ aus Verfahren 3.16 äquivalent sind.

2. Es gilt

$$t > z_{1-\alpha} \iff \Phi(t) > \Phi(z_{1-\alpha}) = 1 - \alpha \iff 1 - \Phi(t) < \alpha, \tag{3.63}$$

so dass die Bedingungen $t > z_{1-\alpha}$ aus Verfahren 3.14 und $p_2 < \alpha$ aus Verfahren 3.17 äquivalent sind.

3. Es gilt

$$|t| > z_{1-\alpha/2} \iff (t < -z_{1-\alpha/2} \text{ oder } t > z_{1-\alpha/2}). \tag{3.64}$$

Wegen $t < -z_{1-\alpha/2} \iff 2\Phi(t) < \alpha$ und $t > z_{1-\alpha/2} \iff 2(1 - \Phi(t)) < \alpha$ gilt

$$|t| > z_{1-\alpha/2} \iff 2\min\{\Phi(t), 1 - \Phi(t)\} < \alpha. \tag{3.65}$$

Daher sind die Bedingungen $|t| > z_{1-\alpha/2}$ aus Verfahren 3.15 und $p_3 < \alpha$ aus Verfahren 3.18 äquivalent.

Methodischer Hintergrund der Verfahren 3.19 bis 3.21 Mit (3.59) erhält man durch Einsetzen und mit Umformungen aus den in den Verfahren 3.13 bis 3.15 angegebenen Tests für

$\pi_{>c}$ die in den Verfahren 3.19 bis 3.21 angegebenen Tests für $\pi_{<c} = 1 - \pi_{>c}$. Beispielsweise gilt

$$\pi_{>c} \geq \pi_0 \iff 1 - \pi_{<c} \geq \pi_0 \iff \pi_{<c} \leq 1 - \pi_0.$$

Somit sind die Hypothesenpaare

$$H_0 : \pi_{>c} \geq \pi_0, \qquad H_1 : \pi_{>c} < \pi_0$$

und

$$H_0 : \pi_{<c} \leq 1 - \pi_0, \qquad H_1 : \pi_{<c} > 1 - \pi_0$$

äquivalent. Damit ergibt sich aus Verfahren 3.13 für $\pi_{>c}$ das Verfahren 3.20 für $\pi_{<c}$, indem man in der Testgröße t aus (3.21) π_0 durch $1 - \pi_0$ ersetzt. Unter Berücksichtigung von $\Phi(1 - x) = -\Phi(x)$ ergibt sich dann

$$\sqrt{n}\left(\frac{\bar{x} - c}{\sigma} - \Phi^{-1}(1 - \pi_0)\right) = \sqrt{n}\left(\frac{\bar{x} - c}{\sigma} + \Phi^{-1}(\pi_0)\right)$$

und damit die Testgröße t aus (3.23). Mit analogen Überlegungen erhält man aus Verfahren 3.14 für $\pi_{>c}$ das Verfahren 3.19 für $\pi_{<c}$ und aus Verfahren 3.15 für $\pi_{>c}$ das Verfahren 3.21 für $\pi_{<c}$.

Methodischer Hintergrund der Verfahren 3.22 bis 3.24 Die Äquivalenz der p-Wert-basierten Testdurchführung in den Verfahren 3.22 bis 3.24 zur klassischen Testdurchführung in den Verfahren 3.19 bis 3.21 ergibt sich aus den jeweiligen Ablehnungskriterien $t > z_{1-\alpha}$, $t < -z_{1-\alpha}$ und $|t| > z_{1-\alpha/2}$ und den Äquivalenzen (3.62) bis (3.65).

Methodischer Hintergrund der Verfahren 3.25 und 3.26 Im Kontext von Annahme 3.3 ist der Parameter μ bekannt und die Varianz σ^2 ist der zu schätzende Parameter. In dieser Situation ist $S^2_{(\mu)}$ aus (3.28) der ML-Schätzer für σ^2 (Patel und Read 1996, S. 371; Dudewicz und Mishra 1988, S. 351). Wegen der Invarianzeigenschaft der ML-Schätzung, siehe dazu „Methodischer Hintergrund der Verfahren 3.1 und 3.2", sind $\hat{\pi}_{>c}$ aus Verfahren 3.25 und $\hat{\pi}_{<c}$ aus Verfahren 3.26 die ML-Schätzwerte für $\pi_{>c}$ und $\pi_{<c}$.

Methodischer Hintergrund der Verfahren 3.27 bis 3.48 Für einen gegebenen Erwartungswert μ und eine vorgegebene Schranke c ist die Überschreitungswahrscheinlichkeit $\pi_{>c} = \Phi\left(\frac{\mu - c}{\sigma}\right)$ für $\mu \neq c$ eine stetige und streng monotone Funktion des Parameters σ, da die Funktion Φ stetig und streng monoton wachsend ist. Die Überschreitungswahrscheinlichkeit $\pi_{>c}$ ist als Funktion von σ monoton fallend für $\mu > c$ und monoton wachsend für $\mu < c$. Die Unterschreitungswahrscheinlichkeit $\pi_{<c} = \Phi\left(\frac{c - \mu}{\sigma}\right)$ ist eine stetige und streng monoton wachsende Funktion des Parameters σ für $\mu > c$ und eine stetige und streng monoton fallende Funktion für $\mu < c$. Durch diese Zusammenhänge können im Kontext von Annahme 3.3 Konfidenzaussagen für $\pi_{>c}$ und $\pi_{<c}$ aus Konfidenzaussagen für den Para-

meter σ gewonnen werden und das Testen von Hypothesen über $\pi_{>c}$ und $\pi_{<c}$ kann auf das Testen von Hypothesen über den Parameter σ zurückgeführt werden. Allerdings sind jedes Mal die Fälle $\mu > c$ und $\mu < c$ zu unterscheiden. Die üblichen Konfidenzaussagen für den Parameter σ einer Normalverteilung im Rahmen von Annahme 3.3 sind in Anmerkung 3.5 zusammengefasst.

Anmerkung 3.5 (Konfidenzaussagen für die Standardabweichung der Normalverteilung bei gegebenem Erwartungswert) Im Kontext von Annahme 3.3 ist die Verteilung des Schätzers $S_{(\mu)}^2$ für σ^2 durch

$$\frac{nS_{(\mu)}^2}{\sigma^2} = \frac{\sum_{i=1}^n (X_i - \mu)^2}{\sigma^2} \sim \chi^2(n)$$

charakterisiert. Hieraus ergeben sich, jeweils mit konstanter Überdeckungswahrscheinlichkeit $1 - \alpha$,

• die untere Konfidenzschranke

$$U_\alpha = S_{(\mu)} \sqrt{\frac{n}{\chi_{n,1-\alpha}^2}}, \tag{3.66}$$

• das einseitig unten begrenzte Konfidenzintervall $[U_\alpha, \infty)$,
• die obere Konfidenzschranke

$$V_\alpha = S_{(\mu)} \sqrt{\frac{n}{\chi_{n,\alpha}^2}}, \tag{3.67}$$

• das einseitig oben begrenzte Konfidenzintervall $(0, V_\alpha]$ und
• das Konfidenzintervall $[U_{\alpha/2}, V_{\alpha/2}]$

für den Parameter σ. Es gelten – jeweils für alle $\sigma > 0$ – die folgenden Aussagen:

$$P_\sigma(U_\alpha \le \sigma) = P_\sigma(\sigma \in [U_\alpha, \infty)) = 1 - \alpha,$$
$$P_\sigma(V_\alpha \ge \sigma) = P_\sigma(\sigma \in (0, V_\alpha]) = 1 - \alpha$$

und

$$P_\sigma(U_{\alpha/2} \le \sigma \le V_{\alpha/2}) = 1 - \alpha, \quad P_\sigma(\sigma < U_{\alpha/2}) = P_\sigma(\sigma > V_{\alpha/2}) = \alpha/2.$$

Methodischer Hintergrund der Verfahren 3.27 bis 3.31 Da Φ streng monoton wachsend ist, gilt

$$0 < a \le \sigma \iff \begin{cases} \Phi\left(\frac{\mu-c}{\sigma}\right) \le \Phi\left(\frac{\mu-c}{a}\right) & \text{für } \mu > c \\ \Phi\left(\frac{\mu-c}{\sigma}\right) \ge \Phi\left(\frac{\mu-c}{a}\right) & \text{für } \mu < c \end{cases}.$$

Somit ist $a \le \sigma$ äquivalent zu $\Phi\left(\frac{\mu-c}{a}\right) \ge \pi_{>c}$ für $\mu > c$ und zu $\Phi\left(\frac{\mu-c}{a}\right) \le \pi_{>c}$ für $\mu < c$. Wegen

$$b \geq \sigma \iff \begin{cases} \Phi\left(\frac{\mu-c}{\sigma}\right) \geq \Phi\left(\frac{\mu-c}{b}\right) & \text{für } \mu > c \\ \Phi\left(\frac{\mu-c}{\sigma}\right) \leq \Phi\left(\frac{\mu-c}{b}\right) & \text{für } \mu < c \end{cases}$$

ist $b \geq \sigma$ äquivalent zu $\Phi\left(\frac{\mu-c}{b}\right) \leq \pi_{>c}$ für $\mu > c$ und zu $\Phi\left(\frac{\mu-c}{b}\right) \geq \pi_{>c}$ für $\mu < c$.

Die Transformation

$$\Phi\left(\frac{\mu-c}{U_\alpha}\right) = \Phi\left(\frac{\mu-c}{S_{(\mu)}}\sqrt{\frac{\chi^2_{n,1-\alpha}}{n}}\right) = W_{1-\alpha}$$

der unteren Konfidenzschranke U_α für σ aus (3.66) ist damit eine obere Konfidenzschranke für $\pi_{>c}$ im Fall $\mu > c$ und eine untere Konfidenzschranke für $\pi_{>c}$ im Fall $\mu < c$. Analog ist die Transformation

$$\Phi\left(\frac{\mu-c}{V_\alpha}\right) = \Phi\left(\frac{\mu-c}{S_{(\mu)}}\sqrt{\frac{\chi^2_{n,\alpha}}{n}}\right) = W_\alpha$$

der oberen Konfidenzschranke V_α für σ aus (3.67) eine untere Konfidenzschranke für $\pi_{>c}$ im Fall $\mu > c$ und eine obere Konfidenzschranke für $\pi_{>c}$ im Fall $\mu < c$.

- Somit ist

$$U = \begin{cases} W_\alpha & \text{für } \mu > c \\ W_{1-\alpha} & \text{für } \mu < c \end{cases}$$

die untere Konfidenzschranke mit konstanter Überdeckungswahrscheinlichkeit $1 - \alpha$ für $\pi_{>c}$, deren Wert in Verfahren 3.27 angegeben ist.

- Im Fall $\mu > c$ ergibt sich mit der Parameterrestriktion $\pi_{>c} < 1$ aus (3.25)

$$P_\sigma(W_\alpha \leq \pi_{>c}) = P_\sigma(W_\alpha \leq \pi_{>c} < 1) = P_\sigma(\pi_{>c} \in [W_\alpha, 1)).$$

Im Fall $\mu < c$ ergibt sich mit der Parameterrestriktion $\pi_{>c} < 1/2$ aus (3.26)

$$P_\sigma(W_{1-\alpha} \leq \pi_{>c}) = P_\sigma(W_{1-\alpha} \leq \pi_{>c} < 1/2) = P_\sigma(\pi_{>c} \in [W_{1-\alpha}, 1/2)).$$

Somit erhält man das einseitig unten begrenzte Konfidenzintervall

$$[U, b) = \begin{cases} [W_\alpha, 1) & \text{für } \mu > c \\ [W_{1-\alpha}, 1/2) & \text{für } \mu < c \end{cases}$$

und daraus die in Verfahren 3.28 genannten Werte einseitig unten begrenzter Konfidenzintervalle.

- Die Zufallsvariable

$$V = \begin{cases} W_{1-\alpha} & \text{für } \mu > c \\ W_\alpha & \text{für } \mu < c \end{cases}$$

ist die obere Konfidenzschranke mit konstanter Überdeckungswahrscheinlichkeit $1 - \alpha$ für $\pi_{>c}$, deren Wert in Verfahren 3.29 angegeben ist.

- Im Fall $\mu > c$ ergibt sich mit der Parameterrestriktion $\pi_{>c} > 1/2$ aus (3.25)

$$P_\sigma(W_{1-\alpha} \geq \pi_{>c}) = P_\sigma(1/2 < \pi_{>c} \leq W_{1-\alpha}) = P_\sigma(\pi_{>c} \in (1/2, W_{1-\alpha}]).$$

Im Fall $\mu < c$ ergibt sich mit der Parameterrestriktion $\pi_{>c} > 0$ aus (3.26)

$$P_\sigma(W_\alpha \geq \pi_{>c}) = P_\sigma(0 < \pi_{>c} \leq W_\alpha) = P_\sigma(\pi_{>c} \in (0, W_\alpha]).$$

Somit erhält man das einseitig oben begrenzte Konfidenzintervall

$$(a, V] = \begin{cases} (1/2, W_{1-\alpha}] & \text{für } \mu > c \\ (0, W_\alpha] & \text{für } \mu < c \end{cases}$$

und daraus die in Verfahren 3.30 genannten Werte einseitig oben begrenzter Konfidenzintervalle.

- Für

$$U = W_{\alpha/2} \quad \text{und} \quad V = W_{1-\alpha/2}$$

im Fall $\mu > c$ und

$$U = W_{1-\alpha/2} \quad \text{und} \quad V = W_{\alpha/2}$$

im Fall $\mu < c$ gilt $U \leq V$ und

$$P_\sigma(\pi_{>c} < U) = P_\sigma(\pi_{>c} > V) = \alpha/2 \quad \text{für alle } \sigma > 0.$$

Daher gilt

$$P_\sigma(U \leq \pi_{>c} \leq V) = 1 - \alpha/2 - \alpha/2 = 1 - \alpha \quad \text{für alle } \sigma > 0,$$

so dass $[U, V]$ ein Konfidenzintervall mit konstanter Überdeckungswahrscheinlichkeit $1 - \alpha$ für $\pi_{>c}$ ist, woraus sich die in Verfahren 3.31 angegebenen Werte eines Konfidenzintervalls ergeben.

Methodischer Hintergrund der Verfahren 3.32 bis 3.36 Konfidenzaussagen über Unterschreitungswahrscheinlichkeiten können aus denjenigen für Überschreitungswahrscheinlichkeiten gewonnen werden, indem man Zusammenhang (3.59) berücksichtigt. Durch Einsetzen und Umformungen erhält man dann aus den Konfidenzaussagen für $\pi_{>c}$ in den Verfahren 3.27 bis 3.31 die Konfidenzaussagen für $\pi_{<c}$ in den Verfahren 3.32 bis 3.36. Beispielsweise gilt

$$P_\sigma(U \leq \pi_{>c}) = P_\sigma(1 - U \geq 1 - \pi_{>c}) = P_\sigma(\pi_{<c} \leq 1 - U).$$

Wenn U eine untere Konfidenzschranke für $\pi_{>c}$ ist, dann ist $1 - U$ eine obere Konfidenzschranke für $\pi_{<c}$. Mit der unteren Konfidenzschranke U für die Überschreitungswahrschein­lichkeit $\pi_{>c}$, die Verfahren 3.27 zugrunde liegt, ergibt sich

$$
1 - U = \begin{cases} 1 - W_{\alpha} & \text{für } \mu > c \\ 1 - W_{1-\alpha} & \text{für } \mu < c \end{cases}
$$

als die Verfahren 3.34 zugrunde liegende obere Konfidenzschranke V für die Unterschreitungswahrscheinlichkeit $\pi_{<c}$. Mit analogen Überlegungen erhält man aus der oberen Konfi­denzschranke für $\pi_{>c}$, die Verfahren 3.29 zugrunde liegt, die untere Konfidenzschranke für $\pi_{<c}$, die Verfahren 3.32 zugrunde liegt, und aus dem Konfidenzintervall für $\pi_{>c}$, das Verfahren 3.31 zugrunde liegt, erhält man das Konfidenzintervall für $\pi_{<c}$, das Verfahren 3.36 zugrunde liegt.

Methodischer Hintergrund der Verfahren 3.37 bis 3.42 Das Testen einer Hypothese über die Überschreitungswahrscheinlichkeit $\pi_{>c}$ kann im Kontext von Annahme 3.3 auf das Testen von Hypothesen über den Parameter σ zurückgeführt werden. Für zwei Parameterwerte σ_0 und σ_1 gilt

$$
\sigma_0 < \sigma_1 \iff \begin{cases} \Phi\left(\frac{\mu-c}{\sigma_0}\right) > \Phi\left(\frac{\mu-c}{\sigma_1}\right) & \text{falls } \mu > c \\ \Phi\left(\frac{\mu-c}{\sigma_0}\right) < \Phi\left(\frac{\mu-c}{\sigma_1}\right) & \text{falls } \mu < c \end{cases}.
$$

Das Hypothesenpaar $H_0 : \pi_{>c} = \pi_0$ versus $H_1 : \pi_{>c} = \pi_1$ mit $\pi_0 \neq \pi_1$ ist damit äquivalent zum Hypothesenpaar $H_0 : \sigma = \sigma_0$ versus $H_1 : \sigma = \sigma_1$ mit

$$
\sigma = \frac{\mu - c}{\Phi^{-1}(\pi_{>c})}, \quad \sigma_0 = \frac{\mu - c}{\Phi^{-1}(\pi_0)} \quad \text{und} \quad \sigma_1 = \frac{\mu - c}{\Phi^{-1}(\pi_1)}.
$$

Anmerkung 3.6 (Test über die Standardabweichung der Normalverteilung bei bekanntem Erwartungswert) Im Kontext von Annahme 3.3 ist

$$
T = \frac{n S_{(\mu)}^2}{\sigma_0^2} \tag{3.68}
$$

die übliche Teststatistik des Varianz-Tests, die im Fall $\sigma = \sigma_0$ einer Chi-Quadrat-Verteilung mit n Freiheitsgraden folgt. Es gilt daher

$$
P_{\sigma_0}(T < \chi_{n,\alpha}^2) = P_{\sigma_0}(T > \chi_{n,1-\alpha}^2) = P_{\sigma_0}(T < \chi_{n,\alpha/2}^2) + P_{\sigma_0}(T > \chi_{n,1-\alpha}^2) = \alpha.
$$

Daraus ergeben sich folgende Entscheidungsregeln für Tests über die Standardabweichung:

- $H_0 : \sigma \leq \sigma_0$ wird zugunsten von $H_1 : \sigma > \sigma_0$ abgelehnt, falls $t > \chi_{n,1-\alpha}^2$;
- $H_0 : \sigma \geq \sigma_0$ wird zugunsten von $H_1 : \sigma < \sigma_0$ abgelehnt, falls $t < \chi_{n,\alpha}^2$;

- $H_0 : \sigma = \sigma_0$ wird zugunsten von $H_1 : \sigma \neq \sigma_0$ abgelehnt, falls $t < \chi^2_{n,\alpha/2}$ oder falls $t > \chi^2_{n,1-\alpha/2}$.

Methodischer Hintergrund der Verfahren 3.37 bis 3.39 Die Teststatistik T aus (3.68) kann mit

$$\sigma_0 = \frac{\mu - c}{\Phi^{-1}(\pi_0)}$$

in der Form

$$T = nS^2_{(\mu)} \left(\frac{\Phi^{-1}(\pi_0)}{\mu - c} \right)^2 \tag{3.69}$$

verwendet werden, um Tests für die Hypothesenpaare

- $H_0 : \pi_{>c} \geq \pi_0$, $H_1 : \pi_{>c} < \pi_0$,
- $H_0 : \pi_{>c} \leq \pi_0$, $H_1 : \pi_{>c} > \pi_0$,
- $H_0 : \pi_{>c} = \pi_0$, $H_1 : \pi_{>c} \neq \pi_0$

durchzuführen. Dabei sprechen große Werte der Teststatistik für große Werte von σ und damit für kleine Werte der Überschreitungswahrscheinlichkeit, falls $\mu > c$, und für große Werte der Überschreitungswahrscheinlichkeit, falls $\mu < c$.

Unter Berücksichtigung der jeweiligen Richtung der Monotonie des Zusammenhangs zwischen σ und der Überschreitungswahrscheinlichkeit ergeben sich folgende Entscheidungsregeln:

- $H_0 : \pi_{>c} \geq \pi_0$ wird zugunsten von $H_1 : \pi_{>c} < \pi_0$ abgelehnt, falls $t > \chi^2_{n,1-\alpha}$ für $\mu > c$ und falls $t < \chi^2_{n,\alpha}$ für $\mu < c$;
- $H_0 : \pi_{>c} \leq \pi_0$ wird zugunsten von $H_1 : \pi_{>c} > \pi_0$ abgelehnt, falls $t < \chi^2_{n,\alpha}$ für $\mu > c$ und falls $t > \chi^2_{n,1-\alpha}$ für $\mu < c$;
- $H_0 : \pi_{>c} = \pi_0$ wird zugunsten von $H_1 : \pi_{>c} \neq \pi_0$ abgelehnt, falls $t < \chi^2_{n,\alpha/2}$ oder $t > \chi^2_{n,1-\alpha/2}$.

Methodischer Hintergrund der Verfahren 3.40 bis 3.42 Es wird die Äquivalenz der p-Wert-basierten Testdurchführung mit der klassischen Testdurchführung gezeigt. Dabei bezeichnet $F(x; n)$ die Verteilungsfunktion einer Chi-Quadrat-Verteilung mit n Freiheitsgraden an der Stelle x.

- Es gilt

$$t > \chi^2_{n,1-\alpha} \iff F(t; n) > F(\chi^2_{n,1-\alpha}; n) = 1 - \alpha \iff 1 - F(t; n) < \alpha \tag{3.70}$$

und

$$t < \chi^2_{n,\alpha} \iff F(t; n) < F(\chi^2_{n,\alpha}; n) \iff F(t; n) < \alpha. \tag{3.71}$$

Daher sind für $\mu > c$ die Bedingung $t > \chi^2_{n,1-\alpha}$ aus Verfahren 3.37 und die Bedingung $p = 1 - F(t; n) < \alpha$ aus Verfahren 3.40 äquivalent und für $\mu < c$ sind die Bedingung $t < \chi^2_{n,\alpha}$ aus Verfahren 3.37 und die Bedingung $p = F(t; n) < \alpha$ aus Verfahren 3.40 äquivalent.

- Analog folgt aus den Äquivalenzen (3.70) und (3.71) die Äquivalenz der Ablehnkriterien in Verfahren 3.38 und Verfahren 3.41.
- Es gilt

$$t < \chi^2_{n,\alpha/2} \iff F(t; n) < \alpha/2 \iff 2F(t; n) < \alpha \qquad (3.72)$$

und

$$t > \chi^2_{n,1-\alpha/2} \iff 1 - F(t; n) < \alpha/2 \iff 2(1 - F(t; n)) < \alpha. \qquad (3.73)$$

Daher gilt

$$t < \chi^2_{n,\alpha/2} \text{ oder } t > \chi^2_{n,1-\alpha/2} \iff 2 \min\{F(t; n), 1 - F(t; n)\} < \alpha.$$

Daher sind die Bedingung $(t < \chi^2_{n,\alpha/2} \text{ oder } t > \chi^2_{n,1-\alpha/2})$ aus Verfahren 3.39 und die Bedingung $p = 2 \min\{F(t; n), 1 - F(t; n)\} < \alpha$ aus Verfahren 3.42 äquivalent.

Methodischer Hintergrund der Verfahren 3.43 bis 3.45 Mit (3.59) erhält man durch Einsetzen und mit Umformungen aus den in den Verfahren 3.37 bis 3.39 angegebenen Tests für $\pi_{>c}$ die in den Verfahren 3.43 bis 3.45 angegebenen Tests für $\pi_{<c}$. Beispielsweise gilt

$$\pi_{>c} \geq \pi_0 \iff 1 - \pi_{<c} \geq \pi_0 \iff \pi_{<c} \leq 1 - \pi_0.$$

Wenn man in der Testgröße t aus (3.37) π_0 durch $1 - \pi_0$ ersetzt und $\Phi^{-1}(1-x) = -\Phi^{-1}(x)$ berücksichtigt, erhält man

$$n s^2_{(\mu)} \left(\frac{\Phi^{-1}(1 - \pi_0)}{\mu - c} \right)^2 = n s^2_{(\mu)} \left(\frac{-\Phi^{-1}(\pi_0)}{\mu - c} \right)^2 = n s^2_{(\mu)} \left(\frac{\Phi^{-1}(\pi_0)}{\mu - c} \right)^2 = t,$$

sodass die Testgröße aus (3.37) auch für Testverfahren über $\pi_{<c}$ verwendet werden kann. Damit ergibt sich aus Verfahren 3.37 für $\pi_{>c}$ das Verfahren 3.44 für $\pi_{<c}$, wenn π_0 durch $1 - \pi_0$ ersetzt wird. Mit analogen Überlegungen erhält man aus Verfahren 3.38 für $\pi_{>c}$ das Verfahren 3.43 für $\pi_{<c}$ und aus Verfahren 3.39 für $\pi_{>c}$ das Verfahren 3.45 für $\pi_{<c}$.

Methodischer Hintergrund der Verfahren 3.46 bis 3.48 Die Äquivalenz der p-Wert-basierten Testdurchführung in den Verfahren 3.46 bis 3.48 zur klassischen Testdurchführung in den Verfahren 3.43 bis 3.45 ergibt sich aus den jeweiligen Ablehnkriterien, die über Quantile der Chi-Quadrat-Verteilung definiert sind, und den Äquivalenzen (3.71) bis (3.73).

Methodischer Hintergrund der Verfahren 3.49 und 3.50 Wenn die Parameter μ und σ^2 unbekannt sind, ist $(\bar{X}, S^2)$ der ML-Schätzer von (μ, σ^2) (Casella und Berger 2002, S. 322).

Wegen der Invarianzeigenschaft der ML-Schätzung, siehe „Methodischer Hintergrund der Verfahren 3.1 und 3.2", sind $\tilde{\pi}_{>c}$ und $\tilde{\pi}_{<c}$ aus (3.43) ML-Schätzer für $\pi_{>c}$ und $\pi_{<c}$. Somit sind $\hat{\pi}_{>c}$ aus Verfahren 3.49 und $\hat{\pi}_{<c}$ aus Verfahren 3.50 ML-Schätzwerte für $\pi_{>c}$ und $\pi_{<c}$.

Methodischer Hintergrund der Verfahren 3.51 bis 3.72 Es ist wohlbekannt, dass unter Annahme 3.4

$$T = \sqrt{n-1}\frac{\bar{X}-c}{S} \sim t(n-1, \delta) \quad \text{für alle } c \in \mathbb{R} \tag{3.74}$$

mit dem Nichtzentralitätsparameter $\delta = \sqrt{n}(\mu - c)/\sigma$ gilt (Witting 1985, Beispiel 2.40, S. 221). Speziell für $c = \mu$ gilt $T \sim t(n-1, 0) = t(n-1)$; T folgt dann also einer gewöhnlichen (zentralen) t-Verteilung mit $n-1$ Freiheitsgraden.

Mit $\pi_{>c} = \Phi((\mu-c)/\sigma)$ erhält man $\Phi^{-1}(\pi_{>c}) = (\mu-c)/\sigma$ und damit $\delta = \sqrt{n}\Phi^{-1}(\pi_{>c})$. Wegen

$$\Phi^{-1}(\pi_{>c}) = \Phi^{-1}(1 - \pi_{<c}) = -\Phi^{-1}(\pi_{<c})$$

kann der Nichtzentralitätsparameter auch als $\delta = -\sqrt{n}\Phi^{-1}(\pi_{<c})$ geschrieben werden, so dass die beiden Darstellungen für δ in (3.45) gezeigt sind.

Zweiseitige Konfidenzintervalle für die Über- und Unterschreitungswahrscheinlichkeit wurden von Mee (1988, S. 1466), Patel und Read (1996, S. 397 f.) und Meeker et al. (2017, S. 52 f.) angegeben. Die Konstruktionsidee für zweiseitige Konfidenzintervalle findet man in Meeker et al. (2017, S. 477 f.).

Methodischer Hintergrund von Verfahren 3.51 Es gilt

$$u \leq \pi_{>c} \iff \sqrt{n}\Phi^{-1}(u) \leq \sqrt{n}\Phi^{-1}(\pi_{>c})$$
$$\iff F(t; n-1, \sqrt{n}\Phi^{-1}(u)) \geq F(t; n-1, \sqrt{n}\Phi^{-1}(\pi_{>c}))$$
$$\iff 1 - \alpha \geq F(t; n-1, \sqrt{n}\Phi^{-1}(\pi_{>c})).$$

Die ersten beiden Äquivalenzen gelten, da die Funktion Φ^{-1} streng monoton wachsend ist und da die Verteilungsfunktion $F(x; \nu, \delta)$ der nichtzentralen t-Verteilung streng monoton fallend in δ ist. Die letzte Äquivalenz ergibt sich mit der Definition von u. Daher gilt für die zugehörige Zufallsvariable U, dass

$$P_{\mu,\sigma}(U \leq \pi_{>c}) = P_{\mu,\sigma}\left(F(T; n-1, \sqrt{n}\Phi^{-1}(\pi_{>c})) \leq 1 - \alpha\right) = 1 - \alpha$$

für alle $\mu \in \mathbb{R}$ und $\sigma > 0$. Das zweite Gleichheitszeichen folgt aus (8.31).

Methodischer Hintergrund von Verfahren 3.52 Wegen $\pi_{>c} < 1$ gilt

$$P_{\mu,\sigma}(U \leq \pi_{>c}) = P_{\mu,\sigma}(U \leq \pi_{>c} < 1) = P_{\mu,\sigma}(\pi_{>c} \in [U, 1)) = 1 - \alpha$$

für alle $\mu \in \mathbb{R}$ und $\sigma > 0$.

Methodischer Hintergrund von Verfahren 3.53 Wegen

$$v \geq \pi_{>c} \iff \sqrt{n}\Phi^{-1}(v) \geq \sqrt{n}\Phi^{-1}(\pi_{>c})$$
$$\iff F(t; n-1, \sqrt{n}\Phi^{-1}(v)) \leq F(t; n-1, \sqrt{n}\Phi^{-1}(\pi_{>c}))$$
$$\iff \alpha \leq F(t; n-1, \sqrt{n}\Phi^{-1}(\pi_{>c})).$$

gilt für die zugehörige Zufallsvariable V, dass

$$P_{\mu,\sigma}(V \geq \pi_{>c}) = P_{\mu,\sigma}\left(F(T; n-1, \sqrt{n}\Phi^{-1}(\pi_{>c})) \geq \alpha\right) = 1 - \alpha$$

für alle $\mu \in \mathbb{R}$ und $\sigma > 0$. Das zweite Gleichheitszeichen folgt aus (8.32).

Methodischer Hintergrund von Verfahren 3.54 Wegen $\pi_{>c} > 0$ gilt

$$P_{\mu,\sigma}(V \geq \pi_{>c}) = P_{\mu,\sigma}(0 < \pi_{>c} \leq V) = P_{\mu,\sigma}(\pi_{>c} \in (0, V]) = 1 - \alpha$$

für alle $\mu \in \mathbb{R}$ und $\sigma > 0$.

Methodischer Hintergrund von Verfahren 3.55 Für die implizit durch (3.50) gegebenen Werte u und v gilt $u \leq v$, da $1 - \alpha/2 \geq \alpha/2$, $F(t; n-1, \delta)$ streng monoton fallend in δ ist und $\sqrt{n}\Phi^{-1}(u)$ streng monoton wachsend in u ist. Für die zugehörigen Zufallsvariablen U und V gilt daher $U \leq V$. Durch Anwendung der Verfahren 3.51 und 3.53 mit $\alpha/2$ anstelle von α folgt

$$P_{\mu,\sigma}(U > \pi_{>c}) = P_{\mu,\sigma}(V < \pi_{>c}) = \alpha/2.$$

Zusammen mit $U \leq V$ folgt

$$P_{\mu,\sigma}(U \leq \pi_{>c} \leq V) = 1 - \alpha/2 - \alpha/2 = 1 - \alpha.$$

Methodischer Hintergrund der Verfahren 3.56 bis 3.60 Konfidenzaussagen über Unterschreitungswahrscheinlichkeiten können aus denjenigen für Überschreitungswahrscheinlichkeiten gewonnen werden, indem man Zusammenhang (3.59) und die Symmetrieeigenschaft $\Phi^{-1}(1 - x) = -\Phi^{-1}(x)$ berücksichtigt. Durch Einsetzen und Umformungen erhält man dann aus den Konfidenzaussagen für $\pi_{>c}$ in den Verfahren 3.51 bis 3.55 die Konfidenzaussagen für $\pi_{<c}$ in den Verfahren 3.56 bis 3.60. Beispielsweise gilt

$$P_{\mu,\sigma}(U \leq \pi_{>c}) = P_{\mu,\sigma}(1 - U \geq 1 - \pi_{>c}) = P_{\mu,\sigma}(\pi_{<c} \leq 1 - U),$$

so dass $1 - U$ eine obere Konfidenzschranke V für die Unterschreitungswahrscheinlichkeit $\pi_{<c}$ ist. Somit ergibt sich aus der unteren Konfidenzschranke für die Überschreitungswahrscheinlichkeit, die Verfahren 3.51 zugrunde liegt, die obere Konfidenzschranke für die Unterschreitungswahrscheinlichkeit, die Verfahren 3.58 zugrunde liegt, Mit analogen Überlegungen erhält man aus der oberen Konfidenzschranke für $\pi_{>c}$, die Verfahren 3.53 zugrunde liegt, die untere Konfidenzschranke für $\pi_{<c}$, die Verfahren 3.56 zugrunde liegt, und aus dem Konfidenzintervall für $\pi_{>c}$, das Verfahren 3.55 zugrunde liegt, erhält man das Konfidenzintervall für $\pi_{<c}$, das Verfahren 3.60 zugrunde liegt.

Methodischer Hintergrund der Verfahren 3.61 bis 3.63 Für $\pi_{>c} = \pi_0$ gilt für die Statistik T aus (3.44)

$$T \sim t(n-1, \delta_0)$$

mit $\delta_0 = \sqrt{n}\,\Phi^{-1}(\pi_0)$ und daher

$$\mathrm{P}_{\mu,\sigma}(T \leq t_{n-1,\delta_0,p}) = p \quad \text{für } 0 < p < 1.$$

- $H_0 : \pi_{>c} \geq \pi_0$ wird zugunsten von $H_1 : \pi_{>c} < \pi_0$ für kleine Werte von T abgelehnt. Wenn daher H_0 für $t < t_{n-1,\delta_0,\alpha}$ abgelehnt wird, ist die Wahrscheinlichkeit, dass H_0 verworfen wird, obwohl H_0 richtig ist, durch α nach oben beschränkt.
- $H_0 : \pi_{>c} \leq \pi_0$ wird zugunsten von $H_1 : \pi_{>c} > \pi_0$ für große Werte von T abgelehnt. Wenn daher H_0 für $t > t_{n-1,\delta_0,1-\alpha}$ abgelehnt wird, ist die Wahrscheinlichkeit, dass H_0 verworfen wird, obwohl H_0 richtig ist, durch α nach oben beschränkt.
- $H_0 : \pi_{>c} = \pi_0$ wird zugunsten von $H_1 : \pi_{>c} \neq \pi_0$ für kleine und große Werte von T abgelehnt. Wenn daher H_0 abgelehnt wird, falls $t < t_{n-1,\delta_0,\alpha/2}$ oder falls $t > t_{n-1,\delta_0,1-\alpha/2}$, ist die Wahrscheinlichkeit, dass H_0 verworfen wird, obwohl H_0 richtig ist, durch α nach oben beschränkt.

Methodischer Hintergrund der Verfahren 3.64 bis 3.66 Für die p-Wert-basierte Testdurchführung wird die Äquivalenz mit der klassischen Testdurchführung gezeigt. Die Verteilungsfunktion der nichtzentralen t-Verteilung mit $n-1$ Freiheitsgraden und dem Nichtzentralitätsparameter $\delta_0 = \sqrt{n}\,\Phi^{-1}(\pi_0)$ wird zur Vereinfachung der Notation mit F_0 bezeichnet.

1. Es gilt

$$t < t_{n-1,\delta_0,\alpha} \iff F_0(t) < F_0(t_{n-1,\delta_0,\alpha}) \iff F_0(t) < \alpha, \qquad (3.75)$$

so dass die Bedingungen $t < t_{n-1,\delta_0,\alpha}$ aus Verfahren 3.61 und $F_0(t) < \alpha$ aus Verfahren 3.64 äquivalent sind.

2. Es gilt

$$t > t_{n-1,\delta_0,1-\alpha} = F_0(t) > F_0(t_{n-1,\delta_0,1-\alpha}) = 1 - \alpha \iff 1 - F_0(t) < \alpha, \qquad (3.76)$$

so dass die Bedingungen $t > t_{n-1,\delta_0,1-\alpha}$ aus Verfahren 3.62 und $1 - F_0(t) < \alpha$ aus Verfahren 3.65 äquivalent sind.

3. Wegen

$$t < t_{n-1,\delta_0,\alpha/2} \iff F_0(t) < \alpha/2 \iff 2F_0(t) < \alpha$$

und

$$t > t_{n-1,\delta_0,1-\alpha/2} \iff 1 - F_0(t) < \alpha/2 \iff 2(1 - F_0(t)) < \alpha$$

gilt

$$(t < t_{n-1,\delta_0,\alpha/2} \text{ oder } t > t_{n-1,\delta_0,1-\alpha/2}) \iff 2\min\{F_0(t), 1 - F_0(t)\} < \alpha. \quad (3.77)$$

Daher sind die Bedingung $(t < t_{n-1,\delta_0,\alpha/2}$ oder $t > t_{n-1,\delta_0,1-\alpha/2})$ aus Verfahren 3.63 und die Bedingung $2\min\{F_0(t), 1 - F_0(t)\} < \alpha$ aus Verfahren 3.66 äquivalent.

Methodischer Hintergrund der Verfahren 3.67 bis 3.69 Wegen (3.59) können Testverfahren für $\pi_{<c}$ aus den Verfahren 3.61 bis 3.63 für $\pi_{>c}$ gewonnen werden. Beispielsweise gilt

$$\pi_{>c} \geq \pi_0 \iff 1 - \pi_{<c} \geq \pi_0 \iff \pi_{<c} \leq 1 - \pi_0.$$

Daher ist das Hypothesenpaar $H_0 : \pi_{>c} \geq \pi_0$, $H_1 : \pi_{>c} < \pi_0$ äquivalent zum Hypothesenpaar $H_0 : \pi_{<c} \leq 1 - \pi_0$, $H_1 : \pi_{<c} > 1 - \pi_0$. Damit ergibt sich aus Verfahren 3.61 für $\pi_{>c}$ das Verfahren 3.68 für $\pi_{<c}$, indem man in (3.54) π_0 durch $1 - \pi_0$ ersetzt. Unter Berücksichtigung von $\Phi(1 - x) = -\Phi(x)$ ergibt sich dann aus der Bedingung $t < t_{n-1,\delta_0,\alpha}$ die Bedingung $t < t_{n-1,-\delta_0,\alpha}$ aus Verfahren 3.68. Mit analogen Überlegungen erhält man aus dem Verfahren 3.62 für $\pi_{>c}$ das Verfahren 3.67 für $\pi_{<c}$ und aus dem Verfahren 3.63 für $\pi_{>c}$ das Verfahren 3.69 für $\pi_{<c}$.

Methodischer Hintergrund von Verfahren 3.70 bis 3.72 Die Äquivalenz der p-Wertbasierten Testdurchführung in den Verfahren 3.70 bis 3.72 zur klassischen Testdurchführung in den Verfahren 3.67 bis 3.69 ergibt sich aus der Äquivalenz der jeweiligen Ablehnkriterien.

- Aus der Äquivalenz in (3.76) folgt

$$t > t_{n-1,-\delta_0,1-\alpha} \iff p_1 = 1 - F(t; n - 1, -\delta_0) < \alpha$$

und damit die Äquivalenz der Verfahren 3.67 und 3.70.

- Aus der Äquivalenz in (3.75) folgt

$$t < t_{n-1,-\delta_0,\alpha} \iff p_2 = F(t; n - 1, -\delta_0) < \alpha$$

und damit die Äquivalenz der Verfahren 3.68 und 3.71.

- Aus der Äquivalenz in (3.77) folgt

$$(t < t_{n-1,-\delta_0,\alpha/2} \text{ oder } t > t_{n-1,-\delta_0,1-\alpha/2}) \iff 2\min\{p_1, p_2\} < \alpha$$

und damit die Äquivalenz der Verfahren 3.69 und 3.72.

Anmerkung 3.7 (Weiterführendes) Im Zusammenhang mit Über- und Unterschreitungs-wahrscheinlichkeiten einer normalverteilten Zufallsvariablen sind in der Literatur verschiedene weitere Fragestellungen behandelt worden. Für den Fall, dass der Parameter σ bekannt ist, wurde der gleichmäßig beste unverzerrte Schätzer angegeben (Patel und Read 1996, S. 369). Für den Fall, dass der Parameter μ bekannt ist, wurde der gleichmäßig beste unverzerrte Schätzer mit dem ML-Schätzer verglichen (Patel und Read 1996, S. 372). Für den Fall, dass beide Parameter unbekannt sind, wurde der gleichmäßig beste unverzerrte Schätzer angegeben und in verschiedenen Formen dargestellt (Patel und Read 1996, S. 378–379). Für den Fall, in dem beide Parameter der Normalverteilung unbekannt sind, werden ein bayesianischer Punktschätzer und ein einseitig begrenztes bayesianisches Schätzintervall für die Überschreitungswahrscheinlichkeit angegeben (Gertsbakh und Winterbottom 1991, S. 1509–1513). Für eine Überschreitungswahrscheinlichkeit wird der Fall behandelt, dass der Variationskoeffizient μ/σ bekannt ist (Gertsbakh und Winterbottom 1991, S. 1502). Alternativ zum ML-Schätzer werden unverzerrte Minimum-Varianzschätzer angegeben (Gertsbakh und Winterbottom 1991, S. 1502).

Literatur

Casella G, Berger RL (2002) Statistical inference, 2. Aufl. Duxbury, Pacific Grove
Dudewicz EJ, Mishra SN (1988) Modern mathematical statistics. Wiley, New York
Gertsbakh I, Winterbottom A (1991) Point and interval estimation of normal tail probabilities. Commun Stat Theory Methods 20(4):1497–1514
Lehmann EL, Casella G (1998) Theory of point estimation, 2. Aufl. Springer, New York
Mee RW (1988) Estimation of the percentage of a normal distribution outside a specified interval. Commun Stat Theory Methods 17(5):1479–2465
Meeker WQ, Hahn GJ, Escobar LA (2017) Statistical intervals: a guide for practitioners and researchers, 2. Aufl. Wiley, Hoboken
Patel JK, Read CB (1996) Handbook of the normal distribution, 2. Aufl. Dekker, New York
Witting H (1985) Mathematische Statistik I, Parametrische Verfahren bei festem Stichprobenumfang. Teubner, Stuttgart

Ereignisintensität als Risikomaßzahl

4

4.1 Quantitative Modellierung

Die *Intensität,* mit der ungünstige Ereignisse, die wir auch als Schadenereignisse bezeichnen, in einem Strom von Ereignissen im Zeitablauf eintreten, ist eine *Risikomaßzahl.* Sie charakterisiert die durchschnittliche Häufigkeit gleichartiger Schadenereignisse in einem Zeitintervall vorgegebener Länge. Je größer die Intensität der Schadenereignisse ist, umso größer ist das mit dem Strom der Ereignisse assoziierte Risiko.

Beispiele für im Zeitablauf wiederholbare Schadenereignisse sind Naturkatastrophen wie Lawinen und Überschwemmungen, Naturphänomene wie Blitzeinschläge und Tornados, Infektionsereignisse, Störfälle in komplexen Industrieanlagen, außerplanmäßige Abschaltungen eines Computersystems, z.B. aufgrund von Hackerangriffen, und Fehler, die zur Unterbrechung eines kontinuierlichen Produktionsprozesses führen. Im Unterschied zum Bernoulli-Modell, das in Kap. 2 behandelt wird, können Schadenereignisse bei dem im Folgenden betrachteten Modell für Ereignisintensitäten bei einer Beobachtungseinheit im Zeitablauf mehrfach auftreten.

Beobachtete Ereignishäufigkeit und Ereignisrate   Im Rahmen der deskriptiven (beschreibenden) Statistik und der Datenanalyse liegt die in einem *Beobachtungszeitraum* $(t, t + c]$ der Länge $c > 0$ beobachtete absolute Häufigkeit $k \in \{0, 1, \ldots\}$ ungünstiger Ereignisse vor. Diese Häufigkeit k wird im Folgenden kurz als *beobachtete Ereignishäufigkeit* bezeichnet. In Abb. 4.1 werden die Zeitpunkte von $k = 8$ beobachteten Schadenereignissen im Zeitablauf dargestellt. Der Beobachtungszeitraum $(t, t + c]$ hat dabei die Länge $c = 3$.

Wird die beobachtete Ereignishäufigkeit k auf die Länge c des Beobachtungszeitraums relativiert, so entsteht eine *Ereignisrate.* Dabei muss c nicht ganzzahlig sein. Die Ereignisrate k/c gibt die beobachtete Anzahl ungünstiger Ereignisse pro Zeiteinheit wider und misst so die Intensität mit der Schadenereignisse auftreten. Dabei ist die jeweilige Zeiteinheit kontextabhängig. Es kann sich z.B. um eine Stunde, einen Tag, einen Monat usw. handeln.

© Springer-Verlag GmbH Deutschland, ein Teil von Springer Nature 2022
S. Höse und S. Huschens, *Ereignisrisiko,*
https://doi.org/10.1007/978-3-662-64691-5_4

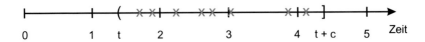

Abb. 4.1 Beobachtungszeitraum der Länge $c = 3$ mit $k = 8$ beobachteten Schadenereignissen

Werden also beispielsweise 10 Schadenereignisse in einem Zeitraum von 100 Minuten beobachtet, so entspricht dies einer Ereignisrate von 0.1 Schadenereignissen pro Minute, 6 Schadenereignissen pro Stunde oder 144 Schadenereignissen pro Tag. In Abhängigkeit vom inhaltlichen Kontext können Ereignisraten z. B. Erkrankungs-, Ausfall- oder Fehlerraten sein.

Zufällige Ereignishäufigkeit und zufällige Ereignisrate Die *zufällige Ereignishäufigkeit* K ist die zufällige absolute Häufigkeit ungünstiger Ereignisse in einem Beobachtungszeitraum der Länge c. Wird diese zufällige Ereignishäufigkeit auf die Länge c des zugrunde liegenden Beobachtungszeitraums relativiert, so entsteht eine *zufällige Ereignisrate K/c*, d. h. die zufällige absolute Häufigkeit von Schadenereignissen pro Zeiteinheit.

Ereignisintensität und Poisson-Verteilung Die *Ereignisintensität* ist der Erwartungswert $\mathbb{E}[K/c]$ der zufälligen Ereignisrate, d. h. die erwartete Anzahl von Schadenereignissen pro Zeiteinheit. Ein Modell mit einer im Zeitablauf konstanten Ereignisintensität kann durch die Poisson-Verteilung, siehe Definition 8.5, folgendermaßen charakterisiert werden:

1. In jedem Zeitintervall der Länge 1, also einer Zeiteinheit, ist die zufällige Ereignishäufigkeit K Poisson-verteilt mit Parameter $\lambda \geq 0$. Es gilt also $K \sim \mathrm{Poi}(\lambda)$ mit $\mathbb{E}[K] = \lambda$. In diesem Modell ist der Verteilungsparameter λ die Ereignisintensität.
2. In jedem Zeitintervall der Länge $c > 0$ ist die zufällige Ereignishäufigkeit Poisson-verteilt mit Parameter $c\lambda \geq 0$, welcher proportional zur Ereignisintensität λ und zur Länge c des Beobachtungszeitraums ist.

Während c bekannt ist, ist λ im Allgemeinen unbekannt. Im Kontext der Risikomessung ist die Ereignisintensität λ der Schadenereignisse die interessierende und daher datenbasiert mit Hilfe statistischer Methoden zu schätzende Risikomaßzahl.

Stichprobenmodell Für statistische Inferenzmethoden (Punktschätzung, Intervallschätzung und statistische Testverfahren) bezüglich der konstanten Ereignisintensität λ eines Stroms ungünstiger Ereignisse wird das folgende Stichprobenmodell unterstellt.

Annahme 4.1 (Poisson-Modell) *Die beobachtete Ereignishäufigkeit $k \in \{0, 1, \ldots\}$ in einem Beobachtungszeitraum der Länge $c > 0$ ist eine Realisation der zufälligen Ereignishäufigkeit $K \sim \mathrm{Poi}(c\lambda)$ mit Ereignisintensität $\lambda \geq 0$.*

Alternative Anwendungen der Poisson-Verteilung In diesem Kapitel wird die Poisson-Verteilung als Modell für die Verteilung zufälliger Ereignishäufigkeiten im Zeitablauf (Längsschnittbetrachtung) verwendet. Es gibt analoge Anwendungen bei denen Poissonverteilte Ereignishäufigkeiten im Querschnitt für Strecken, Flächen oder Volumina betrachtet werden. Bei einer weiteren häufigen Anwendung der Poisson-Verteilung wird diese als Approximation einer Binomialverteilung verwendet, wenn die Eintrittswahrscheinlichkeit sehr klein und die Anzahl der Beobachtungen groß ist. In diesem Zusammenhang wird die Poisson-Verteilung auch als „Verteilung seltener Ereignisse" bezeichnet. Dabei bezieht sich „selten" auf die kleine Eintrittswahrscheinlichkeit im Binomialmodell. Grundsätzlich ist das Poisson-Modell auch mit großen Ereignishäufigkeiten verträglich.

4.2 Punktschätzung

Im Folgenden wird die Punktschätzung der Ereignisintensität λ im Kontext des durch Annahme 4.1 festgelegten Stichprobenmodells diskutiert.

Schätzwert Es sei $k \in \{0, 1, \ldots\}$ die Anzahl der beobachteten Schadenereignisse in einem Beobachtungszeitraum der Länge $c > 0$. Dann ist die beobachtete Ereignishäufigkeit k ein Schätzwert für $c\lambda$ und die beobachtete Ereignisrate k/c ist der übliche Schätzwert für die Ereignisintensität λ.

Verfahren 4.1 (Schätzwert für die Ereignisintensität) *Aus k beobachteten Schadenereignissen in einem Beobachtungszeitraum der Länge $c > 0$ wird die beobachtete Ereignisrate k/c als ein Schätzwert für die Ereignisintensität λ bestimmt.*

Schätzer Der Schätzwert k/c ist eine Realisation der zufälligen Ereignisrate K/c, wobei $K \sim \mathrm{Poi}(c\lambda)$. Der Schätzer K/c für die Ereignisintensität λ hat den Erwartungswert λ und ist somit erwartungstreu. Die Aussagekraft des Punktschätzwerts k/c kann durch eine zusätzliche Genauigkeitsangabe in Form des geschätzten Standardfehlers erhöht werden.

Standardfehler und geschätzter Standardfehler Der *Standardfehler* bzw. die Standardabweichung des Schätzers K/c ist

$$\sigma_{K/c} \overset{\text{def}}{=} \sigma[K/c] = \sqrt{\mathbb{V}[K/c]} = \sqrt{\lambda/c}. \tag{4.1}$$

Der Standardfehler hängt vom unbekannten Parameter λ ab und wird für eine positive Ereignisintensität $\lambda > 0$ umso kleiner, je länger der Beobachtungszeitraum ist, d. h. umso größer c ist. Der *geschätzte Standardfehler* ergibt sich, wenn der unbekannte Parameter λ durch den Schätzwert k/c ersetzt wird.

Verfahren 4.2 (Geschätzter Standardfehler) *Aus k beobachteten Schadenereignissen in einem Beobachtungszeitraum der Länge c > 0 wird bei der Schätzung der Ereignisintensität λ durch k/c ein Schätzwert für den Standardfehler $\sigma_{K/c}$ als*

$$s_{K/c} = \frac{\sqrt{k}}{c} \tag{4.2}$$

bestimmt.

Beispiel zu den Verfahren 4.1 und 4.2

Gegeben sind in einen Beobachtungszeitraum der Länge $c = 400$ insgesamt $k = 40$ beobachtete ungünstige Ereignisse. Dann ist

- die beobachtete Ereignisrate $\frac{k}{c} = \frac{40}{400} = 0.1$ ein Schätzwert für die Ereignisintensität λ und
- $s_{K/c} = \frac{\sqrt{40}}{400} \approx 0.0158$ der geschätzte Standardfehler.

◀

Planung des Beobachtungszeitraums bei Vorinformation Bei Anwendungen im Rahmen der Risikomessung sind interessierende Ereignisintensitäten häufig klein. Wenn dann eine Obergrenze λ_0 für die Ereignisintensität λ bekannt ist, kann die notwendige Länge des Beobachtungszeitraums so bestimmt werden, dass der Standardfehler eine vorgegebene gewünschte Schranke d nicht überschreitet.

Verfahren 4.3 (Notwendige Länge des Beobachtungszeitraums) *Für die Ereignisintensität λ liegt die Vorinformation $\lambda \leq \lambda_0$ mit positiver Obergrenze λ_0 vor. Damit dann bei der Schätzung von λ durch k/c der Standardfehler aus (4.1) nicht größer als eine vorgegebene Schranke d > 0 ist, wird die Länge c des Beobachtungszeitraums so bestimmt, dass*

$$c \geq \frac{\lambda_0}{d^2} \tag{4.3}$$

erfüllt ist.

Beispiel zu Verfahren 4.3

Bei der Schätzung einer Ereignisintensität λ aus einem Beobachtungszeitraum mit der noch zu bestimmenden Länge c soll sichergestellt werden, dass der Standardfehler nicht größer als 0.02 ist. Es liegt das Vorwissen $\lambda \leq \lambda_0 = 0.2$ vor. Mit (4.3) erhält man

$$c \geq \frac{0.2}{0.02^2} = 500.$$

Der Beobachtungszeitraum sollte somit eine Länge von mindestens 500 Zeiteinheiten haben, damit bei gegebener Vorinformation der Standardfehler bei der Schätzung von λ maximal 0.02 beträgt. ◄

4.3 Intervallschätzung

Einerseits ergänzt die Intervallschätzung die Punktschätzung um eine Genauigkeitsangabe. Andererseits kann die Intervallschätzung als Teilbereich moderner Risikomessung gesehen werden, in welchem die Angabe von Unter- und Oberschranken für die unbekannten Risikoparameter verlangt wird.

Aufgabenstellungen Bezüglich der unbekannten Ereignisintensität λ, welche die zu erwartende Anzahl von Schadenereignissen in einer Zeiteinheit angibt, können im Rahmen der Intervallschätzung die folgenden drei häufig betrachteten Aufgabenstellungen unterschieden werden. Mit Hilfe der beobachteten Anzahl der Schadenereignisse innerhalb eines c Zeiteinheiten umfassenden Beobachtungszeitraums soll

1. eine Schranke angegeben werden, über der die Ereignisintensität λ mit hohem Vertrauensgrad liegt,
2. eine Schranke angegeben werden, unter der die Ereignisintensität λ mit hohem Vertrauensgrad liegt,
3. ein Intervall angegeben werden, in welchem die Ereignisintensität λ mit hohem Vertrauensgrad liegt.

Konfidenzschranken und -intervalle Diesen Aufgabenstellungen entsprechen die folgenden statistischen Verfahren der Intervallschätzung, siehe Abschn. 9.4. Für die Ereignisintensität λ wird entweder der *Wert u einer unteren Konfidenzschranke U*, der *Wert v einer oberen Konfidenzschranke V* oder der *Wert $[u, v]$ eines Konfidenzintervalls $[U, V]$* zu einem vorgegebenen *Konfidenzniveau $1 - \alpha$* bestimmt. Der Wert u der unteren Konfidenzschranke ergibt den Wert $[u, \infty)$ eines einseitig unten begrenzten Konfidenzintervalls $[U, \infty)$ und der Wert v der oberen Konfidenzschranke ergibt den Wert $[0, v]$ eines einseitig oben begrenzten Konfidenzintervalls $[0, V]$.

Es gibt mehrere Arten solcher Konfidenzschranken und -intervalle. Im Folgenden werden zunächst exakte und anschließend approximative Verfahren dargestellt, wobei jeweils das durch Annahme 4.1 charakterisierte Stichprobenmodell vorausgesetzt wird.

4.3.1 Exakte Konfidenzschranken und -intervalle für die Ereignisintensität

Die Berechnung der Werte u und v für Konfidenzschranken und für Grenzen eines Konfidenzintervalls für die Ereignisintensität λ basiert auf den folgenden Komponenten:

- dem vorgegebenen Konfidenzniveau $1 - \alpha$, wobei $0 < \alpha < 1$,
- der beobachteten Anzahl $k \in \{0, 1, \ldots\}$ ungünstiger Ereignisse in einem Beobachtungszeitraum der bekannten Länge $c > 0$,
- der Verteilungsfunktion

$$F(k; c\lambda) = \sum_{j=0}^{k} \frac{(c\lambda)^j}{j!} e^{-c\lambda} \qquad (4.4)$$

einer Zufallsvariablen $K \sim \text{Poi}(c\lambda)$ an der Stelle k, die für K die Wahrscheinlichkeit $P(K \leq k)$ angibt, und der Funktion

$$G(k; c\lambda) = \sum_{j=k}^{\infty} \frac{(c\lambda)^j}{j!} e^{-c\lambda}, \qquad (4.5)$$

die für K die Wahrscheinlichkeit $P(K \geq k)$ angibt.

Die zu bestimmenden Schranken und Intervallgrenzen hängen von α, k und c ab.

Verfahren 4.4 (Untere Konfidenzschranke für die Ereignisintensität) *Der Wert u einer unteren Konfidenzschranke zum Konfidenzniveau $1 - \alpha$ für die Ereignisintensität λ ergibt sich folgendermaßen: Falls $k = 0$ beobachtet wird, wird $u = 0$ gesetzt. Falls $k > 0$ beobachtet wird, wird u so bestimmt, dass $G(k; cu) = \alpha$ mit G aus (4.5) gilt.*

Die Größe u ist die Realisation einer Zufallsvariablen U. Für die zufällige untere Konfidenzschranke U zum Konfidenzniveau $1 - \alpha$ für die Ereignisintensität λ gilt

$$P_{c\lambda}(U \leq \lambda) \geq 1 - \alpha \quad \text{für alle } \lambda \geq 0. \qquad (4.6)$$

Somit liegt die untere Konfidenzschranke U mindestens mit der Wahrscheinlichkeit $1 - \alpha$ unterhalb der Ereignisintensität λ. Die Zufallsvariable U hängt von $K \sim \text{Poi}(c\lambda)$ ab. Daher variiert die Verteilung von U mit $c\lambda$, was den tiefgestellten Index $c\lambda$ motiviert. Mit dieser Konfidenzschranke kann ein einseitig unten begrenztes Konfidenzintervall gebildet werden.

Verfahren 4.5 (Unten begrenztes Konfidenzintervall für die Ereignisintensität) *Der Wert eines einseitig unten begrenzten Konfidenzintervalls zum Konfidenzniveau* $1 - \alpha$ *für die Ereignisintensität* λ *ist* $[u, \infty)$ *mit u aus Verfahren 4.4.*

Für das entsprechende zufällige Konfidenzintervall $[U, \infty)$ gilt

$$P_{c\lambda}(\lambda \in [U, \infty)) \geq 1 - \alpha \quad \text{für alle } \lambda \geq 0, \tag{4.7}$$

sodass die Überdeckungswahrscheinlichkeit dieses Konfidenzintervalls mindestens $1 - \alpha$ ist.

Verfahren 4.6 (Obere Konfidenzschranke für die Ereignisintensität) *Der Wert v einer oberen Konfidenzschranke zum Konfidenzniveau* $1 - \alpha$ *für die Ereignisintensität* λ *wird so bestimmt, dass* $F(k; cv) = \alpha$ *mit F aus (4.4) gilt.*

Die Größe v ist die Realisation einer Zufallsvariablen V, die von K abhängt. Für eine obere Konfidenzschranke V zum Konfidenzniveau $1 - \alpha$ für die Ereignisintensität λ gilt

$$P_{c\lambda}(\lambda \leq V) \geq 1 - \alpha \quad \text{für alle } \lambda \geq 0. \tag{4.8}$$

Somit liegt die obere Konfidenzschranke mindestens mit der Wahrscheinlichkeit $1 - \alpha$ oberhalb der Ereignisintensität λ. Mit dieser Konfidenzschranke kann ein einseitig oben begrenztes Konfidenzintervall gebildet werden, wobei $\lambda \geq 0$ berücksichtigt wird.

Verfahren 4.7 (Oben begrenztes Konfidenzintervall für die Ereignisintensität) *Der Wert eines einseitig oben begrenzten Konfidenzintervalls zum Konfidenzniveau* $1 - \alpha$ *für die Ereignisintensität* λ *ist* $[0, v]$ *mit v aus Verfahren 4.6.*

Für $k > 0$ kann der Parameterwert $\lambda = 0$ ausgeschlossen werden und daher das Intervall $(0, v]$ anstelle des Intervalls $[0, v]$ verwendet werden. Für das zufällige Konfidenzintervall $[0, V]$ gilt

$$P_{c\lambda}(\lambda \in [0, V]) \geq 1 - \alpha \quad \text{für alle } \lambda \geq 0, \tag{4.9}$$

sodass die Überdeckungswahrscheinlichkeit dieses Konfidenzintervalls mindestens $1 - \alpha$ ist.

Verfahren 4.8 (Konfidenzintervall für die Ereignisintensität) *Der Wert* $[u, v]$ *eines Konfidenzintervalls zum Konfidenzniveau* $1 - \alpha$ *für die Ereignisintensität* λ *ergibt sich folgendermaßen:*

- *Falls $k = 0$ beobachtet wird, wird $u = 0$ gesetzt. Falls $k > 0$ beobachtet wird, wird u so bestimmt, dass $G(k; cu) = \alpha/2$ mit G aus (4.5) gilt.*
- *Der Wert v wird so bestimmt, dass $F(k; cv) = \alpha/2$ mit F aus (4.4) gilt.*

Für das zugehörige Konfidenzintervall $[U, V]$ zum Konfidenzniveau $1 - \alpha$ für die Ereignis-intensität λ gilt $U \leq V$ und

$$P_{c\lambda}(U \leq \lambda \leq V) \geq 1 - \alpha \quad \text{für alle } \lambda \geq 0. \tag{4.10}$$

Daher ist die Überdeckungswahrscheinlichkeit $P_{c\lambda}(U \leq \lambda \leq V)$ für das Konfidenzintervall $[U, V]$ mindestens $1 - \alpha$ und die Wahrscheinlichkeit, mit der das Konfidenzintervall $[U, V]$ die Ereignisintensität λ nicht enthält, ist höchstens α, d. h.

$$P_{c\lambda}(\lambda \notin [U, V]) \leq \alpha \quad \text{für alle } \lambda \geq 0. \tag{4.11}$$

Nur in Spezialfällen können die Konfidenzschranken und Intervallgrenzen explizit ange-geben werden. So führt im Fall $k = 0$ der Ansatz $F(0; cv) = e^{-cv} = \alpha$ zum Wert $v = -\ln(\alpha)/c$ der oberen Konfidenzschranke und der Ansatz $F(0; cv) = e^{-cv} = \alpha/2$ zum Wert $v = -\ln(\alpha/2)/c$ der Obergrenze des Konfidenzintervalls.

Die Wahrscheinlichkeitsaussagen (4.6) bis (4.11) sind Güteeigenschaften der Intervall-schätzungen $[U, \infty)$, $[0, V]$ und $[U, V]$ und damit des jeweiligen statistischen Verfahrens, nicht aber Eigenschaften der aus Stichprobenwerten berechneten Werte $[u, \infty)$, $[0, v]$ und $[u, v]$. Zur frequentistischen Interpretation von Konfidenzintervallen siehe Abschn. 9.4.

Mit Hilfe eines Zusammenhangs zwischen Werten der Verteilungsfunktion einer Poisson-Verteilung und Quantilen der Chi-Quadrat-Verteilung (Rinne 2008, S. 322) können die Konfidenzschranken und -intervallgrenzen durch Quantile von Chi-Quadrat-Verteilungen ausgedrückt werden. Die resultierenden Ergebnisse beider Ansätze sind dabei numerisch identisch. Im Folgenden bezeichnet $\chi^2_{v,p}$ das p-Quantil einer Chi-Quadrat-Verteilung (Defi-nition 8.13) mit v Freiheitsgraden und es wird $\chi^2_{0,p} \overset{\text{def}}{=} 0$ für $0 < p < 1$ festgelegt. Damit ergeben sich die folgenden alternativen Verfahren zur Berechnung von Konfidenzschranken und -intervallen für die Ereignisintensität.

Verfahren 4.9 (Untere Konfidenzschranke für die Ereignisintensität) *Der Wert u einer unteren Konfidenzschranke zum Konfidenzniveau $1 - \alpha$ für die Ereignisintensität λ ist*

$$u = \frac{1}{2c} \chi^2_{2k,\alpha}. \tag{4.12}$$

Verfahren 4.10 (Unten begrenztes Konfidenzintervall für die Ereignisintensität) *Der Wert eines einseitig unten begrenzten Konfidenzintervalls zum Konfidenzniveau $1 - \alpha$ für die Ereignisintensität λ ist $[u, \infty)$ mit u aus (4.12).*

Verfahren 4.11 (Obere Konfidenzschranke für die Ereignisintensität) *Der Wert v einer oberen Konfidenzschranke zum Konfidenzniveau $1 - \alpha$ für die Ereignisintensität λ ist*

$$v = \frac{1}{2c} \chi^2_{2(k+1), 1-\alpha}. \tag{4.13}$$

Verfahren 4.12 (Oben begrenztes Konfidenzintervall für die Ereignisintensität) *Der Wert eines einseitig oben begrenzten Konfidenzintervalls zum Konfidenzniveau* $1 - \alpha$ *für die Ereignisintensität* λ *ist* $[0, v]$ *mit* v *aus (4.13).*

Im Fall $k > 0$ kann $\lambda = 0$ ausgeschlossen werden, so dass dann anstelle von $[0, v]$ das Intervall $(0, v]$ angegeben werden kann.

Verfahren 4.13 (Konfidenzintervall für die Ereignisintensität) *Der Wert* $[u, v]$ *eines Konfidenzintervalls zum Konfidenzniveau* $1 - \alpha$ *für die Ereignisintensität* λ *hat die Intervallgrenzen*

$$u = \frac{1}{2c}\chi^2_{2k,\alpha/2} \quad und \quad v = \frac{1}{2c}\chi^2_{2(k+1),1-\alpha/2}. \tag{4.14}$$

Beispiel zu den Verfahren 4.9 bis 4.13

Beobachtet werden $k = 40$ ungünstige Ereignisse in einem Zeitraum von $c = 400$ Tagen. Das vorgegebene Konfidenzniveau sei $1 - \alpha = 95\,\%$.

- Mit (4.12) erhält man den Wert

$$u = \frac{1}{800}\chi^2_{80,0.05} \approx \frac{60.3915}{800} \approx 0.0755 \tag{4.15}$$

einer unteren Konfidenzschranke zum Konfidenzniveau 95 % für die Ereignisintensität λ. Daraus ergibt sich der Wert $[0.0755, \infty)$ eines einseitig unten begrenzten Konfidenzintervalls.
- Mit (4.13) erhält man den Wert

$$v = \frac{1}{800}\chi^2_{82,0.95} \approx \frac{104.1387}{800} \approx 0.1302 \tag{4.16}$$

einer oberen Konfidenzschranke zum Konfidenzniveau 95 % für die Ereignisintensität λ. Daraus ergibt sich der Wert $(0, 0.1302]$ eines einseitig oben begrenzten Konfidenzintervalls.
- Mit (4.14) erhält man

$$u = \frac{1}{800}\chi^2_{80,0.025} \approx \frac{57.1532}{800} \approx 0.0714 \tag{4.17}$$

und

$$v = \frac{1}{800}\chi^2_{82,0.975} \approx \frac{108.9373}{800} \approx 0.1362 \tag{4.18}$$

und somit $[0.0714, 0.1362]$ als Wert eines Konfidenzintervalls zum Konfidenzniveau 95 % für die Ereignisintensität λ.

◀

Berechnungs- und Softwarehinweise

Der Wert $\chi^2_{80,0.05} \approx 60.3915$, der in (4.15) benötigt wird, kann folgendermaßen berechnet werden:

Software	*Funktionsaufruf*
Excel	`CHIQU.INV(0,05;80)`
GAUSS	`cdfChincInv(0.05,80,0)`
Mathematica	`Quantile[ChiSquareDistribution[80],0.05]`
R	`qchisq(0.05,80)`

Für Excel wurde eine deutsche Spracheinstellung vorausgesetzt. Andernfalls müssen Dezimalpunkte verwendet werden und Kommata als Trennzeichen.

Mit R können Werte der Konfidenzschranken und -intervalle mit der Funktion `poisson.test` berechnet werden:

- `poisson.test(40,400,alternative="g",conf.level=0.95)` ergibt den Wert $[0.0755, \infty)$ des einseitig unten begrenzten 95 %-Konfidenzintervalls und damit den Wert der unteren Konfidenzschranke aus (4.15).
- `poisson.test(40,400,alternative="l",conf.level=0.95)` ergibt den Wert $(0, 0.1302]$ des einseitig oben begrenzten 95 %-Konfidenzintervalls und damit den Wert der oberen Konfidenzschranke aus (4.16).
- `poisson.test(40,400,alternative="t",conf.level=0.95)` ergibt den Wert $[0.0714, 0.1362]$ des 95 %-Konfidenzintervalls und damit die Intervallgrenzen aus (4.17) und (4.18).

Für die Optionen `"g"`, `"l"` und `"t"` können auch die Langformen `"greater"`, `"less"` und `"two.sided"` verwendet werden.

Alternativ kann der Wert $[0.0714, 0.1362]$ des 95 %-Konfidenzintervalls nach Laden des Zusatzpaketes `epitools` (Version 0.5-10) mit dem Aufruf

$$\texttt{pois.exact(40,400,conf.level=0.95)}$$

berechnet werden.

Ohne explizite Angabe eines Konfidenzniveaus verwenden die Funktionen `poisson.test` und `pois.exact` die Voreinstellung `conf.level=0.95`, weshalb diese Angabe hier jeweils entfallen könnte. ◀

Anmerkung 4.1 (Alternative α-Aufteilung) Neben der Aufteilung von α durch Halbierung, die zu den zentralen Konfidenzintervallen aus (4.14) führt, ist auch eine asymmetrische Aufteilung von α möglich, die zu nicht-zentralen Konfidenzintervallen führt, z. B. zu den sogenannten kürzesten Intervallen nach Crow und Gardner (Hedderich und Sachs 2020, S. 375 f.).

Die numerisch äquivalenten Verfahren 4.8 und 4.13 liefern Werte von Konfidenzintervallen zum Konfidenzniveau $1 - \alpha$. Für diese Konfidenzintervalle im Sinn von (9.23) beträgt die Wahrscheinlichkeit, mit der das Konfidenzintervall den zu schätzenden Parameter nicht enthält, höchstens α. Wenn man diese Beschränkung aufhebt und stattdessen verlangt, dass (9.25) approximativ gelten soll, öffnet sich ein weites Feld verschiedener Ansätze und Vergleichskriterien. Die im folgenden Abschnitt behandelten Konfidenzschranken und -intervalle beruhen auf einer Approximation der Poisson-Verteilung durch eine Normalverteilung. Die dabei resultierenden Konfidenzintervalle erfüllen (9.23) nicht, dafür aber (9.25) approximativ.

4.3.2 Approximative Konfidenzschranken und -intervalle für die Ereignisintensität

Anstelle der bisher betrachteten exakten Methoden zur Intervallschätzung können alternativ auch approximative Konfidenzschranken und -intervalle Anwendung finden. Deren einfacherer Berechnungsstruktur steht der Nachteil gegenüber, dass die vorgegebenen Konfidenzniveaus selbst für lange Beobachtungszeiträume nur approximativ eingehalten werden.

Für die Ereignisintensität λ erfolgt die Berechnung approximativer Konfidenzschranken und -intervalle mit Hilfe der beobachteten Ereignishäufigkeit k und der bekannten Länge c des Beobachtungszeitraums. Dabei wird die Poisson-Verteilung mit Hilfe der Wald-Approximation (9.6) durch eine Normalverteilung approximiert. Außerdem werden ein vorgegebenes Konfidenzniveau $1 - \alpha$ und die $(1 - \alpha)$- und $(1 - \alpha/2)$-Quantile $z_{1-\alpha}$ und $z_{1-\alpha/2}$ der Standardnormalverteilung benötigt.

Verfahren 4.14 (Untere Konfidenzschranke für die Ereignisintensität) *Der Wert u einer unteren Konfidenzschranke zum approximativen Konfidenzniveau $1 - \alpha$ für die Ereignisintensität λ ist*

$$u = (k - z_{1-\alpha}\sqrt{k})/c. \tag{4.19}$$

In (4.19) kann $-z_{1-\alpha}$ durch $+z_\alpha$ ersetzt werden. Der Wert u hängt von der beobachteten Ereignishäufigkeit k und der Länge c des Beobachtungszeitraums ab und ist eine Realisation der zufälligen unteren Konfidenzschranke U, die von der zufälligen Ereignishäufigkeit $K \sim$ Poi$(c\lambda)$ abhängt. Für die Zufallsvariable U gilt die asymptotische Aussage

$$\lim_{c \to \infty} \mathrm{P}_{c\lambda}\,(U \leq \lambda) = 1 - \alpha \quad \text{für alle } \lambda > 0,$$

wodurch die approximative Wahrscheinlichkeitsaussage

$$\mathrm{P}_{c\lambda}\,(U \leq \lambda) \approx 1 - \alpha \quad \text{für alle } \lambda > 0$$

für eine endliche, aber hinreichend große Länge c des Beobachtungszeitraums gerechtfertigt wird.

Verfahren 4.15 (Unten begrenztes Konfidenzintervall für die Ereignisintensität) *Der Wert eines einseitig unten begrenzten Konfidenzintervalls zum approximativen Konfidenzniveau* $1 - \alpha$ *für die Ereignisintensität* λ *ist* $[u, \infty)$ *mit u aus (4.19).*

Das zugehörige zufällige einseitig unten begrenzte Konfidenzintervall $[U, \infty)$ für die Ereignisintensität λ hat für einen endlichen, aber hinreichend langen Beobachtungszeitraum näherungsweise die Überdeckungswahrscheinlichkeit $1 - \alpha$, es gilt also

$$\mathrm{P}_{c\lambda}\,(\lambda \in [U, \infty)) \approx 1 - \alpha \quad \text{für alle } \lambda > 0$$

für große c.

Verfahren 4.16 (Obere Konfidenzschranke für die Ereignisintensität) *Der Wert v einer oberen Konfidenzschranke zum approximativen Konfidenzniveau* $1 - \alpha$ *für die Ereignisintensität* λ *ist*

$$v = (k + z_{1-\alpha}\sqrt{k})/c. \tag{4.20}$$

Der Wert v ist eine Realisation der zufälligen oberen Konfidenzschranke V, die von der zufälligen Ereignishäufigkeit $K \sim \mathrm{Poi}(c\lambda)$ abhängt und für welche die asymptotische Aussage

$$\lim_{c \to \infty} \mathrm{P}_{c\lambda}\,(\lambda \leq V) = 1 - \alpha \quad \text{für alle } \lambda > 0$$

gilt. Diese asymptotischen Eigenschaft gilt als Rechtfertigung der approximativen Wahrscheinlichkeitsaussage

$$\mathrm{P}_{c\lambda}\,(\lambda \leq V) \approx 1 - \alpha \quad \text{für alle } \lambda > 0$$

für endliche, aber hinreichend große Länge c des Beobachtungszeitraums.

Verfahren 4.17 (Oben begrenztes Konfidenzintervall für die Ereignisintensität) *Der Wert eines einseitig oben begrenzten Konfidenzintervalls zum approximativen Konfidenzniveau* $1 - \alpha$ *für die Ereignisintensität* λ *ist* $[0, v]$ *mit v aus (4.20).*

Das zufällige einseitig unten begrenzte Konfidenzintervall $[0, V]$ für die Ereignisintensität λ hat näherungsweise die Überdeckungswahrscheinlichkeit $1 - \alpha$, es gilt also

$$P_{c\lambda} (\lambda \in [0, V]) \approx 1 - \alpha \quad \text{für alle } \lambda > 0.$$

Verfahren 4.18 (Konfidenzintervall für die Ereignisintensität) *Der Wert $[u, v]$ eines Konfidenzintervalls zum approximativen Konfidenzniveau $1 - \alpha$ für die Ereignisintensität λ ist durch die Intervallgrenzen*

$$u = (k - z_{1-\alpha/2}\sqrt{k})/c \quad \text{und} \quad v = (k + z_{1-\alpha/2}\sqrt{k})/c \tag{4.21}$$

gegeben.

In (4.21) kann $-z_{1-\alpha/2}$ durch $+z_{\alpha/2}$ ersetzt werden. Die zufälligen Intervallgrenzen U und V des Konfidenzintervalls $[U, V]$, dessen realisierter Wert $[u, v]$ in Verfahren 4.18 angegeben ist, haben die Eigenschaften $U \leq V$ und

$$\lim_{c \to \infty} P_{c\lambda} (U \leq \lambda \leq V) = 1 - \alpha \quad \text{für alle } \lambda > 0.$$

Diese Eigenschaften gelten als Rechtfertigung der Approximation

$$P_{c\lambda} (U \leq \lambda \leq V) \approx 1 - \alpha \quad \text{für alle } \lambda > 0,$$

so dass für endliche, aber hinreichend große Länge c des Beobachtungszeitraums ein Konfidenzintervall $[U, V]$ für die Ereignisintensität λ entsteht, dass näherungsweise die Überdeckungswahrscheinlichkeit $1 - \alpha$ hat. Auch wenn der Approximationsfehler asymptotisch bei über alle Grenzen wachsender Länge des Beobachtungszeitraums verschwindet, kann die Überdeckungswahrscheinlichkeit für endliche Längen des Beobachtungszeitraums grundsätzlich kleiner oder größer als $1 - \alpha$ sein.

Im Spezialfall $\lambda = 0$ haben die Wahrscheinlichkeiten $P_{c\lambda} (U \leq \lambda)$, $P_{c\lambda} (\lambda \leq V)$ und $P_{c\lambda} (U \leq \lambda \leq V)$ für jede endliche Länge c des Beobachtungszeitraums und damit auch asymptotisch für $c \to \infty$ den Wert Eins.

Bei den Verfahren 4.15, 4.17 und 4.18 kann berücksichtigt werden, dass der Parameterwert $\lambda = 0$ im Fall $k > 0$ ausscheidet.

Im Fall $k = 0$ degenerieren die Werte des einseitig oben begrenzten Konfidenzintervalls aus Verfahren 4.17 und des Konfidenzintervalls aus Verfahren 4.18 bei jedem vorgegebenen Konfidenzniveau, während die exakten Konfidenzintervalle aus den Verfahren 4.12 und 4.13 nicht degenerieren.

Da die Konfidenzschranken und -intervalle der Verfahren 4.14 bis 4.18 das vorgegebene Konfidenzniveau nur asymptotisch erreichen, spricht man auch von asymptotischen Konfidenzschranken und von asymptotischen Konfidenzintervallen.

Werden zur Berechnung der Konfidenzschranken in (4.19) bzw. (4.20) sehr hohe bzw. sehr geringe Konfidenzniveaus vorgegeben, so können die resultierenden Werte der Konfidenzschranken negativ werden und somit den Parameterraum von λ verlassen. Um dies zu verhindern, können stattdessen die Kappungsformeln

$$u = \begin{cases} \max\{0, (k - z_{1-\alpha}\sqrt{k})/c\} & \text{für } 0 < \alpha < 1/2 \\ k/c & \text{für } \alpha = 1/2 \\ (k - z_{1-\alpha}\sqrt{k})/c & \text{für } 1/2 < \alpha < 1 \end{cases}$$

bzw.

$$v = \begin{cases} (k + z_{1-\alpha}\sqrt{k})/c & \text{für } 0 < \alpha < 1/2 \\ k/c & \text{für } \alpha = 1/2 \\ \max\{0, (k + z_{1-\alpha}\sqrt{k})/c\} & \text{für } 1/2 < \alpha < 1 \end{cases}$$

verwendet werden. In Analogie können in (4.21) die Werte

$$u = \max\{0, (k - z_{1-\alpha/2}\sqrt{k})/c\} \quad \text{und} \quad v = (k + z_{1-\alpha/2}\sqrt{k})/c$$

der Konfidenzintervallgrenzen berechnet werden.

Beispiel zu den Verfahren 4.14 bis 4.18

Es werden $k = 40$ Schadenereignisse in einem Zeitraum von $c = 400$ Tagen beobachtet. Das vorgegebene Konfidenzniveau sei $1 - \alpha = 95\,\%$. Gesucht sind Werte unterer und oberer Konfidenzschranken, Werte einseitig begrenzter Konfidenzintervalle und der Wert eines Konfidenzintervalls für die unbekannte Ereignisintensität λ. Zur Berechnung dieser Werte werden im Folgenden die Quantile $z_{1-\alpha} = z_{0.95} \approx 1.6449$ und $z_{1-\alpha/2} = z_{0.975} \approx 1.9600$ der Standardnormalverteilung benötigt.

- Aus (4.19) folgt der Wert

$$u = (k - z_{1-\alpha}\sqrt{k})/c \approx (40 - 1.6449\sqrt{40})/400 \approx 0.0740$$

einer unteren Konfidenzschranke zum approximativen Konfidenzniveau 95 % für die Ereignisintensität λ. Daraus ergibt sich der Wert $[0.0740, \infty)$ eines einseitig unten begrenzten Konfidenzintervalls für λ.

- Aus (4.20) folgt der Wert

$$v = (k + z_{1-\alpha}\sqrt{k})/c \approx (40 + 1.6449\sqrt{40})/400 \approx 0.1260$$

einer oberen Konfidenzschranke zum approximativen Konfidenzniveau 95 % für die Ereignisintensität λ. Daraus ergibt sich unter Berücksichtigung von $k > 0$ der Wert $(0, 0.1260]$ eines einseitig oben begrenzten Konfidenzintervalls für λ.

- Mit (4.21) erhält man die Intervalluntergrenze

$$u = (k - z_{1-\alpha/2}\sqrt{k})/c \approx (40 - 1.9600\sqrt{40})/400 \approx 0.0690, \qquad (4.22)$$

die Intervallobergrenze

$$v = (k + z_{1-\alpha/2}\sqrt{k})/c \approx (40 + 1.9600\sqrt{40})/400 \approx 0.1310 \qquad (4.23)$$

und somit $[0.0690, 0.1310]$ als Wert eines Konfidenzintervalls zum approximativen Konfidenzniveau 95 % für die Ereignisintensität λ.

◄

Berechnungs- und Softwarehinweise

Das 95 %-Quantil der Standardnormalverteilung kann folgendermaßen berechnet werden:

Software	Funktionsaufruf
Excel	`NORM.S.INV(0,95)`
GAUSS	`cdfNi(0.95)`
Mathematica	`Quantile[NormalDistribution[0,1],0.95]`
R	`qnorm(0.95)`

Mit R kann nach Laden des Zusatzpaketes `epitools` (Version 0.5–10) mit dem Aufruf
$$\texttt{pois.approx(40,400,conf.level=0.95)}$$
der Wert eines Konfidenzintervalls zum approximativen Konfidenzniveau 95 % und den Intervallgrenzen aus (4.22) und (4.23) berechnet werden. Ohne Angabe eines Konfidenzniveaus verwendet `pois.approx` die Voreinstellung `conf.level=0.95`. Daher liefert hier `pois.approx(40,400)` dasselbe Ergebnis.

Die Prozedur `pois.approx` berechnet die Konfidenzintervalluntergrenze ohne Berücksichtigung der Parameterrestriktion $\lambda \geq 0$. Dadurch werden bei bestimmten Konstellationen von k, c und α negative Untergrenzen ausgegeben. ◄

4.3.3 Anwendungsfall: Fehlerrate und Fehlerintensität

Ein kontinuierlicher Produktionsprozess wird $c = 4\,000$ Stunden beobachtet. In diesem Beobachtungszeitraum treten $k = 40$ relevante Fehlerereignisse auf, so dass die beobachtete Fehlerrate

$$k/c = 40/4\,000 = 0.01$$

Fehler pro Stunde ist. Diese Fehlerrate ist ein Punktschätzwert für die unbekannte Fehlerintensität λ, welche die erwartete Fehlerzahl pro Stunde angibt. Der zugehörige geschätzte Standardfehler aus Verfahren 4.2 ist

$$s_{K/c} = \frac{\sqrt{k}}{c} = \frac{\sqrt{40}}{4\,000} \approx 0.0016.$$

Welche Arten von Konfidenzschranken und -intervallen sinnvoll sind, hängt von der inhaltlichen Fragestellung ab. Für die folgenden Fälle wird jeweils vom Konfidenzniveau $1 - \alpha = 98\,\%$ ausgegangen.

1. Der Produktionsleiter interessiert sich für die Genauigkeit der Punktschätzung und berechnet daher ergänzend zur Punktschätzung die folgenden Konfidenzintervalle für die Fehlerintensität λ.

   • Der Wert eines Konfidenzintervalls zum Konfidenzniveau $98\,\%$ ergibt sich mit den Grenzen aus (4.14) als

$$\left[\frac{1}{2c}\chi^2_{2k,\alpha/2}, \frac{1}{2c}\chi^2_{2(k+1),1-\alpha/2}\right] = \left[\frac{1}{8\,000}\chi^2_{80,0.01}, \frac{1}{8\,000}\chi^2_{82,0.99}\right]$$

$$\approx \left[\frac{53.5401}{8\,000}, \frac{114.6949}{8\,000}\right]$$

$$\approx [0.0067, 0.0143].$$

   • Der Wert eines Konfidenzintervalls zum approximativen Konfidenzniveau $98\,\%$ ergibt sich mit (4.21) und $z_{1-\alpha/2} = z_{0.99} \approx 2.3263$ als

$$\left[(k - z_{1-\alpha/2}\sqrt{k})/c, (k + z_{1-\alpha/2}\sqrt{k})/c\right] \approx [0.0063, 0.0137].$$

2. Der Leiter der Qualitätssicherung interessiert sich für eine obere Konfidenzschranke, um zu wissen, unterhalb welchen Niveaus sich die Fehlerintensität mit großer statistischer Sicherheit befindet.

   • Der Wert der oberen Konfidenzschranke zum Konfidenzniveau $98\,\%$ ergibt sich mit (4.13) als

$$\frac{1}{2c}\chi^2_{2(k+1),1-\alpha} = \frac{1}{8\,000}\chi^2_{82,0.98} \approx \frac{110.3928}{8\,000} \approx 0.0138,$$

   woraus sich der Wert $(0, 0.0138]$ des entsprechenden einseitig oben begrenzten Konfidenzintervalls ergibt.

   • Der Wert der oberen Konfidenzschranke zum approximativen Konfidenzniveau $98\,\%$ ergibt sich mit (4.20) und $z_{1-\alpha} = z_{0.98} \approx 2.0537$ als

$$(k + z_{1-\alpha}\sqrt{k})/c \approx 0.0132,$$

   woraus sich der Wert $(0, 0.0132]$ des entsprechenden einseitig oben begrenzten Konfidenzintervalls ergibt.

Diese oberen Konfidenzschranken zeigen, dass mit der beobachteten Fehlerrate von 0.01 zwar größere Fehlerintensitäten als 0.01 verträglich sind, diese aber nicht beliebig hoch sein können. Vielmehr liegen die mit den Beobachtungen verträglichen Fehlerintensitäten mit großer statistischer Sicherheit unterhalb von 0.0138.

Die Unterschiede zwischen den auf exakten Konfidenzaussagen einerseits und den auf approximativen Verfahren beruhenden Konfidenzaussagen andererseits dürften bei der vorliegenden Datensituation und dem vorgegebenen Signifikanzniveau für die meisten Anwendungen nicht relevant sein.

4.4 Statistisches Testen

Ein wesentlicher Teil des Risikomonitorings von Ereignisintensitäten ist deren Überwachung durch statistische Testverfahren. Zu den Grundlagen statistischer Testverfahren siehe Abschn. 9.5. Wenn mit λ die Ereignisintensität bezogen auf eine Zeiteinheit (je nach Kontext z. B. eine Stunde, ein Tag, ein Monat usw.) bezeichnet ist, dann können die folgenden drei häufig betrachteten Aufgabenstellungen unterschieden werden, wobei stets ein positiver Referenzwert $\lambda_0 > 0$ unterstellt wird:

1. Es soll statistisch abgesichert werden, dass die Ereignisintensität λ unter einem vorgegebenen Referenzwert λ_0 liegt. Dazu ist die Nullhypothese $H_0 : \lambda \geq \lambda_0$ zugunsten der Gegenhypothese $H_1 : \lambda < \lambda_0$ abzulehnen.
2. Es soll statistisch abgesichert werden, dass λ über einem vorgegebenen Referenzwert λ_0 liegt. Dazu ist die Nullhypothese $H_0 : \lambda \leq \lambda_0$ zugunsten der Gegenhypothese $H_1 : \lambda > \lambda_0$ abzulehnen.
3. Es soll statistisch abgesichert werden, dass λ über oder unter einem vorgegebenen Referenzwert λ_0 liegt. Dazu ist die Nullhypothese $H_0 : \lambda = \lambda_0$ zugunsten der Gegenhypothese $H_1 : \lambda \neq \lambda_0$ abzulehnen.

Die Durchführung der folgenden exakten und approximativen Testverfahren beruht auf der Anzahl $k \in \{0, 1, \ldots\}$ der beobachteten ungünstigen Ereignisse in einem Beobachtungszeitraum der bekannten Länge $c > 0$. Dabei wird jeweils das durch Annahme 4.1 charakterisierte Stichprobenmodell vorausgesetzt.

4.4.1 Exakte Tests für eine Ereignisintensität

Den obigen Aufgabenstellungen entsprechend können drei exakte Testverfahren unterschieden werden, die jeweils als klassisches oder als p-Wert-basiertes Testverfahren durchgeführt werden können.

Klassische Testdurchführung Die Testgröße ist die Anzahl k der beobachteten Schadenereignisse in einem Zeitraum der Länge $c > 0$. Diese Testgröße ist mit bestimmten kritischen Werten zu vergleichen, deren Berechnung auf den kumulierten Wahrscheinlichkeiten der Funktionen F aus (4.4) und G aus (4.5) unter Verwendung des Referenzwertes $\lambda_0 > 0$ beruht. Mit dem vorgegebenen Signifikanzniveau $0 < \alpha < 1$ ergeben sich folgende Verfahren:

Verfahren 4.19 (Test zur Bestätigung von $\lambda < \lambda_0$) *Die Hypothese $H_0 : \lambda \geq \lambda_0$ wird zugunsten von $H_1 : \lambda < \lambda_0$ abgelehnt, falls $k < k_u$, wobei der kritische Wert $k_u \in \{0, 1, \ldots\}$ so bestimmt wird, dass*

$$F(k_u - 1; c\lambda_0) \leq \alpha < F(k_u; c\lambda_0) \tag{4.24}$$

mit F aus (4.4) und $F(-1; c\lambda_0) = 0$ gilt.

Die Testgröße k ist der realisierte Wert einer Testvariablen $K \sim \mathrm{Poi}(c\lambda)$, die für verschiedene Parameter λ verschiedene Poisson-Verteilungen besitzt. Für die Testvariable K gilt

$$\mathrm{P}_{c\lambda}(K < k_u) \leq \alpha \quad \text{für alle } \lambda \geq \lambda_0. \tag{4.25}$$

Auf der linken Seite dieser Ungleichung steht die Fehlerwahrscheinlichkeit 1. Art, d. h. die Wahrscheinlichkeit, die richtige Nullhypothese abzulehnen. Diese Fehlerwahrscheinlichkeit 1. Art ist gemäß (4.25) durch das vorgegebene Signifikanzniveau α nach oben beschränkt, so dass durch Verfahren 4.19 ein Test zum Niveau α vorliegt.

Verfahren 4.20 (Test zur Bestätigung von $\lambda > \lambda_0$) *Die Hypothese $H_0 : \lambda \leq \lambda_0$ wird zugunsten von $H_1 : \lambda > \lambda_0$ abgelehnt, falls $k > k_o$, wobei der kritische Wert $k_o \in \{0, 1, \ldots\}$ so bestimmt wird, dass*

$$G(k_o + 1; c\lambda_0) \leq \alpha < G(k_o; c\lambda_0) \tag{4.26}$$

mit G aus (4.5) gilt.

Für die Testvariable K gilt

$$\mathrm{P}_{c\lambda}(K > k_o) \leq \alpha \quad \text{für alle } \lambda \leq \lambda_0, \tag{4.27}$$

so dass die Fehlerwahrscheinlichkeit 1. Art durch das vorgegebene Signifikanzniveau α nach oben beschränkt ist und somit ein Test zum Niveau α vorliegt.

Verfahren 4.21 (Test zur Bestätigung von $\lambda \neq \lambda_0$) *Die Hypothese $H_0 : \lambda = \lambda_0$ wird zugunsten von $H_1 : \lambda \neq \lambda_0$ abgelehnt, falls $k < k_1$ oder $k > k_2$, wobei die kritischen Werte $k_1, k_2 \in \{0, 1, \ldots\}$ so bestimmt werden, dass*

$$F(k_1 - 1; c\lambda_0) \leq \frac{\alpha}{2} < F(k_1; c\lambda_0) \tag{4.28}$$

mit F aus (4.4), ergänzt um $F(-1; c\lambda_0) = 0$, und

$$G(k_2 + 1; c\lambda_0) \leq \frac{\alpha}{2} < G(k_2; c\lambda_0) \tag{4.29}$$

mit G aus (4.5) gelten.

Für die Testvariable K gilt

$$P_{c\lambda_0}(K < k_1) + P_{c\lambda_0}(K > k_2) \leq \alpha, \tag{4.30}$$

so dass ein Test zum Niveau α vorliegt.

Die Testverfahren 4.19 bis 4.21 heißen exakt, weil sie auf der exakten Verteilung der Teststatistik K basieren, wodurch die Fehlerwahrscheinlichkeit 1. Art durch das vorgegebene Signifikanzniveau α nach oben beschränkt werden kann. Dagegen wird bei den später in Abschn. 4.4.2 behandelten approximativen Testverfahren das vorgegebene Signifikanzniveau nur näherungsweise erreicht, wodurch Fehlerwahrscheinlichkeiten 1. Art möglich sind, die das Signifikanzniveau α überschreiten.

Da die Verteilung von K diskret ist und hier keine randomisierten Tests, siehe Abschn. 9.5, zugelassen werden, kann die maximale Fehlerwahrscheinlichkeit 1. Art der Testverfahren 4.19 bis 4.21 in Abhängigkeit von der Kombination der Größen c, λ_0 und α kleiner als das Signifikanzniveau α oder in Spezialfällen auch gleich α sein. Wenn das vorgegebene Signifikanzniveau α nicht erreicht werden kann, dann ist der Test konservativ. So ergibt sich beispielsweise im Testverfahren 4.19 die kleinste erreichbare positive Fehlerwahrscheinlichkeit 1. Art als $F(0; c\lambda_0) = e^{-c\lambda_0}$. Wenn in diesem Verfahren ein noch kleineres Signifikanzniveau α vorgegeben wird, dann wird die entsprechende Nullhypothese niemals abgelehnt, so dass die Fehlerwahrscheinlichkeit 1. Art den Wert Null hat.

Wegen des Zusammenhangs zwischen Werten der Verteilungsfunktion einer Poisson-Verteilung und Quantilen der Chi-Quadrat-Verteilung können die Testverfahren 4.19 bis 4.21 alternativ auch folgendermaßen durchgeführt werden. Dabei bezeichnet $\chi^2_{\nu, p}$ das p-Quantil einer Chi-Quadrat-Verteilung mit ν Freiheitsgraden und es wird $\chi^2_{0, p} \overset{\text{def}}{=} 0$ für $0 < p < 1$ festgelegt.

Verfahren 4.22 (Test zur Bestätigung von $\lambda < \lambda_0$) *Die Hypothese $H_0 : \lambda \geq \lambda_0$ wird zugunsten von $H_1 : \lambda < \lambda_0$ abgelehnt, falls*

$$\frac{1}{2}\chi^2_{2(k+1), 1-\alpha} \leq c\lambda_0.$$

Verfahren 4.23 (Test zur Bestätigung von $\lambda > \lambda_0$) *Die Hypothese $H_0 : \lambda \leq \lambda_0$ wird zugunsten von $H_1 : \lambda > \lambda_0$ abgelehnt, falls*

$$\frac{1}{2}\chi^2_{2k, \alpha} \geq c\lambda_0.$$

Verfahren 4.24 (Test zur Bestätigung von $\lambda \neq \lambda_0$**)** *Die Hypothese* $H_0 : \lambda = \lambda_0$ *wird zugunsten von* $H_1 : \lambda \neq \lambda_0$ *abgelehnt, falls*

$$\frac{1}{2}\chi^2_{2(k+1),1-\alpha/2} \leq c\lambda_0 \quad \text{oder} \quad \frac{1}{2}\chi^2_{2k,\alpha/2} \geq c\lambda_0.$$

p-Wert-basierte Testdurchführung Die Berechnung des p-Wertes erfolgt mit den Funktionen F aus (4.4) und G aus (4.5) unter Verwendung des Referenzwertes λ_0. Mit einem vorgegebenen Signifikanzniveau $0 < \alpha < 1$ ist folgendermaßen vorzugehen:

Verfahren 4.25 (Test zur Bestätigung von $\lambda < \lambda_0$**)** *Die Hypothese* $H_0 : \lambda \geq \lambda_0$ *wird zugunsten von* $H_1 : \lambda < \lambda_0$ *abgelehnt, falls* $p_1 \leq \alpha$, *wobei der* p-*Wert als*

$$p_1 = F(k; c\lambda_0) \tag{4.31}$$

mit F *aus (4.4) berechnet wird.*

Verfahren 4.26 (Test zur Bestätigung von $\lambda > \lambda_0$**)** *Die Hypothese* $H_0 : \lambda \leq \lambda_0$ *wird zugunsten von* $H_1 : \lambda > \lambda_0$ *abgelehnt, falls* $p_2 \leq \alpha$, *wobei der* p-*Wert als*

$$p_2 = G(k; c\lambda_0) \tag{4.32}$$

mit G *aus (4.5) berechnet wird.*

Verfahren 4.27 (Test zur Bestätigung von $\lambda \neq \lambda_0$**)** *Die Hypothese* $H_0 : \lambda = \lambda_0$ *wird zugunsten von* $H_1 : \lambda \neq \lambda_0$ *abgelehnt, falls* $p_3 \leq \alpha$, *wobei der* p-*Wert als*

$$p_3 = 2\min\{p_1, p_2\} \tag{4.33}$$

mit p_1 *aus (4.31) und* p_2 *aus (4.32) berechnet wird.*

Ein p-Wert hängt also von der beobachteten Ereignishäufigkeit und den Hypothesen ab und kann ohne Angabe der Hypothesen nicht interpretiert werden. Im Verfahren 4.26 ergibt sich für $k = 0$ der p-Wert $p_2 = 1$, so dass keine Ablehnung der Nullhypothese erfolgt.

Beispiel zu Verfahren 4.26

In einem Beobachtungszeitraum der Länge $c = 400$ Zeiteinheiten werden $k = 40$ Schadenereignisse beobachtet. Damit ist die beobachtete Ereignisrate $k/c = 0.1$ Ereignisse pro Zeiteinheit. Zum vorgegebenen Signifikanzniveau $\alpha = 5\%$ soll statistisch abgesichert werden, dass die Ereignisintensität λ über einem vorgegebenen Referenzwert $\lambda_0 = 0.07$ liegt. Aus statistischer Sicht wird somit getestet, ob die Hypothese $H_0 : \lambda \leq 0.07$ aufgrund der beobachteten Ereignisrate zugunsten von $H_1 : \lambda > 0.07$ abgelehnt werden kann.

Es gilt $c\lambda_0 = 28$. Es wird der p-Wert

$$p = G(40; 28) \approx 0.01899 \qquad (4.34)$$

mit G aus (4.5) berechnet und mit dem vorgegebenen Signifikanzniveau α verglichen. Wegen $p \approx 0.01899 < 0.05 = \alpha$ wird die Nullhypothese zugunsten der Gegenhypothese abgelehnt. ◄

Berechnungs- und Softwarehinweise

Die Berechnung von $G(40; 28)$ aus (4.34) kann wegen $G(40; 28) = 1 - F(39; 28)$ mit der Verteilungsfunktion der Poisson-Verteilung Poi(28) erfolgen. Der Wert $F(39; 28)$ der Verteilungsfunktion einer Poisson-Verteilung mit dem Poisson-Parameter 28 an der Stelle 39 kann folgendermaßen berechnet werden:

Software	Funktionsaufruf
Excel	`POISSON.VERT(39;28;WAHR)`
GAUSS	`cdfPoisson(39,28)`
Mathematica	`N[CDF[PoissonDistribution[28],39]]`
R	`ppois(39,28)`

Mit R kann die Funktion `poisson.test` zur Testdurchführung genutzt werden. Der Aufruf
```
poisson.test(40,400,0.07,alternative="greater")
```
ergibt die Ausgabe: `p-value = 0.01899`. ◄

Anmerkung 4.2 (Fehlerwahrscheinlichkeiten 2. Art) Die Fehlerwahrscheinlichkeiten 2. Art als Wahrscheinlichkeiten, eine falsche Nullhypothese beizubehalten, werden beispielhaft für Verfahren 4.19 diskutiert. Für $k_u \in \mathbb{N}$ gilt

$$P_{c\lambda}(K \geq k_u) < 1 - P_{c\lambda_0}(K < k_u) \quad \text{für alle } \lambda < \lambda_0. \qquad (4.35)$$

Auf der linken Seite der Ungleichung stehen Fehlerwahrscheinlichkeiten 2. Art für alle Parameter, die durch die Gegenhypothese zugelassen sind. Diese Fehlerwahrscheinlichkeiten 2. Art sind durch das Komplement der maximalen Fehlerwahrscheinlichkeit 1. Art nach oben beschränkt, da $P_{c\lambda}(K \geq k_u) = 1 - P_{c\lambda}(K < k_u)$ als Funktion von λ streng monoton wachsend ist. Je näher der Parameter λ am Referenzwert λ_0 liegt, umso näher liegt die Fehlerwahrscheinlichkeit 2. Art bei dem Komplement der maximalen Fehlerwahrscheinlichkeiten 1. Art. Der für (4.35) ausgeschlossene Fall $k_u = 0$ tritt dann ein, wenn das vorgegebene Signifikanzniveau α kleiner als $F(0; c\lambda_0) = e^{-c\lambda_0}$ ist. In diesem Fall ist der Ablehnbereich die leere Menge. Die Nullhypothese wird dann niemals abgelehnt, so dass die Fehlerwahrscheinlichkeit 1. Art den Wert Null für alle $\lambda \geq \lambda_0$ und die Fehlerwahrscheinlichkeit 2. Art den Wert Eins für alle $\lambda < \lambda_0$ hat.

4.4.2 Approximative Tests für eine Ereignisintensität

Während bei den exakten statistischen Tests die Fehlerwahrscheinlichkeit 1. Art durch das vorgegebene Signifikanzniveau nach oben beschränkt ist, liegt bei den approximativen Testverfahren die Fehlerwahrscheinlichkeit 1. Art selbst für lange Beobachtungszeiträume nur näherungsweise beim vorgegebenem Signifikanzniveau. Das vorgegebene Signifikanzniveau kann also auch überschritten werden. Diesem Nachteil steht der Vorteil einer etwas einfacheren Durchführbarkeit mit Hilfe von Quantilen der Standardnormalverteilung gegenüber.

Klassische Testdurchführung Auf Basis der Anzahl k der beobachteten Schadenereignisse in einem Zeitraum der Länge $c > 0$ ist unter Verwendung des Referenzwertes $\lambda_0 > 0$ die Testgröße

$$t = \begin{cases} -\infty & \text{für } k = 0 \\ \frac{k - c\lambda_0}{\sqrt{k}} & \text{für } k > 0 \end{cases} \tag{4.36}$$

zu berechnen. Zu einem vorgegebenen Signifikanzniveau $0 < \alpha < 1$ gelten die folgenden Entscheidungsregeln für die Testdurchführung.

Verfahren 4.28 (Test zur Bestätigung von $\lambda < \lambda_0$) *Die Hypothese $H_0 : \lambda \geq \lambda_0$ wird zugunsten von $H_1 : \lambda < \lambda_0$ abgelehnt, falls $t < z_\alpha$.*

Falls also die Testgröße t kleiner als das α-Quantil z_α der Standardnormalverteilung ist, wird die Nullhypothese zum vorgegebenen Signifikanzniveau α zugunsten der Gegenhypothese abgelehnt. Für dieses Testverfahren ist die Wahrscheinlichkeit für den Fehler 1. Art – nämlich den Fehler, die Nullhypothese abzulehnen, obwohl diese richtig ist – approximativ durch α nach oben beschränkt. Somit liegt ein approximativer Test zum Niveau α vor.

Verfahren 4.29 (Test zur Bestätigung von $\lambda > \lambda_0$) *Die Hypothese $H_0 : \lambda \leq \lambda_0$ wird zugunsten von $H_1 : \lambda > \lambda_0$ abgelehnt, falls $t > z_{1-\alpha}$.*

Für dieses Verfahren ist die Fehlerwahrscheinlichkeit 1. Art approximativ durch das vorgegebene Signifikanzniveau α nach oben beschränkt, so dass ein approximativer Test zum Niveau α vorliegt.

Verfahren 4.30 (Test zur Bestätigung von $\lambda \neq \lambda_0$) *Die Hypothese $H_0 : \lambda = \lambda_0$ wird zugunsten von $H_1 : \lambda \neq \lambda_0$ abgelehnt, falls $t < z_{\alpha/2}$ oder $t > z_{1-\alpha/2}$.*

Das Verfahren ist ein approximativer Test zum Niveau α.

Die approximativen Verfahren beruhen auf der Approximation einer Poisson-Verteilung Poi($c\lambda$) durch die Normalverteilung N($c\lambda, c\lambda$). Dabei stimmen für beide Verteilungen Erwartungswert und Varianz überein. Der Approximationsfehler ist um so kleiner, je größer $c\lambda$ ist. Eine übliche Faustregel für die Verwendung der Approximation Poi($c\lambda$) durch N($c\lambda, c\lambda$) ist $c\lambda > 9$ (Rinne 2008, S. 305, 527).

p-Wert-basierte Testdurchführung Zur Berechnung des p-Wertes werden die Testgröße t aus (4.36) und die Verteilungsfunktion Φ der Standardnormalverteilung, ergänzt durch $\Phi(-\infty) = 0$, benötigt.

Mit dem vorgegebenen Signifikanzniveau $0 < \alpha < 1$ ist wie folgt vorzugehen.

Verfahren 4.31 (Test zur Bestätigung von $\lambda < \lambda_0$) *Die Hypothese $H_0 : \lambda \geq \lambda_0$ wird zugunsten von $H_1 : \lambda < \lambda_0$ abgelehnt, falls $p_1 < \alpha$, wobei der p-Wert als*

$$p_1 = \Phi(t) \tag{4.37}$$

berechnet wird.

Verfahren 4.32 (Test zur Bestätigung von $\lambda > \lambda_0$) *Die Hypothese $H_0 : \lambda \leq \lambda_0$ wird zugunsten von $H_1 : \lambda > \lambda_0$ abgelehnt, falls $p_2 < \alpha$, wobei der p-Wert als*

$$p_2 = 1 - \Phi(t) \tag{4.38}$$

berechnet wird.

Verfahren 4.33 (Test zur Bestätigung von $\lambda \neq \lambda_0$) *Die Hypothese $H_0 : \lambda = \lambda_0$ wird zugunsten von $H_1 : \lambda \neq \lambda_0$ abgelehnt, falls $p_3 < \alpha$, wobei der p-Wert als*

$$p_3 = 2 \min\{p_1, p_2\} \tag{4.39}$$

mit p_1 aus (4.37) und p_2 aus (4.38) berechnet wird.

Beispiel zu den Verfahren 4.29 und 4.32

In einem Beobachtungszeitraum der Länge $c = 400$ Zeiteinheiten werden $k = 40$ Schadenereignisse beobachtet. Damit ist die beobachtete Ereignisrate $k/c = 0.1$ Ereignisse pro Zeiteinheit. Zum vorgegebenen Signifikanzniveau $\alpha = 5\,\%$ soll statistisch abgesichert werden, dass die Ereignisintensität λ über einem vorgegebenen Referenzwert $\lambda_0 = 0.07$ liegt. Aus statistischer Sicht wird somit getestet, ob die Hypothese

$H_0 : \lambda \leq 0.07$ aufgrund der beobachteten Ereignisrate zugunsten von $H_1 : \lambda > 0.07$ abgelehnt werden kann.

Es gilt $c\lambda_0 = 28$ und die Testgröße t aus (4.36) beträgt

$$t = \frac{40 - 28}{\sqrt{40}} \approx 1.8974.$$

- Bei klassischer Testdurchführung wird diese Testgröße entsprechend Verfahren 4.29 mit dem $(1 - \alpha)$-Quantil $z_{1-\alpha} = z_{0.95} \approx 1.6449$ der Standardnormalverteilung verglichen. Da hier $t \approx 1.8974 > 1.6449$ gilt, wird die Nullhypothese bei $\alpha = 5\,\%$ zugunsten der Gegenhypothese abgelehnt.
- Alternativ wird bei einer p-Wert-basierten Testdurchführung aus der Testgröße t der p-Wert mit Verfahren 4.32 als

$$p_2 = 1 - \Phi(t) \approx 1 - \Phi(1.8974) \approx 0.0289 \tag{4.40}$$

berechnet und mit dem vorgegebenen Signifikanzniveau verglichen. Da $p_2 \approx 0.0289 < 0.05 = \alpha$ gilt, wird auch bei diesem Vorgehen die Nullhypothese zugunsten der Gegenhypothese abgelehnt.

◀

Berechnungs- und Softwarehinweise

Zur Berechnung von $1 - \Phi(t)$ aus (4.40) kann die Symmetrieeigenschaft (8.17) genutzt werden. Es gilt also $1 - \Phi(1.8974) = \Phi(-1.8974)$. Dieser Wert kann beispielsweise folgendermaßen berechnet werden:

Software	Funktionsaufruf
Excel	`NORM.S.VERT(-1,8974;WAHR)`
GAUSS	`cdfN(-1.8974)`
Mathematica	`CDF[NormalDistribution[0,1],-1.8974]`
R	`pnorm(-1.8974)`

◀

Anmerkung 4.3 (Alternative asymptotische Testverfahren) Es gibt alternative Testverfahren, die anstelle der Testgröße t aus (4.36) auf der Testgröße

$$t' = \frac{k - c\lambda_0}{\sqrt{c\lambda_0}},$$

beruhen (Casella und Berger 2002, S. 500). Die zugehörige Testvariable T' heißt auch Score-Statistik.

4.4.3 Anwendungsfall: Fehlerrate und Fehlerintensität

Der Anwendungsfall aus Abschn. 4.3.3 wird weitergeführt. Dabei ist der für den Produktionsprozess relevante Referenzwert eine Fehlerintensität von $\lambda_0 = 0.008$ Fehler pro Stunde. Es stellt sich die Frage, ob die beobachtete Fehlerrate $k/c = 40/4\,000 = 0.01$ mit diesem Referenzwert verträglich ist. Die Wahl eines geeigneten statistischen Testverfahrens ist durch die jeweilige inhaltliche Fragestellung bestimmt. Für die folgenden Testfragestellungen wird jeweils von einem Signifikanzniveau $\alpha = 2\,\%$ ausgegangen.

1. Der Produktionsleiter interessiert sich dafür, ob der für die Produktion relevante Referenzwert $\lambda_0 = 0.008$ durch die beobachtete Fehlerrate von 0.01 in Frage gestellt wird. Dazu werden die Hypothesen $H_0 : \lambda = 0.008$ und $H_1 : \lambda \neq 0.008$ aufgestellt.

   - Der exakte Test dieser Hypothesen kann mit Hilfe des p-Wertes aus (4.33) durchgeführt werden, der sich als

$$p_3 = 2 \min\{F(k; c\lambda_0), G(k; c\lambda_0)\}$$
$$= 2 \min\{F(40; 32), G(40; 32)\}$$
$$\approx 2 \min\{0.9293, 0.0956\}$$
$$= 0.1912$$

   berechnet. Wegen $p_3 > \alpha$ wird H_0 nicht abgelehnt.
   - Der approximative Test dieser Hypothesen kann auf Basis der Testgröße t aus (4.36) und dem daraus resultierenden p-Wert aus (4.39) durchgeführt werden. Im vorliegenden Fall ergibt sich die Testgröße

$$t = \frac{40 - 32}{\sqrt{40}} \approx 1.2649$$

   und damit ein p-Wert von

$$p_3 = 2 \min\{\Phi(t), 1 - \Phi(t)\} \approx 2 \min\{0.8970, 0.1030\} = 0.2060.$$

   Wegen $p_3 > \alpha$ wird H_0 nicht abgelehnt.

Die Abweichung der beobachteten Fehlerrate 0.01 vom Referenzwert $\lambda_0 = 0.008$ ist nicht so stark, dass damit die Nullhypothese $H_0 : \lambda = 0.008$ erschüttert wird. Die Beobachtungen sind mit dieser Nullhypothese verträglich.

2. Die Bedienerin der kontinuierlich laufenden Produktionsanlage überprüft, ob die Fehlerintensität der Anlage den Referenzwert λ_0 überschreitet. Falls dies der Fall ist, muss
   die Anlage gestoppt werden und es entstehen erhebliche Kosten durch Wartung und Pro-
   duktionsausfall. Eine zufällige Überschreitung des Referenzwertes durch die Fehlerrate
   sollte daher nicht zu einem Stopp der Anlage führen. Die Bedienerin prüft daher, ob
   die Hypothese $H_0 : \lambda \leq \lambda_0$ zugunsten von $H_1 : \lambda > \lambda_0$ abgelehnt werden muss. Die
   Wahrscheinlichkeit, dass es zu einer fehlerhaften Ablehnung der Nullhypothese kommt,
   die zu einem unnötigen Produktionsstopp führt, ist somit durch das vorgegebene Signifikanzniveau α nach oben beschränkt.

- Der exakte Test dieser Hypothesen kann mit Hilfe des p-Wertes aus (4.32) durchgeführt werden, der sich als

$$p_2 = G(k; c\lambda_0) = G(40; 32) \approx 0.0956$$

  berechnet. Wegen $p_2 > \alpha$ kann H_0 nicht abgelehnt werden.
- Der approximative Test dieser Hypothesen kann mit Hilfe des p-Wertes aus (4.38)
  auf Basis der Testgröße t aus (4.36) durchgeführt werden. Im vorliegenden Fall ist
  $t \approx 1.2649$ und damit
$$p_2 = 1 - \Phi(t) \approx 0.1030\,.$$

  Wegen $p_2 > \alpha$ kann H_0 nicht abgelehnt werden.

Die beobachtete Fehlerrate ist zwar größer als λ_0, aber dieser Unterschied ist noch durch
statistische Abweichungen der beobachteten Fehlerrate vom Referenzwert erklärbar.
Die Daten sprechen nicht so stark gegen die Nullhypothese, dass diese abgelehnt werden
müsste.

Mit beiden Tests kann die Nullhypothese nicht abgelehnt werden. Die Unterschiede zwischen den exakten und den approximativen Testverfahren sind gering und führen beim
vorgegebenen Signifikanzniveau $\alpha = 2\,\%$ nicht zu unterschiedlichen Testentscheidungen.
Im zweiten Fall würde das exakte Testverfahren bei einem Signifikanzniveau von $\alpha = 10\,\%$
zu einer Ablehnung der Nullhypothese führen, während das approximative Testverfahren
H_0 nicht ablehnen würde. Dies hängt damit zusammen, dass die Poisson-Verteilung eine
schiefe Verteilung besitzt, während die approximierende Normalverteilung symmetrisch ist.

4.4.4   Rolle der Nullhypothese beim zweiseitigen Test

Das Hypothesenpaar $H_0 : \lambda = \lambda_0$ versus $H_1 : \lambda \neq \lambda_0$ mit $\lambda_0 > 0$ ist geeignet, um
durch eine Ablehnung der Nullhypothese die Gegenhypothese zu bestätigen. Wenn dagegen
die Hypothese $\lambda = \lambda_0$ durch einen statistischen Tests bestätigt werden soll, dann sollte

diese grundsätzlich als Gegenhypothese H_1 formuliert werden, siehe Abschn. 9.5. Allerdings stehen für das Hypothesenpaar $H_0 : \lambda \neq \lambda_0$ versus $H_1 : \lambda = \lambda_0$ keine Tests mit befriedigenden Eigenschaften zur Verfügung (Rüger 2002, S. 21 f.). Als Ausweg könnten Tests mit der Hypothesenstruktur

$$H_0 : \lambda \leq \lambda_1 \text{ oder } \lambda \geq \lambda_2 \quad \text{versus} \quad H_1 : \lambda_1 < \lambda < \lambda_2$$

und vorgegebenen Werten $\lambda_1 < \lambda_0 < \lambda_2$ durchgeführt werden. Solche Tests sind in der statistischen Lehrbuchliteratur nicht üblich, da deren Konstruktion rechnerisch aufwendig ist. Für den Fall der Bernoulliverteilung finden sich Untersuchungen in Lehmann und Romano (2005, S. 81 ff.), vgl. dazu auch Abschn. 2.4.4.

4.5 Ereignisse in mehreren disjunkten Zeitintervallen

Im einfachsten Fall ist der Beobachtungszeitraum ein einzelnes Zeitintervall $(t, t + c]$ mit Anfangspunkt t, Endpunkt $t + c$ und Länge $c > 0$. Der Beobachtungszeitraum kann aber auch aus mehreren *disjunkten Zeitintervallen mit Intervalllängen* c_j für $j = 1, \ldots, m$ zusammengesetzt sein, wobei die Intervalllängen nicht gleich sein müssen. Dabei ergibt sich die *Gesamtlänge c des Beobachtungszeitraums* als

$$c = \sum_{j=1}^{m} c_j \tag{4.41}$$

und die *beobachtete Häufigkeit k im Beobachtungszeitraum* als

$$k = \sum_{j=1}^{m} k_j, \tag{4.42}$$

wobei k_j die *beobachtete Häufigkeit im j-ten Zeitintervall* ist. Anstelle der Annahme 4.1 ist dann die folgende etwas allgemeinere Annahme erforderlich.

Annahme 4.2 (Poisson-Modell für disjunkte Zeitintervalle) *Die beobachteten Ereignishäufigkeiten k_j in disjunkten Zeitintervallen der Längen $c_j > 0$ sind Realisationen von Zufallsvariablen K_j für $j = 1, \ldots, m$. Dabei ist k aus (4.42) eine Realisation der Zufallsvariablen*

$$K = \sum_{j=1}^{m} K_j \sim \text{Poi}(c\lambda),$$

mit c aus (4.41) und Ereignisintensität $\lambda \geq 0$.

Aus Annahme 4.2 folgt, dass für die aggregierten Größen k, K und c Annahme 4.1 erfüllt ist. Daher können die Verfahren 4.1 bis 4.33 auch im verallgemeinerten Kontext der Annahme 4.2 angewendet werden.

Unabhängigkeit Annahme 4.2 ist beispielsweise für stochastisch unabhängige Zufallsvariablen $K_j \sim \text{Poi}(c_j\lambda)$ mit Ereignisintensität $\lambda > 0$ erfüllt. Dies folgt aus der Additivitätseigenschaft (8.14). Dieser Fall ist mit dem stochastischen Modell eines Poisson-Stroms von Ereignissen mit Intensitätsparameter λ verträglich. Ein *Poisson-Strom* (engl. Poisson stream) mit Intensitätsparameter λ ist durch folgende Eigenschaften charakterisiert:

1. In jedem Zeitintervall der Länge 1 ist die zufällige Anzahl ungünstiger Ereignisse Poisson-verteilt mit Parameter $\lambda > 0$.
2. In jedem Zeitintervall der Länge $c > 0$ ist die zufällige Anzahl ungünstiger Ereignisse Poisson-verteilt mit Parameter $c\lambda > 0$.
3. Die zufälligen Anzahlen ungünstiger Ereignisse in disjunkten Zeitintervallen sind stochastisch unabhängig.

Der Intensitätsparameter λ heißt in diesem Zusammenhang auch *Ereignisintensität* oder kurz *Intensität* des Poisson-Stroms. Die Zeiten zwischen zwei aufeinanderfolgenden ungünstigen Ereignissen, die auch Zwischenereigniszeiten genannt werden, bilden dann eine Folge stochastisch unabhängiger exponentialverteilter Zufallsvariablen mit Parameter $\lambda > 0$. Zur Exponentialverteilung siehe Definition 8.10.

Anmerkung 4.4 (Poisson-Prozess) Wenn die im Zeitablauf auftretenden ungünstigen Ereignisse eines Poisson-Stroms gezählt werden, dann entsteht der sogenannte *Poisson-Prozess* (engl. Poisson process). Der zu einem Poisson-Strom mit Intensitätsparameter λ gehörende Poisson-Prozess ist ein stochastischer Prozess $(N_t)_{t \in (0,\infty)}$ der für jeden Zeitpunkt $t \in (0, \infty)$ die zufällige Anzahl $N_t \in \{0, 1, \ldots\}$ der im Intervall $(0, t]$ eingetretenen Ereignisse angibt. Es gilt $N_t \sim \text{Poi}(t\lambda)$ für alle $t > 0$.

Abhängigkeit Es ist aber auch möglich, dass abhängige Poisson-verteilte Zufallsvariablen $K_j \sim \text{Poi}(c_j\lambda)$ zu einer Poisson-verteilten Zufallsvariablen $K \sim \text{Poi}(c\lambda)$ mit c aus (4.41) aggregiert werden können, siehe dazu Stoyanov (2013, Abschn. 12.3, 24.2). Daher geht Annahme 4.2 über das Modell des Poisson-Stroms hinaus und kann auch einige Fälle, bei denen die Annahme der stochastischen Unabhängigkeit auf eine spezielle Art verletzt ist, abdecken. Die Verfahren 4.1 bis 4.33 sind auch in diesen Spezialfällen anwendbar.

4.6 Resümee

Die Intensität, mit der an einer Beobachtungseinheit gleichartige wiederholbare Schadenereignisse im Zeitablauf auftreten, ist eine Risikomaßzahl. Sie misst die erwartete Anzahl von Schadenereignissen pro Zeiteinheit. Je größer diese Ereignisintensität ist, umso größer ist das mit dem Strom der Ereignisse assoziierte Risiko. Im Rahmen eines Poisson-Modells für die zufällige Ereignishäufigkeit, dass zu einer im Zeitablauf konstanten Ereignisintensität führt, ist die Ereignisrate der übliche Punktschätzwert der Ereignisintensität und bildet die Ausgangsbasis weiterer statistischer Inferenzverfahren der induktiven Statistik.

Asymmetrische Risikowirkung Eine ritualisierte Anwendung der in Software favorisierten zweiseitigen statistischen Inferenzverfahren sollte vermieden werden. Vielmehr leitet sich die Wahl des zum Risikomanagement eingesetzten statistischen Inferenzverfahrens von der jeweiligen inhaltlichen Aufgabenstellung und dem Blickwinkel des Akteurs ab. Denn üblicherweise sind die Wirkungen einer Unterschätzung und die einer Überschätzung der Ereignisintensität sehr unterschiedlich. Dies unterstreicht die besondere Relevanz statistischer Verfahren mit einseitiger Fragestellung im Risikomanagement. Solche Verfahren sind untere oder obere Konfidenzschranken, und daraus ermittelte einseitig unten oder oben begrenzte Konfidenzintervalle sowie einseitige statistische Testverfahren. Die Relevanz zweiseitiger statistischer Verfahren, wie Konfidenzintervalle und zweiseitige statistische Tests, bleibt davon unberührt. Zweiseitige Verfahren haben ihre Bedeutung bei der Genauigkeitsbeurteilung in Ergänzung zu Verfahren der Punktschätzung.

Bevorzugung exakter Verfahren Grundsätzlich sollten die exakten Intervallschätz- und Testverfahren für Poisson-verteilte zufällige Ereignishäufigkeiten den entsprechenden approximativen Verfahren vorgezogen werden. Argumente, die für eine solche Bevorzugung sprechen, sind:

- Bei den exakten Konfidenzschranken und -intervallen ist die Irrtumswahrscheinlichkeit des statistischen Verfahrens durch das vorgegebene Irrtumsniveau α nach oben beschränkt, so dass diese Schätzverfahren das Konfidenzniveau $1 - \alpha$ einhalten. Bei den entsprechenden exakten Testverfahren ist die Fehlerwahrscheinlichkeit 1. Art durch das vorgegebene Signifikanzniveau α nach oben beschränkt, so dass diese Testverfahren das Niveau α einhalten. Dadurch können die Fehlerwahrscheinlichkeiten exakter Verfahren eine bestimmte vorgegebene Schranke nicht überschreiten. Im Gegensatz dazu liegen die Fehlerwahrscheinlichkeiten bei approximativen Verfahren selbst bei langen Beobachtungszeiträumen nur näherungsweise bei der vorgegebenen Schranke und können diese Schranke somit sowohl über- als auch unterschreiten.
- Die exakten Verfahren können grundsätzlich für jede Länge $c > 0$ des Beobachtungszeitraums angewendet werden und sind daher approximativen Verfahren vorzuziehen, die auf

asymptotischen Güteeigenschaften beruhen und daher auf lange Beobachtungszeiträume angewiesen sind.

Das Gegenargument einer etwas einfacheren Durchführbarkeit der approximativen statistischen Verfahren mit Hilfe von Quantilen der Standardnormalverteilung wird durch die wachsende Verfügbarkeit statistischer Softwareanwendungen entkräftet. Um die Umsetzung der exakten statistischen Verfahren zu erleichtern, werden Berechnungs- und Anwendungshinweise für mehrere Softwarepakete (Excel, GAUSS, Mathematica und R) gegeben.

Klassische und p-Wert-basierte Testdurchführung Die klassische Testdurchführung ist motiviert von der Bestimmung kritischer Werte aus Verteilungstabellen. Dagegen sind p-Werte in der Berechnungsphase etwas aufwendiger, aber für die Testentscheidung genügt der Vergleich des berechneten p-Werts mit dem vorgegebenen Signifikanzniveau. Da es Disziplinen gibt, in denen die klassische Testdurchführung dominiert, und andere, in denen statistische Tests beinahe ausschließlich p-Wert-basiert durchgeführt werden, werden hier beide Vorgehensweise, die hinsichtlich der resultierenden Testentscheidung stets äquivalent sind, parallel betrachtet.

Formulierung der Testhypothesen Die Wahl des statistischen Testverfahrens hängt von der jeweiligen inhaltlichen Fragestellung ab. Insbesondere ist im Risikomanagement die Richtung einer möglichen Abweichung der Ereignisintensität von einem vorgegebenen Referenzwert von Bedeutung. Eine statistisch zu sichernde Hypothese ist in der Regel als Gegenhypothese zu formulieren. Grund hierfür ist, dass die Ablehnung einer Nullhypothese zugunsten einer Gegenhypothese eine statistische Bestätigung der Gegenhypothese mit einer Fehlerwahrscheinlichkeit ist, die im Fall eines exakten Testverfahrens durch das vorgegebene Signifikanzniveau α nach oben beschränkt ist bzw. im Fall eines approximativen Testverfahrens das vorgegebene Signifikanzniveau α näherungsweise für lange Beobachtungszeiträume einhält. Die Nichtablehnung einer Nullhypothese ist nur eine schwache Bestätigung der Nullhypothese ohne Kontrolle der entsprechenden Fehlerwahrscheinlichkeit 2. Art.

Überblick über die statistischen Verfahren In diesem Kapitel werden insgesamt 33 Verfahren zum statistischen Schätzen und Testen von Ereignisintensitäten dargestellt. Die erste Gruppe statistischer Verfahren wird in Tab. 4.1 zusammengefasst. Es handelt sich um Verfahren zur statistischen Punktschätzung einer Ereignisintensität und zur Bestimmung der Genauigkeit dieser Schätzung mit Hilfe des geschätzten Standardfehlers. Falls geeignete Vorinformationen über den Parameterbereich der zu schätzenden Ereignisintensität vorliegen, kann vor der Stichprobenziehung die Länge des Beobachtungszeitraums bestimmt

Tab. 4.1 Verfahren zur Punktschätzung für die Ereignisintensität

Nr.	Zweck des Verfahrens
4.1	Punktschätzwert
4.2	Geschätzter Standardfehler
4.3	Notwendige Länge des Beobachtungszeitraums bei Vorinformation

werden, die erforderlich ist, um den Standardfehler der Punktschätzung nicht über eine vorgegebene Schranke wachsen zu lassen.

Die zweite Gruppe von statistischen Verfahren, welche die Intervallschätzung der Ereignisintensität ermöglichen, ist in Tab. 4.2 dargestellt. Es werden jeweils fünf exakte Verfahren mit impliziter und – im numerischen Ergebnis dazu äquivalent – mit expliziter Angabe der Konfidenzschranken und Konfidenzintervallgrenzen betrachtet. Dabei basiert die explizite Angabe auf Quantilen der Chi-Quadrat-Verteilung. Zusätzlich werden fünf approximative Verfahren mit expliziter Angabe der Konfidenzschranken und Konfidenzintervallgrenzen basierend auf einem asymptotisch gültigen Zusammenhang mit der Normalverteilung dargestellt.

Tab. 4.3 gibt einen Überblick über statistische Testverfahren der Ereignisintensität. Zunächst werden im Rahmen einer klassischen Testdurchführung jeweils drei exakte statistische Testverfahren mit impliziter – und in der Testentscheidung dazu äquivalent – mit expliziter Angabe der kritischen Werte betrachtet. Letztere basieren auf Quantilen der Chi-Quadrat-Verteilung. Dazu werden ergänzend drei exakte Testverfahren dargestellt, die auf einer p-Wert-basierten Testdurchführung beruhen, wobei die p-Werte mit Hilfe der Poisson-Verteilung explizit angegeben werden. Zusätzlich können approximative statistische Testverfahren durchgeführt werden. Im Rahmen einer klassischen Testdurchführung werden drei approximative Testverfahren mit expliziter Angabe der kritischen Werte als Quantile der Standardnormalverteilung betrachtet. Ergänzend dazu werden drei approximative Testverfahren angegeben, die auf einer p-Wert-basierten Testdurchführung beruhen, wobei die p-Werte mit Hilfe der Verteilungsfunktion der Standardnormalverteilung explizit angegeben werden können. Sowohl für exakte als auch für approximative Testverfahren gilt, dass die klassische und die p-Wert-basierte Durchführung eines statistischen Tests zu derselben Testentscheidung führt.

Tab. 4.2 Verfahren zur Intervallschätzung für die Ereignisintensität

Nr.	Zweck des Verfahrens	Methodik	Werte
4.4	Untere Konfidenzschranke	Exakt	Implizit
4.5	Einseitig unten begrenztes Konfidenzintervall	Exakt	Implizit
4.6	Obere Konfidenzschranke	Exakt	Implizit
4.7	Einseitig oben begrenztes Konfidenzintervall	Exakt	Implizit
4.8	Konfidenzintervall	Exakt	Implizit
4.9	Untere Konfidenzschranke	Exakt	Explizit
4.10	Einseitig unten begrenztes Konfidenzintervall	Exakt	Explizit
4.11	Obere Konfidenzschranke	Exakt	Explizit
4.12	Einseitig oben begrenztes Konfidenzintervall	Exakt	Explizit
4.13	Konfidenzintervall	Exakt	Explizit
4.14	Untere Konfidenzschranke	Approximativ	Explizit
4.15	Einseitig unten begrenztes Konfidenzintervall	Approximativ	Explizit
4.16	Obere Konfidenzschranke	Approximativ	Explizit
4.17	Einseitig oben begrenztes Konfidenzintervall	Approximativ	Explizit
4.18	Konfidenzintervall	Approximativ	Explizit

4.7   Methodischer Hintergrund und Herleitungen

Methodischer Hintergrund von Verfahren 4.1 Gemäß Annahme 4.1 gilt $K \sim \text{Poi}(c\lambda)$. Wegen (8.13) ist $\mathbb{E}[K] = c\lambda$, so dass der Schätzer K/c wegen (8.3) den Erwartungswert $\mathbb{E}[K/c] = \lambda$ hat. Daher ist K/c ein erwartungstreuer Schätzer, vgl. Abschn. 9.2.1, für die Ereignisintensität λ und k/c ist der entsprechende Schätzwert für λ.

Wegen (8.13) ist $\mathbb{V}[K] = c\lambda$, so dass der Schätzer K/c wegen (8.4) die Varianz

$$\mathbb{V}[K/c] = \lambda/c \qquad (4.43)$$

hat. Es gilt

$$\lim_{c \to \infty} \mathbb{V}[K/c] = \lim_{c \to \infty} \lambda/c = \lambda \lim_{c \to \infty} \frac{1}{c} = 0,$$

Tab. 4.3 Statistische Testverfahren für eine Ereignisintensität

Nr.	Null- und Gegenhypothese		Methodik	Testdurchführung	Kritische Werte
4.19	$\lambda \geq \lambda_0$	$\lambda < \lambda_0$	Exakt	Klassisch	Implizit
4.20	$\lambda \leq \lambda_0$	$\lambda > \lambda_0$	Exakt	Klassisch	Implizit
4.21	$\lambda = \lambda_0$	$\lambda \neq \lambda_0$	Exakt	Klassisch	Implizit
4.22	$\lambda \geq \lambda_0$	$\lambda < \lambda_0$	Exakt	Klassisch	Explizit
4.23	$\lambda \leq \lambda_0$	$\lambda > \lambda_0$	Exakt	Klassisch	Explizit
4.24	$\lambda = \lambda_0$	$\lambda \neq \lambda_0$	Exakt	Klassisch	Explizit
4.25	$\lambda \geq \lambda_0$	$\lambda < \lambda_0$	Exakt	p-Wert-basiert	
4.26	$\lambda \leq \lambda_0$	$\lambda > \lambda_0$	Exakt	p-Wert-basiert	
4.27	$\lambda = \lambda_0$	$\lambda \neq \lambda_0$	Exakt	p-Wert-basiert	
4.28	$\lambda \geq \lambda_0$	$\lambda < \lambda_0$	Approximativ	Klassisch	Explizit
4.29	$\lambda \leq \lambda_0$	$\lambda > \lambda_0$	Approximativ	Klassisch	Explizit
4.30	$\lambda = \lambda_0$	$\lambda \neq \lambda_0$	Approximativ	Klassisch	Explizit
4.31	$\lambda \geq \lambda_0$	$\lambda < \lambda_0$	Approximativ	p-Wert-basiert	
4.32	$\lambda \leq \lambda_0$	$\lambda > \lambda_0$	Approximativ	p-Wert-basiert	
4.33	$\lambda = \lambda_0$	$\lambda \neq \lambda_0$	Approximativ	p-Wert-basiert	

so dass die Varianz des Schätzers asymptotisch für über alle Grenzen wachsende Länge c des Beobachtungszeitraums verschwindet. Dies ist eine Konsistenzeigenschaft des Schätzers K/c für den Parameter λ, vgl. Abschn. 9.2.2.

Methodischer Hintergrund von Gl. (4.1) und Verfahren 4.2   Die Standardabweichung aus (4.1) ergibt sich durch Wurzelziehen aus (4.43). Der Punktschätzwert $s_{K/c}$ aus (4.2) für den unbekannten Standardfehler $\sqrt{\lambda/c}$ ergibt sich, wenn der unbekannte Parameter λ durch den Punktschätzwert k/c ersetzt wird.

Methodischer Hintergrund von Verfahren 4.3   Aus $\lambda \leq \lambda_0$ und $c > 0$ ergibt sich $\sqrt{\lambda/c} \leq \sqrt{\lambda_0/c}$. Daher kann für eine gegebene Oberschranke $d > 0$ aus der Abschätzung

$$\sqrt{\lambda/c} \leq \sqrt{\lambda_0/c} \leq d$$

die notwendige Länge c des Beobachtungszeitraums in (4.3) bestimmt werden, indem die letzte Ungleichung nach c umgestellt wird.

Methodischer Hintergrund der Verfahren 4.4 bis 4.8 Die in den Verfahren 4.4 und 4.6 angegebenen Konfidenzschranken beruhen entscheidend auf Eigenschaften der Wahrscheinlichkeiten

$$F(x; c\lambda) = P_{c\lambda}(K \leq x) \quad \text{und} \quad G(x; c\lambda) = P_{c\lambda}(K \geq x) \quad \text{für } x \in \mathbb{R},$$

wenn diese als Funktionen von λ aufgefasst werden. Für Werte $x \in \{0, 1, \ldots\}$ sind die Funktionswerte in (4.4) und (4.5) formelmäßig angegeben.

Eigenschaft 4.1 *Für $c > 0$ ist $F(x; c\lambda)$ eine stetige und streng monoton fallende Funktion von $\lambda \geq 0$ für alle $x \geq 0$. Für $x < 0$ gilt $F(x; c\lambda) = 0$.*

Man kann diese Eigenschaft nachweisen, indem man zeigt, dass die Ableitung von $F(x; c\lambda)$ nach λ für $x \geq 0$ negativ ist. Für $x \geq 0$ und $k \stackrel{\text{def}}{=} \lfloor x \rfloor$ gilt

$$F(x; \lambda) = F(k; \lambda) = \sum_{j=0}^{k} \frac{\lambda^j}{j!} e^{-\lambda} = e^{-\lambda} + \sum_{j=1}^{k} \frac{\lambda^j}{j!} e^{-\lambda},$$

woraus

$$\frac{\partial F(x; \lambda)}{\partial \lambda} = -e^{-\lambda} + \sum_{j=1}^{k} \left(j \frac{\lambda^{j-1}}{j!} e^{-\lambda} - \frac{\lambda^j}{j!} e^{-\lambda} \right) = -e^{-\lambda} + e^{-\lambda} - \frac{\lambda^k}{k!} e^{-\lambda} = -\frac{\lambda^k}{k!} e^{-\lambda} < 0$$

folgt. Damit gilt für $x \geq 0$ und $c > 0$ auch

$$\frac{\partial F(x; c\lambda)}{\partial \lambda} = -c \frac{(c\lambda)^k}{k!} e^{-(c\lambda)} < 0. \tag{4.44}$$

Für $k \in \{0, 1, \ldots\}$ folgt Eigenschaft 4.1 auch aus dem Zusammenhang (4.48). Da eine Chi-Quadrat-Verteilung mit $2(k + 1)$ Freiheitsgraden eine positive Dichte auf $(0, \infty)$ besitzt, ist der Subtrahend auf der rechten Seite von (4.48) streng monoton wachsend in λ und damit $F(k; \lambda)$ streng monoton fallend in λ. Dann ist auch $F(k; c\lambda)$ für $c > 0$ streng monoton fallend in λ.

Eigenschaft 4.2 *Für $c > 0$ ist $G(x; c\lambda)$ ist eine stetige und streng monoton wachsende Funktion von $\lambda \geq 0$ für alle $x > 0$. Für $x \leq 0$ gilt $G(x; c\lambda) = 1$.*

Man kann diese Eigenschaft nachweisen, indem man zeigt, dass die Ableitung von $G(x; c\lambda)$ nach λ für $x > 0$ positiv ist. Eigenschaft 4.2 ergibt sich aus Eigenschaft 4.1, indem man

$$G(x; c\lambda) = \begin{cases} 1 - F(x - 1; c\lambda) & x \in \{0, 1, \ldots\} \\ 1 - F(x; c\lambda) & \text{sonst} \end{cases}$$

berücksichtigt. Daraus erhält man für $x > 0$ wegen (4.44)

$$\frac{\partial G(x; c\lambda)}{\partial \lambda} = \begin{cases} -\frac{\partial F(x-1; c\lambda)}{\partial \lambda} > 0 & x \in \mathbb{N} \\ -\frac{\partial F(x; c\lambda)}{\partial \lambda} > 0 & \text{sonst} \end{cases}.$$

Methodischer Hintergrund von Verfahren 4.4 Zu beweisen ist Aussage (4.6), wobei die Zufallsvariable $U = u(K)$ von $K \sim \text{Poi}(c\lambda)$ abhängt und für $K = 0$ durch $U = 0$ und für $K > 0$ implizit durch $G(K; cU) = \alpha$ festgelegt ist.

Ungleichung (4.6) folgt aus

$$P_{c\lambda}(U = \lambda) = 1 \quad \text{für } \lambda = 0$$

und

$$P_{c\lambda}(U < \lambda) \geq 1 - \alpha \quad \text{für } \lambda > 0. \tag{4.45}$$

Die erste Gleichung gilt, da $P_0(K = 0) = P_0(U = 0) = 1$ aus $\lambda = 0$ folgt. Es ist noch (4.45) zu zeigen. Dazu wird

$$P_{c\lambda}(U < \lambda) = P_{c\lambda}(G(K; c\lambda) > \alpha) \geq 1 - \alpha \quad \text{für } \lambda > 0 \tag{4.46}$$

gezeigt. Zunächst wird die Gleichheit der Ereignisse $\{U < \lambda\}$ und $\{G(K; c\lambda) > \alpha\}$ gezeigt. K nimmt Werte $k \in \{0, 1, \ldots\}$ an.

1. Für $k = 0$ gilt $u(0) = 0 < \lambda$ und $G(0; c\lambda) = 1 > \alpha$, so dass beide Ereignisse eintreten.
2. Für $k > 0$ hat die Gleichung $G(k; cx) = \alpha$ eine eindeutige Lösung x und die Funktion $G(k; cx)$ ist gemäß Eigenschaft 4.2 streng monoton wachsend in x. Aus $u(k) < \lambda$ und $G(k; cu(k)) = \alpha$ folgt daher $G(k; c\lambda) > \alpha$. Umgekehrt folgt $u(k) < \lambda$ aus $G(k; c\lambda) > \alpha$ und $G(k; cu(k)) = \alpha$.

Es gilt daher $\{U < \lambda\} = \{G(K; c\lambda) > \alpha\}$, woraus das Gleichheitszeichen in (4.46) folgt. Die rechte Ungleichung in (4.46) ist eine Anwendung von (8.30) auf die Zufallsvariable $K \sim \text{Poi}(c\lambda)$.

Methodischer Hintergrund von Verfahren 4.5 Mit (4.6) erhält man

$$P_{c\lambda}(\lambda \in [U, \infty)) = P_{c\lambda}(U \leq \lambda < \infty) = P_{c\lambda}(U \leq \lambda) \geq 1 - \alpha \quad \text{für alle } \lambda \geq 0.$$

Methodischer Hintergrund von Verfahren 4.6 Zu beweisen ist Aussage (4.8), wobei die Zufallsvariable $V = v(K)$ von $K \sim \text{Poi}(c\lambda)$ abhängt und implizit durch $F(K; cV) = \alpha$ festgelegt ist. Um (4.8) zu zeigen, wird

$$P_{c\lambda}(V \geq \lambda) \geq P_{c\lambda}(V > \lambda) = P_{c\lambda}(F(K; c\lambda) > \alpha) \geq 1 - \alpha \quad \text{für } \lambda \geq 0 \tag{4.47}$$

gezeigt. Die erste Abschätzung in (4.47) folgt aus $\{V \geq \lambda\} \supseteq \{V > \lambda\}$. Nun wird die Gleichheit der Ereignisse $\{V > \lambda\}$ und $\{F(K; c\lambda) > \alpha\}$ gezeigt. K nimmt Werte $k \in \{0, 1, \ldots\}$ an. Für $k \in \{0, 1, \ldots\}$ hat die Gleichung $F(k; cx) = \alpha$ eine eindeutige Lösung x und die Funktion $F(k; cx)$ ist gemäß Eigenschaft 4.1 streng monoton fallend in x. Aus $v(k) > \lambda$ und $F(k; cv(k)) = \alpha$ folgt daher $F(k; c\lambda) > \alpha$. Umgekehrt folgt $v(k) > \lambda$ aus $F(k; c\lambda) > \alpha$ und $F(k; cv(k)) = \alpha$. Es gilt daher $\{V > \lambda\} = \{F(K; c\lambda) > \alpha\}$, woraus das Gleichheitszeichen in (4.47) folgt. Die letzte Abschätzung in (4.47) ist eine Anwendung von (8.28) auf die Zufallsvariable K.

Methodischer Hintergrund von Verfahren 4.7 Mit (4.8) und $\lambda \geq 0$ erhält man

$$P_{c\lambda}(\lambda \in [0, V]) = P_{c\lambda}(0 \leq \lambda \leq V) = P_{c\lambda}(V \geq \lambda) \geq 1 - \alpha \quad \text{für alle } \lambda \geq 0.$$

Methodischer Hintergrund von Verfahren 4.8 Zu beweisen ist Aussage (4.10), wobei die Zufallsvariablen U und V von $K \sim \text{Poi}(c\lambda)$ abhängen. Dabei sind U und V jeweils zum Konfidenzniveau $1 - \alpha/2$ konstruierte untere und obere Konfidenzschranken gemäß der Verfahren 4.4 und 4.6. Die Zufallsvariable U ist für $K = 0$ durch $U = 0$ und für $K > 0$ implizit durch $G(K; cU) = \alpha/2$ festgelegt. Die Zufallsvariable V ist implizit durch $F(K; cV) = \alpha/2$ festgelegt.

Ungleichung (4.10) folgt aus

$$P_{c\lambda}(U = \lambda < V) = 1 \quad \text{für } \lambda = 0,$$

und

$$P_{c\lambda}(U < \lambda < V) \geq 1 - \alpha \quad \text{für } \lambda > 0.$$

Für $\lambda = 0$ gilt $P_0(K = 0) = P_0(U = 0) = 1$ und $P_0(V = -\ln(\alpha/2)/c) = 1$, so dass die erste Gleichung gilt. Für $\lambda > 0$ gilt

$$P_{c\lambda}(U \geq \lambda) = 1 - P_{c\lambda}(U < \lambda) \leq \alpha/2$$

wegen (4.45) und

$$P_{c\lambda}(V \leq \lambda) = 1 - P_{c\lambda}(V > \lambda) \leq \alpha/2$$

wegen (4.47). Daraus ergibt sich

$$P_{c\lambda}(U < \lambda < V) = 1 - P_{c\lambda}(U \geq \lambda) - P_{c\lambda}(V \leq \lambda) \geq 1 - \alpha/2 - \alpha/2 = 1 - \alpha.$$

Methodischer Hintergrund der Verfahren 4.9 bis 4.13 Die Angabe der Konfidenzschranken und -intervalle durch Quantile der Chi-Quadrat-Verteilung beruht auf einem Zusammenhang zwischen der Poisson- und der Chi-Quadrat-Verteilung. Zwischen $X \sim \text{Poi}(\lambda)$ und $Y \sim \chi^2(2(k + 1))$ besteht der Zusammenhang (Rinne 2008, S. 322)

$$P_\lambda(X \leq k) = 1 - P_{2(k+1)}(Y \leq 2\lambda). \tag{4.48}$$

Aus diesem Zusammenhang ergibt sich folgende Eigenschaft, die für die Herleitung von Konfidenzschranken und -intervallen relevant ist.

Eigenschaft 4.3 *Es sei* $X \sim \text{Poi}(\lambda)$ *mit* $\lambda \geq 0$ *und* $\chi^2_{v,p}$ *bezeichne das p-Quantil einer Chi-Quadrat-Verteilung mit v Freiheitsgraden. Es sei* $0 < p < 1$. *Für* $k \in \{0, 1, \ldots\}$ *gilt*

$$P_\lambda(X \leq k) = p \iff \lambda = \frac{1}{2}\chi^2_{2(k+1),1-p} \tag{4.49}$$

und für $k \in \mathbb{N}$ *gilt*

$$P_\lambda(X \geq k) = p \iff \lambda = \frac{1}{2}\chi^2_{2k,p}. \tag{4.50}$$

Die Äquivalenz (4.49) ergibt sich aus (4.48) mit

$$P_\lambda(X \leq k) = p \iff P_{2(k+1)}(Y \leq 2\lambda) = 1 - p \iff 2\lambda = \chi^2_{2(k+1),1-p}.$$

Die Äquivalenz (4.50) ergibt sich aus (4.48) mit

$$P_\lambda(X \geq k) = 1 - P_\lambda(X < k) = 1 - P_\lambda(X \leq k - 1) = P_{2k}(Y \leq 2\lambda)$$

und

$$P_\lambda(X \geq k) = p \iff P_{2k}(Y \leq 2\lambda) = p \iff 2\lambda = \chi^2_{2k,p}.$$

Methodischer Hintergrund von Verfahren 4.9 Die untere Konfidenzschranke u ist gemäß Verfahren 4.4 für $k > 0$ implizit durch $P_{cu}(K \geq k) = \alpha$ bestimmt und für $k = 0$ als $u = 0$ festgelegt. Für $k > 0$ erhält man für $X = K \sim \text{Poi}(c\lambda)$ und $p = \alpha$ mit (4.50) zunächst $cu = \frac{1}{2}\chi^2_{2k,\alpha}$ und damit u aus Verfahren 4.9. Für $k = 0$ erhält man aus (4.12) mit der Festlegung $\chi^2_{0,p} = 0$ den Wert $u = 0$.

Methodischer Hintergrund von Verfahren 4.10 Die Äquivalenz der Verfahren 4.10 und 4.5 ergibt sich aus der Äquivalenz der Verfahren 4.9 und 4.4.

Methodischer Hintergrund von Verfahren 4.11 Die obere Konfidenzschranke v ist gemäß Verfahren 4.6 implizit durch $P_{cv}(K \leq k) = \alpha$ bestimmt. Für $X = K \sim \text{Poi}(c\lambda)$ und $p = \alpha$ erhält man mit (4.49) zunächst $cv = \frac{1}{2}\chi^2_{2(k+1),1-\alpha}$ und damit den Wert v aus Verfahren 4.11.

Methodischer Hintergrund von Verfahren 4.12 Die Äquivalenz der Verfahren 4.12 und 4.7 ergibt sich aus der Äquivalenz der Verfahren 4.11 und 4.6.

Methodischer Hintergrund von Verfahren 4.13 Die untere Grenze u des Konfidenzintervalls $[u, v]$ ist gemäß Verfahren 4.8 für $k > 0$ implizit durch $P_{cu}(K \geq k) = \alpha/2$ bestimmt und für $k = 0$ als $u = 0$ festgelegt. Für $k > 0$ erhält man für $X = K \sim \text{Poi}(c\lambda)$ und $p = \alpha/2$ mit (4.50) zunächst $cu = \frac{1}{2}\chi^2_{2k,\alpha/2}$ und damit den Wert u aus Verfahren 4.13. Für $k = 0$ erhält man aus (4.14) mit der Festlegung $\chi^2_{0,p} = 0$ den Wert $u = 0$. Die obere Grenze v des Konfidenzintervalls $[u, v]$ ist gemäß Verfahren 4.8 implizit durch $P_{cv}(K \leq k) = \alpha/2$ bestimmt. Für $X = K \sim \text{Poi}(c\lambda)$ und $p = \alpha/2$ erhält man mit (4.49) zunächst $cv = \frac{1}{2}\chi^2_{2(k+1),1-\alpha/2}$ und damit den Wert v aus Verfahren 4.13.

Methodischer Hintergrund der Verfahren 4.14 bis 4.18 Grundlage der approximativen Verfahren ist für $K \sim \text{Poi}(c\lambda)$ mit $c\lambda > 0$ die Verteilungsasymptotik

$$\frac{K - c\lambda}{\sqrt{K}} = \frac{K/c - \lambda}{\sqrt{K}/c} \overset{\text{v}}{\to} N(0, 1) \tag{4.51}$$

für $c\lambda \to \infty$, die einer Wald-Approximation, vgl. (9.6), entspricht. Dabei kann z. B. für fixierte Länge $c > 0$ des Beobachtungszeitraums die Ereignisintensität λ über alle Grenzen wachsen oder für fixierte Ereignisintensität $\lambda > 0$ die Länge c des Beobachtungszeitraums über alle Grenzen wachsen. Im Rahmen der Intervallschätzung ist der Parameter $\lambda > 0$ fest und unbekannt und die Asymptotik ergibt sich durch eine Vergrößerung des Beobachtungszeitraums.

Aus der Verteilungsasymptotik (4.51) ergeben sich die asymptotischen Aussagen

$$\lim_{c\to\infty} P_{c\lambda}\left((K - z_{1-\alpha}\sqrt{K})/c \leq \lambda\right) = 1 - \alpha \quad \text{für alle } \lambda > 0,$$

$$\lim_{c\to\infty} P_{c\lambda}\left((K + z_{1-\alpha}\sqrt{K})/c \geq \lambda\right) = 1 - \alpha \quad \text{für alle } \lambda > 0$$

und

$$\lim_{c\to\infty} P_{c\lambda}\left((K - z_{1-\alpha/2}\sqrt{K})/c \leq \lambda \leq (K + z_{1-\alpha/2}\sqrt{K})/c\right) = 1 - \alpha \quad \text{für alle } \lambda > 0$$

als Rechtfertigung der approximativen Wahrscheinlichkeitsaussagen

$$P_{c\lambda}\left((K - z_{1-\alpha}\sqrt{K})/c \leq \lambda\right) \approx 1 - \alpha, \tag{4.52}$$

$$P_{c\lambda}\left((K + z_{1-\alpha}\sqrt{K})/c \geq \lambda\right) \approx 1 - \alpha \tag{4.53}$$

und

$$P_{c\lambda}\left((K - z_{1-\alpha/2}\sqrt{K})/c \leq \lambda \leq (K + z_{1-\alpha/2}\sqrt{K})/c\right) \approx 1 - \alpha. \tag{4.54}$$

Im bisher ausgeschlossenen Spezialfall $\lambda = 0$ gilt $P_0(K = 0) = 1$, so dass die Normalverteilungsasymptotik aus (4.51) nicht anwendbar ist. Allerdings gilt $P_0(K = \lambda) = 1$, so dass jedes Intervall, das K enthält, die Überdeckungswahrscheinlichkeit 1 für λ hat.

Methodischer Hintergrund von Verfahren 4.14 Der Wert u in (4.19) ist eine Realisation der Zufallsvariablen $U = (K - z_{1-\alpha}\sqrt{K})/c$. Diese hat wegen (4.52) die Eigenschaft

$$P_{c\lambda}(U \leq \lambda) \approx 1 - \alpha \quad \text{für alle } \lambda > 0, \tag{4.55}$$

so dass die Zufallsvariable U eine untere Konfidenzschranke zum approximativen Konfidenzniveau $1 - \alpha$ für die Ereignisintensität λ ist.

Methodischer Hintergrund von Verfahren 4.15 Mit (4.55) erhält man

$$P_{c\lambda}(\lambda \in [U, \infty)) = P_{c\lambda}(U \leq \lambda < \infty) = P_{c\lambda}(U \leq \lambda) \approx 1 - \alpha \quad \text{für alle } \lambda > 0,$$

so dass das zufällige Intervall $[U, \infty)$ ein unten begrenztes Konfidenzintervall zum approximativen Konfidenzniveau $1 - \alpha$ für die Ereignisintensität λ ist.

Methodischer Hintergrund von Verfahren 4.16 Der Wert v aus (4.20) ist eine Realisation der Zufallsvariablen $V = (K + z_{1-\alpha}\sqrt{K})/c$. Diese hat wegen (4.53) die Eigenschaft

$$P_{c\lambda}(V \geq \lambda) \approx 1 - \alpha \quad \text{für alle } \lambda > 0, \tag{4.56}$$

so dass die Zufallsvariable V eine obere Konfidenzschranke zum approximativen Konfidenzniveau $1 - \alpha$ für die Ereignisintensität λ ist.

Methodischer Hintergrund von Verfahren 4.17 Mit (4.56) erhält man

$$P_{c\lambda}(\lambda \in [0, V]) = P_{c\lambda}(0 \leq \lambda \leq V) = P_{c\lambda}(V \geq \lambda) \approx 1 - \alpha \quad \text{für alle } \lambda > 0,$$

so dass das zufällige Intervall $[0, V]$ ein oben begrenztes Konfidenzintervall zum approximativen Konfidenzniveau $1 - \alpha$ für die Ereignisintensität λ ist.

Methodischer Hintergrund von Verfahren 4.18 Die Intervallgrenzen u und v aus (4.21) sind Realisationen der Zufallsvariablen $U = (K - z_{1-\alpha/2}\sqrt{K})/c$ und $V = (K + z_{1-\alpha/2}\sqrt{K})/c$. Für diese gilt wegen (4.54) die Eigenschaft

$$P_{c\lambda}(U \leq \lambda \leq V) \approx 1 - \alpha \quad \text{für alle } \lambda > 0,$$

so dass das zufällige Intervall $[U, V]$ ein Konfidenzintervall zum approximativen Konfidenzniveau $1 - \alpha$ für die Ereignisintensität λ ist.

Methodischer Hintergrund von Verfahren 4.19

1. Zu zeigen ist, dass durch den kritischen Wert k_u aus (4.24) ein Test zum Niveau α definiert ist, also (4.25) gilt. Durch das Konstruktionsverfahren aus (4.24) ist sichergestellt, dass

$$F(k_u - 1; c\lambda_0) = \mathrm{P}_{c\lambda_0}(K \le k_u - 1) = \mathrm{P}_{c\lambda_0}(K < k_u) \le \alpha$$

gilt. Daraus und da die Wahrscheinlichkeit $\mathrm{P}_{c\lambda}(K < k_u) = 1 - G(k_u; c\lambda)$ gemäß Eigenschaft 4.2 monoton fallend in λ ist, folgt

$$\mathrm{P}_{c\lambda}(K < k_u) \le \mathrm{P}_{c\lambda_0}(K < k_u) \le \alpha \quad \text{für alle } \lambda \ge \lambda_0,$$

womit (4.25) gezeigt ist.

2. Die maximale Fehlerwahrscheinlichkeit 1. Art, d. h. der Umfang des Tests, ist durch $\mathrm{P}_{c\lambda_0}(K < k_u)$ gegeben. In Abhängigkeit vom gewählten Signifikanzniveau α kann sogar ein Test mit Umfang α vorliegen, falls $\mathrm{P}_{c\lambda_0}(K < k_u) = \alpha$ gilt.

3. Da $\mathrm{P}_{c\lambda}(K < k_u)$ monoton fallend in λ ist, gilt

$$\mathrm{P}_{c\lambda'}(K < k_u) \ge \mathrm{P}_{c\lambda''}(K < k_u) \quad \text{für alle } \lambda' < \lambda_0 \text{ und } \lambda'' \ge \lambda_0,$$

so dass der Test unverfälscht ist.

Methodischer Hintergrund von Verfahren 4.20

1. Zu zeigen ist, dass durch den kritischen Wert k_o aus (4.26) ein Test zum Niveau α definiert ist, also (4.27) gilt. Durch das Konstruktionsverfahren aus (4.26) ist sichergestellt, dass

$$G(k_o + 1; c\lambda_0) = \mathrm{P}_{c\lambda_0}(K \ge k_o + 1) = \mathrm{P}_{c\lambda_0}(K > k_o) \le \alpha$$

gilt. Daraus und da die Wahrscheinlichkeit $\mathrm{P}_{c\lambda}(K > k_o) = 1 - F(k_o; c\lambda)$ gemäß Eigenschaft 4.1 monoton wachsend in λ ist, folgt

$$\mathrm{P}_{c\lambda}(K > k_o) \le \mathrm{P}_{c\lambda_0}(K > k_o) \le \alpha \quad \text{für alle } \lambda \le \lambda_0,$$

womit (4.27) gezeigt ist.

2. Die maximale Fehlerwahrscheinlichkeit 1. Art, d. h. der Umfang des Tests, ist durch $\mathrm{P}_{c\lambda_0}(K > k_o)$ gegeben. In Abhängigkeit vom gewählten Signifikanzniveau α kann sogar ein Test mit Umfang α vorliegen, falls $\mathrm{P}_{c\lambda_0}(K > k_o) = \alpha$ gilt.

3. Da $\mathrm{P}_{c\lambda}(K > k_o)$ monoton wachsend in λ ist, gilt

$$\mathrm{P}_{c\lambda'}(K > k_o) \ge \mathrm{P}_{c\lambda''}(K > k_o) \quad \text{für alle } \lambda' > \lambda_0 \text{ und } \lambda'' \le \lambda_0,$$

so dass der Test unverfälscht ist.

Methodischer Hintergrund von Verfahren 4.21

1. Zu zeigen ist, dass durch die kritischen Werte k_1 und k_2 aus (4.28) und (4.29) ein Test zum Niveau α definiert ist, also (4.30) gilt. Durch das Konstruktionsverfahren aus (4.28) ist sichergestellt, dass

$$F(k_1 - 1; c\lambda_0) = P_{c\lambda_0}(K \leq k_1 - 1) = P_{c\lambda_0}(K < k_1) \leq \alpha/2$$

gilt. Durch das Konstruktionsverfahren aus (4.29) ist sichergestellt, dass

$$G(k_2 + 1; c\lambda_0) = P_{c\lambda_0}(K \geq k_2 + 1) = P_{c\lambda_0}(K > k_2) \leq \alpha/2$$

gilt. Somit ist (4.30) erfüllt.

2. In Abhängigkeit vom gewählten Signifikanzniveau α kann sogar ein Test mit Umfang α vorliegen, falls $P_{c\lambda_0}(K < k_1) + P_{c\lambda_0}(K > k_2) = \alpha$ gilt.
3. Im Unterschied zu den einseitigen Verfahren 4.19 und 4.20 folgt in diesem Fall im Allgemeinen nicht die Unverfälschtheit des Tests. Hintergrund ist die Asymmetrie der Poisson-Verteilung. Die Unverfälschtheit kann mit alternativen Verfahren mit nichtsymmetrischer Aufteilung von α auf die beiden Verteilungsenden erreicht werden (Rüger 2002, Beispiel 4.17). Diese Verfahren sind allerdings für Anwendungen von geringer Bedeutung.

Methodischer Hintergrund der Verfahren 4.22 bis 4.24 Die auf Quantilen der Chi-Quadrat-Verteilung beruhenden Testverfahren verwenden den Zusammenhang (4.48) zwischen $X \sim \text{Poi}(\lambda)$ und $Y \sim \chi^2(2(k+1))$. Aus diesem Zusammenhang ergibt sich folgende Eigenschaft.

Eigenschaft 4.4 *Es sei $X \sim \text{Poi}(\lambda)$ mit $\lambda \geq 0$ und $\chi^2_{\nu,p}$ bezeichne das p-Quantil einer Chi-Quadrat-Verteilung mit ν Freiheitsgraden. Es sei $0 < p < 1$. Für $k \in \{0, 1, \ldots\}$ gilt*

$$P_\lambda(X \leq k) \leq p \iff \lambda \geq \frac{1}{2}\chi^2_{2(k+1),1-p} \tag{4.57}$$

und für $k \in \mathbb{N}$ gilt

$$P_\lambda(X \geq k) \leq p \iff \lambda \leq \frac{1}{2}\chi^2_{2k,p}. \tag{4.58}$$

Die Äquivalenz (4.57) ergibt sich aus (4.48) mit

$$P_\lambda(X \leq k) \leq p \iff P_{2(k+1)}(Y \leq 2\lambda) \geq 1 - p \iff 2\lambda \geq \chi^2_{2(k+1),1-p}.$$

Die Äquivalenz (4.58) ergibt sich aus (4.48) mit

$$P_\lambda(X \geq k) = 1 - P_\lambda(X < k) = 1 - P_\lambda(X \leq k - 1) = P_{2k}(Y \leq 2\lambda)$$

und

$$P_\lambda(X \geq k) \geq p \iff P_{2k}(Y \leq 2\lambda) \geq p \iff 2\lambda \geq \chi^2_{2k,p}.$$

Methodischer Hintergrund von Verfahren 4.22 Zu zeigen ist, dass die Bedingungen $k < k_u$ aus Verfahren 4.19 und $\frac{1}{2}\chi_{2(k+1),1-\alpha} \leq c\lambda_0$ aus Verfahren 4.22 äquivalent sind. Aus

$k < k_u$ folgt $k \leq k_u - 1$ und damit

$$\mathrm{P}_{c\lambda_0}(K \leq k) = F(k; c\lambda_0) \leq F(k_u - 1; c\lambda_0) \leq \alpha,$$

wobei sich die letzte Ungleichung aus Verfahren 4.19 ergibt. Aus $\mathrm{P}_{c\lambda_0}(K \leq k) = F(k; c\lambda_0) \leq \alpha$ folgt mit (4.24) die Ungleichung $F(k; c\lambda_0) < F(k_u; c\lambda_0)$ und damit $k < k_u$. Somit ist die Äquivalenz

$$k < k_u \iff \mathrm{P}_{c\lambda_0}(K \leq k) \leq \alpha \qquad (4.59)$$

gezeigt. Wegen (4.57) gilt mit der Substitution $(X, \lambda, p) = (K, c\lambda_0, \alpha)$ auch die Äquivalenz

$$\mathrm{P}_{c\lambda_0}(K \leq k) \leq \alpha \iff c\lambda_0 \geq \frac{1}{2}\chi^2_{2(k+1), 1-\alpha}.$$

Damit ist die Äquivalenz

$$k < k_u \iff c\lambda_0 \geq \frac{1}{2}\chi^2_{2(k+1), 1-\alpha} \qquad (4.60)$$

gezeigt.

Methodischer Hintergrund von Verfahren 4.23 Zu zeigen ist, dass die Bedingungen $k > k_o$ aus Verfahren 4.20 und $\frac{1}{2}\chi_{2k,\alpha} \geq c\lambda_0$ aus Verfahren 4.23 äquivalent sind. Aus $k > k_o$ folgt $k \geq k_o + 1$ und damit

$$\mathrm{P}_{c\lambda_0}(K \geq k) = G(k; c\lambda_0) \leq G(k_o + 1; c\lambda_0) \leq \alpha,$$

wobei sich die letzte Ungleichung aus Verfahren 4.20 ergibt. Aus $\mathrm{P}_{c\lambda_0}(K \geq k) = G(k; c\lambda_0) \leq \alpha$ folgt mit (4.26) die Ungleichung $G(k; c\lambda_0) < G(k_o; c\lambda_0)$ und damit $k > k_o$. Somit ist die Äquivalenz

$$k > k_o \iff \mathrm{P}_{c\lambda_0}(K \geq k) \leq \alpha \qquad (4.61)$$

gezeigt. Wegen (4.58) gilt mit der Substitution $(X, \lambda, p) = (K, c\lambda_0, \alpha)$ auch die Äquivalenz

$$\mathrm{P}_{c\lambda_0}(K \geq k) \leq \alpha \iff c\lambda_0 \leq \frac{1}{2}\chi^2_{2k,\alpha}.$$

Damit ist die Äquivalenz

$$k > k_o \iff c\lambda_0 \leq \frac{1}{2}\chi^2_{2k,\alpha} \qquad (4.62)$$

gezeigt.

Methodischer Hintergrund von Verfahren 4.24 Zu zeigen ist, dass die Bedingung ($k < k_1$ oder $k > k_2$) aus Verfahren 4.21 zur Bedingung ($\frac{1}{2}\chi_{2(k+1), 1-\alpha/2} \leq c\lambda_0$ oder $\frac{1}{2}\chi_{2k,\alpha/2} \geq c\lambda_0$) aus Verfahren 4.24 äquivalent ist. Aus (4.60) folgt mit der Substitution von (k_u, α)

durch $(k_1, \alpha/2)$ die Äquivalenz von $k < k_1$ und $\frac{1}{2}\chi_{2(k+1),1-\alpha/2} \leq c\lambda_0$. Aus (4.62) folgt mit der Substitution von (k_o, α) durch $(k_2, \alpha/2)$ die Äquivalenz von $k > k_2$ und $\frac{1}{2}\chi_{2k,\alpha/2} \geq c\lambda_0$.

Methodischer Hintergrund von Verfahren 4.25 Zu zeigen ist die Äquivalenz der Bedingungen $k < k_u$ aus Verfahren 4.19 und $p_1 \leq \alpha$ mit p_1 aus Verfahren 4.25. Es gilt $p_1 = F(k; c\lambda_0) = \mathrm{P}_{c\lambda_0}(K \leq k)$, so dass sich die gesuchte Äquivalenz aus (4.59) ergibt.

Methodischer Hintergrund von Verfahren 4.26 Zu zeigen ist die Äquivalenz der Bedingungen $k > k_o$ aus Verfahren 4.20 und $p_2 \leq \alpha$ mit p_2 aus Verfahren 4.26. Es gilt $p_2 = G(k; c\lambda_0) = \mathrm{P}_{c\lambda_0}(K \geq k)$, so dass sich die gesuchte Äquivalenz aus (4.61) ergibt.

Methodischer Hintergrund von Verfahren 4.27 Zu zeigen ist die Äquivalenz der Bedingung ($k < k_1$ oder $k > k_2$) aus Verfahren 4.21 zur Bedingung $p_3 \leq \alpha$ mit p_3 aus Verfahren 4.27. Aus den beiden vorangegangenen Abschnitten ist klar, dass $k < k_1$ äquivalent zu $p_1 = F(k; c\lambda_0) \leq \alpha/2$ und dass $k > k_2$ äquivalent zu $p_2 = G(k; c\lambda_0) \leq \alpha/2$ ist. Somit ist die Bedingung ($k < k_1$ oder $k > k_2$) äquivalent zu ($p_1 \leq \alpha/2$ oder $p_2 \leq \alpha/2$). Die letzte Bedingung kann zu $\min\{p_1, p_2\} \leq \alpha/2$ und schließlich zu $2\min\{p_1, p_2\} \leq \alpha$ zusammengefasst werden. Damit ergibt sich für $p_3 = 2\min\{p_1, p_2\}$ die Bedingung $p_3 \leq \alpha$.

Methodischer Hintergrund von (4.35) Aus $c > 0$ und $\lambda < \lambda_0$ folgt mit der strengen Monotonie der Funktion G in λ aus Eigenschaft 4.2, dass

$$\mathrm{P}_{c\lambda}(K \geq k_u) = G(k_u; c\lambda) < G(k_u; c\lambda_0) = \mathrm{P}_{c\lambda_0}(K \geq k_u) = 1 - \mathrm{P}_{c\lambda_0}(K < k_u)$$

für $k_u \in \{1, 2, \ldots\}$. Da die Funktion G stetig in λ ist, gilt

$$\sup_{\{\lambda | \lambda < \lambda_0\}} \mathrm{P}_{c\lambda}(K \geq k_u) = 1 - \mathrm{P}_{c\lambda_0}(K < k_u).$$

Methodischer Hintergrund der Verfahren 4.28 bis 4.30 Die Testgröße t aus (4.36) ist eine Realisation der Testvariablen

$$T = \begin{cases} -\infty & \text{für } K = 0 \\ \frac{K - c\lambda_0}{\sqrt{K}} & \text{für } K > 0 \end{cases},$$

wobei $K \sim \mathrm{Poi}(c\lambda)$ gilt. Die Testvariable T ist eine erweiterte Zufallsvariable (siehe Anmerkung 8.3) mit

$$\mathrm{P}_{c\lambda}(T = -\infty) = \mathrm{P}_{c\lambda}(K = 0) = \mathrm{e}^{-c\lambda},$$

wobei

$$\lim_{c \to \infty} \mathrm{P}_{c\lambda}(T = -\infty) = \lim_{c \to \infty} \mathrm{e}^{-c\lambda} = \begin{cases} 1 & \text{für } \lambda = 0 \\ 0 & \text{für } \lambda > 0 \end{cases}.$$

Für $\lambda > 0$ und $c \to \infty$ wird der Ausnahmefall $K = 0$ mit großer Geschwindigkeit unwahrscheinlicher.

Im Fall $\lambda = \lambda_0$ gilt $T \overset{V}{\to} N(0, 1)$ für $c \to \infty$ wegen (4.51).

Methodischer Hintergrund von Verfahren 4.28 Es wird gezeigt, dass durch den kritischen Wert z_α ein Test zum approximativen Niveau α definiert ist, indem

$$P_{c\lambda_0}(T < z_\alpha) \approx \alpha \tag{4.63}$$

und

$$P_{c\lambda}(T < z_\alpha) \leq P_{c\lambda_0}(T < z_\alpha) \quad \text{für alle } \lambda > \lambda_0 \tag{4.64}$$

begründet werden.

1. Im Fall $\lambda = \lambda_0$ gilt $T \overset{V}{\to} N(0, 1)$ für $c \to \infty$ und daher

$$\lim_{c \to \infty} P_{c\lambda_0}(T < z_\alpha) = \alpha.$$

Diese asymptotische Eigenschaft gilt als Rechtfertigung der Approximation (4.63) für endliche, aber hinreichend große Länge c des Beobachtungszeitraums.

2. Für die Funktion $g : [0, \infty) \to \mathbb{R} \cup \{-\infty\}$ mit

$$g(x) = \begin{cases} -\infty & \text{für } x = 0 \\ \frac{x - c\lambda_0}{\sqrt{x}} & \text{für } x > 0 \end{cases} \tag{4.65}$$

gilt $g(0) = -\infty < g(x)$ für alle $x > 0$ und

$$g'(x) = \frac{\sqrt{x} - (x - c\lambda_0)x^{-1/2}/2}{x} = \frac{x + c\lambda_0}{2x\sqrt{x}} > 0 \quad \text{für alle } x > 0,$$

so dass g eine streng monoton wachsende Funktion in x ist.

Für $\lambda > \lambda_0$ gilt wegen Eigenschaft 4.2

$$P_{c\lambda}(K \geq x) \geq P_{c\lambda_0}(K \geq x) \quad \text{für alle } x \in \mathbb{R}$$

und somit gilt für die Komplementwahrscheinlichkeiten

$$P_{c\lambda}(K < x) \leq P_{c\lambda_0}(K < x) \quad \text{für alle } x \in \mathbb{R}.$$

Da g eine stetige und streng monoton wachsende Funktion ist, gilt auch

$$P_{c\lambda}(g(K) < z_\alpha) \leq P_{c\lambda_0}(g(K) < z_\alpha),$$

wodurch (4.64) gezeigt ist, da $T = g(K)$.

Methodischer Hintergrund von Verfahren 4.29 Es wird gezeigt, dass durch den kritischen Wert $z_{1-\alpha}$ ein Test zum approximativen Niveau α definiert ist, indem

$$P_{c\lambda_0}(T > z_{1-\alpha}) \approx \alpha \tag{4.66}$$

und

$$P_{c\lambda}(T > z_{1-\alpha}) \leq P_{c\lambda_0}(T > z_{1-\alpha}) \quad \text{für alle } \lambda < \lambda_0 \tag{4.67}$$

begründet werden.

1. Im Fall $\lambda = \lambda_0$ gilt $T \overset{V}{\to} N(0, 1)$ für $c \to \infty$ und daher

$$\lim_{c \to \infty} P_{c\lambda_0}(T > z_{1-\alpha}) = \alpha.$$

Diese asymptotische Eigenschaft gilt als Rechtfertigung der Approximation (4.66) für endliche, aber hinreichend große Länge c des Beobachtungszeitraums.

2. Für $\lambda < \lambda_0$ gilt wegen Eigenschaft 4.1

$$P_{c\lambda}(K \leq x) \geq P_{c\lambda_0}(K \leq x) \quad \text{für alle } x \in \mathbb{R}$$

und somit gilt für die Komplementwahrscheinlichkeiten

$$P_{c\lambda}(K > x) \leq P_{c\lambda_0}(K > x) \quad \text{für alle } x \in \mathbb{R}.$$

Da g aus (4.65) eine stetige und streng monoton wachsende Funktion ist, gilt auch

$$P_{c\lambda}(g(K) > z_{1-\alpha}) \leq P_{c\lambda_0}(g(K) > z_{1-\alpha}),$$

wodurch (4.67) gezeigt ist, da $T = g(K)$.

Methodischer Hintergrund von Verfahren 4.30 Es wird gezeigt, dass durch die kritischen Werte $z_{\alpha/2}$ und $z_{1-\alpha/2}$ ein Test zum approximativen Niveau α definiert ist, indem

$$P_{c\lambda_0}(T < z_{\alpha/2}) + P_{c\lambda_0}(T > z_{1-\alpha/2}) \approx \alpha$$

begründet wird. Im Fall $\lambda = \lambda_0$ gilt $T \overset{V}{\to} N(0, 1)$ für $c \to \infty$ und damit

$$\lim_{c \to \infty} P_{c\lambda_0}(T < z_{\alpha/2}) = \lim_{c \to \infty} P_{c\lambda_0}(T > z_{1-\alpha/2}) = \alpha/2,$$

woraus

$$\lim_{c \to \infty} (P_{c\lambda_0}(T < z_{\alpha/2}) + P_{c\lambda_0}(T > z_{1-\alpha/2})) = \alpha$$

folgt.

Methodischer Hintergrund von Verfahren 4.31 Zu zeigen ist die Äquivalenz der Bedingungen $t < z_\alpha$ aus Verfahren 4.28 und $p_1 < \alpha$ aus Verfahren 4.31. Im Fall $k = 0$ ist $t = -\infty < z_\alpha$ und $p_1 = \Phi(-\infty) = 0 < \alpha$, so dass H_0 mit beiden Verfahren bei jedem vorgegebenen positiven Signifikanzniveau abgelehnt wird. Im Fall $k > 0$ gilt

$$t < z_\alpha \iff \Phi(t) < \Phi(z_\alpha) \iff p_1 < \alpha,$$

da Φ eine streng monoton wachsende Funktion ist.

Methodischer Hintergrund von Verfahren 4.32 Zu zeigen ist die Äquivalenz der Bedingungen $t > z_{1-\alpha}$ aus Verfahren 4.29 und $p_2 < \alpha$ aus Verfahren 4.32. Im Fall $k = 0$ ist $t = -\infty < z_{1-\alpha}$ und $p_2 = 1 - \Phi(-\infty) = 1 > \alpha$, so dass H_0 mit beiden Verfahren bei jedem vorgegebenen Signifikanzniveau $0 < \alpha < 1$ nicht abgelehnt wird. Im Fall $k > 0$ gilt

$$t > z_{1-\alpha} \iff \Phi(t) > \Phi(z_{1-\alpha}) \iff 1 - p_2 > 1 - \alpha \iff p_2 < \alpha,$$

da Φ eine streng monoton wachsende Funktion ist.

Methodischer Hintergrund von Verfahren 4.33 Zu zeigen ist die Äquivalenz der Bedingungen ($t < z_{\alpha/2}$ oder $t > z_{1-\alpha/2}$) aus Verfahren 4.30 und $p_3 < \alpha$ aus Verfahren 4.33. Im Fall $k = 0$ ist $t = -\infty < z_{\alpha/2}$ und $p_3 = 2\min\{\Phi(-\infty), 1 - \Phi(-\infty)\} = 0 < \alpha$, so dass H_0 mit beiden Verfahren bei jedem vorgegebenen Signifikanzniveau $0 < \alpha < 1$ abgelehnt wird. Im Fall $k > 0$ gilt

$$\begin{aligned}
t < z_{\alpha/2} \text{ oder } t > z_{1-\alpha/2} &\iff \Phi(t) < \Phi(z_{\alpha/2}) \text{ oder } \Phi(t) > \Phi(z_{1-\alpha/2}) \\
&\iff \Phi(t) < \alpha/2 \text{ oder } 1 - \Phi(t) < \alpha/2 \\
&\iff \min\{\Phi(t), 1 - \Phi(t)\} < \alpha/2 \\
&\iff 2\min\{\Phi(t), 1 - \Phi(t)\} < \alpha \\
&\iff 2\min\{p_1, p_2\} < \alpha.
\end{aligned}$$

Literatur

Casella G, Berger RL (2002) Statistical inference, 2. Aufl. Duxbury, Pacific Grove
Hedderich J, Sachs L (2020) Angewandte Statistik: Methodensammlung mit R, 17. Aufl. Springer Spektrum, Berlin
Lehmann EL, Romano JP (2005) Testing statistical hypotheses, 3. Aufl. Springer, New York
Rinne H (2008) Taschenbuch der Statistik, 4. Aufl. Harri Deutsch, Frankfurt a. M
Rüger B (2002) Test- und Schätztheorie, Band II: statistische Tests. Oldenbourg, München
Stoyanov JM (2013) Counterexamples in probability, 3. Aufl. Dover Publications, Mineola

Risikobeurteilung ohne beobachtete Schadenereignisse

5

5.1 Der Fall der Null-Beobachtung

Für viele Risikosituationen ist typisch, dass die Schadenereignisse kleine Ereigniswahrscheinlichkeiten aufweisen. Beispiele für solche seltenen Schadenereignisse sind schwere Störfälle in Kernkraftanlagen, das Bersten eines Staudamms, das Auftretens von Naturkatastrophen wie extremen Stürmen und Überschwemmungen und das Auftreten seltener Krankheiten mit sehr kleinen Erkrankungswahrscheinlichkeiten. Auch dann, wenn sehr viele Beobachtungen vorliegen, z. B. Betriebsjahre einer technischen Großanlage, kann die Anzahl der beobachteten Schadenereignisse sehr klein oder sogar Null sein.

Wir bezeichnen den Fall, in dem (noch) kein Schadenereignis beobachtet wurde, als Fall der *Null-Beobachtung.* Der Fall der Null-Beobachtung wird in der Literatur unter verschiedenen Bezeichnungen behandelt: „zero occurrence" (Basu et al. 1996; Razzaghi 2002), „zero-failure data" (Bailey 1997; Jiang et al. 2015), „zero failure data" (Quigley und Revie 2002), „no recorded failures" (Bryant 2007), „adverse events that have not yet occurred" (Eypasch et al. 1995), „zero numerators" oder „no events" (Hanley und Lippman-Hand 1983) und „no defaults observed" (Pluto und Tasche 2005).

Bernoulli-Modell Im durch Annahme 2.1 aus Kap. 2 charakterisierten Stichprobenmodell ist die zufällige Anzahl der beobachteten Schadenereignisse durch eine binomialverteilte Zufallsvariable $K \sim \mathrm{Bin}(n, \pi)$ mit Stichprobenumfang n und Parameter π gegeben. In diesem Modell stellt π die Eintrittswahrscheinlichkeit des interessierenden Schadenereignisses dar. Die Wahrscheinlichkeit, dass in einer Stichprobe vom Umfang n kein Schadenereignis beobachtet wird, ist

$$\mathrm{P}_\pi (K = 0) = (1 - \pi)^n.$$

© Springer-Verlag GmbH Deutschland, ein Teil von Springer Nature 2022
S. Höse und S. Huschens, *Ereignisrisiko*,
https://doi.org/10.1007/978-3-662-64691-5_5

Tab. 5.1 Wahrscheinlichkeit $P_\pi(K = 0) = (1 - \pi)^n$ für $K \sim \text{Bin}(n, \pi)$ für verschiedene Konstellationen des Stichprobenumfangs n und der Eintrittswahrscheinlichkeit π

n	π						
	0.001	0.01	0.02	0.05	0.1	0.15	0.2
1	0.999	0.99	0.98	0.95	0.9	0.85	0.8
5	0.995	0.951	0.904	0.774	0.590	0.444	0.328
10	0.990	0.904	0.817	0.599	0.349	0.197	0.107
50	0.951	0.605	0.364	0.077	0.005	$< 10^{-3}$	$< 10^{-4}$
100	0.905	0.366	0.133	0.006	$< 10^{-4}$	$< 10^{-7}$	$< 10^{-9}$
500	0.606	0.007	$< 10^{-4}$	$< 10^{-11}$	$< 10^{-22}$	$< 10^{-35}$	$< 10^{-48}$
1 000	0.368	$< 10^{-4}$	$< 10^{-8}$	$< 10^{-22}$	$< 10^{-45}$	$< 10^{-70}$	$< 10^{-96}$

Diese Formel verdeutlicht, dass die Wahrscheinlichkeit einer Null-Beobachtung nicht isoliert einer kleinen Eintrittswahrscheinlichkeit π oder einem kleinen Stichprobenumfang n zugerechnet werden darf, sondern dass die Kombination der Parameter n und π entscheidend ist. In Tab. 5.1 ist die – teils überraschend hohe und teils verschwindend kleine – Wahrscheinlichkeit der Null-Beobachtung für verschiedene Konstellationen von n und π angegeben.

Poisson-Modell In Risikosituationen, bei denen das Auftreten seltener, prinzipiell wiederholbarer Schadenereignisse kontinuierlich im Zeitablauf untersucht wird, kann die Anzahl der beobachteten Schadenereignisse sehr klein oder im Extremfall sogar Null sein, auch dann, wenn der Beobachtungszeitraum relativ lang ist. Solche seltenen Schadenereignisse können beispielsweise schwere Störfälle in komplexen Industrieanlagen und verheerende Naturkatastrophen wie ein Jahrhunderthochwasser sein. Im durch Annahme 4.1 aus Kap. 4 charakterisierten Stichprobenmodell wird die zufällige Anzahl der beobachteten Schadenereignisse durch eine Poisson-verteilte Zufallsvariable $K \sim \text{Poi}(c\lambda)$ beschrieben, wobei $c > 0$ die Länge des Beobachtungszeitraums ist und $\lambda \geq 0$ die Ereignisintensität ist, welche die erwartete Anzahl von Schadenereignissen pro Zeiteinheit charakterisiert. Die Wahrscheinlichkeit, dass im Beobachtungszeitraum kein Schadenereignis auftritt, ist

$$P_{c\lambda}(K = 0) = \text{e}^{-c\lambda}.$$

Je nach Kombination von c und λ kann die Null-Beobachtung eine hohe oder eher verschwindend geringe Wahrscheinlichkeit haben. In Tab. 5.2 ist die Wahrscheinlichkeit der Null-Beobachtung im Poisson-Modell für verschiedene Konstellationen von c und λ angegeben.

Die Ähnlichkeit der Tab. 5.1 und 5.2 vor allem im linken oberen Bereich ist auf den wohlbekannten Sachverhalt zurückzuführen, dass eine Binomialverteilung $\text{Bin}(n, \pi)$ für kleine

Tab. 5.2 Wahrscheinlichkeit $P_{c\lambda}(K = 0) = e^{-c\lambda}$ für $K \sim \text{Poi}(c\lambda)$ für verschiedene Konstellationen der Länge c des Beobachtungszeitraums und der Ereignisintensität λ

c	λ						
	0.001	0.01	0.02	0.05	0.1	0.15	0.2
1	0.999	0.990	0.980	0.951	0.905	0.861	0.819
5	0.995	0.951	0.905	0.779	0.607	0.472	0.368
10	0.990	0.905	0.819	0.607	0.368	0.223	0.135
50	0.951	0.607	0.368	0.082	0.007	$< 10^{-3}$	$< 10^{-4}$
100	0.905	0.368	0.135	0.007	$< 10^{-4}$	$< 10^{-6}$	$< 10^{-8}$
500	0.607	0.007	$< 10^{-4}$	$< 10^{-10}$	$< 10^{-21}$	$< 10^{-32}$	$< 10^{-43}$
1 000	0.368	$< 10^{-4}$	$< 10^{-8}$	$< 10^{-21}$	$< 10^{-43}$	$< 10^{-65}$	$< 10^{-86}$

Werte von $n\pi$ durch eine Poisson-Verteilung mit Intensitätsparameter $n\pi$ approximierbar ist. Dies bedeutet für den Vergleich der Tab. 5.1 und 5.2, dass die Wahrscheinlichkeiten ähnlich groß sind, wenn $n\pi = c\lambda$ gilt, und dass diese Ähnlichkeit um so größer ist, je kleiner der Wert $n\pi$ ist.

5.2   Null-Beobachtung im Bernoulli-Modell

Im Rahmen des Bernoulli-Modells bedeutet der Fall der Null-Beobachtung, dass die Datensituation $x_1 = 0, \ldots, x_n = 0$ vorliegt und damit $k = 0$ gilt. Die Null-Beobachtung führt bei Anwendung der im Kap. 2 angegebenen Verfahren der statistischen Inferenz zu teils sehr eingeschränkten Interpretationsmöglichkeiten:

- Der übliche Punktschätzwert aus Verfahren 2.1 für die Eintrittswahrscheinlichkeit π ist $\bar{x} = k/n = 0$. Dieser Punktschätzwert gibt keinen Hinweis auf die Größenordnung des Parameters π und ist unplausibel, falls unterstellt werden kann, dass π positiv ist. Der Schätzwert für den Standardfehler aus Verfahren 2.2 ist $s_{\bar{x}} = 0$. Dieser Schätzwert gibt keine Information über die Größenordnung des Standardfehlers, so dass mit dessen Hilfe keine Genauigkeitsabschätzungen der Punktschätzung möglich sind. In der Theorie diskutierte und in Anwendungen vorgeschlagene Auswege aus dieser Situation, die als unbefriedigend empfunden wird, weil in der Regel das minimale Vorwissen vorliegt, dass die Eintrittswahrscheinlichkeit positiv ist, werden in Abschn. 5.4 diskutiert.
- Für die exakten Konfidenzschranken und -intervalle für die Eintrittswahrscheinlichkeit π aus den Verfahren 2.5 bis 2.14 ergeben sich folgende Konsequenzen: Die untere Konfidenzschranke aus den Verfahren 2.5 und 2.10, die untere Intervallgrenze eines einseitig unten begrenzten Konfidenzintervalls aus den Verfahren 2.6 und 2.11 und die Untergrenze eines Konfidenzintervalls aus den Verfahren 2.9 und 2.14 nimmt den Wert Null

an. Dies gilt für jedes beliebige vorgegebene Konfidenzniveau $1 - \alpha$ und jeden Stichprobenumfang n. Die obere Konfidenzschranke aus den Verfahren 2.7 und 2.12 und die obere Intervallgrenze des einseitig oben begrenzten Konfidenzintervalls aus den Verfahren 2.8 und 2.13 ergeben positive und interpretierbare Werte, siehe dazu Unterabschnitt 5.2.3. Auch die Obergrenze eines Konfidenzintervalls aus den Verfahren 2.9 und 2.14 nimmt einen positiven und sinnvoll interpretierbaren Wert an.

- Für die approximativen Konfidenzschranken und -intervalle, die auf Normalverteilungsapproximationen beruhen, gilt, dass die untere Konfidenzschranke aus Verfahren 2.15 und die obere Konfidenzschranke aus Verfahren 2.17 den Wert Null annimmt. Der Wert des einseitig unten begrenzten Konfidenzintervalls aus Verfahren 2.16 entartet zum informationslosen Einheitsintervall $[0, 1]$. Der Wert des einseitig oben begrenzten Konfidenzintervalls aus Verfahren 2.18 sowie des zweiseitigen Konfidenzintervalls aus Verfahren 2.19 degenerieren zu dem aus einem Punkt bestehenden Intervall $[0, 0]$.

- Für die exakten statistischen Tests aus den Verfahren 2.21 bis 2.29 gilt: Eine Hypothese $H_0 : \pi \leq \pi_0$ kann unabhängig von der Größe des Referenzwertes π_0, der Größe des Stichprobenumfangs n und der Größe des vorgegebenen Signifikanzniveaus α nicht zugunsten von $H_1 : \pi > \pi_0$ abgelehnt werden. Dagegen sind Tests der Hypothese $H_0 : \pi \geq \pi_0$ sinnvoll durchführbar, siehe Unterabschnitt 5.2.4. Auch Tests mit dem Hypothesenpaar $H_0 : \pi = \pi_0$ versus $H_1 : \pi \neq \pi_0$ sind sinnvoll durchführbar.

- Die approximativen Tests aus den Verfahren 2.30 bis 2.35 führen nicht zu sinnvoll interpretierbaren Testentscheidungen, da für jedes vorgegebene Signifikanzniveau $0 < \alpha < 1$, jeden Stichprobenumfang n und jedes π_0 die Hypothese $H_0 : \pi \geq \pi_0$ zugunsten von $H_1 : \pi < \pi_0$ abgelehnt wird, die Hypothese $H_0 : \pi \leq \pi_0$ nicht zugunsten von $H_1 : \pi > \pi_0$ abgelehnt wird und die Hypothese $H_0 : \pi = \pi_0$ zugunsten von $H_1 : \pi \neq \pi_0$ abgelehnt wird.

5.2.1 Vermeidung der Null-Beobachtung

Unter Umständen ist es möglich, den Stichprobenumfang vor der Beobachtung zu planen. In diesem Fall kann man versuchen, die Wahrscheinlichkeit einer Null-Beobachtung nach oben zu beschränken. Für jede betrachtete Eintrittswahrscheinlichkeit $\pi > 0$ kann die Wahrscheinlichkeit $P_\pi(K = 0) = (1-\pi)^n$ einer Null-Beobachtung durch einen hinreichend großen Stichprobenumfang unter jede beliebige positive Grenze gesenkt werden, da

$$\lim_{n \to \infty} (1 - \pi)^n = 0 \quad \text{für alle } \pi > 0$$

gilt. Andererseits gilt

$$\sup_{0 < \pi \leq 1} (1 - \pi)^n = 1 \quad \text{für alle } n \in \mathbb{N},$$

so dass die Wahrscheinlichkeit $P_\pi(K = 0)$ einer Null-Beobachtung für jeden Stichprobenumfang n für hinreichend kleine Werte von π immer beliebig nahe am Wert Eins liegen kann.
Es gibt daher keinen von π unabhängigen Stichprobenumfang, durch den sich $P_\pi(K = 0)$
unterhalb von Eins beschränken lässt, falls π beliebig klein sein kann.

Wenn allerdings eine positive untere Schranke π_0 für die Eintrittswahrscheinlichkeit π
spezifiziert werden kann, dann ist es möglich, einen Stichprobenumfang anzugeben, der hinreichend groß ist, damit die Wahrscheinlichkeit $P_\pi(K = 0)$ einer Null-Beobachtung unter
einer vorgegebenen Schranke liegt und somit mit großer Wahrscheinlichkeit mindestens ein
Schadenereignis eintritt.

Verfahren 5.1 (Notwendiger Stichprobenumfang bei Vorinformation) *Über die Eintrittswahrscheinlichkeit π liegt eine Vorinformation der Form $\pi \geq \pi_0$ mit einer gegebenen
Schranke $\pi_0 > 0$ vor. Damit dann die Wahrscheinlichkeit $P_\pi(K = 0)$ für alle $\pi \geq \pi_0$ nicht
größer als eine vorgegebene Schranke $0 < d < 1$ ist, wird der notwendige Stichprobenumfang so bestimmt, dass*

$$n \geq \frac{\ln(d)}{\ln(1 - \pi_0)} \tag{5.1}$$

erfüllt ist.

Beispiel zu Verfahren 5.1

Bei der Schätzung der Eintrittswahrscheinlichkeit π aus einer geplanten Stichprobe vom
Umfang n soll sichergestellt werden, dass die Wahrscheinlichkeit $P_\pi(K = 0)$ einer
Null-Beobachtung nicht größer als 0.02 ist, wobei die Vorinformation $\pi \geq \pi_0 = 0.001$
vorliegt. Mit (5.1) erhält man

$$n \geq \frac{\ln(0.02)}{\ln(1 - 0.001)} \approx 3\,911.$$

Mit der Vorinformation, dass die Eintrittswahrscheinlichkeit mindestens 0.1 % beträgt,
wird ein Stichprobenumfang von mindestens 3 911 Beobachtungen benötigt, damit die
Wahrscheinlichkeit einer Null-Beobachtung höchstens 2 % beträgt und daher die Null-
Beobachtung mit mindestens 98 % Wahrscheinlichkeit vermieden wird. ◄

5.2.2 Likelihoodinferenz

Ein Grundprinzip der Likelihoodinferenz ist, vom postulierten Modell und den gegebenen
Beobachtungen auszugehen. Um zu beurteilen, welche Werte der Eintrittswahrscheinlichkeit
π bei k beobachteten Schadenereignissen plausibel sind, kann die *Likelihoodfunktion* (engl.
likelihood function)

$$L_k(\pi) \overset{\text{def}}{=} P_\pi(K = k) \quad \text{für } 0 \leq \pi \leq 1$$

herangezogen werden. Diese gibt bei gegebenem Stichprobenumfang die Wahrscheinlichkeit des beobachteten Stichprobenergebnisses k für alternative Parameterwerte π an. Für
den Fall der Null-Beobachtung $k = 0$ im Bernoulli-Modell ist die Likelihoodfunktion

$$L_0(\pi) = (1 - \pi)^n \quad \text{für } 0 \leq \pi \leq 1.$$

Die Likelihoodfunktion nimmt an der Stelle Null den maximalen Wert Eins an und sinkt
dann rechts von Null ab, vgl. dazu Abb. 5.1. Der übliche Punktschätzwert $\bar{x} = 0$ für π maximiert für jeden Stichprobenumfang n die Likelihoodfunktion und ist damit ein Maximum-
Likelihood-Schätzwert (ML-Schätzwert) für die Eintrittswahrscheinlichkeit π. Allerdings
handelt es sich um einen sogenannten irregulären Fall eines ML-Schätzwertes, bei dem die
Likelihoodfunktion an der Maximalstelle keine waagerechte Tangente besitzt.

Likelihoodintervalle Im Sinne der Likelihoodinferenz gelten Parameterwerte als um so
plausibler, je größer der Wert der Likelihoodfunktion ist. Für eine Intervallschätzung im
Sinn der Likelihoodinferenz werden diejenigen Parameterwerte zusammengefasst, für welche die Likelihoodfunktion bei gegebenen Beobachtungen eine vorgegebene Schranke d
überschreitet. Aus $L_0(\pi) \geq d$ erhält man $\pi \leq 1 - d^{1/n}$ und damit ein sogenanntes *Likelihoodintervall* (engl. likelihood interval) (Pawitan 2013, S. 38)

$$[0, 1 - d^{1/n}], \tag{5.2}$$

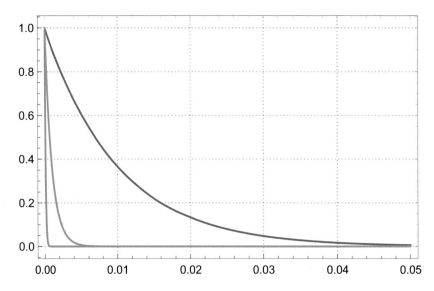

Abb. 5.1 Likelihoodfunktion $L_0(\pi)$ für $0 \leq \pi \leq 5\,\%$ und $n = 100$ (blau), $n = 1000$ (orange) und
$n = 10\,000$ (grün)

das diejenigen Eintrittswahrscheinlichkeiten enthält, für welche die Likelihoodfunktion mindestens den Wert d hat. Im Sinn einer Annäherung an eine Punktschätzung ist die Schranke d groß zu wählen, z. B. $d = 0.99$, so dass sich im resultierenden Intervall nur Parameterwerte mit sehr hoher Plausibilität befinden. Für $n = 100$ und $d = 0.99$ ergibt sich beispielsweise das Likelihoodintervall

$$[0, 1 - 0.99^{1/100}] \approx [0, 0.0001]$$

für die Eintrittswahrscheinlichkeit π. Wenn man die Schranke d eher klein wählt, ergibt sich ein Likelihoodintervall, das sich im üblichen Sinn einer Intervallschätzung interpretieren lässt, wobei die am wenig plausibelsten Eintrittswahrscheinlichkeiten ausgeschlossen werden. Beispielsweise ergibt sich für $n = 100$ und $d = 0.05$ das Likelihoodintervall

$$[0, 1 - 0.05^{1/100}] \approx [0, 0.0295]$$

für die Eintrittswahrscheinlichkeit π.

5.2.3 Konfidenzschranken und -intervalle

Eine typische Aufgabenstellung im Zusammenhang mit einer kleinen, aber unbekannten Eintrittswahrscheinlichkeit für ein Schadenereignis ist die Angabe einer oberen Schranke für die Eintrittswahrscheinlichkeit des Schadenereignisses. Dies ist auch im Fall einer Null-Beobachtung durch Angabe des Wertes v einer oberen Konfidenzschranke V oder durch Angabe des Wertes $[0, v]$ eines einseitig oben begrenzten Konfidenzintervals der Form $[0, V]$ möglich. Dazu können die Verfahren 2.7 oder 2.12 zur Bestimmung von v und die Verfahren 2.8 oder 2.13 zur Bestimmung von $[0, v]$ genutzt werden. Eine obere Konfidenzschranke V ermöglicht zu einem vorgegebenem Konfidenzniveau $1 - \alpha$ die Wahrscheinlichkeitsaussage

$$P_\pi (\pi \leq V) \geq 1 - \alpha \quad \text{für alle } 0 \leq \pi \leq 1$$

und begrenzt damit die Wahrscheinlichkeit eines Schadenereignisses nach oben. Die analoge Wahrscheinlichkeitsaussage für das einseitig oben begrenzte Konfidenzintervall $[0, V]$ ist

$$P_\pi (\pi \in [0, V]) \geq 1 - \alpha \quad \text{für alle } 0 \leq \pi \leq 1.$$

Mit Verfahren 2.7 erhält man im Fall der Null-Beobachtung bei einer Stichprobe vom Umfang n den Wert

$$v = 1 - \alpha^{1/n} \tag{5.3}$$

einer oberen Clopper-Pearson-Konfidenzschranke V für die Eintrittswahrscheinlichkeit π zum Konfidenzniveau $1 - \alpha$. Tab. 5.3 enthält Werte von $1 - \alpha^{1/n}$ für übliche Konfidenzniveaus und verschiedene Stichprobenumfänge. Der Wert $[0, v]$ eines einseitig oben begrenzten Clopper-Pearson-Konfidenzintervalls $[0, V]$ für die Eintrittswahrscheinlichkeit π ist entsprechend das Intervall

Tab. 5.3 Werte $1 - \alpha^{1/n}$ oberer Clopper-Pearson-Konfidenzschranken für die Eintrittswahrscheinlichkeit π im Fall $k = 0$ für verschiedene Konfidenzniveaus $1 - \alpha$ und Stichprobenumfänge n

Konfidenzniveau $1 - \alpha$	Stichprobenumfang n			
	10	100	1 000	10 000
90 %	0.2057	0.0228	0.0023	0.0002
95 %	0.2589	0.0295	0.0030	0.0003
99 %	0.3690	0.0450	0.0046	0.0005
99.9 %	0.4988	0.0667	0.0069	0.0007

$$[0, 1 - \alpha^{1/n}]. \tag{5.4}$$

Dieses Intervall stimmt für $\alpha = d$ formal mit dem Likelihoodintervall in (5.2) überein. Allerdings sind inhaltliche Interpretation und Motivation von α und d verschieden. Bei der Intervallschätzung durch ein Konfidenzintervall ist α die vorgegebene maximal zulässige Irrtumswahrscheinlichkeit, während bei der Likelihoodinferenz d eine minimal geforderte Likelihood der gegebenen Beobachtungen festlegt.

Beispiel: Betriebsjahre ohne Schadenereignis

Experten schätzen die Eintrittswahrscheinlichkeit π für ein katastrophales Ereignis in einer technischen Großanlage eines bestimmten Typs innerhalb eines Betriebsjahres als höchstens $\pi_0 = 0.0001$ ein. Es liegen für Anlagen desselben Typs insgesamt $n = 10\,000$ beobachtete Betriebsjahre vor, bei denen $k = 0$ katastrophale Ereignisse beobachtet wurden. Wie kann die Experteneinschätzung statistisch beurteilt werden?

- Der Punktschätzwert ist $\bar{x} = k/n = 0$ und gibt damit bestenfalls einen Hinweis auf eine sehr kleine Eintrittswahrscheinlichkeit π.
- Aus (5.4) erhält man den Wert

$$[0, 1 - \alpha^{1/n}] = [0, 1 - 0.05^{1/10\,000}] \approx [0, 0.0003] \tag{5.5}$$

eines einseitig oben begrenzten Clopper-Pearson-Konfidenzintervalls zum Konfidenzniveau 95 %. Dieses Intervall enthält zwar den postulierten Wert $\pi_0 = 0.0001$, aber auch weitaus größere Eintrittswahrscheinlichkeiten, die bis zum Dreifachen von π_0 reichen. Das aus der Null-Beobachtung resultierende Konfidenzintervall kann daher die Experteneinschätzung nicht bestätigen.

- Damit die obere Intervallgrenze des Konfidenzintervalls nicht größer als π_0 ist, müsste

$$1 - 0.05^{1/n} \leq 0.0001$$

bzw.

$$n \geq \ln(0.05)/\ln(0.9999) \approx 29\,956$$

gelten. Es wären also rund $30\,000$ schadenfreie Beobachtungsjahre erforderlich, um mit dem Konfidenzintervall zum Konfidenzniveau $95\,\%$ die Experteneinschätzung zu bestätigen.

◀

5.2.4 Statistisches Testen

Bei Testfragestellungen bezüglich einer postulierten maximalen Eintrittswahrscheinlichkeit π_0 interessieren die beiden Hypothesenpaare $H_0 : \pi \geq \pi_0$ versus $H_1 : \pi < \pi_0$ und $H_0 : \pi \leq \pi_0$ versus $H_1 : \pi > \pi_0$. Wir gehen von dem Fall einer vermuteten kleinen Eintrittswahrscheinlichkeiten aus, in dem es sinnvoll ist, die exakten Testverfahren aus Abschn. 2.4.1 zu verwenden.

Das Hypothesenpaar

$$H_0 : \pi \geq \pi_0 \quad \text{versus} \quad H_1 : \pi < \pi_0$$

ist relevant, wenn man durch einen statistischen Test absichern möchte, dass die Eintrittswahrscheinlichkeit π unter einem positiven Referenzniveau π_0 liegt. Im Fall der Null-Beobachtung ergibt sich der zugehörige p-Wert aus (2.39) als

$$p_1 = F(0; n, \pi_0) = (1 - \pi_0)^n.$$

Die Nullhypothese wird daher abgelehnt, falls $p_1 \leq \alpha$ bzw. $1 - \alpha^{1/n} \leq \pi_0$.

Mit dem alternativen Hypothesenpaar

$$H_0 : \pi \leq \pi_0 \quad \text{versus} \quad H_1 : \pi > \pi_0$$

kann überprüft werden, ob die Daten im offensichtlichen Widerspruch zur behaupteten Beziehung $\pi \leq \pi_0$ stehen. Der entsprechende p-Wert aus (2.40) ist

$$p_2 = G(0; n, \pi_0) = 1,$$

so dass unabhängig vom Signifikanzniveau $0 < \alpha < 1$, von der Größe des Stichprobenumfangs n und vom Referenzwert π_0 keine Ablehnung der Nullhypothese erfolgt. Darin kommt formal zum Ausdruck, dass die Null-Beobachtung grundsätzlich ungeeignet ist, eine Nullhypothese der Form $\pi \leq \pi_0$ zu erschüttern, da sie mit dieser eher verträglich ist, als mit der Gegenhypothese $\pi > \pi_0$.

Beispiel: Betriebsjahre ohne Schadenereignis (Fortsetzung)

Das Beispiel aus Abschn. 5.2.3 wird weitergeführt.

- Ein Test für das Hypothesenpaar

$$H_0 : \pi \geq 0.0001 \quad \text{versus} \quad H_1 : \pi < 0.0001 \tag{5.6}$$

ist geeignet, die Experteneinschätzung im Fall einer Ablehnung der Nullhypothese zu bestätigen. Die entsprechende statistische Fragestellung lautet: Kann zu vorgegebenem Signifikanzniveau α die Hypothese H_0 zugunsten der Gegenhypothese H_1 abgelehnt werden? Im exakten Testverfahren 2.27 wird die Nullhypothese H_0 abgelehnt, falls $p_1 \leq \alpha$ für den p-Wert p_1 aus (2.39) gilt. Mit $\pi_0 = 0.0001$ und $n = 10\,000$ ergibt sich

$$p_1 = F(0; n, \pi_0) = (1 - \pi_0)^n = (1 - 0.0001)^{10\,000} \approx 0.3679.$$

Somit kann die Nullhypothese zu den üblichen Signifikanzniveaus $\alpha \leq 10\,\%$ nicht abgelehnt werden.

- Für die alternative Testfragestellung mit dem Hypothesenpaar

$$H_0 : \pi \leq 0.0001 \quad \text{versus} \quad H_1 : \pi > 0.0001 \tag{5.7}$$

ergibt der exakte Test aus Verfahren 2.28 gemäß (2.40) einen p-Wert von

$$p_2 = G(0; n, \pi_0) = 1,$$

so dass die Nullhypothese auf jedem Signifikanzniveau $0 < \alpha < 1$ nicht abgelehnt wird. Die Nichtablehnung der Nullhypothese ist nur eine schwache Bestätigung der Experteneinschätzung, da der Fehler 2. Art zu beachten ist.

Der Wert [0, 0.0003] des einseitig oben begrenzten Clopper-Pearson-Konfidenzintervalls aus (5.5) und der Test mit dem Hypothesenpaar (5.7) zeigen, dass die beobachteten Werte nicht im Widerspruch zur Experteneinschätzung stehen. Allerdings zeigt der Test mit dem Hypothesenpaar (5.6) auch, dass 10 000 schadenfreie Betriebsjahre für eine statistische Bestätigung der Experteneinschätzung $\pi < 0.01\,\%$ nicht ausreichen. ◄

Da im vorausgegangenen Beispiel die Anzahl von 10 000 schadenfreien Beobachtungen nicht ausreicht, um die Nullhypothese $H_0 : \pi \geq \pi_0$ abzulehnen, liegt die Frage nahe, wie groß die Anzahl schadenfreier Beobachtungen sein muss, damit bei einem vorgegebenem Signifikanzniveau α die Nullhypothese $H_0 : \pi \geq \pi_0$ zugunsten der Gegenhypothese $H_1 : \pi < \pi_0$ abgelehnt und dadurch die Oberschranke π_0 statistisch bestätigt wird. H_0 wird abgelehnt, falls

$$p_1 = F(0; n, \pi_0) = (1 - \pi_0)^n \leq \alpha.$$

Dies führt für gegebene Werte π_0 und α zur Bedingung

$$n \geq \frac{\ln(\alpha)}{\ln(1 - \pi_0)}.$$

Beispiel: Betriebsjahre ohne Schadenereignis (Fortsetzung)

Im Kontext des Beispiels aus Abschn. 5.2.3 und dessen Fortsetzung in diesem Abschnitt muss für die Anzahl schadenfreier Betriebsjahre

$$n \geq \ln(0.05)/\ln(0.9999) \approx 29\,956$$

gelten, damit bei einem vorgegebenem Signifikanzniveau von $\alpha = 5\,\%$ die Nullhypothese $H_0 : \pi \geq 0.0001$ zugunsten der Gegenhypothese $H_1 : \pi < 0.0001$ abgelehnt wird und dadurch die Oberschranke $\pi_0 = 0.0001$ statistisch bestätigt wird. Also ist erst bei rund 30 000 schadenfreien Betriebsjahren eine Risikoeinschätzung der Form $\pi < 0.0001$ bei einem vorgegebenen Signifikanzniveau von $5\,\%$ statistisch gesichert.

Bei Schadenereignissen mit extremen Auswirkungen, wie z. B. einer Atomkatastrophe, wird man die Wahrscheinlichkeit der Unterschätzung des Risikos stärker beschränken wollen, indem man ein kleineres Signifikanzniveau von $1\,\%$ oder sogar $0.1\,\%$ vorgibt. Die erforderlichen Stichprobenumfänge zur Ablehnung der Nullhypothese $H_0 : \pi \geq 0.0001$ zugunsten der Gegenhypothese $H_1 : \pi < 0.0001$ sind dann

$$n \geq \ln(0.01)/\ln(0.9999) \approx 46\,050$$

für $\alpha = 1\,\%$ und

$$n \geq \ln(0.001)/\ln(0.9999) \approx 69\,075$$

für $\alpha = 0.1\,\%$. ◄

5.3 Null-Beobachtung im Poisson-Modell

Im Rahmen des Poisson-Modells $K \sim \text{Poi}(c\lambda)$, wobei K die zufällige Anzahl der Schadenereignisse im Beobachtungszeitraum, $c > 0$ die Länge des Beobachtungszeitraums und $\lambda \geq 0$ die Ereignisintensität ist, führt das Vorliegen der Null-Beobachtung zu $k = 0$ und zu folgenden eingeschränkten Anwendungs- und Interpretationsmöglichkeiten der im Kap. 4 angegebenen statistischen Inferenzverfahren:

- Wegen $k = 0$ ist $k/c = 0$ der übliche Punktschätzwert für die Ereignisintensität λ aus Verfahren 4.1. Dieser Punktschätzwert lässt keinen Rückschluss über die Größenordnung der Ereignisintensität zu. Der geschätzte Standardfehler aus Verfahren 4.2 ist

$s_{K/c} = \sqrt{k}/c = 0$ und ermöglicht daher keine Genauigkeitsaussagen zur Punktschätzung. Der Punktschätzwert ist insbesondere dann unbefriedigend, wenn von einer positiven Ereignisintensität auszugehen ist. In Abschn. 5.4 werden in der Praxis gewählte Auswege aus dieser Situation dargestellt.

- Für die Interpretation der exakten Konfidenzschranken und -intervalle für die Ereignisintensität λ aus den Verfahren 4.4 bis 4.13 ergeben sich folgende Konsequenzen: Die untere Konfidenzschranke aus den Verfahren 4.4 und 4.9, die untere Intervallgrenze eines einseitig unten begrenzten Konfidenzintervalls aus den Verfahren 4.5 und 4.10 und die Untergrenze eines Konfidenzintervalls aus den Verfahren 4.8 und 4.13 nehmen den Wert Null an. Dies gilt für jedes vorgegebene Konfidenzniveau $1 - \alpha$ und jede Länge c des Beobachtungszeitraums. Die obere Konfidenzschranke für λ aus den Verfahren 4.6 und 4.11 und die obere Intervallgrenze des einseitig oben begrenzten Konfidenzintervalls aus den Verfahren 4.7 und 4.12 ergeben positive und interpretierbare Werte, siehe dazu Unterabschnitt 5.3.3. Auch die Obergrenze des Konfidenzintervalls aus den Verfahren 4.8 und 4.13 nimmt einen positiven und sinnvoll interpretierbaren Wert an.
- Für die approximativen Konfidenzschranken und -intervalle, die auf Normalverteilungsapproximationen beruhen, ergibt sich, dass die untere Konfidenzschranke aus Verfahren 4.14 und die obere Konfidenzschranke aus Verfahren 4.16 den Wert Null annehmen. Der Wert des einseitig unten begrenzten Konfidenzintervalls aus Verfahren 4.15 entartet zum informationslosen Intervall $[0, \infty)$. Das einseitig oben begrenzte Konfidenzintervall aus Verfahren 4.17 und das zweiseitige Konfidenzintervall aus Verfahren 4.18 nehmen als Wert das zu einem Punkt degenerierte Intervall $[0, 0]$ an.
- Für die exakten statistischen Tests aus den Verfahren 4.19 bis 4.27 gilt: Eine Hypothese $H_0 : \lambda \leq \lambda_0$ kann unabhängig von der Größe des Referenzwertes λ_0, der Länge c des Beobachtungszeitraums und des vorgegebenen Signifikanzniveaus $0 < \alpha < 1$ nicht zugunsten von $H_1 : \lambda > \lambda_0$ abgelehnt werden. Dagegen sind Tests der Hypothese $H_0 : \lambda \geq \lambda_0$ sinnvoll durchführbar, siehe dazu Unterabschnitt 5.3.4. Auch Tests mit dem Hypothesenpaar $H_0 : \lambda = \lambda_0$ versus $H_1 : \lambda \neq \lambda_0$ sind sinnvoll durchführbar.
- Die approximativen Tests aus den Verfahren 4.28 bis 4.33 führen nicht zu sinnvoll interpretierbaren Testentscheidungen, da für jedes vorgegebene Signifikanzniveau, jede Länge des Beobachtungszeitraums und jedes Referenzniveau λ_0 die Hypothese $H_0 : \lambda \geq \lambda_0$ zugunsten von $H_1 : \lambda < \lambda_0$ abgelehnt wird und die Hypothese $H_0 : \lambda \leq \lambda_0$ nicht zugunsten von $H_1 : \lambda > \lambda_0$ abgelehnt wird und die Hypothese $H_0 : \lambda = \lambda_0$ zugunsten von $H_1 : \lambda \neq \lambda_0$ abgelehnt wird.

5.3.1 Vermeidung der Null-Beobachtung

Die Wahrscheinlichkeit $P_{c\lambda}(K = 0)$ der Null-Beobachtung kann auch bei sehr großen Beobachtungszeiträumen beliebig nahe bei Eins liegen, wenn die Ereignisintensität λ hinreichend klein ist. Es gibt daher keine von λ unabhängige Länge c des Beobachtungszeitraums, durch die sich $P_{c\lambda}(K = 0)$ unterhalb von Eins nach oben beschränken lässt, falls λ beliebig klein sein kann. Wenn allerdings eine positive Untergrenze für λ spezifiziert werden kann, dann ist es möglich, durch einen geeignet groß gewählten Beobachtungszeitraum die Wahrscheinlichkeit $P_{c\lambda}(K = 0)$ unter eine vorgegebene Schranke d zu bringen. Dadurch ist die Wahrscheinlichkeit, wenigstens ein Schadenereignis im Beobachtungszeitraum zu erhalten, mindestens $1 - d$.

Verfahren 5.2 (Notwendige Länge des Beobachtungszeitraums) *Über die Ereignisintensität λ liegt eine Vorinformation der Form $\lambda \geq \lambda_0$ mit einer gegebenen Schranke $\lambda_0 > 0$ vor. Damit die Wahrscheinlichkeit $P_{c\lambda}(K = 0)$ für alle $\lambda \geq \lambda_0$ nicht größer als eine vorgegebene Schranke $0 < d < 1$ ist, wird der notwendige Beobachtungszeitraum so bestimmt, dass*

$$c \geq -\frac{\ln(d)}{\lambda_0} \tag{5.8}$$

erfüllt ist.

Beispiel zu Verfahren 5.2

Bei der Schätzung der Ereignisintensität λ aus einem Beobachtungszeitraum der geplanten Länge c soll sichergestellt werden, dass die Wahrscheinlichkeit $P_{c\lambda}(K = 0)$ einer Null-Beobachtung nicht größer als 0.02 ist, wobei die Vorinformation $\lambda \geq \lambda_0 = 0.001$ vorliegt. Mit (5.8) erhält man

$$c \geq -\frac{\ln(0.02)}{0.001} \approx 3\,913.$$

Mit der Vorinformation, dass die Ereignisintensität mindestens 0.001 beträgt, wird ein Beobachtungszeitraum benötigt, der mindestens 3 913 Zeiteinheiten lang ist, damit die Wahrscheinlichkeit einer Null-Beobachtung höchstens 2 % beträgt und daher mit mindestens 98 % Wahrscheinlichkeit vermieden wird. ◄

5.3.2 Likelihoodinferenz

Um zu beurteilen, welche Werte der Ereignisintensität λ bei $k = 0$ beobachteten Schadenereignissen plausibel sind, kann die Likelihoodfunktion herangezogen werden, welche im Poisson-Modell und bei gegebener Länge c des Beobachtungszeitraums die Wahrscheinlichkeit des beobachteten Stichprobenergebnisses k für alternative Parameterwerte λ angibt. Für $k = 0$ ist die Likelihoodfunktion

$$L_0(\lambda) = P_{c\lambda}(K = 0) = e^{-c\lambda} \quad \text{für } \lambda \geq 0.$$

Die Likelihoodfunktion nimmt an der Stelle Null den maximalen Wert Eins an und sinkt dann rechts von Null exponentiell ab, vgl. dazu Abb. 5.2. Daher maximiert der übliche

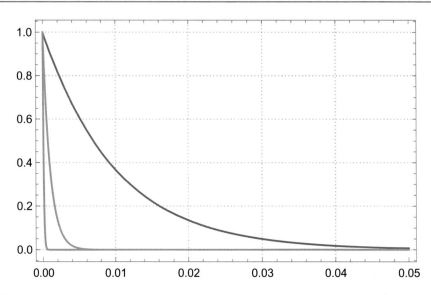

Abb. 5.2 Likelihoodfunktion $L_0(\lambda)$ für $0 \leq \lambda \leq 0.05$ und $n = 100$ (blau), $n = 1000$ (orange) und $n = 10\,000$ (grün)

Punktschätzwert $k/c = 0$ für λ die Likelihoodfunktion und ist damit ein ML-Schätzwert für die Ereignisintensität λ. Allerdings handelt es sich um einen sogenannten irregulären Fall eines ML-Schätzwertes, bei dem die Likelihoodfunktion an der Maximalstelle keine waagerechte Tangente besitzt.

Likelihoodintervalle Im Sinne der Likelihoodinferenz gelten Parameterwerte als plausibel, für welche die Likelihoodfunktion eine Schranke d überschreitet. Aus $L_0(\lambda) \geq d$ erhält man $\lambda \leq -\ln(d)/c$ und damit ein sogenanntes Likelihoodintervall (Pawitan 2013, S. 38)

$$[0, -\ln(d)/c], \tag{5.9}$$

das alle Ereignisintensitäten enthält, für die der Wert der Likelihoodfunktion mindestens d ist. Im Sinn einer Annäherung an eine Punktschätzung ist die Schranke d groß im Verhältnis zum Maximalwert Eins zu wählen, z. B. $d = 0.99$. Für $c = 100$ und $d = 0.99$ ergibt sich das Likelihoodintervall

$$[0, -\ln(0.99)/100] \approx [0, 0.0001]$$

für die Ereignisintensität λ. Wenn man dagegen die Schranke d im Likelihoodintervall (5.9) eher klein wählt und damit die am wenigsten plausiblen Ereignisintensitäten ausschließt, dann ergibt sich ein Likelihoodintervall, das sich im Sinn einer Intervallschätzung interpretieren lässt. Z. B. ergibt sich für $c = 100$ und $d = 0.05$ das Likelihoodintervall

Tab. 5.4 Werte $-\ln(\alpha)/c$ oberer Konfidenzschranken für die Ereignisintensität λ im Fall $k = 0$ für verschiedene Konfidenzniveaus $1 - \alpha$ und Längen c des Beobachtungszeitraums

Konfidenzniveau $1 - \alpha$	Länge c des Beobachtungszeitraums			
	10	100	1 000	10 000
90 %	0.2303	0.0230	0.0023	0.0002
95 %	0.2996	0.0300	0.0030	0.0003
99 %	0.4605	0.0461	0.0046	0.0005
99.9 %	0.6908	0.0691	0.0069	0.0007

$$[0, -\ln(0.05)/100] \approx [0, 0.0300]$$

für die Ereignisintensität λ.

5.3.3 Konfidenzschranken und -intervalle

Im Kontext kleiner Ereignisintensitäten sind obere Konfidenzschranken von besonderem Interesse. Diese ermöglichen es, für eine gegebene Länge $c > 0$ des Beobachtungszeitraums und zu einem vorgegebenem Konfidenzniveau $1 - \alpha$ eine Konfidenzaussage der Form

$$P_{c\lambda}(\lambda \leq V) \geq 1 - \alpha \quad \text{für alle } \lambda \geq 0$$

zu treffen und damit eine Schranke V anzugeben, unter der die Ereignisintensität λ mit großer Wahrscheinlichkeit liegt. Für vermutete kleine Ereignisintensitäten ist es sinnvoll, die exakten oberen Konfidenzschranken V und resultierenden einseitig oben begrenzten Konfidenzintervalle $[0, V]$ aus Abschn. 4.3.1 zu verwenden. Im Fall der Null-Beobachtung ergibt sich so mit Verfahren 4.6 der Wert

$$v = -\ln(\alpha)/c \tag{5.10}$$

einer oberen Konfidenzschranke V für die Ereignisintensität λ zum Konfidenzniveau $1 - \alpha$. Für übliche Konfidenzniveaus und verschiedene Längen c des Beobachtungszeitraums sind die oberen Schranken aus (5.10) in Tab. 5.4 enthalten. Aus (5.10) und der Beschränkung $\lambda \geq 0$ ergibt sich der Wert

$$[0, v] = [0, -\ln(\alpha)/c] \tag{5.11}$$

eines einseitig oben begrenzten Konfidenzintervalls $[0, V]$ für die Ereignisintensität λ zum Konfidenzniveau $1 - \alpha$. Das Intervall in (5.11) stimmt für $\alpha = d$ formal mit dem Likelihood-intervall in (5.9) überein.

Für das häufig verwendete Konfidenzniveau $1 - \alpha = 95\,\%$ ergibt sich der Wert $v \approx 2.9957/c$ einer oberen Konfidenzschranke für λ. Diese führt bei einem Beobachtungszeitraum der Länge $c = 1$ zu $v \approx 2.9957$ und somit zum Wert $[0, 2.9957]$ eines einseitig oben begrenzten Konfidenzintervalls. Wird dies ganzzahlig gerundet erhält man das Intervall $[0, 3]$, welches die „Höchstens-Drei-Regel" aus Hedderich und Sachs (2020, S. 374) motiviert.

Beispiel: Schadenfreier Beobachtungszeitraum

Experten schätzen die Ereignisintensität λ eines Schadens in Form des Auftretens eines zerstörerischen Tornados in einem bestimmten Gebiet auf höchstens $\lambda_0 = 0.0001$ Ereignisse pro Tag. In einem Zeitraum von $c = 10\,000$ Tagen wurden $k = 0$ Schadenereignisse beobachtet. Wie kann die Experteneinschätzung auf Basis dieser Beobachtungen statistisch beurteilt werden?

- Der Punktschätzwert für die Ereignisintensität ist $k/c = 0$ und gibt damit bestenfalls einen Hinweis auf eine sehr kleine Ereignisintensität λ. Der zugehörige geschätzte Standardfehler ist $s_{K/c} = 0$ und kann somit als nicht informativ bzgl. der Genauigkeit der Punktschätzung bezeichnet werden.
- Aus (5.11) erhält man den Wert

$$[0, -\ln(\alpha)/c] = [0, -\ln(0.05)/10\,000] \approx [0, 0.0003] \qquad (5.12)$$

eines einseitig oben begrenzten Konfidenzintervalls zum Konfidenzniveau $95\,\%$. Dieses Intervall überdeckt zwar den postulierten Höchstwert $\lambda_0 = 0.0001$, enthält aber auch erheblich größere Ereignisintensitäten. Das aus der Null-Beobachtung gewonnene Konfidenzintervall kann daher die Experteneinschätzung nicht stützen.
- Damit die obere Intervallgrenze des Konfidenzintervalls nicht größer als λ_0 ist, müsste

$$-\ln(0.05)/c \leq 0.0001$$

bzw.

$$c \geq -\ln(0.05)/0.0001 \approx 29\,958$$

gelten. Es wäre also ein Beobachtungszeitraum von rund $30\,000$ schadenfreien Tagen erforderlich, um mit dem Konfidenzintervall zum Konfidenzniveau $95\,\%$ die Experteneinschätzung zu bestätigen.

◀

5.3.4 Statistisches Testen

Im Kontext einer postulierten maximalen Ereignisintensität λ_0 interessieren statistische Tests mit den Hypothesenpaaren $H_0 : \lambda \geq \lambda_0$ versus $H_1 : \lambda < \lambda_0$ und $H_0 : \lambda \leq \lambda_0$ versus $H_1 : \lambda > \lambda_0$. Werden kleine Ereignisintensitäten vermutet, ist es zudem sinnvoll, die exakten Testverfahren aus Abschn. 4.4.1 durchzuführen.

Das Hypothesenpaar

$$H_0 : \lambda \geq \lambda_0 \quad \text{versus} \quad H_1 : \lambda < \lambda_0$$

ist relevant, wenn man durch einen statistischen Test absichern möchte, dass die Ereignisintensität λ unter einem vorgegebenen Referenzniveau $\lambda_0 > 0$ liegt. Der zugehörige p-Wert aus (4.31) nimmt im Fall der Null-Beobachtung den Wert

$$p_1 = F(0; c\lambda_0) = e^{-c\lambda_0}$$

an und führt im Fall $p_1 \leq \alpha$ zur Ablehnung der Nullhypothese.

Mit dem alternativen Hypothesenpaar

$$H_0 : \lambda \leq \lambda_0 \quad \text{versus} \quad H_1 : \lambda > \lambda_0$$

kann überprüft werden, ob die Daten im offensichtlichen Widerspruch zur behaupteten Beziehung $\lambda \leq \lambda_0$ stehen. Der entsprechende p-Wert aus (4.32) ist

$$p_2 = G(0; c\lambda_0) = 1,$$

so dass für kein Signifikanzniveau $0 < \alpha < 1$, keine Länge $c > 0$ des Beobachtungszeitraums und kein Referenzwert λ_0 eine Ablehnung der Nullhypothese erfolgt. Die Beobachtung $k = 0$ ist also grundsätzlich nicht geeignet, eine Hypothese der Form $\lambda \leq \lambda_0$ zu erschüttern.

Beispiel: Schadenfreier Beobachtungszeitraum (Fortsetzung)

Das Beispiel aus Abschn. 5.3.3 wird weitergeführt.

- Ein Test für das Hypothesenpaar

$$H_0 : \lambda \geq 0.0001 \quad \text{versus} \quad H_1 : \lambda < 0.0001 \tag{5.13}$$

ist geeignet, die Experteneinschätzung durch eine Ablehnung der Nullhypothese zu bestätigen. Die entsprechende statistische Fragestellung ist: Kann zu vorgegebenem Signifikanzniveau α die Hypothese H_0 zugunsten der Gegenhypothese H_1 abgelehnt werden? Zur Beantwortung dieser Fragestellung wird das statistische Testverfahren 4.25 eingesetzt. In diesem wird die Nullhypothese abgelehnt, falls $p_1 \leq \alpha$ für den p-Wert p_1 aus (4.31) gilt. Mit $\lambda_0 = 0.0001$ und $c = 10\,000$ ergibt sich

$$p_1 = F(0; c\lambda_0) = e^{-c\lambda_0} = e^{-1} \approx 0.3679.$$

Somit kann die Nullhypothese zu den üblichen Signifikanzniveaus $\alpha \leq 10\%$ nicht abgelehnt werden.

- Für die alternative Testfragestellung mit dem Hypothesenpaar

$$H_0 : \lambda \leq 0.0001 \quad \text{versus} \quad H_1 : \lambda > 0.0001 \tag{5.14}$$

ergibt der exakte Test gemäß Verfahren 4.26 den p-Wert

$$p_2 = G(0; c\lambda_0) = 1,$$

so dass die Nullhypothese auf jedem Signifikanzniveau $0 < \alpha < 1$ nicht abgelehnt wird. Die Nichtablehnung der Nullhypothese ist nur eine schwache Bestätigung der Experteneinschätzung.

Der Wert $[0, 0.0003]$ des einseitig oben begrenzten Konfidenzintervalls aus (5.12) und der Test mit dem Hypothesenpaar (5.14) zeigen, dass der beobachtete Wert $k = 0$ nicht im Widerspruch zur Experteneinschätzung steht. Allerdings zeigt der Test mit dem Hypothesenpaar (5.13) auch, dass selbst ein Beobachtungszeitraum, der 10 000 schadenfreie Tage umfasst, für eine statistische Bestätigung der Experteneinschätzung $\lambda < 0.0001$ nicht ausreicht. ◄

Wie lang müsste der schadenfreie Beobachtungszeitraum sein, damit bei einem vorgegebenem Signifikanzniveau α die Nullhypothese $H_0 : \lambda \geq \lambda_0$ zugunsten der Gegenhypothese $H_1 : \lambda < \lambda_0$ abgelehnt wird und dadurch die Oberschranke λ_0 statistisch bestätigt wird? H_0 wird abgelehnt, falls

$$p_1 = F(0; c\lambda_0) = e^{-c\lambda_0} \leq \alpha.$$

Dies führt für gegebene Werte λ_0 und α zu

$$c \geq -\frac{\ln(\alpha)}{\lambda_0}.$$

Beispiel: Schadenfreier Beobachtungszeitraum (Fortsetzung)

Im Kontext des Beispiels aus Abschn. 5.3.3 und dessen Fortsetzung in diesem Abschnitt muss für die Länge des schadenfreien Beobachtungszeitraums

$$c \geq -\ln(0.05)/0.0001 \approx 29\,957$$

gelten, damit bei einem vorgegebenem Signifikanzniveau von $\alpha = 5\%$ die Nullhypothese $H_0 : \lambda \geq 0.0001$ zugunsten der Gegenhypothese $H_1 : \lambda < 0.0001$ abgelehnt wird und dadurch die Oberschranke $\lambda_0 = 0.0001$ statistisch bestätigt wird. Somit ist eine

Risikoeinschätzung der Form $\lambda < 0.0001$ bei einem vorgegebenen Signifikanzniveau von 5 % erst bei rund 30 000 schadenfreien Tagen (rund 82 Jahren) statistisch gesichert. Bei Schadenereignissen mit großem Ausmaß wird man die Wahrscheinlichkeit der Unterschätzung des Risikos stärker beschränken wollen, indem man ein kleineres Signifikanzniveau von 1 % oder sogar 0.1 % vorgibt. Die erforderliche Länge c des schadenfreien Beobachtungszeitraums zur Ablehnung der Nullhypothese $H_0 : \lambda \geq 0.0001$ zugunsten der Gegenhypothese $H_1 : \lambda < 0.0001$ ist dann

$$c \geq -\ln(0.01)/0.0001 \approx 46\,052$$

Tage (rund 126 Jahre) für $\alpha = 1\,\%$ und

$$c \geq -\ln(0.001)/0.0001 \approx 69\,078$$

Tage (rund 189 Jahre) für $\alpha = 0.1\,\%$. ◄

5.4 Alternativen zur Maximum-Likelihood-Schätzung und Ad-Hoc-Schätzwerte

Im Fall einer Null-Beobachtung haben der ML-Schätzwert für die Eintrittswahrscheinlichkeit π im Bernoulli-Modell und der ML-Schätzwert für die Ereignisintensität λ im Poisson-Modell den Wert Null. Außerdem haben die entsprechenden Standardfehler ebenfalls den Wert Null. Diese Situation kann als nicht zufriedenstellend bezeichnet werden, wenn aus dem Anwendungszusammenhang klar ist, dass die gesuchte Eintrittswahrscheinlichkeit oder Ereignisintensität positiv ist. Aus dieser Situation gibt es verschiedene Auswege, die in der Anwendung anderer statistischer Schätzverfahren bestehen oder auf Ersatzlösungen beruhen können.

5.4.1 Minimax-Schätzung

Im Rahmen eines entscheidungstheoretischen Ansatzes zur statistischen Inferenz ist das Konzept der Minimax-Schätzung eine Möglichkeit, um zu Schätzwerten für unbekannte Modell-Parameter zu gelangen.

Verlustfunktion Im Rahmen des Bernoulli-Modells werden mit Hilfe einer *Verlustfunktion* (engl. loss function)

$$L : [0, 1] \times \mathbb{R} \to [0, \infty), \quad (\pi, t) \mapsto L(\pi, t)$$

Kombinationen der möglichen Parameterwerte $\pi \in [0, 1]$ mit Schätzwerten $t \in \mathbb{R}$ durch nichtnegative Verluste $L(\pi, t)$ bewertet. Typischerweise ist $L(\pi, t) = 0$, falls $t = \pi$, und $L(\pi, t) > 0$, falls $t \neq \pi$. Häufig wird die *quadratische Verlustfunktion* (engl. squared error loss function)

$$L(\pi, t) = (t - \pi)^2,$$

verwendet, mit der Abweichungen des Schätzwertes t vom Parameter π quadratisch gewichtet werden.

Risikofunktion Für einen Schätzer $T = T(X_1, \ldots, X_n)$ ist durch

$$R(\pi, T) = \mathbb{E}_\pi[L(\pi, T)], \quad \pi \in [0, 1]$$

der erwartete Verlust des Schätzers T für den Parameter π mit Werten im Parameterraum $[0, 1]$ gegeben. Die Erwartungsbildung erfolgt dabei bezüglich der Verteilung der Stichprobenvariablen, die vom Parameter π abhängt. Mit $\mathcal{T}$ sei eine vorspezifizierte Menge von Schätzern bezeichnet. Dann heißt die auf $[0, 1] \times \mathcal{T}$ definierte Funktion $R(\cdot, \cdot)$ *Risikofunktion* (engl. risk function) des Schätzers T für den Parameter π. Im Fall der quadratischen Verlustfunktion ist die Risikofunktion

$$R(\pi, T) = \mathbb{E}_\pi[(T - \pi)^2], \quad \pi \in [0, 1]$$

eines Schätzers T für den Parameter π mit dem *mittleren quadratischen Fehler* (engl. mean squared error) dieses Schätzers für π identisch, vgl. (9.1). Mit der Risikofunktion eines Schätzers kommt bei der Risikoeinschätzung von Schadenereignissen ein weiterer Risikobegriff ins Spiel, nämlich das statistische Schätzrisiko, das sich auf die Möglichkeit und Wahrscheinlichkeit eines Schätzfehlers bei der Parameterschätzung bezieht.

Minimax-Schätzer Typischerweise existiert keine Schätzfunktion, deren Risikofunktion gleichmäßig kleiner ist, als die Risikofunktion anderer Schätzfunktionen. Ein – bezogen auf das Schätzrisiko – risikoaverses Konzept zum Vergleich von Schätzern besteht darin, Schätzer anhand des maximalen Schätzrisikos

$$\max_{\pi \in [0,1]} R(\pi, T)$$

zu bewerten und dann unter alternativen Schätzern $\mathcal{T}$ einen Schätzer T^* zu bestimmen, der das maximale Schätzrisiko minimiert, also

$$\max_{\pi \in [0,1]} R(\pi, T^*) = \min_{t \in \mathcal{T}} \max_{\pi \in [0,1]} R(\pi, T)$$

erfüllt. Ein solcher Schätzer heißt dann *Minimax-Schätzer* (engl. minimax estimator) für den Parameter π.

Im Bernoulli-Modell ist der Schätzer

$$T^* = \frac{2K + \sqrt{n}}{2(n + \sqrt{n})}$$

bei Verwendung der quadratischen Verlustfunktion der *eindeutige Minimax-Schätzer* (engl. unique minimax estimator) für den Parameter π der binomialverteilten Anzahl K der Schadenereignisse (Lehmann und Casella 1998, S. 312). Der Schätzer T^* ist ein *zulässiger Schätzer* (engl. admissible estimator) für den Parameter π der Binomialverteilung (Lehmann und Casella 1998, S. 336); es gibt also keinen Schätzer T mit

$$R(\pi, T) \leq R(\pi, T^*) \quad \text{für alle } \pi \in [0, 1]$$

und

$$R(\pi, T) < R(\pi, T^*) \quad \text{für mindestens ein } \pi \in [0, 1].$$

Im Fall der Null-Beobachtung $k = 0$ führt der Minimax-Schätzer zum Schätzwert

$$t_0^* = \frac{1}{2(1 + \sqrt{n})}$$

für die Eintrittswahrscheinlichkeit π (Razzaghi 2002, S. 329).

Der Minimax-Schätzer hängt entscheidend von der gewählten Verlustfunktion ab. Wenn anstelle der quadratischen Verlustfunktion die *gewichtete quadratische Verlustfunktion* (engl. weighted squared error loss function)

$$L(\pi, t) = \frac{(t - \pi)^2}{\pi(1 - \pi)}$$

verwendet wird, dann resultiert der Minimax-Schätzer K/n für den Parameter π, der mit dem Maximum-Likelihood-Schätzer identisch ist, so dass sich im Fall der Null-Beobachtung der Schätzwert $k/n = 0$ (Lehmann und Casella 1998, S. 312) für die Eintrittswahrscheinlichkeit π ergibt.

5.4.2 Bayesianische Schätzung

Durch Verwendung eines bayesianischen Schätzverfahrens kann Vorinformation über die Eintrittswahrscheinlichkeit π als Parameter der Binomialverteilung $\text{Bin}(n, \pi)$ der Anzahl K der Schadenereignisse bei der Schätzung von π berücksichtigt werden. Dabei wird die Vorinformation über π durch eine subjektive Wahrscheinlichkeitsverteilung, die so genannte *A-priori-Verteilung* (engl. prior distribution), wiedergegeben. Mit Hilfe des Bayesschen Theorems wird die A-priori-Verteilung mit dem beobachteten Wert k der Zufallsvariablen K kombiniert und zu einer so genannten *A-posteriori-Verteilung* (engl. posterior distribution) transformiert. Die A-priori- und die A-posteriori-Verteilung sind auf dem Parameterraum $[0, 1]$ von π definiert. Als bayesianischer Punktschätzwert wird dann eine Kennzahl der A-posteriori-Verteilung verwendet. Typischerweise ist dies der Erwartungswert, der Median oder der Modalwert.

Das Standardvorgehen für den Parameter π mit Werten in $[0, 1]$ ist, als A-priori-Verteilung vor der Beobachtung der Stichprobenwerte eine Betaverteilung Beta(c, d) mit Parametern $c > 0$ und $d > 0$ zu spezifizieren. Die besondere Eignung einer Betaverteilung als A-priori-Verteilung ergibt sich daraus, dass die A-posteriori-Verteilung ebenfalls eine Betaverteilung – mit allerdings veränderten Parametern – ist. Im Fall eines beobachteten Wertes k als Realisation einer Zufallsvariablen $K \sim \mathrm{Bin}(n, \pi)$ ergibt sich die A-posteriori-Verteilung Beta$(c + k, d + n - k)$, die sich im Fall einer Null-Beobachtung $k = 0$ zur A-Posteriori-Verteilung Beta$(c, d + n)$ vereinfacht. Unter Nutzung der linken Gleichung in (8.24) erhält man den Erwartungswert dieser A-Posteriori-Verteilung als

$$\hat{\pi} = \frac{c}{c + d + n},$$

der nach Spezifizierung der Parameter c und d der A-priori-Verteilung Beta(c, d) als Schätzwert für die Eintrittswahrscheinlichkeit π genutzt werden kann.

Die spezielle Betaverteilung mit $c = d = 1/2$ wird *Jeffreys A-priori-Verteilung* (Jeffrey 1945) genannt und gilt als so genannte nicht-informative A-priori-Verteilung für die Schätzung des Parameters π. Im Fall der Null-Beobachtung ergibt sich die A-posteriori-Verteilung Beta$(1/2, n + 1/2)$, deren Erwartungswert

$$\hat{\pi} = \frac{1}{2(n + 1)}$$

als Schätzwert beispielsweise für die Auftretenswahrscheinlichkeit seltener Krebserkrankungen verwendet wurde (Basu et al. 1996).

5.4.3 Ad-hoc-Schätzwerte

Die folgenden Schätzwerte werden als Ad-hoc-Schätzwerte bezeichnet, weil sie auf einem Ad-hoc-Ansatz für den Fall der Null-Beobachtung $k = 0$ beruhen, ohne dass eine Verallgemeinerung für die Fälle $k > 0$ stringent, offensichtlich oder angestrebt ist. Dadurch können diese Schätzwerte nicht als realisierte Werte zugehöriger Schätzer und damit als Bestandteile statistischer Verfahren interpretiert werden.

„Upper-bound"-Schätzwert Die Idee des „Upper-bound"-Schätzwertes

$$\hat{\pi} = \frac{1}{n}$$

im Fall der Null-Beobachtung im Bernoulli-Modell ist es, den Wert 0 des ML-Schätzwertes durch den nächsten möglichen ML-Schätzwert zu ersetzen, der sich im Fall $k = 1$ ergäbe.

Der „one-failure case", wird dabei als „reasonable upper bound" für den „zero-failure case" gesehen (Bailey 1997, S. 376).

Ein-Drittel-Schätzwert „One estimator for λ in the case where zero failures have been observed in time period Δt is given by $\hat{\lambda} = \frac{1/3}{\Delta t}$" (Bailey 1997, S. 376). Hierbei ist λ die Ereignisintensität einer Beobachtungseinheit der Länge Δt im Poisson-Modell.

Der Schätzwert $\hat{\lambda}$ für die Ereignisintensität λ im Poisson-Modell lässt sich in einen Schätzwert $\hat{\pi}$ für die Eintrittswahrscheinlichkeit π im Bernoulli-Modell übertragen. Indem man $\Delta t = 1$ und $\lambda = n\pi$ setzt, was durch die Approximation der Binomialverteilung für die Anzahl der Schadenereignisse durch eine Poisson-Verteilung motiviert ist, erhält man den Ein-Drittel-Schätzwert („one-third estimate")

$$\hat{\pi} = \frac{1}{3n}$$

für den Parameter π (Bailey 1997, S. 376).

Wahrscheinlichkeit-1/2-Schätzwert Die Idee des Wahrscheinlichkeit-1/2-Schätzwertes („probability 1/2 estimate") ist es, denjenigen Parameterwert im Bernoulli-Modell zu bestimmen, der für gegebenen Stichprobenumfang n und gegebene Null-Beobachtung $k = 0$, die Bedingung $P(K = 0) = 1/2$ mit $K \sim \text{Bin}(n, \pi)$ erfüllt. Die Null-Beobachtung soll beim entsprechenden Parameterwert die Wahrscheinlichkeit $1/2$ haben. Dieser Ansatz führt zum Schätzwert

$$\hat{\pi} = 1 - (1/2)^{1/n}$$

für π. Formal kann dieser Schätzwert als obere Konfidenzschranke $1 - \alpha^{1/n}$ in (5.3) für den Fall $\alpha = 1/2$ gesehen werden. Dieser Ansatz ist „currently limited to the risk analyses of energetic initiation in the explosives testing field" (Bailey 1997, S. 375).

Obere Konfidenzschranke als vorsichtiger Schätzwert Motiviert vom Vorsichtsprinzip kann der Wert einer oberen Konfidenzschranke für einen Parameter im Fall der Null-Beobachtung als ein konservativer oder vorsichtiger Punktschätzwert für den Parameter interpretiert werden.

- Im Kontext der Kreditrisikoanalyse schlugen Pluto und Tasche (2005) die obere Konfidenzschranke $1 - \alpha^{1/n}$ aus (5.3) als vorsichtigen Schätzwert („most prudent estimate") für den Fall der Null-Beobachtung vor. Zusammen mit dem Konfidenzniveau $95\,\%$, das $\alpha = 5\,\%$ entspricht, ergibt sich der Schätzwert

$$\hat{\pi} = 1 - 0.05^{1/n}$$

für die Eintrittswahrscheinlichkeit π im Bernoulli-Modell. Dieser Schätzwert ist auch aus technischen und biometrischen Anwendungen bekannt (Eypasch et al. 1995; Hanley und Lippman-Hand 1983; Razzaghi 2002).

• Im Fall der Null-Beobachtung ist $-\ln(\alpha)$ eine obere Konfidenzschranke für den Intensitätsparameter λ der Poisson-Verteilung Poi(λ), vgl. (5.10). Für $\alpha = 0.05$ ergibt sich der Wert $-\ln(0.05) \approx 2.9957$. Gerundet auf zwei Dezimalstellen ergibt sich somit die obere Konfidenzschranke 3 für den Intensitätsparameter λ zum Konfidenzniveau 95 %. Diese Schranke ist auch als „Höchstens-drei-Regel" (Hedderich und Sachs 2020, S. 374) oder Hanleys Schätzwert bekannt (Quigley und Revie 2002; Hanley und Lippman-Hand 1983). Wird die Binomialverteilung Bin(n, π) durch eine Poisson-Verteilung mit dem Parameter $\lambda = n\pi$ approximiert, so entspricht die obere Konfidenzschranke 3 für λ der approximativen oberen Konfidenzschranke $3/n$ für die Eintrittswahrscheinlichkeit π. Der Schätzwert

$$\hat{\pi} = \frac{3}{n}$$

ist in der Literatur als „rule of three estimate" bekannt (Hanley und Lippman-Hand 1983; Eypasch et al. 1995).

• Basierend auf einer Approximation der Binomialverteilung Bin(n, π) durch eine Normalverteilung kann im Fall der Null-Beobachtung der Wert

$$v = \frac{z_{1-\alpha}^2}{n + z_{1-\alpha}^2} \tag{5.15}$$

einer oberen Konfidenzschranke für den Parameter π ermittelt werden, wobei $z_{1-\alpha}$ das $(1 - \alpha)$-Quantil der Standardnormalverteilung bezeichnet. Für $\alpha = 0.05$ und $z_{0.95}^2 \approx 2.7055$ ergibt sich im Fall der Null-Beobachtung der Schätzwert

$$\hat{\pi} = \frac{z_{0.95}^2}{n + z_{0.95}^2} \approx \frac{2.7055}{n + 2.7055}$$

für den Parameter π (Bailey 1997, S. 376).

5.5 Resümee

Stehen seltene Schadenereignisse mit kleinen Ereigniswahrscheinlichkeiten im Fokus des Risikomanagements, dann muss mit Datensituationen gerechnet werden, bei denen (noch) keine Schadenereignisse beobachtet wurden, aber eine größere Anzahl schadenfreier Beobachtungen bzw. ein längerer schadenfreier Zeitraum vorliegt. Ist jedoch geeignete Vorinformation verfügbar, dann kann der im Bernoulli-Modell erforderliche Stichprobenumfang (Verfahren 5.1) und die im Poisson-Modell erforderliche Länge des Beobachtungszeitraums (Verfahren 5.2) angegeben werden, damit mit hoher Wahrscheinlichkeit mindestens ein

Schadenereignis beobachtet wird, d. h. die Datensituation einer Null-Beobachtung vermieden wird.

Interessanterweise lassen sich mit Hilfe exakter statistischer Schätz- und Testverfahren auch im Fall der Null-Beobachtung einige statistische Inferenzaussagen bezüglich der Eintrittswahrscheinlichkeit im Bernoulli-Modell und der Ereignisintensität im Poisson-Modell treffen. Allerdings bestehen Einschränkungen dadurch, dass statistische Schlüsse jeweils nur in eine Richtung möglich sind:

- So ist es möglich, die Eintrittswahrscheinlichkeit und die Ereignisintensität nach oben abzugrenzen, aber es ist nicht möglich, auf Basis einer Null-Beobachtung irgendeine Abgrenzung in Richtung extrem kleiner Wahrscheinlichkeiten und Intensitäten vorzunehmen, da beliebig kleine Eintrittswahrscheinlichkeiten und Ereignisintensitäten grundsätzlich mit der Null-Beobachtung verträglich sind.
- Für den Fall der Null-Beobachtung ist es außerdem möglich, anzugeben, welche Stichprobenumfänge oder welche Längen schadenfreier Beobachtungszeiträume notwendig sind, um statistisch nachweisen zu können, dass das durch die Eintrittswahrscheinlichkeit oder die Ereignisintensität gemessene Risiko unterhalb eines einzuhaltenden Referenzwertes liegt.

Im Gegensatz dazu führen approximative Konfidenzintervalle und approximative Testverfahren, die auf der asymptotischen Normalverteilung beruhen, im Fall der Null-Beobachtung weder im Bernoulli- noch im Poisson-Modell zu sinnvoll interpretierbaren Ergebnissen.

5.6 Methodischer Hintergrund und Herleitungen

Methodischer Hintergrund von Verfahren 5.1 Es gilt

$$(1 - \pi_0)^n \leq d \iff n \ln(1 - \pi_0) \leq \ln(d) \iff n \geq \frac{\ln(d)}{\ln(1 - \pi_0)}.$$

Andererseits gilt

$$(1 - \pi)^n \leq (1 - \pi_0)^n \quad \text{für alle } \pi \geq \pi_0,$$

so dass mit (5.1) auch $P_\pi(K = 0) = (1 - \pi)^n \leq d$ für alle $\pi \geq \pi_0$ sichergestellt ist.

Herleitung von Gl. (5.3) Verfahren 2.7 führt mit (2.6) und $k = 0$ zu dem Ansatz

$$F(0; n, v) = (1 - v)^n = \alpha,$$

woraus sich (5.3) durch Auflösen nach v ergibt.

Methodischer Hintergrund von Verfahren 5.2 Es gilt

$$
\mathrm{e}^{-c\lambda_0} \le d \iff -c\lambda_0 \le \ln(d) \iff c \ge -\frac{\ln(d)}{\lambda_0}.
$$

Andererseits gilt

$$
\mathrm{e}^{-c\lambda} \le \mathrm{e}^{-c\lambda_0} \quad \text{für alle } \lambda \ge \lambda_0,
$$

so dass mit (5.8) auch $\mathrm{P}_{c\lambda}(K = 0) = \mathrm{e}^{-c\lambda} \le d$ für alle $\lambda \ge \lambda_0$ sichergestellt ist.

Herleitung von Gl. (5.10) Verfahren 4.6 führt mit (4.4) und $k = 0$ zu dem Ansatz

$$
F(0; cv) = \mathrm{e}^{-cv} = \alpha,
$$

woraus sich (5.10) durch Auflösen nach v ergibt.

Methodischer Hintergrund von Gl. (5.15) Eine Binomialverteilung mit Parametern n und π kann durch eine Normalverteilung mit Erwartungswert $n\pi$ und Varianz $n\pi(1 - \pi)$ approximiert werden. Mit der Annahme $K \sim \mathrm{N}(n\pi, n\pi(1 - \pi))$ kann eine obere Konfidenzschranke

$$
V = \frac{2K + z_{1-\alpha}^2 + z_{1-\alpha}\sqrt{z_{1-\alpha}^2 + 4K(1 - K/n)}}{2\left(n + z_{1-\alpha}^2\right)}
$$

für π mit dem Konfidenzniveau $1 - \alpha$ hergeleitet werden. Diese Konfidenzschranke resultiert auch, wenn in der oberen Intervallgrenze eines Konfidenzintervalls mit symmetrischer Aufteilung von α, das in der Literatur bekannt ist, z. B. Blyth und Still (1983, Gl. (2.1)), der Wert $\alpha/2$ durch α ersetzt wird. Für die Realisation $k = 0$ der Zufallsvariablen K erhält man den in (5.15) angegebenen realisierten Wert v der Zufallsvariablen V.

Literatur

Bailey RT (1997) Estimation from zero-failure data. Risk Anal 17(3):375–380

Bamberg G, Baur F, Krapp M (2017) Statistik: Eine Einführung für Wirtschafts- und Sozialwissenschaftler, 18. Aufl. Walter de Gruyter, Berlin

Basu AP, Gaylor DW, Chen JJ (1996) Estimating the probability of occurrence of tumor for a rare cancer with zero occurrence in a sample. Regulat Toxicol Pharmac 23:139–144

Blyth CR, Still HA (1983) Binomial confidence intervals. J Am Stat Assoc 78(381):108–116

Bryant R (2007) Estimation of component failure rates for use in probabilistic safety. Assessment in cases of no or few recorded failures. Saf Reliab 27(1):8–21

Eypasch E, Lefering R, Kum CK, Troidl H (1995) Probability of adverse events that have not yet occurred: a statistical reminder. Biometr J 311:619

Hanley JA, Lippman-Hand A (1983) If nothing goes wrong, is everything all right? Interpreting zero numerators. J Am Med Ass 249(13):1743–1745

Hedderich J, Sachs L (2020) Angewandte Statistik: Methodensammlung mit R, 17. Aufl. Springer Spektrum, Berlin

Jeffrey H (1945) An invariant form for the prior probability in estimation problems. Proc Roy Soc A 186:453–461

Jiang P, Xing Y, Xiang J, Guo B (2015) Weibull failure probability estimation based on zero-failure data. Math Probl Engin, Art ID 681232:1–8

Lehmann EL, Casella G (1998) Theory of point estimation, 2. Aufl. Springer, New York

Newcombe RG (2011) Measures of location for confidence intervals for proportions. Comm Stat – Theory Methods 40(10):1743–1767

Pawitan Y (2013) In all likelihood: statistical modelling and inference using likelihood. Clarendon, Oxford

Pluto K, Tasche D (2005) Thinking positively. Risk 18(8):72–78

Quigley J, Revie M (2011) Estimating the probability of rare events: addressing zero failure data. Risk Anal 31(7):1120–1132

Razzaghi M (2002) On the estimation of binomial success probability with zero occurrence in sample. J Mod Appl Statist Meth 1(2):326–332

Risikovergleich

6

6.1 Quantitative Modellierung

In diesem Kapitel wird die Eintrittswahrscheinlichkeit eines Schadenereignisses in zwei verschiedenen Gruppen betrachtet, die typischerweise als Untersuchungsgruppe und als Kontrollgruppe bezeichnet werden.

Untersuchungs- und Kontrollgruppe Bei biometrischen Studien werden häufig zwei Gruppen von Personen – eine *Untersuchungsgruppe* und eine *Kontrollgruppe* (engl. control group) – bezüglich der Beobachtung eines Schadenereignisses verglichen. Ein solches Schadenereignis kann das Auftreten einer bestimmten Erkrankung, die Infektion mit einem Virus, das Auftreten einer Komplikation bei einer Behandlung, ein Todesfall usw. sein. Zwei typische Fälle, die zur Bildung einer Untersuchungs- und einer Kontrollgruppe führen, sind:

- Die Personen in der Untersuchungsgruppe sind risikoexponiert, d.h. einem bestimmten Faktor ausgesetzt, der tendenziell risikoerhöhend ist, während die Personen in der Kontrollgruppe nicht risikoexponiert sind.
- Die Personen in der Untersuchungsgruppe erhalten eine bestimmte Behandlung (engl. treatment), während die Personen in der Kontrollgruppe nicht oder mit einem Placebo behandelt werden. In diesem Zusammenhang heißt die Untersuchungsgruppe auch *Behandlungsgruppe* (engl. treatment group). Falls in der Kontrollgruppe mit einem Placebo behandelt wird, heißen Behandlungs- und Kontollgruppe auch *Verumgruppe* (engl. verum group) und *Placebogruppe* (engl. placebo group). Bei der Untersuchung eines Medikaments kann es auch sein, dass die Kontrollgruppe mit einem Referenzmedikament behandelt wird.

© Springer-Verlag GmbH Deutschland, ein Teil von Springer Nature 2022
S. Höse und S. Huschens, *Ereignisrisiko*,
https://doi.org/10.1007/978-3-662-64691-5_6

Analoge Beobachtungssituationen tauchen in vielen Wissenschaftsbereichen auf. Je
nach Anwendungsbereich heißt die Untersuchungsgruppe auch Behandlungs-, Versuchs-,
Experimental- oder Interventionsgruppe. Die Kontrollgruppe heißt auch Vergleichs- oder
Referenzgruppe. Die Untersuchungseinheiten müssen nicht Personen sein. Falls ein Mate-
rial oder technisches Gerät einem risikoerhöhenden Faktor, z. B. Strahlung, Erschütterung,
Feuchtigkeit, ausgesetzt wird, ergibt sich die Situation einer risikoexponierten Untersuchungsgruppe und einer nicht risikoexponierten Kontrollgruppe mit jeweils einem bestimmten Anteil schadennehmender Einheiten. Andererseits können auch risikoreduzierende Faktoren, wie z. B. eine zusätzliche Lackierung, eine Dämmung, eine Isolierung, Belüftung
usw., Gegenstand einer Untersuchung an technischen Geräten sein.

Risikoerhöhung und -reduktion Die Eintrittswahrscheinlichkeit für ein bestimmtes Schadenereignis wird im Folgenden kurz als *Schadenwahrscheinlichkeit* bezeichnet. Im Fall
eines risikoerhöhenden Faktors ist die Schadenwahrscheinlichkeit in der Untersuchungsgruppe gegenüber der Kontrollgruppe erhöht und man spricht von einer *Risikoerhöhung*,
Risikozunahme oder Risikosteigerung (engl. risk increase). Im Fall eines risikoreduzierenden Faktors ist in der Untersuchungsgruppe die Schadenwahrscheinlichkeit im Vergleich
zur Kontrollgruppe kleiner und man spricht von einer *Risikoreduktion* oder Risikoabnahme
(engl. risk reduction).

Risikodifferenz, Risikoverhältnis und Odds-Verhältnis Mit π_1 und π_2 seien die Schadenwahrscheinlichkeiten, z. B. Erkrankungswahrscheinlichkeiten, in der Untersuchungsgruppe (Gruppe 1) und der Kontrollgruppe (Gruppe 2) bezeichnet. Zwei grundlegende
Risikomaßzahlen für den Vergleich der beiden Gruppen sind die *Risikodifferenz* (engl. risk
difference) als Differenz $\pi_1 - \pi_2$ der Schadenwahrscheinlichkeiten und der als *Risikoverhältnis* (engl. risk ratio, hazard ratio) oder *relatives Risiko* (engl. relative risk) bezeichnete
Quotient π_1 / π_2 der Schadenwahrscheinlichkeiten beider Gruppen. Eine weitere Maßzahl
zum Risikovergleich ist das *Odds-Verhältnis* (engl. odds ratio) odds(π_1)/odds(π_2), wobei
die Odds als odds$(\pi_i) \stackrel{\text{def}}{=} \pi_i / (1 - \pi_i)$ für $i = 1, 2$ definiert sind.

Absolute und relative Risikoerhöhung Im Fall der Untersuchung der Wirkung eines risikoerhöhenden Faktors heißt die Risikodifferenz $\pi_1 - \pi_2$ auch *absolute Risikoerhöhung* (engl.
absolute risk increase), *zusätzliches Risiko* oder *Exzessrisiko* (engl. excess risk). Wird diese
Risikodifferenz auf die Schadenwahrscheinlichkeit π_2 in der Kontrollgruppe bezogen, so
ergibt sich die *relative Risikoerhöhung* (engl. relative risk increase) $(\pi_1 - \pi_2)/\pi_2$. Bei einer
intendierten kausalen Interpretation wird die absolute Risikoerhöhung als *zuschreibbares,
zurechenbares* oder *attribuierbares Risiko* (auch attributierbares oder attributables Risiko,
engl. attributable risk) bezeichnet mit der Interpretation, dass die Erhöhung der Schadenwahrscheinlichkeit einem Faktor zugerechnet werden kann, der in der Untersuchungsgruppe,
aber nicht in der Kontrollgruppe wirkt.

Absolute und relative Risikoreduktion Wird ein risikoreduzierender Faktor untersucht, so ist die Schadenwahrscheinlichkeit in der Untersuchungsgruppe kleiner als in der Kontrollgruppe. In diesem Fall wird die Risikoreduktion in der Regel als positive Zahl formuliert und daher die Differenz $\pi_2 - \pi_1$ als *absolute Risikoreduktion* (engl. absolute risk reduction) bezeichnet. Wird diese auf die Schadenwahrscheinlichkeit π_2 in der Kontrollgruppe bezogen, so resultiert der Quotient $(\pi_2 - \pi_1)/\pi_2$, der *relative Risikoreduktion* (engl. relative risk reduction) genannt wird.

Wirksamkeit Eine spezielle relative Risikoreduktion ist die *Wirksamkeit* oder *Effektivität* (engl. efficacy) $(\pi_2 - \pi_1)/\pi_2$ eines Impfstoffs, wobei π_1 die Erkrankungswahrscheinlichkeit in der Gruppe der geimpften Personen und π_2 die Erkrankungswahrscheinlichkeit in der Gruppe der nicht geimpften Personen ist.

Statistische Interpretation Es werden die Gruppen 1 und 2 betrachtet, wobei Gruppe 1 aus n_1 Einheiten und Gruppe 2 aus n_2 Einheiten besteht. Für beide Gruppen gilt: Bei jeder Einheit wird der Wert 1 beobachtet, falls ein Schaden beobachtet wird, und der Wert 0 beobachtet, falls kein Schaden beobachtet wird. Die beobachteten Werte werden mit $x_{1,1}, \ldots, x_{1,n_1}$ in Gruppe 1 und $x_{2,1}, \ldots, x_{2,n_2}$ in Gruppe 2 bezeichnet. Das jeweilige Risiko eines Schadens kann durch die Schadenhäufigkeiten in den Gruppen 1 und 2 empirisch erfasst werden. Die absoluten Häufigkeiten eingetretener Schäden sind

$$k_1 \stackrel{\text{def}}{=} \sum_{i=1}^{n_1} x_{1,i} \quad \text{und} \quad k_2 \stackrel{\text{def}}{=} \sum_{i=1}^{n_2} x_{2,i}. \tag{6.1}$$

Wenn für Gruppe 1 die Anzahl (absolute Häufigkeit) k_1 der Schadenereignisse auf die Anzahl n_1 der Untersuchungseinheiten und für Gruppe 2 die Anzahl k_2 der Schadenereignisse auf die Anzahl n_2 der Einheiten bezogen wird, ergeben sich die relativen Häufigkeiten

$$r_1 \stackrel{\text{def}}{=} \frac{k_1}{n_1} \quad \text{und} \quad r_2 \stackrel{\text{def}}{=} \frac{k_2}{n_2} \tag{6.2}$$

als empirische Äquivalente der Schadenwahrscheinlichkeiten π_1 und π_2. Die *empirische Risikodifferenz* ist dann $r_1 - r_2$, das *empirische Risikoverhältnis* ist r_1/r_2 und das empirische Odds-Verhältnis ist $\text{odds}(r_1)/\text{odds}(r_2)$.

Die Interpretation von r_1 und r_2 als Schätzwerte für π_1 und π_2 im Sinn der Inferenzstatistik erfolgt im Rahmen der folgenden Annahme, die einem Stichprobenmodell von zwei unabhängigen Zufallsstichproben mit den Stichprobenumfängen n_1 und n_2 der Gruppen 1 und 2 entspricht. Dabei sind die zugrunde liegenden zwei disjunkten Grundgesamtheiten 1 und 2 durch Bernoulli-Verteilungen mit den Parametern π_1 und π_2 charakterisiert.

Annahme 6.1 (Stichprobenmodell für zwei unabhängige Zufallsstichproben) *Die beobachteten Stichprobenwerte $x_{1,1}, \ldots, x_{1,n_1}$ in Gruppe 1 und $x_{2,1}, \ldots, x_{2,n_2}$ in Gruppe 2 sind Realisationen von Stichprobenvariablen mit folgenden drei Eigenschaften:*

1. *Die n_1 Stichprobenvariablen $X_{1,1}, \ldots, X_{1,n_1}$ sind stochastisch unabhängig und identisch verteilt mit $X_{1,i} \sim \mathrm{Ber}(\pi_1)$ für $i = 1, \ldots, n_1$ mit $0 < \pi_1 < 1$.*
2. *Die n_2 Stichprobenvariablen $X_{2,1}, \ldots, X_{2,n_2}$ sind stochastisch unabhängig und identisch verteilt mit $X_{2,i} \sim \mathrm{Ber}(\pi_2)$ für $i = 1, \ldots, n_2$ mit $0 < \pi_2 < 1$.*
3. *Die $n_1 + n_2$ Stichprobenvariablen $X_{1,1}, \ldots, X_{1,n_1}, X_{2,1}, \ldots, X_{2,n_2}$ sind insgesamt stochastisch unabhängig.*

Aus den ersten beiden Eigenschaften folgt, dass die zufälligen absoluten Häufigkeiten K_1 und K_2 der Schadenereignisse in den Gruppen 1 und 2 binomialverteilt sind, d. h.

$$K_1 \stackrel{\text{def}}{=} \sum_{i=1}^{n_1} X_{1,i} \sim \mathrm{Bin}(n_1, \pi_1) \quad \text{und} \quad K_2 \stackrel{\text{def}}{=} \sum_{i=1}^{n_2} X_{2,i} \sim \mathrm{Bin}(n_2, \pi_2). \tag{6.3}$$

Somit ist Annahme 2.1 für jede der beiden Gruppen erfüllt, so dass für jede Gruppe ein Bernoulli-Modell vorliegt. Daher können alle Verfahren des Kap. 2 zur Risikoquantifizierung innerhalb jeder der beiden Gruppen angewandt werden. Die dritte Eigenschaft impliziert, dass die Zufallsvariablen K_1 und K_2 stochastisch unabhängig sind.

Unter Annahme 6.1 sind die absoluten Häufigkeiten k_1 und k_2 aus (6.1) realisierte Werte der zufälligen absoluten Häufigkeiten K_1 und K_2. Daher sind die in (6.2) definierten relativen Häufigkeiten r_1 und r_2 der beobachteten Schadenereignisse auch realisierte Werte der zufälligen relativen Häufigkeiten

$$R_1 \stackrel{\text{def}}{=} \frac{K_1}{n_1} \quad \text{und} \quad R_2 \stackrel{\text{def}}{=} \frac{K_2}{n_2}, \tag{6.4}$$

die als Funktionen der stochastisch unabhängigen Zufallsvariablen K_1 und K_2 ebenfalls stochastisch unabhängig sind. Bei r_1 und r_2 handelt es sich um die üblichen Schätzwerte und bei R_1 und R_2 um die üblichen Schätzer für die Schadenwahrscheinlichkeiten π_1 und π_2.

Für alle statistischen Verfahren in diesem Kapitel wird stets Annahme 6.1 sowie $0 < r_1 < 1$ und $0 < r_2 < 1$ vorausgesetzt.

6.2   Statistische Schätzverfahren für den Risikovergleich

In diesem Abschnitt werden statistische Schätzverfahren für die folgenden Konzepte behandelt, die alle zum Risikovergleich der Schadenwahrscheinlichkeit π_1 einer Untersuchungsgruppe mit der Schadenwahrscheinlichkeit π_2 einer Kontrollgruppe geeignet sind:

- die Risikodifferenz oder absolute Risikoerhöhung

$$\theta_1 \overset{\text{def}}{=} \pi_1 - \pi_2, \tag{6.5}$$

- die absolute Risikoreduktion

$$\theta_2 \overset{\text{def}}{=} \pi_2 - \pi_1, \tag{6.6}$$

- das Risikoverhältnis

$$\theta_3 \overset{\text{def}}{=} \frac{\pi_1}{\pi_2}, \tag{6.7}$$

- die relative Risikoerhöhung

$$\theta_4 \overset{\text{def}}{=} \frac{\pi_1 - \pi_2}{\pi_2}, \tag{6.8}$$

- die relative Risikoreduktion

$$\theta_5 \overset{\text{def}}{=} \frac{\pi_2 - \pi_1}{\pi_2} \tag{6.9}$$

- und das Odds-Verhältnis

$$\theta_6 \overset{\text{def}}{=} \frac{\pi_1/(1 - \pi_1)}{\pi_2/(1 - \pi_2)}. \tag{6.10}$$

Für jede dieser sechs Kennzahlen des Risikovergleichs werden im Folgenden ein Punktschätzwert, der zugehörige geschätzte Standardfehler der Punktschätzung, ein Konfidenzintervall, eine untere Konfidenzschranke, ein einseitig unten beschränktes Konfidenzintervall, eine obere Konfidenzschranke und ein einseitig oben beschränktes Konfidenzintervall angegeben. Dazu bezeichnet z_p mit $0 < p < 1$ im Folgenden das p-Quantil der Standardnormalverteilung.

6.2.1   Risikodifferenz

In diesem Unterabschnitt werden statistische Schätzverfahren für die Risikodifferenz θ_1 aus (6.5) behandelt, die im Fall eines risikoerhöhenden Faktors auch als absolute Risikoerhöhung bezeichnet wird.

Punktschätzung   Der übliche Schätzwert für die Risikodifferenz ergibt sich, wenn die Schadenwahrscheinlichkeiten π_1 und π_2 durch die zugehörigen beobachteten relativen Häufigkeiten r_1 und r_2 ersetzt werden.

Verfahren 6.1 (Schätzwert für die Risikodifferenz)   *Aus den beobachteten relativen Häufigkeiten r_1 und r_2 aus (6.2) wird der Schätzwert*

$$t_1 \overset{\text{def}}{=} r_1 - r_2 \tag{6.11}$$

für die Risikodifferenz θ_1 aus (6.5) berechnet.

Der Schätzwert t_1 für die Risikodifferenz θ_1 ist ein realisierter Wert des Schätzers

$$T_1 \stackrel{\text{def}}{=} R_1 - R_2, \tag{6.12}$$

also der Differenz der zufälligen relativen Häufigkeiten R_1 und R_2 aus (6.4). Die Standardabweichung

$$\sigma_{T_1} \stackrel{\text{def}}{=} \sqrt{\mathbb{V}[T_1]} = \sqrt{\frac{\pi_1(1-\pi_1)}{n_1} + \frac{\pi_2(1-\pi_2)}{n_2}} \tag{6.13}$$

des Schätzers T_1 wird in diesem Zusammenhang auch als *Standardfehler des Schätzers T_1 für die Risikodifferenz θ_1* bezeichnet. Dieser Standardfehler hängt von den unbekannten Schadenwahrscheinlichkeiten π_1 und π_2 ab und ist somit ebenfalls unbekannt, wird aber mit wachsenden Stichprobenumfängen n_1 und n_2 kleiner. Ein Schätzwert für den Standardfehler ergibt sich, indem die unbekannten Parameter π_1 und π_2 in (6.13) durch die Schätzwerte r_1 und r_2 ersetzt werden.

Verfahren 6.2 (Geschätzter Standardfehler) *Bei der Schätzung der Risikodifferenz θ_1 durch t_1 gemäß Verfahren 6.1 ist*

$$s = \sqrt{\frac{r_1(1-r_1)}{n_1} + \frac{r_2(1-r_2)}{n_2}} \tag{6.14}$$

ein Schätzwert für den Standardfehler.

Der geschätzte Standardfehler s ergänzt den Punktschätzwert t_1, da s Informationen über die Streuung der Schätzung von θ_1 durch t_1 liefert.

Intervallschätzung Die exakte Verteilung des Schätzers T_1 von θ_1 ist für Berechnungen von Konfidenzaussagen sehr unhandlich. Üblicherweise werden daher Konfidenzaussagen für die Risikodifferenz θ_1 mit Hilfe einer Approximation der Verteilung von T_1 durch eine Normalverteilung gewonnen. Die so resultierenden Konfidenzaussagen halten das vorgegebene Konfidenzniveau $1 - \alpha \in (0, 1)$ nur approximativ für endliche, aber hinreichend große Stichprobenumfänge n_1 und n_2 ein.

Verfahren 6.3 (Konfidenzintervall für die Risikodifferenz) *Der Wert $[u, v]$ eines Konfidenzintervalls zum approximativen Konfidenzniveau $1 - \alpha$ für die Risikodifferenz θ_1 aus (6.5) ist*

$$[u, v] = \left[t_1 - z_{1-\alpha/2}s, t_1 + z_{1-\alpha/2}s \right]$$

mit t_1 aus (6.11) und s aus (6.14).

Für das entsprechende zufällige Intervall

$$[U, V] = \left[T_1 - z_{1-\alpha/2}S, \, T_1 + z_{1-\alpha/2}S\right] \tag{6.15}$$

mit T_1 aus (6.12) sowie

$$S = \sqrt{\frac{R_1(1 - R_1)}{n_1} + \frac{R_2(1 - R_2)}{n_2}} \tag{6.16}$$

gilt

$$P_{\pi_1,\pi_2}(U \le \theta_1 \le V) \approx 1 - \alpha \quad \text{für alle } \pi_1, \pi_2 \in (0, 1),$$

d. h. die Überdeckungswahrscheinlichkeit des Zufallsintervalls $[U, V]$ für die interessierende Risikomaßzahl θ_1 kann zwar kleiner oder größer als $1 - \alpha$ sein, entspricht aber näherungsweise dem vorgegebenen Konfidenzniveau $1 - \alpha$. Somit ist das zufällige Intervall $[U, V]$ ein Konfidenzintervall für die Risikodifferenz θ_1 zum approximativen Konfidenzniveau $1 - \alpha$. Dabei hängen die Zufallsvariablen U und V über die Schätzer T_1 und S letztlich von $K_1 \sim \text{Bin}(n_1, \pi_1)$ und $K_2 \sim \text{Bin}(n_2, \pi_2)$ aus (6.3) ab, so dass die gemeinsame Wahrscheinlichkeitsverteilung von U und V mit den Parametern π_1 und π_2 variiert, was den tiefgestellten Index in obiger Wahrscheinlichkeitsaussage motiviert.

Beispiel zu den Verfahren 6.1 bis 6.3

In einer Studie zur Wirkung eines Impfstoffs gegen eine COVID-19-Erkrankung lagen folgende Daten vor (Baden et al. 2021, S. 414): In der Gruppe 1 erkrankten von $n_1 = 14\,134$ Personen, die mit dem Wirkstoff geimpft wurden, $k_1 = 11$ an COVID-19. In der Gruppe 2 erkrankten von $n_2 = 14\,073$ Personen, die mit einem Placebo geimpft wurden, $k_2 = 185$ an COVID-19.

- Die beobachteten relativen Häufigkeiten

$$r_1 = \frac{k_1}{n_1} = \frac{11}{14\,134} \approx 0.0008 \quad \text{und} \quad r_2 = \frac{k_2}{n_2} = \frac{185}{14\,073} \approx 0.0131 \tag{6.17}$$

der Erkrankung in den beiden Gruppen sind Schätzwerte für die jeweiligen Erkrankungswahrscheinlichkeiten π_1 und π_2.

- Die Differenz der relativen Häufigkeiten

$$t_1 = r_1 - r_2 = \frac{11}{14\,134} - \frac{185}{14\,073} \approx -0.0124 \tag{6.18}$$

ist gemäß Verfahren 6.1 ein Schätzwert für die Risikodifferenz $\theta_1 = \pi_1 - \pi_2$.

- Der geschätzte Standardfehler für die Schätzung von θ_1 durch t_1 ist gemäß Verfahren 6.2

$$s \approx \sqrt{\frac{0.0008(1 - 0.0008)}{14\,134} + \frac{0.0131(1 - 0.0131)}{14\,073}} \approx 0.0010. \tag{6.19}$$

- Es soll der Wert eines Konfidenzintervalls zum approximativen Konfidenzniveau $1 - \alpha = 95\,\%$ für die Risikodifferenz θ_1 bestimmt werden. Dem Verfahren 6.3 folgend erhält man mit $t_1 \approx -0.0124$ aus (6.18), $z_{1-\alpha/2} = z_{0.975} \approx 1.9600$ und $s \approx 0.0010$ aus (6.19) das Intervall

$$[u, v] \approx [-0.0124 - 1.9600 \times 0.0010, -0.0124 + 1.9600 \times 0.0010]$$
$$\approx [-0.01436, -0.01044]$$

als Wert eines Konfidenzintervalls zum approximativen Konfidenzniveau $95\,\%$ für die Risikodifferenz θ_1.

Somit ist die Risikodifferenz θ_1 etwa $-1.2\,\%$ mit einem Unsicherheitsbereich von $-1.4\,\%$ bis $-1.0\,\%$ bezogen auf ein approximatives Konfidenzniveau von $95\,\%$. ◄

Berechnungs- und Softwarehinweise

Das $97.5\,\%$-Quantil $z_{0.975} \approx 1.9600$ der Standardnormalverteilung kann folgendermaßen berechnet werden:

Software	Funktionsaufruf
Excel	`NORM.S.INV(0,975)`
GAUSS	`cdfNi(0.975)`
Mathematica	`Quantile[NormalDistribution[0,1],0.975]`
R	`qnorm(0.975)`

Für Excel wurde eine deutsche Spracheinstellung vorausgesetzt; andernfalls müssen Dezimalpunkte verwendet werden. ◄

Derselbe methodische Hintergrund, der zum Konfidenzintervall aus Verfahren 6.3 führt, ermöglicht die folgenden einseitigen Konfidenzaussagen für die Risikodifferenz. Zu den Grundlagen einseitiger Konfidenzausssagen siehe auch Abschn. 9.4.

Verfahren 6.4 (Untere Konfidenzschranke für die Risikodifferenz) *Der Wert u einer unteren Konfidenzschranke zum approximativen Konfidenzniveau $1 - \alpha$ für die Risikodifferenz θ_1 aus (6.5) ist*

$$u = t_1 - z_{1-\alpha}s$$

mit t_1 aus (6.11) und s aus (6.14).

Zusammen mit der Obergrenze $\theta_1 < 1$ ergibt sich ein einseitig unten begrenztes Konfidenzintervall.

Verfahren 6.5 (Unten begrenztes Konfidenzintervall für die Risikodifferenz) *Der Wert eines einseitig unten begrenzten Konfidenzintervalls zum approximativen Konfidenzniveau* $1 - \alpha$ *für die Risikodifferenz* θ_1 *aus* (6.5) *ist* $[u, 1)$ *mit u aus* Verfahren 6.4.

Für die entsprechende zufällige untere Konfidenzschranke

$$U = T_1 - z_{1-\alpha} S \tag{6.20}$$

mit T_1 aus (6.12) und S aus (6.16) gilt

$$P_{\pi_1,\pi_2}(U \leq \theta_1) \approx 1 - \alpha \quad \text{für alle } \pi_1, \pi_2 \in (0, 1),$$

so dass U näherungsweise mit Wahrscheinlichkeit $1 - \alpha$ die Risikodifferenz θ_1 nicht überschreitet. Analog gilt für das entsprechende zufällige Intervall $[U, 1)$, dass

$$P_{\pi_1,\pi_2}(\theta_1 \in [U, 1)) \approx 1 - \alpha \quad \text{für alle } \pi_1, \pi_2 \in (0, 1),$$

d. h. die Überdeckungswahrscheinlichkeit des Zufallsintervalls $[U, 1)$ für die interessierende Risikomaßzahl θ_1 entspricht näherungsweise dem vorgegebenen Konfidenzniveau $1 - \alpha$. Somit ist U eine untere Konfidenzschranke und $[U, 1)$ ein einseitig unten begrenztes Konfidenzintervall für die Risikodifferenz θ_1 zum approximativen Konfidenzniveau $1 - \alpha$.

Verfahren 6.6 (Obere Konfidenzschranke für die Risikodifferenz) *Der Wert v einer oberen Konfidenzschranke zum approximativen Konfidenzniveau* $1 - \alpha$ *für die Risikodifferenz* θ_1 *aus* (6.5) *ist*

$$v = t_1 + z_{1-\alpha} s$$

mit t_1 *aus* (6.11) *und s aus* (6.14).

Zusammen mit der Untergrenze $\theta_1 > -1$ ergibt sich ein einseitig oben begrenztes Konfidenzintervall.

Verfahren 6.7 (Oben begrenztes Konfidenzintervall für die Risikodifferenz) *Der Wert eines einseitig oben begrenzten Konfidenzintervalls zum approximativen Konfidenzniveau* $1 - \alpha$ *für die Risikodifferenz* θ_1 *aus* (6.5) *ist* $(-1, v]$ *mit v aus* Verfahren 6.6.

Für die entsprechende zufällige obere Konfidenzschranke

$$V = T_1 + z_{1-\alpha} S \tag{6.21}$$

mit T_1 aus (6.12) und S aus (6.16) gilt

$$P_{\pi_1,\pi_2}(V \geq \theta_1) \approx 1 - \alpha \quad \text{für alle } \pi_1, \pi_2 \in (0, 1),$$

so dass V näherungsweise mit Wahrscheinlichkeit $1 - \alpha$ die Risikodifferenz θ_1 nicht unterschreitet. Analog gilt für das entsprechende zufällige Intervall $(-1, V]$, dass

$$P_{\pi_1, \pi_2}(\theta_1 \in (-1, V]) \approx 1 - \alpha \quad \text{für alle } \pi_1, \pi_2 \in (0, 1),$$

d. h. die Überdeckungswahrscheinlichkeit des Zufallsintervalls $(-1, V]$ für die interessierende Risikomaßzahl θ_1 entspricht näherungsweise dem vorgegebenen Konfidenzniveau $1 - \alpha$. Somit ist V eine obere Konfidenzschranke und $(-1, V]$ ein einseitig oben begrenztes Konfidenzintervall für die Risikodifferenz θ_1 zum approximativen Konfidenzniveau $1 - \alpha$.

Werden zur Berechnung der Konfidenzintervalle und -schranken in den Verfahren 6.3 bis 6.7 sehr geringe oder sehr hohe Konfidenzniveaus vorgegeben oder ist bei kleinen Stichprobenumfängen der geschätzte Standardfehler s relativ groß, so können die resultierenden Werte der Konfidenzintervalle und -schranken den Parameterraum $(-1, 1)$ von θ_1 verlassen. In diesen Fällen können Konfidenzintervalle mit der Untergrenze -1 bzw. der Obergrenze 1 gebildet werden, die dann auch nach unten bzw. oben offen sind.

6.2.2 Absolute Risikoreduktion

Bei der Untersuchung der Wirkung eines risikoreduzierenden Faktors, der beispielsweise ein Medikament oder eine Impfung sein kann, erwartet man im Regelfall einen negativen Wert der Risikodifferenz θ_1 aus (6.5). Verwendet man dagegen die absolute Risikoreduktion $\theta_2 = -\theta_1$ aus (6.6), dann wird die Verminderung des Risikos durch eine positive Zahl ausgedrückt.

Punktschätzung Der übliche Schätzwert für die absolute Risikoreduktion ergibt sich, wenn die Schadenwahrscheinlichkeiten π_1 und π_2 durch die zugehörigen beobachteten relativen Häufigkeiten r_1 und r_2 ersetzt werden.

Verfahren 6.8 (Schätzwert für die absolute Risikoreduktion) *Aus den beobachteten relativen Häufigkeiten r_1 und r_2 aus (6.2) wird der Schätzwert*

$$t_2 \overset{\text{def}}{=} r_2 - r_1 \tag{6.22}$$

für die absolute Risikoreduktion θ_2 aus (6.6) berechnet.

Der Schätzwert t_2 ist eine Realisation des Schätzers $T_2 \overset{\text{def}}{=} R_2 - R_1$, dessen Standardabweichung der *Standardfehler der Schätzung der absoluten Risikoreduktion θ_2 durch T_2* ist. Dieser Standardfehler ist unbekannt und kann wie folgt geschätzt werden.

Verfahren 6.9 (Geschätzter Standardfehler) *Bei der Schätzung der absoluten Risikoreduktion θ_2 durch t_2 gemäß Verfahren 6.8 ist s aus (6.14) ein Schätzwert für den Standardfehler.*

Der geschätzte Standardfehler ist durch s aus (6.14) gegeben, da die Schätzer $T_2 = -T_1$ und T_1 dieselbe Standardabweichung haben.

Intervallschätzung Den Verfahren 6.3 bis 6.7 für die Risikodifferenz θ_1 entsprechen folgende Verfahren für die absolute Risikoreduktion $\theta_2 = -\theta_1$. Die resultierenden Konfidenzaussagen halten erneut das vorgegebene Konfidenzniveau $1 - \alpha \in (0, 1)$ nur approximativ für endliche, aber hinreichend große Stichprobenumfänge n_1 und n_2 ein.

Verfahren 6.10 (Konfidenzintervall für die absolute Risikoreduktion) *Der Wert $[u, v]$ eines Konfidenzintervalls zum approximativen Konfidenzniveau $1 - \alpha$ für die absolute Risikoreduktion θ_2 aus (6.6) ist*

$$[u, v] = \left[t_2 - z_{1-\alpha/2}s, t_2 + z_{1-\alpha/2}s\right]$$

mit t_2 aus (6.22) und s aus (6.14).

Beispiel zu den Verfahren 6.8 bis 6.10

Das Beispiel zur Wirkung eines Impfstoffs aus Abschn. 6.2.1 wird weitergeführt.

- Gemäß Verfahren 6.8 ist

$$t_2 = r_2 - r_1 \approx 0.0124$$

  ein Schätzwert für die absolute Risikoreduktion θ_2.
- Gemäß Verfahren 6.9 ist $s \approx 0.0010$ aus (6.19) der geschätzte Standardfehler für die Schätzung von θ_2 durch t_2.
- Gemäß Verfahren 6.10 erhält man aus $t_2 \approx 0.0124$, $z_{1-\alpha/2} = z_{0.975} \approx 1.9600$ und $s \approx 0.0010$ den Wert

$$[u, v] \approx [0.0124 - 1.9600 \times 0.0010, 0.0124 + 1.9600 \times 0.0010]$$

$$\approx [0.01044, 0.01436]$$

  eines Konfidenzintervalls zum approximativen Konfidenzniveau $1 - \alpha = 95\,\%$ für die absolute Risikoreduktion θ_2.

Somit beträgt die absolute Risikoreduktion θ_2 circa $1.2\,\%$ mit einem Unsicherheitsbereich von $1.0\,\%$ bis $1.4\,\%$ bezogen auf ein approximatives Konfidenzniveau von $95\,\%$. ◄

Auch einseitige Konfidenzaussagen sind für die absolute Risikoreduktion θ_2 möglich.

Verfahren 6.11 (Untere Konfidenzschranke für die absolute Risikoreduktion) *Der Wert u einer unteren Konfidenzschranke zum approximativen Konfidenzniveau* $1 - \alpha$ *für die absolute Risikoreduktion* θ_2 *aus* (6.6) *ist*

$$u = t_2 - z_{1-\alpha}s$$

mit t_2 *aus* (6.22) *und* s *aus* (6.14).

Zusammen mit der Obergrenze $\theta_2 < 1$ ergibt sich ein einseitig unten begrenztes Konfidenzintervall.

Verfahren 6.12 (Unten begrenztes Konfidenzintervall für die absolute Risikoreduktion) *Der Wert eines einseitig unten begrenzten Konfidenzintervalls zum approximativen Konfidenzniveau* $1 - \alpha$ *für die absolute Risikoreduktion* θ_2 *aus* (6.6) *ist* $[u, 1)$ *mit u aus Verfahren* 6.11.

Verfahren 6.13 (Obere Konfidenzschranke für die absolute Risikoreduktion) *Der Wert v einer oberen Konfidenzschranke zum approximativen Konfidenzniveau* $1 - \alpha$ *für die absolute Risikoreduktion* θ_2 *aus* (6.6) *ist*

$$v = t_2 + z_{1-\alpha}s$$

mit t_2 *aus* (6.22) *und* s *aus* (6.14).

Zusammen mit der Untergrenze $\theta_2 > -1$ ergibt sich ein einseitig oben begrenztes Konfidenzintervall.

Verfahren 6.14 (Oben begrenztes Konfidenzintervall für die absolute Risikoreduktion) *Der Wert eines einseitig oben begrenzten Konfidenzintervalls zum approximativen Konfidenzniveau* $1 - \alpha$ *für die absolute Risikoreduktion* θ_2 *aus* (6.6) *ist* $(-1, v]$ *mit v aus Verfahren* 6.13.

Auch für die absolute Risikoreduktion θ_2 gilt: Werden zur Berechnung der Konfidenzintervalle und -schranken in den Verfahren 6.10 bis 6.14 sehr geringe oder sehr hohe Konfidenzniveaus vorgegeben oder ist bei kleinen Stichprobenumfängen der geschätzte Standardfehler s relativ groß, so können die resultierenden Werte der Konfidenzintervalle und -schranken den Parameterraum $(-1, 1)$ von θ_2 verlassen. In diesen Fällen können Konfidenzintervalle mit der Untergrenze -1 bzw. der Obergrenze 1 gebildet werden, die dann auch nach unten bzw. oben offen sind.

6.2.3   Risikoverhältnis

In diesem Unterabschnitt werden statistische Schätzverfahren für das Risikoverhältnis θ_3 aus (6.7) behandelt.

Punktschätzung   Der übliche Schätzwert für das Risikoverhältnis ergibt sich, indem die Schadenwahrscheinlichkeiten π_1 und π_2 durch die zugehörigen relativen Häufigkeiten r_1 und r_2 der beobachteten Schadenereignisse ersetzt werden.

Verfahren 6.15 (Schätzwert für das Risikoverhältnis)   *Aus den beobachteten relativen Häufigkeiten r_1 und $r_2 > 0$ aus (6.2) wird der Schätzwert*

$$t_3 \stackrel{\text{def}}{=} \frac{r_1}{r_2} \tag{6.23}$$

für das Risikoverhältnis θ_3 aus (6.7) berechnet.

Der Schätzwert t_3 ist eine Realisation des Schätzers $T_3 \stackrel{\text{def}}{=} R_1/R_2$, der für $R_2 > 0$ eindeutig definiert ist. Die Standardabweichung des Schätzers T_3 ist der Standardfehler der Schätzung des Risikoverhältnisses θ_3 durch T_3. Dieser Standardfehler ist unbekannt, kann aber wie folgt geschätzt werden.

Verfahren 6.16 (Geschätzter Standardfehler)   *Bei der Schätzung des Risikoverhältnisses θ_3 durch t_3 gemäß Verfahren 6.15 ist*

$$s = t_3 \sqrt{\frac{1 - r_1}{n_1 r_1} + \frac{1 - r_2}{n_2 r_2}} \tag{6.24}$$

im Fall $r_1, r_2 > 0$ ein Schätzwert für den Standardfehler.

Der geschätzte Standardfehler s ergänzt den Punktschätzwert t_3, da s Informationen über die Streuung der Schätzung von θ_3 durch t_3 liefert.

Intervallschätzung   Die folgenden Konfidenzaussagen für das Risikoverhältnis θ_3 basieren auf einer Normalverteilungsapproximation für die Verteilung von $\ln(T_3)$, die asymptotisch begründet ist. Auch hier halten die resultierenden Konfidenzaussagen das vorgegebene Konfidenzniveau $1 - \alpha \in (0, 1)$ nur approximativ für endliche, aber hinreichend große Stichprobenumfänge n_1 und n_2 ein.

Verfahren 6.17 (Konfidenzintervall für das Risikoverhältnis)   *Der Wert $[u, v]$ eines Konfidenzintervalls zum approximativen Konfidenzniveau $1 - \alpha$ für das Risikoverhältnis θ_3 aus (6.7) ist*

$$[u, v] = \left[t_3 e^{-z_{1-\alpha/2} s'}, t_3 e^{z_{1-\alpha/2} s'} \right]$$

mit t_3 aus (6.23) und

$$s' = \sqrt{\frac{1 - r_1}{n_1 r_1} + \frac{1 - r_2}{n_2 r_2}} \tag{6.25}$$

für $r_1, r_2 > 0$.

Der Wert s' aus (6.25) unterscheidet sich von s aus (6.24), da s ein Schätzwert für die Standardabweichung des Schätzers T_3 ist, während s' ein Schätzwert für die Standardabweichung der logarithmierten Zufallsvariablen $\ln(T_3)$ ist, die dem Konfidenzintervall in Verfahren 6.17 zugrunde liegt. Der Punktschätzwert t_3 liegt stets im Intervall $[u, v]$, da $e^{-z_{1-\alpha/2} s'} \leq 1 \leq e^{z_{1-\alpha/2} s'}$ für alle $0 < \alpha < 1$ gilt.

Für das dem Verfahren 6.17 entsprechende zufällige Intervall

$$[U, V] = \left[T_3 e^{-z_{1-\alpha/2} S'}, T_3 e^{z_{1-\alpha/2} S'} \right] \tag{6.26}$$

mit

$$S' = \sqrt{\frac{1 - R_1}{n_1 R_1} + \frac{1 - R_2}{n_2 R_2}} \tag{6.27}$$

für $R_1, R_2 > 0$ gilt

$$P_{\pi_1, \pi_2}(U \leq \theta_3 \leq V) \approx 1 - \alpha \quad \text{für alle } \pi_1, \pi_2 \in (0, 1),$$

so dass $[U, V]$ ein Konfidenzintervall zum approximativen Konfidenzniveau $1 - \alpha$ für das Risikoverhältnis θ_3 ist.

Beispiel zu den Verfahren 6.15 bis 6.17

Das Beispiel zur Wirkung eines Impfstoffs aus Abschn. 6.2.1 und dessen Fortsetzung in Abschn. 6.2.2 wird weitergeführt.

- Der Punktschätzwert für das Risikoverhältnis $\theta_3 = \pi_1/\pi_2$ ergibt sich gemäß Verfahren 6.15 mit (6.23) als

$$t_3 = \frac{r_1}{r_2} = \frac{\frac{11}{14\,143}}{\frac{185}{14\,073}} \approx 0.0592.$$

- Der geschätzte Standardfehler für die Schätzung des Risikoverhältnisses θ_3 durch t_3 ergibt sich gemäß Verfahren 6.16 mit (6.24) als

$$s = t_3 \sqrt{\frac{1 - r_1}{n_1 r_1} + \frac{1 - r_2}{n_2 r_2}} \approx 0.0592 \sqrt{\frac{1 - \frac{11}{14\,143}}{11} + \frac{1 - \frac{185}{14\,073}}{185}} \approx 0.0184. \tag{6.28}$$

- Es soll der Wert eines Konfidenzintervalls zum approximativen Konfidenzniveau $1 - \alpha = 95\,\%$ für das Risikoverhältnis θ_3 bestimmt werden. Dem Verfahren 6.17 folgend erhält man mit $t_3 \approx 0.0592$, $z_{1-\alpha/2} = z_{0.975} \approx 1.9600$ und

$$s' = \sqrt{\frac{1-r_1}{n_1 r_1} + \frac{1-r_2}{n_2 r_2}} = \sqrt{\frac{1 - \frac{11}{14\,143}}{11} + \frac{1 - \frac{185}{14\,073}}{185}} \approx 0.3101$$

aus (6.25) das Intervall

$$[u, v] \approx \left[0.0592\mathrm{e}^{-1.9600 \times 0.3101}, 0.0592\mathrm{e}^{1.9600 \times 0.3101} \right]$$

$$\approx [0.0322, 0.1087] \tag{6.29}$$

als Wert eines Konfidenzintervalls zum approximativen Konfidenzniveau $95\,\%$ für das Risikoverhältnis θ_3.

Somit liegt das Risikoverhältnis θ_3 bei etwa $6\,\%$ mit einem Unsicherheitsbereich von $3\,\%$ bis $11\,\%$ bezogen auf ein approximatives Konfidenzniveau von $95\,\%$. ◄

Einseitige Konfidenzaussagen für das Risikoverhältnis θ_3 können mit demselben methodischen Ansatz gewonnen werden, der zum Konfidenzintervall aus Verfahren 6.17 führt.

Verfahren 6.18 (Untere Konfidenzschranke für das Risikoverhältnis) *Der Wert u einer unteren Konfidenzschranke zum approximativen Konfidenzniveau $1 - \alpha$ für das Risikoverhältnis θ_3 aus (6.7) ist*

$$u = t_3 \mathrm{e}^{-z_{1-\alpha} s'}$$

mit t_3 aus (6.23) und s' aus (6.25) für $r_1, r_2 > 0$.

Da $\theta_3 = \pi_1 / \pi_2$ nicht nach oben beschränkt ist, ergibt sich das folgende einseitig unten begrenzte Konfidenzintervall.

Verfahren 6.19 (Unten begrenztes Konfidenzintervall für das Risikoverhältnis) *Der Wert eines einseitig unten begrenzten Konfidenzintervalls zum approximativen Konfidenzniveau $1 - \alpha$ für das Risikoverhältnis θ_3 aus (6.7) ist $[u, \infty)$ mit u aus Verfahren 6.18.*

Verfahren 6.20 (Obere Konfidenzschranke für das Risikoverhältnis) *Der Wert v einer oberen Konfidenzschranke zum approximativen Konfidenzniveau $1 - \alpha$ für das Risikoverhältnis θ_3 aus (6.7) ist*

$$v = t_3 \mathrm{e}^{z_{1-\alpha} s'}$$

mit t_3 aus (6.23) und s' aus (6.25) für $r_1, r_2 > 0$.

Zusammen mit der Untergrenze $\theta_3 > 0$ ergibt sich ein einseitig oben begrenztes Konfidenzintervall.

Verfahren 6.21 (Oben begrenztes Konfidenzintervall für das Risikoverhältnis) *Der Wert eines einseitig oben begrenzten Konfidenzintervalls zum approximativen Konfidenzniveau $1 - \alpha$ für das Risikoverhältnis θ_3 aus (6.7) ist $(0, v]$ mit v aus Verfahren 6.20.*

6.2.4 Relative Risikoerhöhung

Wird die Wirkung risikoerhöhender Faktoren untersucht, so ist neben der absoluten Risikoerhöhung – gemessen durch θ_1 aus (6.5) – auch die relative Risikoerhöhung von Interesse. In diesem Unterabschnitt werden daher statistische Verfahren der Punkt- und Intervallschätzung für die relative Risikoerhöhung θ_4 aus (6.8) behandelt.

Punktschätzung Der übliche Schätzwert für die relative Risikoerhöhung ergibt sich, indem die unbekannten Schadenwahrscheinlichkeiten π_1 und π_2 durch die zugehörigen relativen Häufigkeiten r_1 und r_2 der beobachteten Schadenereignisse ersetzt werden.

Verfahren 6.22 (Schätzwert für die relative Risikoerhöhung) *Aus den beobachteten relativen Häufigkeiten r_1 und $r_2 > 0$ aus (6.2) wird der Schätzwert*

$$t_4 \stackrel{\text{def}}{=} \frac{r_1 - r_2}{r_2}$$

für die relative Risikoerhöhung θ_4 aus (6.8) berechnet.

Der Schätzwert t_4 ist eine Realisation des Schätzers $T_4 \stackrel{\text{def}}{=} (R_1 - R_2)/R_2$, der für $R_2 > 0$ eindeutig definiert ist. Die Standardabweichung von T_4 ist der Standardfehler der Schätzung des Risikoverhältnisses θ_4 durch T_4. Dieser Standardfehler ist unbekannt, kann aber wie folgt geschätzt werden.

Verfahren 6.23 (Geschätzter Standardfehler) *Bei der Schätzung der relativen Risikoerhöhung θ_4 durch t_4 gemäß Verfahren 6.22 ist s aus (6.24) ein Schätzwert für den Standardfehler.*

Der Standardfehler kann durch s aus (6.24) geschätzt werden, da die Schätzer $T_4 = T_3 - 1$ und T_3 dieselbe Standardabweichung haben.

Intervallschätzung Konfidenzaussagen über die relative Risikoerhöhung θ_4 werden üblicherweise mit dem Zusammenhang $\theta_4 = \theta_3 - 1$ aus den Konfidenzaussagen der Verfahren 6.17 bis 6.21 für das Risikoverhältnis θ_3 gewonnen. Die resultierenden Konfidenzaussagen halten erneut das vorgegebene Konfidenzniveau $1 - \alpha \in (0, 1)$ nur approximativ für endliche, aber hinreichend große Stichprobenumfänge n_1 und n_2 ein.

Verfahren 6.24 (Konfidenzintervall für die relative Risikoerhöhung) *Der Wert eines Konfidenzintervalls zum approximativen Konfidenzniveau $1 - \alpha$ für die relative Risikoerhöhung θ_4 aus (6.8) ist $[u - 1, v - 1]$ mit u und v aus Verfahren 6.17.*

Verfahren 6.25 (Untere Konfidenzschranke für die relative Risikoerhöhung) *Der Wert einer unteren Konfidenzschranke zum approximativen Konfidenzniveau $1 - \alpha$ für die relative Risikoerhöhung θ_4 aus (6.8) ist $u - 1$ mit u aus Verfahren 6.18.*

Da die relative Risikoerhöhung θ_4 nicht nach oben beschränkt ist, ergibt sich das folgende einseitig unten begrenzte Konfidenzintervall.

Verfahren 6.26 (Unten begrenztes Konfidenzintervall für die relative Risikoerhöhung) *Der Wert eines einseitig unten begrenzten Konfidenzintervalls zum approximativen Konfidenzniveau $1 - \alpha$ für die relative Risikoerhöhung θ_4 aus (6.8) ist $[u - 1, \infty)$ mit u aus Verfahren 6.18.*

Verfahren 6.27 (Obere Konfidenzschranke für die relative Risikoerhöhung) *Der Wert einer oberen Konfidenzschranke zum approximativen Konfidenzniveau $1 - \alpha$ für die relative Risikoerhöhung θ_4 aus (6.8) ist $v - 1$ mit v aus Verfahren 6.20.*

Da die relative Risikoerhöhung θ_4 durch -1 nach unten beschränkt ist, ergibt sich das folgende einseitig oben begrenzte Konfidenzintervall.

Verfahren 6.28 (Oben begrenztes Konfidenzintervall für die relative Risikoerhöhung) *Der Wert eines einseitig oben begrenzten Konfidenzintervalls zum approximativen Konfidenzniveau $1 - \alpha$ für die relative Risikoerhöhung θ_4 aus (6.8) ist $(-1, v - 1]$ mit v aus Verfahren 6.20.*

6.2.5   Relative Risikoreduktion

Bei der Untersuchung der Wirkung eines risikoreduzierenden Faktors ist neben der absoluten auch die relative Risikoreduktion von Interesse. Handelt es sich bei dem risikoreduzierenden Faktor um einen Impfstoff, so wird dessen relative Risikoreduktion auch als Wirksamkeit oder Effektivität bezeichnet. In diesem Unterabschnitt werden daher statistische Verfahren der Punkt- und Intervallschätzung für die relative Risikoreduktion θ_5 aus (6.9) behandelt.

Punktschätzung Der übliche Schätzwert für die relative Risikoreduktion ergibt sich, indem die unbekannten Schadenwahrscheinlichkeiten π_1 und π_2 durch die zugehörigen relativen Häufigkeiten r_1 und r_2 der beobachteten Schadenereignisse ersetzt werden.

Verfahren 6.29 (Schätzwert für die relative Risikoreduktion) *Aus den beobachteten relativen Häufigkeiten r_1 und $r_2 > 0$ aus (6.2) wird der Schätzwert*

$$t_5 \overset{\text{def}}{=} \frac{r_2 - r_1}{r_2} \tag{6.30}$$

für die relative Risikoreduktion θ_5 aus (6.9) berechnet.

Der Schätzwert t_5 ist eine Realisation des Schätzers $T_5 \overset{\text{def}}{=} (R_2 - R_1)/R_2$, der für $R_2 > 0$ eindeutig definiert ist. Die Standardabweichung von T_5 ist der Standardfehler der Schätzung des Risikoverhältnisses θ_5 durch T_5. Dieser Standardfehler ist unbekannt, kann aber wie folgt geschätzt werden.

Verfahren 6.30 (Geschätzter Standardfehler) *Bei der Schätzung der relativen Risikoreduktion θ_5 durch t_5 gemäß Verfahren 6.29 ist s aus (6.24) ein Schätzwert für den Standardfehler.*

Der geschätzte Standardfehler ist erneut durch s aus (6.24) gegeben, da der Schätzer $T_5 = 1 - T_3$ und der Schätzer T_3 dieselbe Standardabweichung haben.

Intervallschätzung Konfidenzaussagen über die relative Risikoreduktion θ_5 werden üblicherweise mit dem Zusammenhang $\theta_5 = 1 - \theta_3$ aus den Konfidenzaussagen der Verfahren 6.17 bis 6.21 für das Risikoverhältnis θ_3 gewonnen. Die resultierenden Konfidenzaussagen halten erneut das vorgegebene Konfidenzniveau $1 - \alpha \in (0, 1)$ nur approximativ für endliche, aber hinreichend große Stichprobenumfänge n_1 und n_2 ein.

Verfahren 6.31 (Konfidenzintervall für die relative Risikoreduktion) *Der Wert eines Konfidenzintervalls zum approximativen Konfidenzniveau $1 - \alpha$ für die relative Risikoreduktion θ_5 aus (6.9) ist $[1 - v, 1 - u]$ mit u und v aus Verfahren 6.17.*

Außerdem sind folgende einseitige Konfidenzaussagen möglich.

Verfahren 6.32 (Untere Konfidenzschranke für die relative Risikoreduktion) *Der Wert einer unteren Konfidenzschranke zum approximativen Konfidenzniveau $1 - \alpha$ für die relative Risikoreduktion θ_5 aus (6.9) ist $1 - v$ mit v aus Verfahren 6.20.*

Da die relative Risikoreduktion θ_5 durch 1 nach oben beschränkt ist, ergibt sich das folgende einseitig unten begrenzte Konfidenzintervall.

Verfahren 6.33 (Unten begrenztes Konfidenzintervall für die relative Risikoreduk-tion) *Der Wert eines einseitig unten begrenzten Konfidenzintervalls zum approximativen Konfidenzniveau* $1 - \alpha$ *für die relative Risikoreduktion* θ_5 *aus* (6.9) *ist* $[1 - v, 1)$ *mit* v *aus Verfahren* 6.20.

Verfahren 6.34 (Obere Konfidenzschranke für die relative Risikoreduktion) *Der Wert einer oberen Konfidenzschranke zum approximativen Konfidenzniveau* $1 - \alpha$ *für die relative Risikoreduktion* θ_5 *aus* (6.9) *ist* $1 - u$ *mit* u *aus Verfahren* 6.18.

Da die relative Risikoreduktion θ_5 nicht nach unten beschränkt ist, ergibt sich das folgende einseitig oben begrenzte Konfidenzintervall.

Verfahren 6.35 (Oben begrenztes Konfidenzintervall für die relative Risikoreduktion) *Der Wert eines einseitig oben begrenzten Konfidenzintervalls zum approximativen Konfi-denzniveau* $1 - \alpha$ *für die relative Risikoreduktion* θ_5 *aus* (6.9) *ist* $(-\infty, 1 - u]$ *mit* u *aus Verfahren* 6.18.

Beispiel zu den Verfahren 6.29 bis 6.31

Das Beispiel zur Wirkung eines Impfstoffs aus Abschn. 6.2.1 mit den Fortsetzungen in den Abschn. 6.2.2, 6.2.3 wird weitergeführt.

- Der Punktschätzwert für die Wirksamkeit (relative Risikoreduktion) $\theta_5 = (\pi_2 - \pi_1)/\pi_2$ ergibt sich gemäß Verfahren 6.29 mit (6.30) als

$$t_5 = \frac{r_2 - r_1}{r_2} = \frac{\frac{185}{14\,073} - \frac{11}{14\,143}}{\frac{185}{14\,073}} \approx 0.9408.$$

- Der geschätzte Standardfehler für die Schätzung der Wirksamkeit θ_5 durch t_5 wird gemäß Verfahren 6.30 mit Hilfe von (6.24) ermittelt und nimmt gemäß (6.28) den Wert $s \approx 0.0184$ an.
- Es soll der Wert eines Konfidenzintervalls zum approximativen Konfidenzniveau $1 - \alpha = 95\,\%$ für die Wirksamkeit θ_5 bestimmt werden. Dem Verfahren 6.31 folgend erhält man mit $u \approx 0.0322$ und $v \approx 0.1087$ aus (6.29) das Intervall

$$[1 - v, 1 - u] \approx [1 - 0.1087, 1 - 0.0322] = [0.8913, 0.9678]$$

als Wert eines Konfidenzintervalls zum approximativen Konfidenzniveau $95\,\%$ für die Wirksamkeit θ_5.

Somit ist die Wirksamkeit des Impfstoffs etwa $94\,\%$ mit einem Unsicherheitsbereich von $89\,\%$ bis $97\,\%$ bezogen auf ein Konfidenzniveau von $95\,\%$. ◄

6.2.6 Odds-Verhältnis

In diesem Unterabschnitt werden statistische Verfahren der Punkt- und Intervallschätzung für das Odds-Verhältnis θ_6 aus (6.10) behandelt.

Punktschätzung Der übliche Schätzwert für das Odds-Verhältnis ist eine Realisation eines Substitutionsschätzers und ergibt sich, indem die Schadenwahrscheinlichkeiten π_1 und π_2 durch die zugehörigen relativen Häufigkeiten r_1 und r_2 der beobachteten Schadenereignisse ersetzt werden.

Verfahren 6.36 (Schätzwert für das Odds-Verhältnis) *Aus den beobachteten relativen Häufigkeiten* $0 < r_1 < 1$ *und* $0 < r_2 < 1$ *aus (6.2) wird der Schätzwert*

$$t_6 \stackrel{\text{def}}{=} \frac{r_1/(1-r_1)}{r_2/(1-r_2)} \tag{6.31}$$

für das Odds-Verhältnis θ_6 *aus (6.10) berechnet.*

Der Schätzwert t_6 ist eine Realisation des Schätzers

$$T_6 \stackrel{\text{def}}{=} \frac{R_1/(1-R_1)}{R_2/(1-R_2)},$$

der für $0 < R_1, R_2 < 1$ eindeutig definiert ist. Die Standardabweichung von T_6 ist der Standardfehler der Schätzung des Odds-Verhältnisses θ_6 durch T_6. Dieser Standardfehler ist unbekannt, kann aber wie folgt geschätzt werden.

Verfahren 6.37 (Geschätzter Standardfehler) *Bei der Schätzung des Odds-Verhältnisses* θ_6 *durch* t_6 *gemäß Verfahren 6.36 ist*

$$s = t_6 \sqrt{\frac{1}{n_1 r_1(1-r_1)} + \frac{1}{n_2 r_2(1-r_2)}} \tag{6.32}$$

ein Schätzwert für den Standardfehler.

Der geschätzte Standardfehler s ergänzt den Punktschätzwert t_6, da s Informationen über die Streuung der Schätzung des Odds-Verhältnisses θ_6 durch t_6 liefert.

Intervallschätzung Die folgenden Konfidenzaussagen für das Odds-Verhältnis θ_6 basieren auf einer Approximation für die Verteilung von $\ln(T_6)$, die asymptotisch begründet ist. Die resultierenden Konfidenzaussagen halten das vorgegebene Konfidenzniveau $1 - \alpha \in (0, 1)$ nur approximativ für endliche, aber hinreichend große Stichprobenumfänge n_1 und n_2 ein.

Verfahren 6.38 (Konfidenzintervall für das Odds-Verhältnis) *Der Wert* $[u, v]$ *eines Konfidenzintervalls zum approximativen Konfidenzniveau* $1 - \alpha$ *für das Odds-Verhältnis* θ_6 *aus (6.10) ist*

$$[u, v] = \left[t_6 e^{-z_{1-\alpha/2} s'}, t_6 e^{z_{1-\alpha/2} s'} \right]$$

mit t_6 *aus Verfahren 6.36 und*

$$s' = \sqrt{\frac{1}{n_1 r_1 (1 - r_1)} + \frac{1}{n_2 r_2 (1 - r_2)}}. \tag{6.33}$$

Der Wert s' aus (6.33) unterscheidet sich von s aus (6.32), da s ein Schätzwert für die Standardabweichung des Schätzers T_6 ist, während s' ein Schätzwert für die Standardabweichung der logarithmierten Zufallsvariablen $\ln(T_6)$ ist, die dem Konfidenzintervall in Verfahren 6.38 zugrunde liegt. Der Punktschätzwert t_6 liegt stets im Intervall $[u, v]$, da $e^{-z_{1-\alpha/2} s'} \leq 1 \leq e^{z_{1-\alpha/2} s'}$ für alle $0 < \alpha < 1$ gilt. Für das entsprechende zufällige Intervall

$$[U, V] = \left[T_6 e^{-z_{1-\alpha/2} S'}, T_6 e^{z_{1-\alpha/2} S'} \right] \tag{6.34}$$

mit

$$S' = \sqrt{\frac{1}{n_1 R_1 (1 - R_1)} + \frac{1}{n_2 R_2 (1 - R_2)}}$$

für $0 < R_1, R_2 < 1$ gilt

$$P_{\pi_1, \pi_2}(U \leq \theta_6 \leq V) \approx 1 - \alpha \quad \text{für alle } \pi_1, \pi_2 \in (0, 1),$$

so dass $[U, V]$ ein Konfidenzintervall zum approximativen Konfidenzniveau $1 - \alpha$ für das Odds-Verhältnis θ_6 ist.

Beispiel zu den Verfahren 6.36 bis 6.38

Das Beispiel zur Wirkung eines Impfstoffs aus Abschn. 6.2.1 und dessen Fortsetzung in den Abschn. 6.2.2, 6.2.3 und 6.2.5 wird weitergeführt.

- Der Punktschätzwert für das Odds-Verhältnis $\theta_6 = \frac{\pi_1/(1-\pi_1)}{\pi_2/(1-\pi_2)}$ ergibt sich gemäß Verfahren 6.36 mit (6.31) als

$$t_6 = \frac{r_1/(1 - r_1)}{r_2/(1 - r_2)} = \frac{\frac{11}{14\,143}/\left(1 - \frac{11}{14\,143}\right)}{\frac{185}{14\,073}/\left(1 - \frac{185}{14\,073}\right)} \approx 0.0585.$$

- Der geschätzte Standardfehler für die Schätzung des Odds-Verhältnisses θ_6 durch t_6 ergibt sich gemäß Verfahren 6.37 mit (6.32) als

$$s = t_6 \sqrt{\frac{1}{n_1 r_1 (1 - r_1)} + \frac{1}{n_2 r_2 (1 - r_2)}}$$

$$\approx 0.0585 \sqrt{\frac{1}{11 \left(1 - \frac{11}{14\,143}\right)} + \frac{1}{185 \left(1 - \frac{185}{14\,073}\right)}} \approx 0.0182.$$

- Es soll der Wert eines Konfidenzintervalls zum approximativen Konfidenzniveau $1 - \alpha = 95\,\%$ für das Odds-Verhältnis θ_6 bestimmt werden. Dem Verfahren 6.38 folgend erhält man mit $t_6 \approx 0.0585$, $z_{1-\alpha/2} = z_{0.975} \approx 1.9600$ und

$$s' = \sqrt{\frac{1}{n_1 r_1 (1 - r_1)} + \frac{1}{n_2 r_2 (1 - r_2)}}$$

$$= \sqrt{\frac{1}{11 \left(1 - \frac{11}{14\,143}\right)} + \frac{1}{185 \left(1 - \frac{185}{14\,073}\right)}} \approx 0.3106$$

aus (6.33) das Intervall

$$[u, v] \approx \left[0.0585 \mathrm{e}^{-1.9600 \times 0.3106}, 0.0585 \mathrm{e}^{1.9600 \times 0.3106}\right] \approx [0.0318, 0.1075]$$

als Wert eines Konfidenzintervalls zum approximativen Konfidenzniveau $95\,\%$ für das Odds-Verhältnis θ_6.

Somit liegt das Odds-Verhältnis θ_6 bei etwa $6\,\%$ mit einem Unsicherheitsbereich von $3\,\%$ bis $11\,\%$ bezogen auf ein approximatives Konfidenzniveau von $95\,\%$. ◄

Mit demselben methodischen Ansatz, der zum Konfidenzintervall aus Verfahren 6.38 führt, ist es möglich, einseitige Konfidenzaussagen für das Odds-Verhältnis θ_6 zu erhalten.

Verfahren 6.39 (Untere Konfidenzschranke für das Odds-Verhältnis) *Der Wert u einer unteren Konfidenzschranke zum approximativen Konfidenzniveau $1 - \alpha$ für das Odds-Verhältnis θ_6 aus (6.10) ist*

$$u = t_6 \mathrm{e}^{-z_{1-\alpha} s'}$$

mit t_6 aus Verfahren 6.36 und s' aus (6.33).

Da θ_6 nicht nach oben beschränkt ist, ergibt sich das folgende einseitig unten begrenzte Konfidenzintervall.

Verfahren 6.40 (Unten begrenztes Konfidenzintervall für das Odds-Verhältnis) *Der Wert eines einseitig unten begrenzten Konfidenzintervalls zum approximativen Konfidenzniveau $1 - \alpha$ für das Odds-Verhältnis θ_6 aus (6.10) ist $[u, \infty)$ mit u aus Verfahren 6.39.*

Verfahren 6.41 (Obere Konfidenzschranke für das Odds-Verhältnis) *Der Wert v einer oberen Konfidenzschranke zum approximativen Konfidenzniveau $1 - \alpha$ für das Odds-Verhältnis θ_6 aus (6.10) ist*

$$v = t_6 e^{z_1 - \alpha\, s'}$$

mit t_6 aus Verfahren 6.36 und s' aus (6.33).

Zusammen mit der Untergrenze $\theta_6 > 0$ ergibt sich das folgende einseitig oben begrenzte Konfidenzintervall.

Verfahren 6.42 (Oben begrenztes Konfidenzintervall für das Odds-Verhältnis) *Der Wert eines einseitig oben begrenzten Konfidenzintervalls zum approximativen Konfidenzniveau $1 - \alpha$ für das Odds-Verhältnis θ_6 aus (6.10) ist $(0, v]$ mit v aus Verfahren 6.41.*

6.3 Statistische Testverfahren für den Risikovergleich

In biometrischen Risikostudien ist häufig beabsichtigt, die Überlegenheit eines Medikaments, das in der Behandlungsgruppe gegeben wurde, im Vergleich zu einem Placebo oder Referenzmedikament, das in der Kontrollgruppe gegeben wurde, zu zeigen. Aus statistisch-methodischer Sicht besteht dann die Aufgabe, statistisch signifikant nachzuweisen, dass die Erkrankungswahrscheinlichkeit π_1 in der Behandlungsgruppe kleiner als die Erkrankungswahrscheinlichkeit π_2 in der Kontrollgruppe ist. Zum Nachweis der statistischen Signifikanz wird versucht, mit einem geeigneten statistischen Testverfahren – zu den Grundlagen und Begriffen statistischer Testverfahren siehe Abschn. 9.5 – die Nullhypothese $H_0 : \pi_1 \geq \pi_2$ zugunsten der Gegenhypothese $H_1 : \pi_1 < \pi_2$ abzulehnen. Falls H_0 abgelehnt werden kann, gilt die Hypothese H_1 als statistisch gesichert, wobei die Fehlerwahrscheinlichkeit 1. Art – also die Wahrscheinlichkeit dafür, dass H_0 abgelehnt wird, obwohl H_0 richtig ist – durch das vorgegebene Signifikanzniveau nach oben beschränkt ist. Dabei sagt die Signifikanz eines Unterschiedes nichts über die Relevanz eines Unterschiedes aus, der substanzwissenschaftlich begründet werden muss.

Diese Fragestellung ist ein Beispiel für die erste der folgenden drei sich häufig ergebenden Aufgabenstellungen, die bei einem Vergleich der Schadenwahrscheinlichkeiten π_1 und π_2 der Gruppen 1 und 2 unterschieden werden können:

1. Es soll statistisch abgesichert werden, dass die Schadenwahrscheinlichkeit π_1 in der Untersuchungsgruppe unter der Schadenwahrscheinlichkeit π_2 in der Kontrollgruppe liegt. Dazu ist die Nullhypothese $H_0 : \pi_1 \geq \pi_2$ zugunsten der Gegenhypothese $H_1 : \pi_1 < \pi_2$ abzulehnen.

2. Es soll statistisch abgesichert werden, dass die Schadenwahrscheinlichkeit π_1 in der Untersuchungsgruppe über der Schadenwahrscheinlichkeit π_2 in der Kontrollgruppe

liegt. Dazu ist die Nullhypothese $H_0 : \pi_1 \leq \pi_2$ zugunsten der Gegenhypothese $H_1 :$
$\pi_1 > \pi_2$ abzulehnen.

3. Es soll statistisch abgesichert werden, dass die Schadenwahrscheinlichkeit π_1 in der
   Untersuchungsgruppe über oder unter der Schadenwahrscheinlichkeit π_2 in der Kontrollgruppe liegt. Dazu ist die Nullhypothese $H_0 : \pi_1 = \pi_2$ zugunsten der Gegenhypothese
   $H_1 : \pi_1 \neq \pi_2$ abzulehnen.

Die Durchführung der folgenden approximativen Testverfahren beruht auf der Anzahl k_1
und k_2 der beobachteten Schadenereignisse in der Untersuchungsgruppe (Gruppe 1) und
der Kontrollgruppe (Gruppe 2) bei einem Stichprobenumfang von n_1 in der Untersuchungsgruppe und n_2 in der Kontrollgruppe. Dabei wird jeweils das durch Annahme 6.1 charakterisierte Stichprobenmodell vorausgesetzt. Außerdem wird für eine sinnvolle Anwendung
der folgenden Testverfahren $0 < r_1 < 1$ und $0 < r_2 < 1$ vorausgesetzt. Erneut bezeichnet
z_p mit $0 < p < 1$ das p-Quantil der Standardnormalverteilung.

Klassische Testdurchführung Basierend auf den beobachteten absoluten Schadenhäufigkeiten k_1 und k_2 aus (6.1) und den Stichprobenumfängen n_1 und n_2 werden die relativen
Schadenhäufigkeiten r_1 und r_2 gemäß (6.2) ermittelt. Hieraus wird die Testgröße

$$t \stackrel{\text{def}}{=} \frac{r_1 - r_2}{s} \tag{6.35}$$

mit dem geschätzten Standardfehler s aus (6.14) berechnet, die für $0 < r_1, r_2 < 1$ eindeutig definiert ist. Die Entscheidungsregeln für die Testdurchführung beruhen dann auf
einem Vergleich der Testgröße t mit bestimmten Quantilen der Standardnormalverteilung.
Zu einem vorgegebenen Signifikanzniveau $0 < \alpha < 1$ ist zur Testdurchführung wie folgt
vorzugehen.

Verfahren 6.43 (Test zur Bestätigung von $\pi_1 < \pi_2$) *Die Hypothese $H_0 : \pi_1 \geq \pi_2$ wird*
zugunsten von $H_1 : \pi_1 < \pi_2$ abgelehnt, falls $t < z_\alpha$.

Falls die Testgröße t kleiner als das α-Quantil $z_\alpha = -z_{1-\alpha}$ der Standardnormalverteilung
ist, wird die Nullhypothese zum vorgegebenen Signifikanzniveau α zugunsten der Gegenhypothese abgelehnt.

Verfahren 6.44 (Test zur Bestätigung von $\pi_1 > \pi_2$) *Die Hypothese $H_0 : \pi_1 \leq \pi_2$ wird*
zugunsten von $H_1 : \pi_1 > \pi_2$ abgelehnt, falls $t > z_{1-\alpha}$.

Verfahren 6.45 (Test zur Bestätigung von $\pi_1 \neq \pi_2$) *Die Hypothese $H_0 : \pi_1 = \pi_2$ wird*
zugunsten von $H_1 : \pi_1 \neq \pi_2$ abgelehnt, falls $|t| > z_{1-\alpha/2}$.

Für die Testverfahren 6.43 bis 6.45 ist jeweils die Wahrscheinlichkeit für den Fehler 1. Art – also für den Fehler, die Nullhypothese abzulehnen, obwohl diese richtig ist – approximativ durch α nach oben beschränkt. Somit liegt jeweils ein approximativer Test zum Umfang α vor.

p-Wert-basierte Testdurchführung Die p-Wert-basierte Testdurchführung stellt eine Alternative zur klassischen Testdurchführung dar, führt aber zu äquivalenten Testentscheidungen, siehe dazu Abschn. 9.5. Zur Berechnung des p-Wertes in den folgenden Verfahren wird die Testgröße t aus (6.35) und die Verteilungsfunktion Φ der Standardnormalverteilung benötigt. Mit dem vorgegebenen Signifikanzniveau $0 < \alpha < 1$ ist wie folgt vorzugehen.

Verfahren 6.46 (Test zur Bestätigung von $\pi_1 < \pi_2$) *Die Hypothese $H_0 : \pi_1 \geq \pi_2$ wird zugunsten von $H_1 : \pi_1 < \pi_2$ abgelehnt, falls $p_1 < \alpha$, wobei der p-Wert als*

$$p_1 = \Phi(t) \tag{6.36}$$

berechnet wird.

Verfahren 6.47 ((Test zur Bestätigung von $\pi_1 > \pi_2$) *Die Hypothese $H_0 : \pi_1 \leq \pi_2$ wird zugunsten von $H_1 : \pi_1 > \pi_2$ abgelehnt, falls $p_2 < \alpha$, wobei der p-Wert als*

$$p_2 = 1 - \Phi(t) \tag{6.37}$$

berechnet wird.

Verfahren 6.48 (Test zur Bestätigung von $\pi_1 \neq \pi_2$) *Die Hypothese $H_0 : \pi_1 = \pi_2$ wird zugunsten von $H_1 : \pi_1 \neq \pi_2$ abgelehnt, falls $p_3 < \alpha$, wobei der p-Wert als*

$$p_3 = 2 \min\{p_1, p_2\}$$

mit p_1 aus (6.36) und p_2 aus (6.37) berechnet wird.

Beispiel zu den Verfahren 6.43 und 6.46

Das Beispiel zur Wirkung eines Impfstoffs aus Abschn. 6.2.1 wird weitergeführt.

Zum vorgegebenen Signifikanzniveau $\alpha = 5\%$ soll überprüft werden, ob die Hypothese $H_0 : \pi_1 \geq \pi_2$ aufgrund der in beiden Gruppen beobachteten Schadenhäufigkeiten zugunsten von $H_1 : \pi_1 < \pi_2$ abgelehnt werden kann.

Aus den beobachteten relativen Schadenhäufigkeiten $r_1 = 11/14\,134$ in der Untersuchungsgruppe und $r_2 = 185/14\,073$ in der Kontrollgruppe aus (6.17) und mit dem geschätzten Standardfehler $s \approx 0.0010$ aus (6.19) wird zunächst gemäß (6.35) die Testgröße

$$t = \frac{r_1 - r_2}{s} \approx \frac{\frac{11}{14\,134} - \frac{185}{14\,073}}{0.0010} \approx -12.367$$

berechnet.

- Bei der klassischen Testdurchführung mit Verfahren 6.43 wird diese Testgröße mit dem α-Quantil $z_\alpha = -z_{1-\alpha} = -z_{0.95} \approx -1.6449$ der Standardnormalverteilung verglichen. Da hier $t \approx -12.367 < -1.6449 \approx z_{0.95}$ gilt, wird die Nullhypothese bei $\alpha = 5\,\%$ zugunsten der Gegenhypothese abgelehnt.
- Alternativ wird bei der p-Wert-basierten Testdurchführung mit Verfahren 6.46 aus der Testgröße t der p-Wert gemäß (6.36) als

$$p_1 = \Phi(t) \approx \Phi(-12.367) \approx 1.97 \times 10^{-35} \tag{6.38}$$

berechnet und mit dem vorgegebenen Signifikanzniveau verglichen. Da $p_1 \approx 1.97 \times 10^{-35} < 0.05 = \alpha$ gilt, wird auch bei diesem Vorgehen die Nullhypothese zugunsten der Gegenhypothese abgelehnt.

◄

Berechnungs- und Softwarehinweise

Der Wert $\Phi(-12.367) \approx 1.97 \times 10^{-35}$ aus (6.38) kann beispielsweise folgendermaßen berechnet werden:

Software	Funktionsaufruf
Excel	`NORM.S.VERT(-12,367;WAHR)`
GAUSS	`cdfN(-12.367)`
Mathematica	`CDF[NormalDistribution[0,1],-12.367]`
R	`pnorm(-12.367)`

◄

Hypothesenformulierung mit Risikomaßzahlen Die in den Testverfahren 6.43 bis 6.48 angegebenen Hypothesenpaare dienen dem direkten Vergleich der Schadenwahrscheinlichkeiten π_1 und π_2 in Untersuchungs- und Kontrollgruppe. Alternativ dazu können die Testverfahren 6.43 bis 6.48 auch mit Hypothesenpaaren für die Risikomaßzahlen θ_1 bis θ_6 aus (6.5) bis (6.10) formuliert werden. Da $\pi_1 \geq \pi_2$ äquivalent zu $\theta_1 \geq 0$ ist, sind die Hypothesenpaare

$$H_0 : \pi_1 \geq \pi_2 \text{ versus } H_1 : \pi_1 < \pi_2 \quad \text{und} \quad H_0 : \theta_1 \geq 0 \text{ versus } H_1 : \theta_1 < 0$$

äquivalent. Analog sind die Hypothesenpaare

$$H_0 : \pi_1 \leq \pi_2 \text{ versus } H_1 : \pi_1 > \pi_2 \quad \text{und} \quad H_0 : \theta_1 \leq 0 \text{ versus } H_1 : \theta_1 > 0$$

sowie

$$H_0 : \pi_1 = \pi_2 \text{ versus } H_1 : \pi_1 \neq \pi_2 \quad \text{und} \quad H_0 : \theta_1 = 0 \text{ versus } H_1 : \theta_1 \neq 0$$

äquivalent. Für die Risikomaßzahlen θ_2 bis θ_6 können analoge Äquivalenzen aufgestellt werden, die in Tab. 6.1 zusammengefasst sind. Dabei sind jeweils untereinander stehende Hypothesenpaare äquivalent. Somit lassen sich mit den Risikomaßzahlen θ_1 bis θ_6 Hypothesen zum Risikovergleich formulieren, die mit Hilfe der Testverfahren 6.43 bis 6.48 überprüft werden können.

Beispiel zu den Verfahren 6.43 und 6.46 (Fortsetzung)

Das Beispiel zur Wirkung eines Impfstoffs aus Abschn. 6.2.1 wird weitergeführt. Die Fortsetzung des Beispiels in diesem Abschnitt ergab, dass die Nullhypothese $H_0 : \pi_1 \geq \pi_2$ aufgrund der beobachteten Schadenhäufigkeiten in Untersuchungs- und Kontrollgruppe zugunsten der Gegenhypothese $H_1 : \pi_1 < \pi_2$ zum vorgegebenen Signifikanzniveau von $\alpha = 5\%$ sowohl mit der klassischen also auch mit der dazu äquivalenten p-Wert-basierten Testdurchführung abgelehnt werden muss.

Aufgrund der in Tab. 6.1 angegebenen Äquivalenzen gilt daher bei vorgegebenem Signifikanzniveau $\alpha = 5\%$:

- Die Hypothese $H_0 : \theta_1 \geq 0$ wird zugunsten der Hypothese $H_1 : \theta_1 < 0$ abgelehnt.
- Die Hypothese $H_0 : \theta_2 \leq 0$ wird zugunsten der Hypothese $H_1 : \theta_2 > 0$ abgelehnt.
- Die Hypothese $H_0 : \theta_3 \geq 1$ wird zugunsten der Hypothese $H_1 : \theta_3 < 1$ abgelehnt.
- Die Hypothese $H_0 : \theta_4 \geq 0$ wird zugunsten der Hypothese $H_1 : \theta_4 < 0$ abgelehnt.

Tab. 6.1 Äquivalente Hypothesenpaare für die Schadenwahrscheinlichkeiten π_1 und π_2 sowie die Risikodifferenz oder absolute Risikoerhöhung $\theta_1 = \pi_1 - \pi_2$, die absolute Risikoreduktion $\theta_2 = \pi_2 - \pi_1$, das Risikoverhältnis $\theta_3 = \frac{\pi_1}{\pi_2}$, die relative Risikoerhöhung $\theta_4 = \frac{\pi_1 - \pi_2}{\pi_2}$, die relative Risikoreduktion $\theta_5 = \frac{\pi_2 - \pi_1}{\pi_2}$ und das Odds-Verhältnis $\theta_6 = \frac{\pi_1/(1-\pi_1)}{\pi_2/(1-\pi_2)}$

	H_0	H_1	H_0	H_1	H_0	H_1
π_1, π_2	$\pi_1 \geq \pi_2$	$\pi_1 < \pi_2$	$\pi_1 \leq \pi_2$	$\pi_1 > \pi_2$	$\pi_1 = \pi_2$	$\pi_1 \neq \pi_2$
θ_1	$\theta_1 \geq 0$	$\theta_1 < 0$	$\theta_1 \leq 0$	$\theta_1 > 0$	$\theta_1 = 0$	$\theta_1 \neq 0$
θ_2	$\theta_2 \leq 0$	$\theta_2 > 0$	$\theta_2 \geq 0$	$\theta_2 < 0$	$\theta_2 = 0$	$\theta_2 \neq 0$
θ_3	$\theta_3 \geq 1$	$\theta_3 < 1$	$\theta_3 \leq 1$	$\theta_3 > 1$	$\theta_3 = 1$	$\theta_3 \neq 1$
θ_4	$\theta_4 \geq 0$	$\theta_4 < 0$	$\theta_4 \leq 0$	$\theta_4 > 0$	$\theta_4 = 0$	$\theta_4 \neq 0$
θ_5	$\theta_5 \leq 0$	$\theta_5 > 0$	$\theta_5 \geq 0$	$\theta_5 < 0$	$\theta_5 = 0$	$\theta_5 \neq 0$
θ_6	$\theta_6 \geq 1$	$\theta_6 < 1$	$\theta_6 \leq 1$	$\theta_6 > 1$	$\theta_6 = 1$	$\theta_6 \neq 1$

- Die Hypothese $H_0 : \theta_5 \leq 0$ wird zugunsten der Hypothese $H_1 : \theta_5 > 0$ abgelehnt.
- Die Hypothese $H_0 : \theta_6 \geq 1$ wird zugunsten der Hypothese $H_1 : \theta_6 < 1$ abgelehnt.

◀

6.4 Resümee

Für den Risikovergleich von zwei Gruppen stehen verschiedene Risikomaßzahlen zur Verfügung, die auf den Schadenwahrscheinlichkeiten in beiden Gruppen beruhen. Zu den wichtigsten dieser Risikomaßzahlen zählen: die Risikodifferenz oder absolute Risikoerhöhung θ_1, die absolute Risikoreduktion θ_2, das Risikoverhältnis θ_3, die relative Risikoerhöhung θ_4, die relative Risikoreduktion θ_5 und das Odds-Verhältnis θ_6. Im Rahmen eines Stichprobenmodells, das zu stochastisch unabhängigen, binomialverteilten zufälligen Schadenhäufigkeiten in beiden Gruppen führt, können statistische Inferenzverfahren für diese sechs Maßzahlen des Risikovergleichs durchgeführt werden.

Tab. 6.2 enthält eine Übersicht über 42 Punkt- und Intervallschätzverfahren, wobei es sich um jeweils sieben Verfahren für jede der sechs Risikomaßzahlen θ_1 bis θ_6 handelt. Die Verfahren zur Bestimmung der geschätzten Standardfehler (mit Ausnahme der Verfahren 6.2 und 6.9) sowie der Konfidenzschranken und -intervalle sind approximative Verfahren, die auf asymptotisch gültigen Wahrscheinlichkeitsaussagen beruhen. Das vorgegebene Konfidenzniveau $1 - \alpha$ wird daher bei den Konfidenzaussagen nur approximativ eingehalten, allerdings asymptotisch als konstante Überdeckungswahrscheinlichkeit erreicht.

Tab. 6.3 gibt einen Überblick über statistische Testverfahren zum Risikovergleich von zwei Gruppen. Diese Testverfahren basieren auf Hypothesen über die Beziehung zwischen

Tab. 6.2 Übersicht über die Verfahren zur Punkt- und Intervallschätzung für die Risikodifferenz oder absolute Risikoerhöhung θ_1, die absolute Risikoreduktion θ_2, das Risikoverhältnis θ_3, die relative Risikoerhöhung θ_4, die relative Risikoreduktion θ_5 und das Odds-Verhältnis θ_6 als Risikomaßzahlen des Risikovergleichs

Zweck des Verfahrens	Risikomaßzahl					
	θ_1	θ_2	θ_3	θ_4	θ_5	θ_6
Punktschätzwert	6.1	6.8	6.15	6.22	6.29	6.36
Geschätzter Standardfehler	6.2	6.9	6.16	6.23	6.30	6.37
Konfidenzintervall	6.3	6.10	6.17	6.24	6.31	6.38
Untere Konfidenzschranke	6.4	6.11	6.18	6.25	6.32	6.39
Einseitig unten begrenztes Konfidenzintervall	6.5	6.12	6.19	6.26	6.33	6.40
Obere Konfidenzschranke	6.6	6.13	6.20	6.27	6.34	6.41
Einseitig oben begrenztes Konfidenzintervall	6.7	6.14	6.21	6.28	6.35	6.42

Tab. 6.3 Statistische Testverfahren zum Risikovergleich von zwei Gruppen basierend auf den Schadenwahrscheinlichkeiten π_1 und π_2 der Gruppen

Nr.	Null- und Gegenhypothese		Methodik	Testdurchführung
6.43	$\pi_1 \geq \pi_2$	$\pi_1 < \pi_2$	Approximativ	Klassisch
6.44	$\pi_1 \leq \pi_2$	$\pi_1 > \pi_2$	Approximativ	Klassisch
6.45	$\pi_1 = \pi_2$	$\pi_1 \neq \pi_2$	Approximativ	Klassisch
6.46	$\pi_1 \geq \pi_2$	$\pi_1 < \pi_2$	Approximativ	p-Wert-basiert
6.47	$\pi_1 \leq \pi_2$	$\pi_1 > \pi_2$	Approximativ	p-Wert-basiert
6.48	$\pi_1 = \pi_2$	$\pi_1 \neq \pi_2$	Approximativ	p-Wert-basiert

den Schadenwahrscheinlichkeiten π_1 und π_2 der beiden Gruppen. Alternativ dazu können Hypothesen für den Risikovergleich von zwei Gruppen auch als Hypothesen über eine der Risikomaßzahlen θ_1 bis θ_6 formuliert werden und unter Ausnutzung der in Tab. 6.1 angegebenen Äquivalenzen mit Hilfe der statistischen Testverfahren 6.43 bis 6.48 überprüft werden.

6.5 Methodischer Hintergrund und Herleitungen

Methodischer Hintergrund von Verfahren 6.1 Die zufälligen relativen Häufigkeiten R_1 und R_2 aus (6.4) sind im Stichprobenmodell der Annahme 6.1 die Maximum-Likelihood-Schätzer (ML-Schätzer) der unbekannten Schadenwahrscheinlichkeiten π_1 und π_2 der Gruppen 1 und 2, da

$$r_1 = \max_{0 \leq \pi_1 \leq 1} \mathrm{P}_{\pi_1}(K_1 = k_1) \quad \text{und} \quad r_2 = \max_{0 \leq \pi_2 \leq 1} \mathrm{P}_{\pi_2}(K_2 = k_2)$$

für $K_1 \sim \mathrm{Bin}(n_1, \pi_1)$ und $K_2 \sim \mathrm{Bin}(n_2, \pi_2)$ aus (6.3). Da K_1 und K_2 stochastisch unabhängig sind, gilt

$$\mathrm{P}_{\pi_1, \pi_2}(K_1 = k_1, K_2 = k_2) = \mathrm{P}_{\pi_1}(K_1 = k_1)\mathrm{P}_{\pi_2}(K_2 = k_2).$$

Daraus folgt

$$\max_{\pi_1, \pi_2} \mathrm{P}_{\pi_1, \pi_2}(K_1 = k_1, K_2 = k_2) = \max_{\pi_1} \mathrm{P}_{\pi_1}(K_1 = k_1) \max_{\pi_2} \mathrm{P}_{\pi_2}(K_2 = k_2)$$

und dass (r_1, r_2) der Maximum-Likelihood-Schätzwert (ML-Schätzwert) des Parametervektors (π_1, π_2) der gemeinsamen Verteilung von K_1 und K_2 ist. Für die Funktion $g(x, y) = x - y$ ergibt sich $g(r_1, r_2) = r_1 - r_2$ als ML-Schätzwert von $g(\pi_1, \pi_2) = \pi_1 - \pi_2$. Damit ist der Schätzer $T_1 = R_1 - R_2$ ein ML-Schätzer für die Risikodifferenz $\theta_1 = \pi_1 - \pi_2$. Zudem ist T_1 ein erwartungstreuer Schätzer für θ_1, da

$$\mathbb{E}_{\pi_1,\pi_2}[T_1] = \mathbb{E}_{\pi_1,\pi_2}[R_1 - R_2] = \mathbb{E}_{\pi_1}[R_1] - \mathbb{E}_{\pi_2}[R_2] = \pi_1 - \pi_2 = \theta_1$$

für alle $\pi_1, \pi_2 \in (0, 1)$ gilt. Somit ist der Schätzwert t_1 eine Realisation des erwartungstreuen ML-Schätzers T_1 für θ_1.

Methodischer Hintergrund von Gl. (6.13) und Verfahren 6.2 Die Varianz der Zufallsvariablen T_1 ist

$$\begin{aligned}
\mathbb{V}_{\pi_1,\pi_2}[T_1] &= \mathbb{V}_{\pi_1,\pi_2}[R_1 - R_2] \\
&= \mathbb{V}_{\pi_1}[R_1] + \mathbb{V}_{\pi_2}[R_2] \\
&= \mathbb{V}_{\pi_1}[K_1/n_1] + \mathbb{V}_{\pi_2}[K_2/n_2] \\
&= \frac{\pi_1(1 - \pi_1)}{n_1} + \frac{\pi_2(1 - \pi_2)}{n_2},
\end{aligned} \tag{6.39}$$

wobei das zweite Gleichheitszeichen gilt, weil die Zufallsvariablen R_1 und R_2 aus (6.4) stochastisch unabhängig und damit auch unkorreliert sind. Zudem wurde beim vierten Gleichheitszeichen berücksichtigt, dass $K_i \sim \text{Bin}(n_i, \pi_i)$ für $i = 1, 2$ gemäß (6.3) und somit $\mathbb{V}[K_i] = n_i \pi_i (1 - \pi_i)$ für $i = 1, 2$ gemäß (8.10) gilt. Aus der Varianz in (6.39) ergibt sich die in (6.13) angegebene Standardabweichung $\sigma_{T_1} = \sqrt{\mathbb{V}[T_1]}$ des Schätzers T_1, die als Standardfehler des Schätzers T_1 bezeichnet wird. Aus dieser Standardabweichung ergibt sich der in (6.14) angegebene Schätzwert s für den Standardfehler, indem die unbekannten Parameter π_1 und π_2 durch die Schätzwerte r_1 und r_2 ersetzt werden (Agresti 2002, S. 72).

Methodischer Hintergrund der Verfahren 6.3 bis 6.7 Für $T_1 = R_1 - R_2 = K_1/n_1 - K_2/n_2$ und die Risikodifferenz $\theta_1 = \pi_1 - \pi_2$ sind die Zufallsvariablen

$$T' = \frac{T_1 - \theta_1}{\sigma_{T_1}} \tag{6.40}$$

mit Standardfehler σ_{T_1} aus (6.13) und

$$T = \frac{T_1 - \theta_1}{S} \tag{6.41}$$

mit Schätzwert S aus (6.16) asymptotisch, für $n_1, n_2 \to \infty$, standardnormalverteilt (Lehmann 1999, S. 139 f.). Dies ist die Rechtfertigung dafür, die Variable T als approximativ standardnormalverteilt zu betrachten, woraus sich folgende Aussagen zur Begründung der Verfahren 6.3 bis 6.7 ergeben:

• Da T approximativ standardnormalverteilt ist, gilt

$$1 - \alpha \approx P_{\pi_1,\pi_2}\left(-z_{1-\alpha/2} \leq T \leq z_{1-\alpha/2}\right)$$
$$= P_{\pi_1,\pi_2}\left(-z_{1-\alpha/2}S \leq T_1 - \theta_1 \leq z_{1-\alpha/2}S\right)$$
$$= P_{\pi_1,\pi_2}\left(-T_1 - z_{1-\alpha/2}S \leq -\theta_1 \leq -T_1 + z_{1-\alpha/2}S\right)$$
$$= P_{\pi_1,\pi_2}\left(T_1 + z_{1-\alpha/2}S \geq \theta_1 \geq T_1 - z_{1-\alpha/2}S\right)$$
$$= P_{\pi_1,\pi_2}\left(T_1 - z_{1-\alpha/2}S \leq \theta_1 \leq T_1 + z_{1-\alpha/2}S\right)$$

für alle $\pi_1, \pi_2 \in (0, 1)$ und somit ergibt sich das in (6.15) angegebene Konfidenzintervall $[U, V]$ zum approximativen Konfidenzniveau $1 - \alpha$ für die Risikodifferenz θ_1 als Begründung von Verfahren 6.3.

- Da T approximativ standardnormalverteilt ist, gilt

$$1 - \alpha \approx P_{\pi_1,\pi_2}(T \leq z_{1-\alpha}) = P_{\pi_1,\pi_2}(T_1 - \theta_1 \leq z_{1-\alpha}S) = P_{\pi_1,\pi_2}(T_1 - z_{1-\alpha}S \leq \theta_1)$$

für alle $\pi_1, \pi_2 \in (0, 1)$. Somit ergibt sich die in (6.20) angegebene untere Konfidenzschranke U zum approximativen Konfidenzniveau $1 - \alpha$ für die Risikodifferenz θ_1 als Begründung von Verfahren 6.4.

- Aus $\pi_1 < 1$ und $\pi_2 > 0$ ergibt sich für die Differenz $\pi_1 - \pi_2 < 1$, so dass 1 eine Obergrenze für θ_1 ist. Somit gilt

$$P_{\pi_1,\pi_2}(\theta_1 \in [U, 1)) = P_{\pi_1,\pi_2}(U \leq \theta_1 < 1) = P_{\pi_1,\pi_2}(U \leq \theta_1) \approx 1 - \alpha$$

für alle $\pi_1, \pi_2 \in (0, 1)$, so dass $[U, 1)$ mit U aus (6.20) ein einseitig unten begrenztes Konfidenzintervall zum approximativen Konfidenzniveau $1 - \alpha$ für die Risikodifferenz θ_1 ist. Dies begründet Verfahren 6.5.

- Da T approximativ standardnormalverteilt ist, gilt

$$1 - \alpha \approx P_{\pi_1,\pi_2}(T \geq -z_{1-\alpha})$$
$$= P_{\pi_1,\pi_2}(T_1 - \theta_1 \geq -z_{1-\alpha}S)$$
$$= P_{\pi_1,\pi_2}(T_1 + z_{1-\alpha}S \geq \theta_1)$$

für alle $\pi_1, \pi_2 \in (0, 1)$. Somit ergibt sich die in (6.21) angegebene obere Konfidenzschranke V zum approximativen Konfidenzniveau $1 - \alpha$ für die Risikodifferenz θ_1 als Begründung von Verfahren 6.6.

- Aus $\pi_1 > 0$ und $\pi_2 < 1$ ergibt sich für die Differenz $\pi_1 - \pi_2 > -1$, so dass -1 eine Untergrenze für θ_1 ist. Somit gilt

$$P_{\pi_1,\pi_2}(\theta_1 \in (-1, V]) = P_{\pi_1,\pi_2}(-1 < \theta_1 \leq V) = P_{\pi_1,\pi_2}(\theta_1 \leq V) \approx 1 - \alpha$$

für alle $\pi_1, \pi_2 \in (0, 1)$, so dass $(-1, V]$ mit V aus (6.21) ein einseitig oben begrenztes Konfidenzintervall zum approximativen Konfidenzniveau $1 - \alpha$ für die Risikodifferenz θ_1 ist. Dies begründet Verfahren 6.7.

Die methodischen Hintergründe der asymptotischen Normalverteilung von T' und T sind anspruchsvoller, als die kompakte obige Darstellung ahnen lässt. Die beiden folgenden Anmerkungen beziehen sich auf die Interpretation der gleichzeitigen Asymptotik $n_1, n_2 \to \infty$ und die Behandlung des Falles $S = 0$.

Anmerkung 6.1 (Zu $n_1, n_2 \to \infty$) Die Stichprobenumfänge n_1 und n_2 können auf viele Arten gemeinsam über alle Grenzen wachsen. Dabei beleuchten die beiden iterierten Grenzübergänge $\lim_{n_1 \to \infty} \lim_{n_2 \to \infty}$ und $\lim_{n_2 \to \infty} \lim_{n_1 \to \infty}$ oder der gemeinsame Grenzübergang $\lim_{n \to \infty}$ mit $n = n_1 = n_2$ nur Teilaspekte. Der Nachweis, dass die Variable T' aus (6.40) die Standardnormalverteilung als Grenzverteilung für $n_1, n_2 \to \infty$ besitzt, wird in Lehrbüchern typischerweise für Fälle geführt, in denen n_1 und n_2 proportional mit $n_1/n_2 = \delta \in (0, \infty)$ sind, oder etwas allgemeiner für $n_1 \to \infty$ und $n_2 \to \infty$ mit $n_1/n_2 \to \delta \in (0, \infty)$ (z. B. Lehmann 1999, S. 139 f., 282 f.; Mukhopadhyay 2000, S. 544). Majumdar und Majumdar (2019) machen darauf aufmerksam, dass auch Fälle mit $n_1/n_2 \to 0$ und $n_1/n_2 \to \infty$ relevant sind, in denen keine Proportionalität zwischen n_1 und n_2 besteht. Sie zeigen mit fortgeschrittenen Methoden der stochastischen Analysis, dass sich für beliebige Arten, mit denen beide Stichprobenumfänge n_1 und n_2 über alle Grenzen wachsen, die Standardnormalverteilung als Grenzverteilung ergibt. Mukhopadhyay (2021) reagiert auf diese Darstellung mit dem Hinweis, dass in vielen praktisch relevanten Fällen eine inhaltlich sinnvolle Größe r zu finden ist, wobei die Stichprobenumfänge $n_1(r)$ und $n_2(r)$ so von r abhängen, dass mit $r \to \infty$ auch $n_1(r) \to \infty$ und $n_2(r) \to \infty$ gilt. Dadurch kann die fortgeschrittene mathematische Methodik aus Majumdar und Majumdar (2019) vermieden werden, indem der zentralen Grenzwertsatz mit $r \to \infty$ verwendet werden kann.

Anmerkung 6.2 (Zu $S = 0$) Die Grenzverteilung von T kann aus derjenigen von T' gewonnen werden, indem der formale Zusammenhang

$$T = T' \frac{\sigma_{T_1}}{S}$$

genutzt wird. Aus $T' \overset{V}{\to} N(0, 1)$ und $\sigma_{T_1}/S \overset{P}{\to} 1$ folgt dann $T \overset{V}{\to} N(0, 1)$ mit dem Theorem von Slutzky (Proschan und Shaw 2016, S. 124). Eine Problematik, die sich auch schon bei (6.41) zeigt, ist, dass die Zufallsvariable S mit der positiven Wahrscheinlichkeit

$$P_{\pi_1, \pi_2}(S = 0) = ((1 - \pi_1)^{n_1} + \pi_1^{n_1})((1 - \pi_2)^{n_2} + \pi_2^{n_2}) \le \frac{1}{2^{n_1 + n_2 - 2}}$$

den Wert Null annimmt. Diese Abschätzung durch eine Schranke, die sich für $\pi_1 = \pi_2 = 1/2$ ergibt, zeigt, dass diese Wahrscheinlichkeit für $n_1, n_2 \to \infty$ schnell gegen Null konvergiert. Für $n_1 = n_2 = 30$ ergibt sich beispielsweise die obere Schranke $1/2^{58} \approx 3 \times 10^{-18}$. Da das Ausnahmeereignis $S = 0$ asymptotisch verschwindet, bleiben die asymptotisch begründeten Aussagen erhalten, wenn man S im Fall $S = 0$ zu einer beliebigen positiven

Zahl abändert und anstelle von S z. B. die für das Ausnahmeereignis abgeänderte Zufallsvariable $S' = S$ für $S > 0$ und $S' = 42$ für $S = 0$ bildet. Eine andere Möglichkeit ist, T als eine erweiterte Zufallsvariable mit dem Wert $T = \infty$, falls $S = 0$ und $T_1 > \theta_1$, und dem Wert $T = -\infty$, falls $S = 0$ und $T_1 < \theta_1$, zu definieren. In diesem Fall ist dann die Verbindung zwischen T und T' der Zusammenhang $T = T'Q$ mit der erweiterten Zufallsvariablen $Q = \sigma_{T_1}/S$, falls $S > 0$, und $Q = \infty$, falls $S = 0$. Da das Ausnahmeereignis $S = 0$ asymptotisch verschwindet, erhält man $Q \overset{P}{\to} 1$ aus $S \overset{P}{\to} \sigma_{T_1}$ und so die Voraussetzung für die Anwendung des Theorems von Slutzky. Eine tiefergehende Darstellung würde den Rahmen dieser methodischen Erläuterungen sprengen, da zusätzlich zu der bereits in Anmerkung 6.1 diskutierten Verteilungskonvergenz für $n_1, n_2 \to \infty$ eine (naheliegende) Verallgemeinerung der Konvergenz in Wahrscheinlichkeit für den Fall $n_1, n_2 \to \infty$ und eine Verallgemeinerung des Theorems von Slutzky für den Fall $n_1, n_2 \to \infty$ basierend auf der Theorie konvergenter Doppelfolgen, z. B. Apostol (1977, S. 199 f., 213 f.), benötigt wird.

Methodischer Hintergrund der Verfahren 6.8 bis 6.14 Auch wenn aus inhaltlicher Sicht die Unterscheidung zwischen Risikodifferenz und absoluter Risikoreduktion wesentlich ist, so ist doch der methodische Unterschied sehr klein. Die Begründung der Verfahren 6.8 bis 6.14 ergibt sich aus den vorangegangenen Ausführungen zu den Verfahren 6.1 bis 6.7, wenn formal die Rollen der Gruppen 1 und 2 getauscht und somit die Indizes 1 und 2 jeweils bei K_1 und K_2, k_1 und k_2, n_1 und n_2, R_1 und R_2, r_1 und r_2, π_1 und π_2 getauscht werden. Außerdem wird T_1 durch T_2, t_1 durch t_2 und θ_1 durch θ_2 ersetzt. Der Standardfehler σ_{T_2} für den Schätzer T_2 ergibt sich ebenfalls aus (6.13), da die Zufallsvariablen $T_2 = -T_1$ und T_1 dieselbe Standardabweichung haben.

Methodischer Hintergrund von Verfahren 6.15 Der Schätzwert t_3 aus Verfahren 6.15 ist eine Realisation des Schätzers $T_3 = R_1/R_2$, der im Fall $R_2 > 0$ der naheliegende und übliche Schätzer für das Risikoverhältnis $\theta_3 = \pi_1/\pi_2$ ist. Der Schätzer T_3 ergibt sich, wenn man θ_3 als Funktion von (π_1, π_2) auffasst und dann den Parametervektor (π_1, π_2) durch den zugehörigen ML-Schätzer (R_1, R_2) ersetzt.

Anmerkung 6.3 (Zu $R_2 = 0$) Alle folgenden Verfahren in diesem Kapitel beruhen auf asymptotisch, für $n_1, n_2 \to \infty$, begründeten Approximationen. Da die Wahrscheinlichkeit

$$P_{\pi_2}(R_2 = 0) = (1 - \pi_2)^{n_2}$$

für $n_2 \to \infty$ asymptotisch verschwindet, ist es für die Bestimmung asymptotischer Verteilungen nicht schädlich, dass T_3 im Fall $R_2 = 0$ undefiniert ist. Alternativ kann – etwas anders interpretiert – der Schätzer T_3 im Fall $R_2 = 0$ beliebig definiert werden, ohne dass sich die asymptotisch begründeten Verteilungsapproximationen ändern.

Methodischer Hintergrund von Verfahren 6.16 Für die Zufallsvariable T_3 als Schätzer für das Risikoverhältnis θ_3 gilt (Proschan und Shaw 2016, S. 192, (9.8)), dass

$$\frac{T_3 - \theta_3}{\sigma} \quad \text{mit} \quad \sigma = \frac{\pi_1}{\pi_2}\sqrt{\frac{1-\pi_1}{n_1\pi_1} + \frac{1-\pi_2}{n_2\pi_2}} \tag{6.42}$$

für wachsende Stichprobenumfänge n_1 und n_2 in Verteilung gegen eine Standardnormalverteilung konvergiert. Daraus ergibt sich die asymptotisch begründete Approximation $\mathrm{Vert}[T_3] \approx \mathrm{N}(\theta_3, \sigma^2)$. Werden in (6.42) die Parameter π_1 und π_2 durch die Schätzwerte $r_1 > 0$ und $r_2 > 0$ ersetzt und $t_3 = r_1/r_2$ aus (6.23) eingesetzt, dann erhält man den Schätzwert s aus (6.24) für den Standardfehler $\sigma_{T_3} = \sqrt{\mathbb{V}[T_3]}$ bei der Schätzung von θ_3 durch T_3.

Methodischer Hintergrund der Verfahren 6.17 bis 6.21 Die methodische Grundidee zur Konstruktion des häufig verwendeten Konfidenzintervalls aus Verfahren 6.17 wird Katz et al. (1978) zugeschrieben, die mit ihrem Ansatz untere Konfidenzschranken herleiten und darauf verweisen, dass obere Konfidenzschranken analog konstruiert werden können. Diese Methodik besteht darin, für die logarithmierte Variable

$$\ln(T_3) = \ln(R_1/R_2) = \ln(R_1) - \ln(R_2)$$

eine approximative Normalverteilung basierend auf einer linearen Approximation der Logarithmusfunktion und asymptotischen Überlegungen zu ermitteln. Im Ergebnis gilt (Proschan und Shaw 2016, S. 191, Example 9.12), dass

$$T = \frac{\ln(T_3) - \ln(\theta_3)}{S'}$$

mit dem Schätzer S' aus (6.27) für wachsende Stichprobenumfänge n_1 und n_2 in Verteilung gegen eine Standardnormalverteilung konvergiert. Damit ist T für hinreichend große Stichprobenumfänge approximativ standardnormalverteilt. Für die Definition der Zufallsvariablen $\ln(T_3)$ ist $R_1 > 0$ und $R_2 > 0$ erforderlich. Für die Definition der Zufallsvariablen T ist zusätzlich $R_1 < 1$ und $R_2 < 1$ erforderlich, woraus sich dann $S' > 0$ ergibt. Diese Ungleichungen sind asymptotisch erfüllt und stören die asymptotische Verteilungsaussage für T nicht; vgl. zur Behandlung eines asymptotisch verschwindenden Ausnahmefalls auch Anmerkung 6.3.

Aus der approximativen Standardnormalverteilung von T ergeben sich die folgenden Aussagen zur Begründung der Verfahren 6.17 bis 6.21:

- Es gilt

$$
\begin{aligned}
1 - \alpha &\approx \mathrm{P}_{\pi_1,\pi_2}(-z_{1-\alpha/2} \leq T \leq z_{1-\alpha/2}) \\
&= \mathrm{P}_{\pi_1,\pi_2}(-z_{1-\alpha/2}S' \leq \ln(T_3) - \ln(\theta_3) \leq z_{1-\alpha/2}S') \\
&= \mathrm{P}_{\pi_1,\pi_2}(-\ln(T_3) - z_{1-\alpha/2}S' \leq -\ln(\theta_3) \leq -\ln(T_3) + z_{1-\alpha/2}S') \\
&= \mathrm{P}_{\pi_1,\pi_2}(\ln(T_3) + z_{1-\alpha/2}S' \geq \ln(\theta_3) \geq \ln(T_3) - z_{1-\alpha/2}S') \\
&= \mathrm{P}_{\pi_1,\pi_2}(\ln(T_3) - z_{1-\alpha/2}S' \leq \ln(\theta_3) \leq \ln(T_3) + z_{1-\alpha/2}S') \\
&= \mathrm{P}_{\pi_1,\pi_2}(T_3 e^{-z_{1-\alpha/2}S'} \leq \theta_3 \leq T_3 e^{z_{1-\alpha/2}S'})
\end{aligned}
$$

für alle $\pi_1, \pi_2 \in (0, 1)$ und somit ergibt sich das in (6.26) angegebene Konfidenzintervall $[U, V]$ zum approximativen Konfidenzniveau $1 - \alpha$ für das Risikoverhältnis θ_3 als Begründung von Verfahren 6.17.

- Es gilt

$$
\begin{aligned}
1 - \alpha &\approx \mathrm{P}_{\pi_1,\pi_2}(T \leq z_{1-\alpha}) = \mathrm{P}_{\pi_1,\pi_2}(\ln(T_3) - \ln(\theta_3) \leq z_{1-\alpha}S') \\
&= \mathrm{P}_{\pi_1,\pi_2}(\ln(T_3) - z_{1-\alpha}S' \leq \ln(\theta_3)) = \mathrm{P}_{\pi_1,\pi_2}(T_3 e^{-z_{1-\alpha}S'} \leq \theta_3)
\end{aligned}
$$

für alle $\pi_1, \pi_2 \in (0, 1)$ und damit ergibt sich die untere Konfidenzschranke

$$
U = T_3 e^{-z_{1-\alpha}S'} \tag{6.43}
$$

zum approximativen Konfidenzniveau $1 - \alpha$ für das Risikoverhältnis θ_3 als Begründung von Verfahren 6.18.

- Der Quotient $\theta_3 = \pi_1/\pi_2$ ist nicht nach oben beschränkt, da er für $\pi_1 > 0$ und für π_2 hinreichend nahe bei Null jede Grenze überschreitet. Daher ergibt sich mit der unteren Konfidenzschranke U aus (6.43) das einseitig unten begrenzte Konfidenzintervall $[U, \infty)$ zum approximativen Konfidenzniveau $1 - \alpha$ für das Risikoverhältnis θ_3, denn es gilt

$$
\mathrm{P}_{\pi_1,\pi_2}(\theta_3 \in [U, \infty)) = \mathrm{P}_{\pi_1,\pi_2}(U \leq \theta_3 < \infty) = \mathrm{P}_{\pi_1,\pi_2}(U \leq \theta_3) \approx 1 - \alpha
$$

für alle $\pi_1, \pi_2 \in (0, 1)$. Dieses einseitig unten begrenzte Konfidenzintervall begründet Verfahren 6.19.

- Es gilt

$$
\begin{aligned}
1 - \alpha &\approx \mathrm{P}_{\pi_1,\pi_2}(T \geq -z_{1-\alpha}) = \mathrm{P}_{\pi_1,\pi_2}(\ln(T_3) - \ln(\theta_3) \geq -z_{1-\alpha}S') \\
&= \mathrm{P}_{\pi_1,\pi_2}(\ln(T_3) + z_{1-\alpha}S' \geq \ln(\theta_3)) = \mathrm{P}_{\pi_1,\pi_2}(T_3 e^{z_{1-\alpha}S'} \geq \theta_3)
\end{aligned}
$$

für alle $\pi_1, \pi_2 \in (0, 1)$ und damit ergibt sich die obere Konfidenzschranke

$$
V = T_3 e^{z_{1-\alpha}S'} \tag{6.44}
$$

zum approximativen Konfidenzniveau $1 - \alpha$ für das Risikoverhältnis θ_3 als Begründung von Verfahren 6.20.

- Der Quotient $\theta_3 = \pi_1/\pi_2$ ist durch Null nach unten beschränkt. Daher ergibt sich aus der oberen Konfidenzschranke V in (6.44) das einseitig oben begrenzte Konfidenzintervall $(0, V]$ zum approximativen Konfidenzniveau $1 - \alpha$ für das Risikoverhältnis θ_3, denn es gilt

$$P_{\pi_1,\pi_2}(\theta_3 \in (0, V]) = P_{\pi_1,\pi_2}(0 < \theta_3 \le V) = P_{\pi_1,\pi_2}(\theta_3 \le V) \approx 1 - \alpha$$

für alle $\pi_1, \pi_2 \in (0, 1)$. Dieses einseitig oben begrenzte Konfidenzintervall begründet Verfahren 6.21.

Asymptotisch wird für die Verfahren 6.17 bis 6.21 eine konstante, d.h. von π_1 und π_2 unabhängige, Überdeckungswahrscheinlichkeit $1 - \alpha$ erreicht.

Methodischer Hintergrund von Verfahren 6.22 Der Schätzwert t_4 aus Verfahren 6.22 ist eine Realisation des Schätzers $T_4 = (R_1 - R_2)/R_2$, der im Fall $R_2 > 0$ der naheliegende und übliche Schätzer für die relative Risikoerhöhung $\theta_4 = (\pi_1 - \pi_2)/\pi_2$ ist. Der Schätzer T_4 ergibt sich, wenn man θ_4 als Funktion von (π_1, π_2) auffasst und dann den Parametervektor (π_1, π_2) durch den zugehörigen ML-Schätzer (R_1, R_2) ersetzt. Für den Fall $R_2 = 0$ gilt Anmerkung 6.3 analog für den Schätzer T_4.

Methodischer Hintergrund der Verfahren 6.23 bis 6.28 Durch Nutzung des formalen Zusammenhangs $\theta_4 = \theta_3 - 1$ zwischen der relativen Risikoerhöhung θ_4 und dem Risikoverhältnis θ_3 können die Verfahren 6.23 bis 6.28 für θ_4 aus den Verfahren 6.16 bis 6.21 für θ_3 gewonnen werden.

- Da die Zufallsvariablen $T_4 = T_3 - 1$ und T_3 dieselbe Varianz und damit dieselbe Standardabweichung haben, ist s aus (6.24) zugleich ein Schätzwert für den Standardfehler $\sigma_{T_4} = \sqrt{\mathbb{V}[T_4]}$ von T_4, was Verfahren 6.23 begründet.
- Da $U \le \theta_3 \le V$ äquivalent zu $U - 1 \le \theta_4 \le V - 1$ ist, erhält man aus dem in (6.26) angegebenen Konfidenzintervall $[U, V]$ für θ_3 das Konfidenzintervall $[U - 1, V - 1]$ zum approximativen Konfidenzniveau $1 - \alpha$ für θ_4 als Begründung für Verfahren 6.24.
- Da $U \le \theta_3$ äquivalent zu $U - 1 \le \theta_4$ ist, erhält man aus der in (6.43) angegebenen unteren Konfidenzschranke U für θ_3 die untere Konfidenzschranke $U - 1$ zum approximativen Konfidenzniveau $1 - \alpha$ für θ_4 als Begründung für Verfahren 6.25.
- Da θ_3 nicht nach oben beschränkt ist, ist auch $\theta_4 = \theta_3 - 1$ nicht nach oben beschränkt, so dass sich mit der unteren Konfidenzschranke $U - 1$ für θ_4 das einseitig unten begrenzte Konfidenzintervall $[U - 1, \infty)$ mit

$$P_{\pi_1,\pi_2}(\theta_4 \in [U - 1, \infty)) = P_{\pi_1,\pi_2}(U - 1 \le \theta_4 < \infty) = P_{\pi_1,\pi_2}(U - 1 \le \theta_4) \approx 1 - \alpha$$

für alle $\pi_1, \pi_2 \in (0, 1)$ als Begründung von Verfahren 6.26 ergibt.

- Da $\theta_3 \leq V$ äquivalent zu $\theta_4 \leq V - 1$ ist, erhält man aus der in (6.44) angegebenen oberen Konfidenzschranke V für θ_3 die obere Konfidenzschranke $V - 1$ zum approximativen Konfidenzniveau $1 - \alpha$ für θ_4 als Begründung für Verfahren 6.27.
- Da θ_3 durch Null nach unten beschränkt ist, ist $\theta_4 = \theta_3 - 1$ durch -1 nach unten beschränkt, so dass sich mit der oberen Konfidenzschranke $V - 1$ für θ_4 das einseitig oben begrenzte Konfidenzintervall $(-1, V - 1]$ mit

$$P_{\pi_1, \pi_2}(\theta_4 \in (-1, V - 1]) = P_{\pi_1, \pi_2}(-1 < \theta_4 \leq V - 1) = P_{\pi_1, \pi_2}(\theta_4 \leq V - 1) \approx 1 - \alpha$$

für alle $\pi_1, \pi_2 \in (0, 1)$ als Begründung von Verfahren 6.28 ergibt.

Methodischer Hintergrund von Verfahren 6.29   Der Schätzwert t_5 aus Verfahren 6.29 ist eine Realisation des Schätzers $T_5 = (R_2 - R_1)/R_2$, der im Fall $R_2 > 0$ der naheliegende und übliche Schätzer für die relative Risikoreduktion $\theta_5 = (\pi_2 - \pi_1)/\pi_2$ ist. Der Schätzer T_5 ergibt sich, wenn θ_5 als Funktion von (π_1, π_2) auffasst und dann der Parametervektor (π_1, π_2) durch den zugehörigen ML-Schätzer (R_1, R_2) ersetzt wird. Für den Fall $R_2 = 0$ gilt Anmerkung 6.3 analog für den Schätzer T_5.

Methodischer Hintergrund der Verfahren 6.30 bis 6.35   Durch Nutzung des formalen Zusammenhangs $\theta_5 = 1 - \theta_3$ zwischen der relativen Risikoreduktion θ_5 und dem Risikoverhältnis θ_3 können die Verfahren 6.30 bis 6.35 für θ_5 aus den Verfahren 6.16 bis 6.21 für θ_3 gewonnen werden.

- Da die Zufallsvariablen $T_5 = 1 - T_3$ und T_3 dieselbe Standardabweichung haben, ist s aus (6.24) zugleich ein Schätzwert für den Standardfehler $\sigma_{T_5} = \sqrt{\mathbb{V}[T_5]}$ von T_5, was Verfahren 6.30 begründet.
- Da $U \leq \theta_3 \leq V$ äquivalent zu $1 - V \leq \theta_5 \leq 1 - U$ ist, erhält man aus dem in (6.26) angegebenen Konfidenzintervall $[U, V]$ für θ_3 das Konfidenzintervall $[1 - V, 1 - U]$ zum approximativen Konfidenzniveau $1 - \alpha$ für θ_5 als Begründung für Verfahren 6.31.
- Da $\theta_3 \leq V$ äquivalent zu $1 - V \leq \theta_5$ ist, erhält man aus der in (6.44) angegebenen oberen Konfidenzschranke V für θ_3 die untere Konfidenzschranke $1 - V$ zum approximativen Konfidenzniveau $1 - \alpha$ für θ_5 als Begründung für Verfahren 6.32.
- Da θ_3 durch Null nach unten beschränkt ist, ist $\theta_5 = 1 - \theta_3$ durch 1 nach oben beschränkt, so dass sich mit der unteren Konfidenzschranke $1 - V$ für θ_5 das einseitig unten begrenzte Konfidenzintervall $[1 - V, 1)$ mit

$$P_{\pi_1, \pi_2}(\theta_5 \in [1 - V, 1)) = P_{\pi_1, \pi_2}(1 - V \leq \theta_5 < 1) = P_{\pi_1, \pi_2}(1 - V \leq \theta_5) \approx 1 - \alpha$$

für alle $\pi_1, \pi_2 \in (0, 1)$ als Begründung von Verfahren 6.33 ergibt.
- Da $U \leq \theta_3$ äquivalent zu $\theta_5 \leq 1 - U$ ist, erhält man aus der in (6.43) angegebenen unteren Konfidenzschranke U für θ_3 die obere Konfidenzschranke $1 - U$ zum approximativen Konfidenzniveau $1 - \alpha$ für θ_5 als Begründung für Verfahren 6.34.

- Da θ_3 nicht nach oben beschränkt ist, ist $\theta_5 = 1 - \theta_3$ nicht nach unten beschränkt, so dass sich mit der oberen Konfidenzschranke $1 - U$ für θ_5 das einseitig oben begrenzte Konfidenzintervall $(-\infty, 1 - U]$ mit

$$
\begin{aligned}
\mathrm{P}_{\pi_1,\pi_2}(\theta_5 \in (-\infty, 1 - U]) &= \mathrm{P}_{\pi_1,\pi_2}(-\infty < \theta_5 \leq 1 - U) \\
&= \mathrm{P}_{\pi_1,\pi_2}(\theta_5 \leq 1 - U) \\
&\approx 1 - \alpha
\end{aligned}
$$

für alle $\pi_1, \pi_2 \in (0, 1)$ als Begründung von Verfahren 6.35 ergibt.

Methodischer Hintergrund von Verfahren 6.36 Der Schätzwert t_6 aus Verfahren 6.36 ist eine Realisation des Schätzers $T_6 = \frac{R_1/(1-R_1)}{R_2/(1-R_2)}$, der im Fall $0 < R_1, R_2 < 1$ der naheliegende und übliche Schätzer für das Odds-Verhältnis $\theta_6 = \frac{\pi_1/(1-\pi_1)}{\pi_2/(1-\pi_2)}$ ist. Der Schätzer T_6 ergibt sich, wenn man θ_6 als Funktion von (π_1, π_2) auffasst und dann den unbekannten Parametervektor (π_1, π_2) durch den zugehörigen ML-Schätzer (R_1, R_2) ersetzt. Anmerkung 6.3 zum Fall $R_2 = 0$ gilt analog für den Schätzer T_6. Auch die Fälle $R_1 = 1$ und $R_2 = 1$ können mit einer analogen Argumentation für die nachfolgenden, asymptotisch motivierten Betrachtungen vernachlässigt werden.

Methodischer Hintergrund von Verfahren 6.37 Die lineare Approximation der Funktion $T_6 = T_6(R_1, R_2)$ in der Umgebung von (π_1, π_2) durch ein Taylorpolynom erster Ordnung führt zu

$$
\begin{aligned}
T_6 &\approx \theta_6 + \frac{1 - \pi_2}{\pi_2(1 - \pi_1)^2}(R_1 - \pi_1) - \frac{\pi_1}{(1 - \pi_1)\pi_2^2}(R_2 - \pi_2) \\
&= \theta_6 + \frac{\theta_6}{\pi_1(1 - \pi_1)}(R_1 - \pi_1) - \frac{\theta_6}{\pi_2(1 - \pi_2)}(R_2 - \pi_2) .
\end{aligned}
$$

Werden in der daraus resultierenden approximativen Varianz

$$
\begin{aligned}
\mathbb{V}_{\pi_1,\pi_2}[T_6] &\approx \theta_6^2 \left(\frac{\mathbb{V}_{\pi_1}[R_1]}{\pi_1^2(1 - \pi_1)^2} + \frac{\mathbb{V}_{\pi_2}[R_2]}{\pi_2^2(1 - \pi_2)^2} \right) \\
&= \theta_6^2 \left(\frac{1}{n_1\pi_1(1 - \pi_1)} + \frac{1}{n_2\pi_2(1 - \pi_2)} \right)
\end{aligned}
$$

die unbekannten Parameter π_1 und π_2 durch die zugehörigen Schätzwerte r_1 und r_2 ersetzt und somit auch θ_6 durch t_6 aus Verfahren 6.36 ersetzt, so resultiert der in Verfahren 6.37 angegebene Schätzwert für die Standardabweichung $\sigma_{T_6} = \sqrt{\mathbb{V}[T_6]}$ von T_6.

Methodischer Hintergrund der Verfahren 6.38 bis 6.42 Die Methodik zur Gewinnung von Konfidenzaussagen für das Odds-Verhältnis θ_6 besteht darin, für den logarithmierten Schätzer $\ln(T_6)$ eine approximative Normalverteilung basierend einer linearen Approximation der Logarithmusfunktion und asymptotischen Überlegungen zu ermitteln. Die lineare Approximation der Funktion

$$\ln(T_6) = \ln(R_1) - \ln(1 - R_1) - \ln(R_2) + \ln(1 - R_2)$$

in der Umgebung von (π_1, π_2) durch ein Taylorpolynom erster Ordnung ergibt

$$\ln(T_6) \approx \ln(\theta_6) + \left(\frac{1}{\pi_1} + \frac{1}{1 - \pi_1} \right) (R_1 - \pi_1) - \left(\frac{1}{\pi_2} + \frac{1}{1 - \pi_2} \right) (R_2 - \pi_2).$$

Der daraus resultierende approximative Erwartungswert ist $\ln(\theta_6)$ und die resultierende approximative Varianz ist

$$\mathbb{V}_{\pi_1, \pi_2}[\ln(T_6)] \approx \frac{\mathbb{V}_{\pi_1}[R_1]}{\pi_1^2(1 - \pi_1)^2} + \frac{\mathbb{V}_{\pi_2}[R_2]}{\pi_2^2(1 - \pi_2)^2} = \frac{1}{n_1\pi_1(1 - \pi_1)} + \frac{1}{n_2\pi_2(1 - \pi_2)}.$$

Werden in der letzten Darstellung die unbekannten Parameter π_1 und π_2 durch die Schätzer R_1 und R_2 ersetzt, so resultiert zunächst der Varianzschätzer

$$S'^2 = \frac{1}{n_1 R_1(1 - R_1)} + \frac{1}{n_2 R_2(1 - R_2)}$$

und daraus der in (6.33) angegebene Schätzwert s' für die Standardabweichung von $\ln(T_6)$. Für hinreichend große Stichprobenumfänge n_1, n_2 ist $\ln(T_6)$ approximativ normalverteilt mit

$$\text{Vert}[\ln(T_6)] \approx N(\ln(\theta_6), \mathbb{V}_{\pi_1, \pi_2}[\ln(T_6)]).$$

Wenn die Varianz durch den Schätzer S'^2 ersetzt wird, ergibt sich die approximativ standardnormalverteilte Zufallsvariable

$$T = \frac{\ln(T_6) - \ln(\theta_6)}{S'},$$

welche als Basis der folgenden Aussagen und damit zur Begründung der Verfahren 6.38 bis 6.42 dient.

• Es gilt

$$\begin{aligned}
1 - \alpha &\approx P_{\pi_1, \pi_2}(-z_{1-\alpha/2} \leq T \leq z_{1-\alpha/2}) \\
&= P_{\pi_1, \pi_2}(-z_{1-\alpha/2}S' \leq \ln(T_6) - \ln(\theta_6) \leq z_{1-\alpha/2}S') \\
&= P_{\pi_1, \pi_2}(-\ln(T_6) - z_{1-\alpha/2}S' \leq -\ln(\theta_6) \leq -\ln(T_6) + z_{1-\alpha/2}S') \\
&= P_{\pi_1, \pi_2}(\ln(T_6) + z_{1-\alpha/2}S' \geq \ln(\theta_6) \geq \ln(T_6) - z_{1-\alpha/2}S') \\
&= P_{\pi_1, \pi_2}(\ln(T_6) - z_{1-\alpha/2}S' \leq \ln(\theta_6) \leq \ln(T_6) + z_{1-\alpha/2}S') \\
&= P_{\pi_1, \pi_2}(T_6 e^{-z_{1-\alpha/2}S'} \leq \theta_6 \leq T_6 e^{z_{1-\alpha/2}S'})
\end{aligned}$$

für alle $\pi_1, \pi_2 \in (0, 1)$ und somit ergibt sich das in (6.34) angegebene Konfidenzintervall $[U, V]$ zum approximativen Konfidenzniveau $1 - \alpha$ für das Odds-Verhältnis θ_6 als Begründung von Verfahren 6.38.

- Es gilt

$$1 - \alpha \approx P_{\pi_1, \pi_2}(T \leq z_{1-\alpha}) = P_{\pi_1, \pi_2}(\ln(T_6) - \ln(\theta_6) \leq z_{1-\alpha} S')$$
$$= P_{\pi_1, \pi_2}(\ln(T_6) - z_{1-\alpha} S' \leq \ln(\theta_6)) = P_{\pi_1, \pi_2}(T_6 e^{-z_{1-\alpha} S'} \leq \theta_6)$$

für alle $\pi_1, \pi_2 \in (0, 1)$ und damit ergibt sich die untere Konfidenzschranke

$$U = T_6 e^{-z_{1-\alpha} S'} \tag{6.45}$$

zum approximativen Konfidenzniveau $1 - \alpha$ für das Odds-Verhältnis θ_6 als Begründung von Verfahren 6.39.

- Der Quotient θ_6 ist nicht nach oben beschränkt, da er z. B. für $\pi_1 > 0$ und für π_2 hinreichend nahe bei Null jede Grenze überschreitet. Daher ergibt sich mit der unteren Konfidenzschranke U aus (6.45) das einseitig unten begrenzte Konfidenzintervall $[U, \infty)$ zum approximativen Konfidenzniveau $1 - \alpha$ für das Odds-Verhältnis θ_6, denn es gilt

$$P_{\pi_1, \pi_2}(\theta_6 \in [U, \infty)) = P_{\pi_1, \pi_2}(U \leq \theta_6 < \infty) = P_{\pi_1, \pi_2}(U \leq \theta_6) \approx 1 - \alpha$$

für alle $\pi_1, \pi_2 \in (0, 1)$. Dieses einseitig unten begrenzte Konfidenzintervall begründet Verfahren 6.40.

- Es gilt

$$1 - \alpha \approx P_{\pi_1, \pi_2}(T \geq -z_{1-\alpha}) = P_{\pi_1, \pi_2}(\ln(T_6) - \ln(\theta_6) \geq -z_{1-\alpha} S')$$
$$= P_{\pi_1, \pi_2}(\ln(T_6) + z_{1-\alpha} S' \geq \ln(\theta_6)) = P_{\pi_1, \pi_2}(T_6 e^{z_{1-\alpha} S'} \geq \theta_6)$$

für alle $\pi_1, \pi_2 \in (0, 1)$ und damit ergibt sich die obere Konfidenzschranke

$$V = T_6 e^{z_{1-\alpha} S'} \tag{6.46}$$

zum approximativen Konfidenzniveau $1 - \alpha$ für das Odds-Verhältnis θ_6 als Begründung von Verfahren 6.41.

- Der Quotient θ_6 ist durch Null nach unten beschränkt. Daher ergibt sich aus der oberen Konfidenzschranke V in (6.46) das einseitig oben begrenzte Konfidenzintervall $(0, V]$ zum approximativen Konfidenzniveau $1 - \alpha$ für das Odds-Verhältnis θ_6, denn es gilt

$$P_{\pi_1, \pi_2}(\theta_6 \in (0, V]) = P_{\pi_1, \pi_2}(0 < \theta_6 \leq V) = P_{\pi_1, \pi_2}(\theta_6 \leq V) \approx 1 - \alpha$$

für alle $\pi_1, \pi_2 \in (0, 1)$. Dieses einseitig oben begrenzte Konfidenzintervall begründet Verfahren 6.42.

Methodischer Hintergrund der Verfahren 6.43 bis 6.45 Die approximativen Testverfahren beruhen darauf, dass die Zufallsvariablen R_1 bzw. R_2 für hinreichend große Stichprobenumfänge n_1 bzw. n_2 jeweils approximativ (da asymptotisch) normalverteilt sind. Da die Zufallsvariablen R_1 und R_2 stochastisch unabhängig sind, ist auch die Differenz $R_1 - R_2$ approximativ normalverteilt. Die Testvariable

$$T = \frac{R_1 - R_2}{S} \tag{6.47}$$

mit dem Schätzer S aus (6.16) ist im Fall $\pi_1 = \pi_2$ approximativ standardnormalverteilt. Im Fall $\pi_1 \neq \pi_2$ ist

$$\frac{R_1 - R_2 - (\pi_1 - \pi_2)}{S} = T - \frac{\pi_1 - \pi_2}{S}$$

approximativ standardnormalverteilt. Für die Behandlung des Falls $S = 0$, der auftritt, wenn zugleich $R_1 \in \{0, 1\}$ und $R_2 \in \{0, 1\}$ gilt, gilt Anmerkung 6.2 sinngemäß. Entscheidend ist die Konvergenz $S \xrightarrow{P} \sigma[R_1 - R_2] > 0$, die durch den asymptotisch verschwindenden Ausnahmefall $S = 0$ nicht gestört wird.

- Da T aus (6.47) approximativ standardnormalverteilt ist, ergibt sich

$$P_{\pi_1,\pi_2}(T < z_\alpha) \approx \alpha \quad \text{für } \pi_1 = \pi_2.$$

Für die übrigen Parameterkonstellationen der Nullhypothese mit $\pi_1 > \pi_2$ gilt $(\pi_1 - \pi_2)/S > 0$ und daher

$$P_{\pi_1,\pi_2}(T < z_\alpha) \leq P_{\pi_1,\pi_2}(T - (\pi_1 - \pi_2)/S < z_\alpha) \approx \alpha.$$

Somit liegt mit Verfahren 6.43 ein Test zum approximativen Niveau α vor.
- Da T aus (6.47) approximativ standardnormalverteilt ist, ergibt sich

$$P_{\pi_1,\pi_2}(T > z_{1-\alpha}) \approx \alpha \quad \text{für } \pi_1 = \pi_2.$$

Für die übrigen Parameterkonstellationen der Nullhypothese mit $\pi_1 < \pi_2$ gilt $(\pi_1 - \pi_2)/S < 0$ und daher

$$P_{\pi_1,\pi_2}(T > z_{1-\alpha}) \leq P_{\pi_1,\pi_2}(T - (\pi_1 - \pi_2)/S > z_{1-\alpha}) \approx \alpha.$$

Somit liegt mit Verfahren 6.44 ein Test zum approximativen Niveau α vor.
- Da T aus (6.47) approximativ standardnormalverteilt ist, ergibt sich

$$P_{\pi_1,\pi_2}(|T| > z_{1-\alpha/2}) \approx \alpha \quad \text{für } \pi_1 = \pi_2,$$

sodass Verfahren 6.45 ein Test zum approximativen Niveau α ist.

Methodischer Hintergrund der Verfahren 6.46 bis 6.48

- Die Begründung von Verfahren 6.46 ergibt sich aus der Äquivalenz der Bedingungen $t < z_\alpha$ aus Verfahren 6.43 und $p_1 < \alpha$ aus Verfahren 6.46. Es gilt

$$t < z_\alpha \iff \Phi(t) < \Phi(z_\alpha) \iff p_1 < \alpha,$$

  da Φ eine streng monoton wachsende Funktion ist.
- Die Begründung von Verfahren 6.47 ergibt sich aus der Äquivalenz der Bedingungen $t > z_{1-\alpha}$ aus Verfahren 6.44 und $p_2 < \alpha$ aus Verfahren 6.47. Es gilt

$$t > z_{1-\alpha} \iff \Phi(t) > \Phi(z_{1-\alpha}) \iff 1 - p_2 > 1 - \alpha \iff p_2 < \alpha,$$

  da Φ eine streng monoton wachsende Funktion ist.
- Die Begründung von Verfahren 6.48 ergibt sich aus der Äquivalenz der Bedingungen $|t| > z_{1-\alpha/2}$ aus Verfahren 6.45 und $p_3 < \alpha$ aus Verfahren 6.48. Es gilt

$$
\begin{aligned}
|t| > z_{1-\alpha/2} &\iff t < z_{\alpha/2} \text{ oder } t > z_{1-\alpha/2} \\
&\iff \Phi(t) < \Phi(z_{\alpha/2}) \text{ oder } \Phi(t) > \Phi(z_{1-\alpha/2}) \\
&\iff \Phi(t) < \alpha/2 \text{ oder } 1 - \Phi(t) < \alpha/2 \\
&\iff \min\{\Phi(t), 1 - \Phi(t)\} < \alpha/2 \\
&\iff 2\min\{\Phi(t), 1 - \Phi(t)\} < \alpha \\
&\iff 2\min\{p_1, p_2\} < \alpha.
\end{aligned}
$$

Anmerkung 6.4 (Zur Voraussetzung $0 < r_1 < 1$ und $0 < r_2 < 1$) Für die Anwendung der Testverfahren 6.43 bis 6.48 wurde die Voraussetzung $0 < r_1 < 1$ und $0 < r_2 < 1$ gemacht, aus der sich $s > 0$ ergibt. Wenn diese Voraussetzung gelockert wird, sind die Extremfälle $r_1 \in \{0, 1\}$ und $r_2 \in \{0, 1\}$ zu berücksichtigen.

- Wenn entweder $r_1 \in \{0, 1\}$ oder $r_2 \in \{0, 1\}$ ist, dann ist $s > 0$, so dass die Testgröße t aus (6.35) definiert ist und die Testverfahren formal angewendet werden können. Allerdings bezieht sich dann die geschätzte Standardabweichung nur auf eine der beiden Komponenten $\mathbb{V}[R_1]$ und $\mathbb{V}[R_2]$ der Varianz von $R_1 - R_2$.
- Für $r_1 \in \{0, 1\}$ und $r_2 \in \{0, 1\}$ tritt der Fall $s = 0$ ein, in welchem die Testgröße t aus (6.35) nicht definiert ist. In den Fällen $r_1 = r_2 = 0$ und $r_1 = r_2 = 1$ ergibt sich aus den Daten kein Hinweis auf eine Ungleichheit von π_1 und π_2, so dass eine Ablehnung der jeweiligen Nullhypothese in den Verfahren 6.43 bis 6.48 nicht möglich ist. Der Fall $r_1 = 0$ und $r_2 = 1$ spricht für $\pi_1 < \pi_2$ und der Fall $r_1 = 1$ und $r_2 = 0$ spricht für $\pi_1 > \pi_2$. Formal lässt sich der Sonderfall $s = 0$ in die Verfahren 6.43 bis 6.48 integrieren, wenn man t im erweiterten Sinn als

$$t = \begin{cases} \frac{r_1 - r_2}{s} & \text{für } s > 0 \\ 0 & \text{für } r_1 = r_2 \in \{0, 1\} \\ \infty & \text{für } r_1 = 1, r_2 = 0 \\ -\infty & \text{für } r_1 = 0, r_2 = 1 \end{cases}$$

definiert und in den p-Wert-basierten Verfahren 6.46 bis 6.48 die Verteilungsfunktion Φ der Standardnormalverteilung durch $\Phi(-\infty) = 0$ und $\Phi(\infty) = 1$ ergänzt.

Methodischer Hintergrund von Tab. 6.1 Die Äquivalenz der in Tab. 6.1 angegebenen Hypothesenpaare ergibt sich aus folgenden Äquivalenzen:

- $\pi_1 \geq \pi_2 \iff \pi_1 - \pi_2 \geq 0 \iff \theta_1 \geq 0$
- $\pi_1 \geq \pi_2 \iff \theta_1 \geq 0 \iff -\theta_1 \leq 0 \iff \theta_2 \leq 0$
- $\pi_1 \geq \pi_2 \iff \pi_1/\pi_2 \geq 1 \iff \theta_3 \geq 1$
- $\pi_1 \geq \pi_2 \iff \theta_3 \geq 1 \iff \theta_3 - 1 \geq 0 \iff \pi_1/\pi_2 - 1 \geq 0 \iff \theta_4 \geq 0$
- $\pi_1 \geq \pi_2 \iff \theta_3 \geq 1 \iff 1 - \theta_3 \leq 0 \iff 1 - \pi_1/\pi_2 \leq 0 \iff \theta_5 \leq 0$
- Da die Funktion $\text{odds}(\pi) = \pi/(1 - \pi)$ streng monoton wachsend ist, ergibt sich $\pi_1 \geq \pi_2 \iff \text{odds}(\pi_1) \geq \text{odds}(\pi_2) \iff \text{odds}(\pi_1)/\text{odds}(\pi_2) \geq 1 \iff \theta_6 \geq 1$.

Literatur

Agresti A (2002) Categorical data analysis, 2. Aufl. Wiley, Hoboken

Apostol TM (1977) Mathematical analysis: a modern approach to advanced calculus, 2. Aufl. (2. print). Addison-Wesley, Reading

Baden LR et al (2021) Efficacy and safety of the mRNA-1273 SARS-CoV-2 vaccine. N Engl J Med 384(5):403–416

Katz D, Baptista J, Azen SP, Pike MC (1978) Obtaining confidence intervals for the risk ratio in cohort studies. Biometrics 34(3):469–474

Lehmann EL (1999) Elements of large-sample theory. Springer, New York (corrected third printing, 2004)

Majumdar R, Majumdar S (2019) On asymptotic standard normality of the two sample pivot. Calcutta Statist Assoc Bull 71(1):49–61

Mukhopadhyay N (2000) Probability and statistical inference. Dekker, New York

Mukhopadhyay N (2021) A pedagogical note on asymptotic normality of a two-sample approximate pivot for comparing means. Calcutta Statist Assoc Bull 73(1):45–61

Proschan MA, Shaw PA (2016) Essentials of probability theory for statisticians. CRC Press, Boca Raton

Anhang A: Mathematische Konzepte

Es werden mathematische Konzepte vorausgesetzt, die üblicherweise bereits in der Schulmathematik enthalten sind, wie elementare Differential- und Integralrechnung, Grenzwert einer Zahlenfolge, rechts- und linksseitiger Grenzwert einer Funktion an einer Stelle, Ableitung einer Funktion, eigentliches und uneigentliches Riemann-Integral, Umkehrfunktion, Potenz-, Exponential- und Winkelfunktionen, elementare Mengenlehre, das kartesische Produkt, die Mengen $\mathbb{N}$, $\mathbb{Z}$ und $\mathbb{R}$ der natürlichen, ganzen und reellen Zahlen.

Mit $\mathbb{N}_0$ wird die Menge $\{0, 1, \ldots\} = \mathbb{N} \cup \{0\}$ bezeichnet. Der links- bzw. rechtsseitige Grenzwert einer Funktion f an einer Stelle c wird mit $\lim_{x \uparrow c} f(x)$ bzw. $\lim_{x \downarrow c} f(x)$ bezeichnet.

Binomialkoeffizient und Fakultät Für ganze Zahlen n und k mit $0 \leq k \leq n$ heißt

$$\binom{n}{k} \stackrel{\text{def}}{=} \frac{n!}{k!(n-k)!} \tag{7.1}$$

Binomialkoeffizient mit den *Fakultäten* $0! \stackrel{\text{def}}{=} 1$ und $n! = 1 \cdot 2 \cdot \ldots \cdot (n-1) \cdot n$ für $n \in \mathbb{N}$. Der Binomialkoeffizient spielt eine Rolle bei der Binomialverteilung (Definition 8.3) und der hypergeometrischen Verteilung (Definition 8.4).

Auf- und Abrundungsfunktion $\lceil x \rceil$ bezeichnet für $x \in \mathbb{R}$ die kleinste ganze Zahl, die nicht kleiner als x ist, d. h.

$$\lceil x \rceil \stackrel{\text{def}}{=} \min\{z \in \mathbb{Z} \mid z \geq x\}. \tag{7.2}$$

$\lfloor x \rfloor$ bezeichnet für $x \in \mathbb{R}$ die größte ganze Zahl, die nicht größer als x ist, d. h.

$$\lfloor x \rfloor \stackrel{\text{def}}{=} \max\{z \in \mathbb{Z} \mid z \leq x\}. \tag{7.3}$$

© Springer-Verlag GmbH Deutschland, ein Teil von Springer Nature 2022
S. Höse und S. Huschens, *Ereignisrisiko*,
https://doi.org/10.1007/978-3-662-64691-5_7

Somit bezeichnen $\lceil x \rceil$ die Aufrundung und $\lfloor x \rfloor$ die Abrundung von x zur nächsten ganzen Zahl. Die Symbole $\lceil \ \rceil$ und $\lfloor \ \rfloor$ heißen auch Gaußklammern.

Gammafunktion Die Funktion

$$\Gamma(x) \overset{\text{def}}{=} \int_0^\infty t^{x-1}\mathrm{e}^{-t}\mathrm{d}t \quad \text{für } x > 0 \tag{7.4}$$

heißt (eulersche) *Gammafunktion*. Spezielle Funktionswerte der Gammafunktion sind $\Gamma(1) = 1$ und $\Gamma(1/2) = \sqrt{\pi}$. Eine häufig verwendete Eigenschaft der Gammafunktion ist die Rekursionsformel

$$\Gamma(x + 1) = x\Gamma(x) \quad \text{für } x > 0,$$

aus der sich der Zusammenhang

$$\Gamma(n) = (n - 1)! \quad \text{für } n \in \mathbb{N} \tag{7.5}$$

zwischen der Gammafunktion und den Fakultäten ergibt. Die direkte Berechnung eines Binomialkoeffizienten über (7.1) stößt bereits für mäßig großes n an numerische Grenzen. Als Alternative steht in numerisch orientierter Software die *logarithmierte Gammafunktion* $\ell(x) \overset{\text{def}}{=} \ln(\Gamma(x))$ zur Verfügung, mit der sich ein Binomialkoeffizent als

$$\binom{n}{k} = \mathrm{e}^{\ell(n+1)-\ell(k+1)-\ell(n-k+1)}$$

berechnen lässt. Es gibt allgemeinere Formen der Gammafunktion für komplexe Argumente mit positivem Realteil.

Ein Wert der Gammafunktion taucht in einigen Wahrscheinlichkeitsverteilungen als Normierungskonstante auf, z. B. bei der Chi-Quadrat-Verteilung (Definition 8.13) und der t-Verteilung (Definition 8.15). Außerdem wird die Gammafunktion benötigt, um Momente der Weibull-Verteilung (Definition 8.11) anzugeben.

Betafunktion Die Funktion

$$\mathrm{B}(x, y) = \int_0^1 t^{x-1}(1 - t)^{y-1}\mathrm{d}t \quad \text{für } x, y > 0 \tag{7.6}$$

heißt *Betafunktion*. Es gibt allgemeinere Formen der Betafunktion für komplexe Argumente mit positivem Realteil. Es gilt die wichtige Verbindung

$$\mathrm{B}(x, y) = \frac{\Gamma(x)\Gamma(y)}{\Gamma(x + y)}$$

zur Gammafunktion, aus der auch die Symmetrieeigenschaft $\mathrm{B}(x, y) = \mathrm{B}(y, x)$ unmittelbar klar wird. Spezielle Funktionswerte der Betafunktion sind

$$B(1/2, 1/2) = \pi, \quad B(1, 1) = 1 \quad \text{und} \quad B(1/2, 1) = 2.$$

Die Betafunktion wird in einigen Wahrscheinlichkeitsverteilungen benötigt, um Normierungskonstanten auszudrücken, z. B. bei der Betaverteilung (Definition 8.12) und der F-Verteilung (Definition 8.14).

Fehlerfunktion Die Funktion

$$\operatorname{erf}(x) = \frac{2}{\sqrt{\pi}} \int_0^x e^{-t^2} dt \quad \text{für } x \in \mathbb{R}$$

heißt *Fehlerfunktion* (engl. error function) oder gaußsche Fehlerfunktion. Zur *Verteilungsfunktion der Standardnormalverteilung*

$$\Phi(x) = \frac{1}{\sqrt{2\pi}} \int_{-\infty}^x e^{-t^2/2} dt \quad \text{für } x \in \mathbb{R},$$

die in der Mathematik auch gaußsches Fehlerintegral (Bronstein et al. 2016, S. 527) heißt, besteht der enge Zusammenhang

$$\Phi(x) = \frac{1}{2}\left(1 + \operatorname{erf}\left(\frac{x}{\sqrt{2}}\right)\right), \quad \operatorname{erf}(x) = 2\Phi(x\sqrt{2}) - 1.$$

Monotone Funktionen Eine Funktion $f : D \to \mathbb{R}$ mit Definitionsbereich $D \subseteq \mathbb{R}$ heißt

- *monoton wachsend* (engl. monotonically increasing), falls

$$x \leq y \implies f(x) \leq f(y) \quad \text{für alle } x, y \in D,$$

- *streng monoton wachsend* (engl. strictly increasing), falls

$$x < y \implies f(x) < f(y) \quad \text{für alle } x, y \in D,$$

- *monoton fallend* (engl. monotonically decreasing), falls

$$x \leq y \implies f(x) \geq f(y) \quad \text{für alle } x, y \in D,$$

- *streng monoton fallend* (engl. strictly decreasing), falls

$$x < y \implies f(x) > f(y) \quad \text{für alle } x, y \in D.$$

Anstelle von wachsend werden auch die Adjektive zunehmend oder steigend verwendet; anstelle von fallend wird auch abnehmend verwendet. Eine monoton wachsende (monoton fallende) Funktion wird auch als isotone (antitone) Funktion bezeichnet.

Literatur

Bronstein IN, Semendjajew KA, Musiol G, Mühlig H (2016) Taschenbuch der Mathematik, 10. Aufl. Europa-Lehrmittel, Haan-Gruiten

Anhang B: Stochastische Konzepte

8

Es werden die Konzepte der elementaren Wahrscheinlichkeitsrechnung wie Ergebnisse von Zufallsexperimenten, Ereignisse, Wahrscheinlichkeit von Ereignissen, stochastische Unabhängigkeit von Ereignissen und das Konzept der Zufallsvariablen vorausgesetzt.

8.1   Zufallsvariable und Wahrscheinlichkeitsverteilung

Mit einer Zufallsvariablen ist stets eine reellwertige Zufallsvariable mit Werten in $\mathbb{R}$ gemeint. Ein Zahlenwert in $\mathbb{R}$, den eine Zufallsvariable annimmt, wird *Realisation* oder *realisierter Wert* der Zufallsvariablen genannt.

Verteilungs- und Überlebensfunktion Eine Funktion $F_X : \mathbb{R} \to [0, 1]$ heißt *Verteilungsfunktion* (engl. distribution function oder cumulative distribution function) der Zufallsvariablen X, falls

$$F_X(x) = P(X \le x) \quad \text{für } x \in \mathbb{R}.$$

Die Funktion $\bar{F}_X : \mathbb{R} \to [0, 1]$, $\bar{F}_X(x) = 1 - F_X(x)$ heißt *Überlebensfunktion* (engl. survival function, survivor function) der Zufallsvariablen X.

Wahrscheinlichkeitsverteilung Durch eine Verteilungsfunktion sind zunächst die Wahrscheinlichkeiten $P(X \in (-\infty, x])$ für alle $x \in \mathbb{R}$ gegeben. Damit liegen dann auch die Wahrscheinlichkeiten $P(X \in B)$ für kompliziertere Mengen B fest, die ausgehend von den Intervallen $(-\infty, x]$ für $x \in \mathbb{R}$ durch sukzessive mengentheoretische Operationen wie Komplementbildung, Bildung der mengentheoretischen Differenz, und die Vereinigung abzählbar unendlich vieler Mengen gebildet werden können. Dadurch ist es möglich, Wahrscheinlichkeiten für alle $B \in \mathbb{B}$ anzugeben, wobei $\mathbb{B}$ das System der sogenannten Borelschen Teilmengen von $\mathbb{R}$ oder kurz Borelmengen ist. Die Gesamtheit aller Wahrscheinlichkeiten

© Springer-Verlag GmbH Deutschland, ein Teil von Springer Nature 2022
S. Höse und S. Huschens, *Ereignisrisiko*,
https://doi.org/10.1007/978-3-662-64691-5_8

$P(X \in B)$ für $B \in \mathbb{B}$ bildet die *Wahrscheinlichkeitsverteilung* von X oder kurz die *Verteilung* von X.

Aus Anwendungssicht sind drei Teilklassen von Zufallsvariablen von Interesse: diskrete, stetige und gemischte Zufallsvariablen.

Diskrete Zufallsvariable Eine Zufallsvariable heißt *diskret* (engl. discrete), wenn es eine endliche oder abzählbare Menge $\mathbb{T} \subset \mathbb{R}$ gibt, so dass $P(X = x) > 0$ für alle $x \in \mathbb{T}$ und $\sum_{x \in \mathbb{T}} P(X = x) = 1$ gilt. Die Menge $\mathbb{T}$ heißt dann *Träger* (engl. support) der Verteilung von X und die Funktion $p_X : \mathbb{R} \to [0, 1]$, $p_X(x) = P(X = x)$ für $x \in \mathbb{R}$ heißt *Wahrscheinlichkeitsfunktion* (engl. probability mass function) von X. Die Verteilungsfunktion von X ist dann

$$F_X(x) = \sum_{t \in \mathbb{T},\, t \le x} p_X(t), \quad x \in \mathbb{R}.$$

Stetige Zufallsvariable Eine Zufallsvariable X heißt *stetig* (engl. continuous), wenn es eine nichtnegative Funktion $f_X : \mathbb{R} \to [0, \infty)$ mit $\int_{-\infty}^{\infty} f_X(x)\mathrm{d}x = 1$ und

$$F_X(x) = \int_{-\infty}^{x} f_X(t)\mathrm{d}t, \quad x \in \mathbb{R}$$

gibt. Die Funktion f_X heißt dann *Dichtefunktion* (engl. probability density function) von X.

Zufallsvariable vom diskret-stetigen Mischtyp Eine Zufallsvariable heißt vom diskret-stetigen Mischtyp oder kurz *gemischt,* wenn die Verteilungsfunktion von der Form

$$F_X(x) = c F_d(x) + (1 - c) F_s(x), \quad x \in \mathbb{R}$$

mit $0 < c < 1$ ist, wobei F_d die Verteilungsfunktion einer diskreten Zufallsvariablen und F_s die Verteilungsfunktion einer stetigen Zufallsvariablen ist. Wenn p die F_d entsprechende Wahrscheinlichkeitsfunktion mit dem zugehörigen Träger $\mathbb{T}$ ist und f die F_s entsprechende Dichtefunktion ist, dann gilt

$$F_X(x) = c \sum_{t \in \mathbb{T},\, t \le x} p(t) + (1 - c) \int_{-\infty}^{x} f(t)\mathrm{d}t, \quad x \in \mathbb{R}.$$

Anmerkung 8.1 (Zufallsvariable als messbare Abbildung) Formal mathematisch wird eine Zufallsvariable X als messbare Abbildung auf einem abstrakten Wahrscheinlichkeitsraum $(\Omega, \mathbb{A}, P)$ definiert. Dabei ist Ω die Ergebnismenge, $\mathbb{A}$ ein Mengensystem, dessen Elemente die Ereignisse sind, $P : \mathbb{A} \to [0, 1]$ ein Wahrscheinlichkeitsmaß auf $(\Omega, \mathbb{A})$ und $X : \Omega \to \mathbb{R}$ eine Abbildung mit der Eigenschaft, dass für alle $(-\infty, x]$ ein Ereignis $A_x \in \mathbb{A}$ existiert, so dass $\{X(\omega) \mid \omega \in A_x\} = (\infty, x]$. Diese letzte Eigenschaft ist die sogenannte Messbarkeit.

Die Wahrscheinlichkeitsverteilung einer Zufallsvariablen X ist aus maßtheoretischer Sicht ein Wahrscheinlichkeitsmaß auf $(\mathbb{R}, \mathbb{B})$, nämlich das Maß $P_X(B) = P(X \in B)$ für $B \in \mathbb{B}$.

In der Statistik ist es in der Regel üblich, mit Zufallsvariablen ohne Bezugnahme auf einen abstrakten Wahrscheinlichkeitsraum zu arbeiten und Schreibweisen wie $P(X \in A)$ für $A \subseteq \mathbb{R}$ zu verwenden. Dabei schwankt die Assoziation zwischen $P(X \in A) = P(\{\omega \in \Omega \mid X \in A\})$, wobei an die Wahrscheinlichkeit im abstrakten Wahrscheinlichkeitsraum gedacht ist, und $P(X \in A) = P_X(A)$, wobei die Wahrscheinlichkeiten für Teilmengen der reellen Zahlen definiert sind.

Anmerkung 8.2 (Integralbegriff und weitere Zufallsvariablen) Wir beschränken uns hier auf den Integralbegriff der Schulmathematik im Sinn des eigentlichen Riemann-Integrals und dessen Erweiterung auf uneigentliche Riemann-Integrale als Grenzwerte von eigentlichen Riemann-Integralen. In der mathematisch-statistischen und wahrscheinlichkeitstheoretischen Literatur wird dagegen in der Regel das Konzept des Lebesgue-Integrals verwendet, das zu einer etwas weiter gefassten Klasse von stetigen Zufallsvariablen führt, da Zufallsvariablen hinzukommen, die eine Lebesgue-integrierbare Dichtefunktion besitzen, ohne dass eine uneigentlich Riemann-integrierbare Dichtefunktion existiert. Diese Zufallsvariablen sind von theoretischem Interesse, aber für Anwendungen nicht relevant. Dies gilt ebenfalls für eine weitere Teilklasse von Zufallsvariablen mit einer sogenannten singulären Verteilung, die zwar eine stetige Verteilungsfunktion haben, aber keine Dichtefunktion besitzen.

Anmerkung 8.3 (Erweiterte Zufallsvariable) Eine Zufallsvariable mit Werten in der Menge $\bar{\mathbb{R}} = \mathbb{R} \cup \{-\infty, \infty\}$ der erweiterten reellen Zahlen heißt *erweiterte Zufallsvariable* (engl. extended random variable) (Shorack 2017, S. 35). Wahrscheinlichkeiten sind dann für Mengen im System $\bar{\mathbb{B}}$ der erweiterten Borel-Mengen (Shorack 2017, S. 18) definiert.

8.2 Erwartungswert, Varianz und Standardabweichung

Erwartungswert einer Zufallsvariablen Für eine nichtnegative Zufallsvariable X ist der *Erwartungswert* (engl. expected value) als

$$\mathbb{E}[X] \overset{\text{def}}{=} \begin{cases} \sum_{x \in \mathbb{T}} x p_X(x) & \text{für } X \text{ diskret} \\ \int_0^\infty x f_X(x) \mathrm{d}x & \text{für } X \text{ stetig} \\ c \sum_{x \in \mathbb{T}} x p(x) + (1-c) \int_0^\infty x f(x) \mathrm{d}x & \text{für } X \text{ gemischt} \end{cases} \quad (8.1)$$

definiert. Dabei ist $\mathbb{E}[X] = \infty$ zugelassen. Für eine Zufallsvariable X, die diskret, stetig oder gemischt ist, den Positivteil $X^+ \overset{\text{def}}{=} \max\{0, X\}$ und den Negativteil $X^- \overset{\text{def}}{=} \max\{0, -X\}$ besitzt, ist der Erwartungswert als

$$\mathbb{E}[X] \overset{\text{def}}{=} \mathbb{E}[X^+] - \mathbb{E}[X^-] \in \mathbb{R} \cup \{-\infty, \infty\} \tag{8.2}$$

definiert, falls mindestens einer der beiden Erwartungswerte auf der rechten Seite der Gleichung endlich ist. Der Erwartungswert ist *nicht definiert*, falls $\mathbb{E}[X^+] = \mathbb{E}[X^-] = \infty$.

Wenn X diskret, stetig oder gemischt ist, dann sind die Zufallsvariablen X^+ und X^- nichtnegativ und ihre Erwartungswert sind wegen (8.1) definiert. Für $\mathbb{E}[X]$ liegt dann einer der folgenden drei Fälle vor:

1. $\mathbb{E}[X] \in \mathbb{R}$,
2. $\mathbb{E}[X] \in \{-\infty, \infty\}$,
3. $\mathbb{E}[X]$ ist nicht definiert.

In den ersten beiden Fällen sagt man, dass der Erwartungswert definiert ist. Im ersten Fall sagt man, dass X einen endlichen Erwartungswert besitzt. Im zweiten Fall sagt man, dass X einen unendlichen Erwartungswert besitzt.

Für eine Zufallsvariable X mit endlichem Erwartungswert und $a, b \in \mathbb{R}$ gilt

$$\mathbb{E}[a + bX] = a + b\mathbb{E}[X]. \tag{8.3}$$

Varianz und Standardabweichung einer Zufallsvariablen Für eine Zufallsvariable X mit endlichem Erwartungswert heißt

$$\mathbb{V}[X] \overset{\text{def}}{=} \mathbb{E}[(X - \mathbb{E}[X])^2] \in [0, \infty]$$

Varianz (engl. variance) von X und

$$\sigma[X] \overset{\text{def}}{=} \sqrt{\mathbb{V}[X]} \in [0, \infty]$$

Standardabweichung (engl. standard deviation) von X. Der Fall $\mathbb{V}[X] = \infty$ ist zugelassen. Die Varianz von X – und damit die Standardabweichung von X – ist *nicht definiert*, falls $\mathbb{E}[X] \in \{-\infty, \infty\}$ oder falls $\mathbb{E}[X]$ nicht definiert ist.

Für eine Zufallsvariable X mit endlicher Varianz und $a, b \in \mathbb{R}$ gilt

$$\mathbb{V}[a + bX] = b^2 \mathbb{V}[X]. \tag{8.4}$$

Anmerkung 8.4 (Weitere Schreibweisen) Für den Erwartungswert aus (8.2) werden auch Schreibweisen, wie $\int_{\mathbb{R}} x \, dF_X(x)$ und $\int_{\mathbb{R}} x \, dP_X(x)$ verwendet, bei denen in der Regel ein Lebesgue-Stieltjes-Integral oder ein Lebesgue-Integral zugrunde liegt.

Anmerkung 8.5 (‚Existenz‘ und ‚Definition‘ eines Erwartungswertes) Die nicht einheitlich verwendete Formulierung ‚der Erwartungswert existiert‘ (engl. the expectation exists) wird hier vermieden. In der statistischen Literatur steht diese Formulierung teils synonym für „der

Erwartungswert ist endlich" (z. B. Bamberg et al. (2017, S. 111), Casella und Berger (2002, S. 55)), teilweise synonym für „der Erwartungswert ist definiert", wobei unendliche Erwartungswerte zugelassen sind, (z. B. Witting (1985, S. 517)). Teils wird der Erwartungswert nur für den Fall definiert, in dem er sich als reelle Zahl ergibt (z. B. Gouriéroux und Montfort (1995, S. 446), Lehmann und Romano (2005, S. 32)), teils wird der Erwartungswert in einem weiteren Sinn auch für die Fälle definiert, in denen sich $-\infty$ oder ∞ ergibt (z. B. Schmidt (2011, S. 274), Shorack (2017, S. 39)). Diese terminologische Uneinheitlichkeit erschwert es dem Anwender, zwischen Literaturquellen zu wechseln. Es ist zu beachten, was ein Autor mit der Formulierung ‚der Erwartungswert existiert nicht' oder ‚der Erwartungswert ist nicht definiert' meint.

8.3 Quantil

Quantil und Quantilfunktion Für eine Zufallsvariable X mit Verteilungsfunktion F und $0 < p < 1$ heißt

$$x_p \stackrel{\text{def}}{=} \min\{x \in \mathbb{R} \mid F(x) \geq p\}$$

p-Quantil (engl. *p*-quantile) der Verteilung von X. Die Funktion $F^{-1} : (0, 1) \to \mathbb{R}$,

$$F^{-1}(t) = \min\{x \in \mathbb{R} \mid F(x) \geq t\} \quad \text{für } 0 < t < 1 \tag{8.5}$$

heißt *Quantilfunktion* (engl. quantile function).

Fraktile und Perzentile Die p- und $(1 - p)$-Quantile einer Verteilung werden auch als untere und obere p-Fraktile bezeichnet. Das obere p-Fraktil wird auch kurz als p-Fraktil bezeichnet (Witting 1985, S. 40 f.). Wird diese Bezeichnungsweise verwendet, dann bezeichnet z. B. u_p das $(1 - p)$-Quantil einer Standardnormalverteilung und nicht das p-Quantil. Ähnlich Casella und Berger (2002), wo die Bezeichnung „upper cutoff" verwendet wird. Dort bezeichnen z. B. z_p und $t_{v,p}$ die $(1 - p)$-Quantile einer Standardnormalverteilung und einer t-Verteilung mit v Freiheitsgraden (Casella und Berger 2002, S. 386). Teilweise werden in der Literatur die Begriffe Quantil, Fraktil und Perzentil aber auch synonym verwendet (Rinne 2008, S. 189).

Anmerkung 8.6 (Zusammenhang zwischen Verteilungs- und Quantilfunktion) Wenn die Verteilungsfunktion F invertierbar ist, dann ist die Quantilfunktion die Umkehrfunktion von F. Allgemein gilt (Shorack 2017, S. 112)

$$F(F^{-1}(t)) \geq t \quad \text{für alle } 0 < t < 1 \tag{8.6}$$

und

$$F^{-1}(F(x)) \leq x \quad \text{für alle } x \in \mathbb{R} \text{ mit } 0 < F(x) < 1. \tag{8.7}$$

Anmerkung 8.7 (Erweiterte Definitionen der Verteilungs- und Quantilfunktion) Manchmal ist es zweckmäßig, den Definitionsbereich einer Verteilungsfunktion F durch die Festlegungen $F(-\infty) \stackrel{\text{def}}{=} 0$ und $F(\infty) \stackrel{\text{def}}{=} 1$ von $\mathbb{R}$ auf $\bar{\mathbb{R}}$ zu erweitern und den Definitionsbereich von F^{-1} durch

$$F^{-1}(0) \stackrel{\text{def}}{=} \sup\{x \in \mathbb{R} \mid F(x) = 0\}$$

und

$$F^{-1}(1) \stackrel{\text{def}}{=} \inf\{x \in \mathbb{R} \mid F(x) = 1\}$$

von $(0, 1)$ auf $[0, 1]$ zu erweitern. Dabei gelten die Festlegungen $\sup \emptyset \stackrel{\text{def}}{=} -\infty$ und $\inf \emptyset \stackrel{\text{def}}{=} \infty$. Mit diesen erweiterten Definitionen gilt (Witting 1985, Hilfssatz 1.17e-f)

$$F(F^{-1}(t)) \geq t \quad \text{für alle } 0 \leq t \leq 1$$

und

$$F^{-1}(F(x)) \leq x \quad \text{für alle } x \in \mathbb{R} ,$$

wodurch (8.6) und (8.7) verallgemeinert werden.

8.4   Diskrete univariate Verteilungen

Definition 8.1 (Einpunktverteilung)   Eine Zufallsvariable X mit Wahrscheinlichkeitsfunktion

$$p_X(x) = \mathrm{P}(X = x) = \begin{cases} 1 & \text{für } x = c \\ 0 & \text{sonst} \end{cases}$$

für eine Zahl $c \in \mathbb{R}$ heißt *einpunktverteilt* auf c. Die Verteilung von X heißt *Einpunktverteilung*. Notation: $X \sim \delta(c)$ oder $\text{Vert}[X] = \delta(c)$

Für $X \sim \delta(c)$ gilt $\mathbb{E}[X] = c$ und $\mathbb{V}[X] = 0$. Eine Zufallvariable X ist genau dann einpunktverteilt, wenn $\mathbb{V}[X] = 0$ gilt. Eine Einpunktverteilung wird auch als *Punktverteilung*, *Dirac-Verteilung* oder *degenerierte Verteilung* bezeichnet.

Definition 8.2 (Bernoulli-Verteilung)   Eine Zufallsvariable X mit Wahrscheinlichkeitsfunktion

$$p_X(x) = \mathrm{P}(X = x) = \begin{cases} \pi & \text{für } x = 1 \\ 1 - \pi & \text{für } x = 0 \\ 0 & \text{sonst} \end{cases} \tag{8.8}$$

heißt *Bernoulli-verteilt* mit *Bernoulli-Parameter* $0 \leq \pi \leq 1$. Die Verteilung von X heißt *Bernoulli-Verteilung*. Notation: $X \sim \text{Ber}(\pi)$ oder $\text{Vert}[X] = \text{Ber}(\pi)$

Für $\pi \in \{0, 1\}$ ergeben sich die Einpunktverteilungen $\delta(0)$ und $\delta(1)$. Für $0 < \pi < 1$ liegen Bernoulli-Verteilungen im engeren Sinn vor. Für $X \sim \text{Ber}(\pi)$ gilt

$$\mathbb{E}[X] = \pi \quad \text{und} \quad \mathbb{V}[X] = \pi(1 - \pi).$$

Definition 8.3 (Binomialverteilung) Eine Zufallsvariable X mit Wahrscheinlichkeitsfunktion

$$p_X(x) = \text{P}(X = x) = \begin{cases} \binom{n}{x} \pi^x (1 - \pi)^{n-x} & \text{für } x \in \{0, 1, \ldots, n\} \\ 0 & \text{sonst} \end{cases} \tag{8.9}$$

heißt *binomialverteilt* mit den Parametern $n \in \mathbb{N}$ und $0 \leq \pi \leq 1$, wobei $0^0 \overset{\text{def}}{=} 1$. Die Verteilung von X heißt *Binomialverteilung*. Notation: $X \sim \text{Bin}(n, \pi)$ oder $\text{Vert}[X] = \text{Bin}(n, \pi)$

Zum Binomialkoeffizienten $\binom{n}{x}$ siehe (7.1). Häufig interessieren nur die Binomialverteilungen im engeren Sinn mit $0 < \pi < 1$. Für $\pi \in \{0, 1\}$ ergeben sich die Einpunktverteilungen $\delta(0)$ und $\delta(n)$. Für $X \sim \text{Bin}(n, \pi)$ gilt

$$\mathbb{E}[X] = n\pi \quad \text{und} \quad \mathbb{V}[X] = n\pi(1 - \pi). \tag{8.10}$$

Wenn X die Summe von n stochastisch unabhängigen und identisch Bernoulli-verteilten Zufallsvariablen mit dem Bernoulli-Parameter π ist, dann gilt $X \sim \text{Bin}(n, \pi)$.

Es gilt

$$X \sim \text{Bin}(n, \pi) \iff n - X \sim \text{Bin}(n, 1 - \pi).$$

Für $X \sim \text{Bin}(n, \pi)$ und $X' \sim \text{Bin}(n, 1 - \pi)$ gilt

$$\text{P}(X = k) = \text{P}(X' = n - k) \quad \text{für } k \in \{0, 1, \ldots, n\}$$

und

$$\text{P}(X \geq k) = \text{P}(X' \leq n - k) \quad \text{für } k \in \{0, 1, \ldots, n\}. \tag{8.11}$$

Für $X \sim \text{Bin}(n, \pi)$, $X' \sim \text{Bin}(n, \pi')$ mit $0 \leq \pi < \pi' \leq 1$ gilt

$$\text{P}(X \leq t) \geq \text{P}(X' \leq t) \quad \text{für alle } t \in \mathbb{R}$$

und

$$\text{P}(X \leq t) > \text{P}(X' \leq t) \quad \text{für alle } 0 \leq t < n.$$

Definition 8.4 (Hypergeometrische Verteilung) Eine Zufallsvariable X mit Wahrscheinlichkeitsfunktion

$$p_X(x) = \text{P}(X = x) = \begin{cases} \dfrac{\binom{M}{x}\binom{N-M}{n-x}}{\binom{N}{n}} & \text{für } x \in \mathbb{T} \\ 0 & \text{sonst} \end{cases}$$

heißt *hypergeometrisch verteilt* mit den Parametern $n, N \in \mathbb{N}$, wobei $n \leq N$, und $M \in \{0, 1, \ldots, N\}$. Dabei ist $\mathbb{T} \stackrel{\text{def}}{=} \{\max\{0, n + M - N\}, \ldots, \min\{n, M\}\}$ der Träger der Verteilung. Die Verteilung von X heißt *hypergeometrische Verteilung*. Notation: $X \sim \text{Hyp}(N, M, n)$ oder $\text{Vert}[X] = \text{Hyp}(N, M, n)$

Zur Definition der Binomialkoeffienten siehe (7.1). Für $X \sim \text{Hyp}(N, M, n)$ gilt

$$\mathbb{E}[X] = n\frac{M}{N} \quad \text{und} \quad \mathbb{V}[X] = n\frac{M}{N}\left(1 - \frac{M}{N}\right)\frac{N-n}{N-1}.$$

Die hypergeometrische Verteilung entsteht beim Ziehen ohne Zurücklegen, wenn eine Zufallsstichprobe vom Umfang n aus einer Grundgesamtheit vom Umfang N gezogen wird, wobei genau M Elemente der Grundgesamtheit eine bestimmte Eigenschaft besitzen und X die zufällige Anzahl der Stichprobenwerte mit dieser Eigenschaft angibt.

Definition 8.5 (Poisson-Verteilung) Eine Zufallsvariable X mit Wahrscheinlichkeitsfunktion

$$p_X(x) = \text{P}(X = x) = \begin{cases} e^{-\lambda}\frac{\lambda^x}{x!} & \text{für } x \in \{0, 1, \ldots\} \\ 0 & \text{sonst} \end{cases} \tag{8.12}$$

heißt *Poisson-verteilt* mit Parameter $\lambda \geq 0$, wobei $0^0 \stackrel{\text{def}}{=} 1$. Die Verteilung von X heißt *Poisson-Verteilung*. Notation: $X \sim \text{Poi}(\lambda)$ oder $\text{Vert}[X] \sim \text{Poi}(\lambda)$

Der Parameter λ heißt *Intensitätsparameter* oder kurz *Intensität*. Häufig interessieren nur die Poisson-Verteilungen im engeren Sinn mit $\lambda > 0$. Für $\lambda = 0$ ergibt sich die Einpunktverteilung $\delta(0)$.

Für $X \sim \text{Poi}(\lambda)$ gilt

$$\mathbb{E}[X] = \mathbb{V}[X] = \lambda. \tag{8.13}$$

Für stochastisch unabhängige Zufallsvariablen $X_j \sim \text{Poi}(\lambda_j)$ für $j = 1, \ldots, m$ gilt

$$\sum_{j=1}^{m} X_j \sim \text{Poi}\left(\sum_{j=1}^{m} \lambda_j\right). \tag{8.14}$$

8.5   Stetige univariate Verteilungen

Definition 8.6 (Gleichverteilung) Eine Zufallsvariable X heißt *gleichverteilt* auf dem Intervall $[\alpha, \beta]$ mit $-\infty < \alpha < \beta < \infty$ und ihre Verteilung heißt *Gleichverteilung*, falls X die Dichtefunktion

$$f_X(x) = \begin{cases} \frac{1}{\beta-\alpha} & \text{für } \alpha \leq x \leq \beta, \\ 0 & \text{sonst} \end{cases}$$

besitzt. Notation: $X \sim \text{Uni}(\alpha, \beta)$ oder $\text{Vert}[X] = \text{Uni}(\alpha, \beta)$

Eine Zufallsvariable $X \sim \text{Uni}(\alpha, \beta)$ hat die Verteilungsfunktion

$$F_X(x) = \begin{cases} 0 & \text{für } x < \alpha, \\ \frac{x-\alpha}{\beta-\alpha} & \text{für } \alpha \le x \le \beta \\ 1 & \text{für } x > \beta \end{cases} \tag{8.15}$$

und es gilt

$$\mathbb{E}[X] = \frac{\alpha + \beta}{2} \quad \text{und} \quad \mathbb{V}[X] = \frac{(\beta - \alpha)^2}{12}.$$

Definition 8.7 (Standardnormalverteilung) Eine Zufallsvariable X heißt *standardnormalverteilt* und ihre Verteilung heißt *Standardnormalverteilung*, falls X die Dichtefunktion

$$f_X(x) = \varphi(x) \stackrel{\text{def}}{=} \frac{1}{\sqrt{2\pi}} e^{-\frac{x^2}{2}} \quad \text{für } x \in \mathbb{R}$$

besitzt. Notation: $X \sim \text{N}(0, 1)$ oder $\text{Vert}[X] = \text{N}(0, 1)$

Eine Zufallsvariable $X \sim \text{N}(0, 1)$ hat die Verteilungsfunktion

$$\Phi(x) \stackrel{\text{def}}{=} \int_{-\infty}^{x} \varphi(t) \mathrm{d}t \quad \text{für } x \in \mathbb{R} \tag{8.16}$$

und es gilt

$$\mathbb{E}[X] = 0 \quad \text{und} \quad \mathbb{V}[X] = 1.$$

Es gelten die Symmetrieeigenschaften

$$\varphi(-x) = \varphi(x) \quad \text{und} \quad \Phi(-x) = 1 - \Phi(x) \quad \text{für } x \in \mathbb{R}. \tag{8.17}$$

Das p-Quantil wird mit $z_p = \Phi^{-1}(p)$ bezeichnet.

Definition 8.8 (Normalverteilung) Eine Zufallsvariable X heißt *normalverteilt* mit den Parametern $\mu \in \mathbb{R}$ und $\sigma^2 > 0$, wobei $0 < \sigma < \infty$ gilt, und ihre Verteilung heißt *Normalverteilung*, falls X die Dichtefunktion

$$f_X(x) = \frac{1}{\sqrt{2\pi}\sigma} e^{-\frac{(x-\mu)^2}{2\sigma^2}} \quad \text{für } x \in \mathbb{R}$$

besitzt. Notation: $X \sim \text{N}(\mu, \sigma^2)$ oder $\text{Vert}[X] = \text{N}(\mu, \sigma^2)$

Eine Zufallsvariable $X \sim \text{N}(\mu, \sigma^2)$ hat die Verteilungsfunktion

$$F_X(x) = \Phi\left(\frac{x-\mu}{\sigma}\right) \quad \text{für } x \in \mathbb{R} \tag{8.18}$$

mit Φ aus (8.16) und es gilt

$$\mathbb{E}[X] = \mu \quad \text{und} \quad \mathbb{V}[X] = \sigma^2.$$

Definition 8.9 (Log-Normalverteilung) Eine Zufallsvariable X heißt *log-normalverteilt* mit den Parametern $\mu \in \mathbb{R}$ und $\sigma^2 > 0$, wobei $0 < \sigma < \infty$ gilt, und ihre Verteilung heißt *Log-Normalverteilung*, falls $\ln(X) \sim N(\mu, \sigma^2)$ gilt. Notation: $X \sim LN(\mu, \sigma^2)$ oder $\text{Vert}[X] = LN(\mu, \sigma^2)$

Eine Zufallsvariable $X \sim LN(\mu, \sigma^2)$ hat die Dichtefunktion

$$f_X(x) = \begin{cases} \frac{1}{\sqrt{2\pi}\sigma} \frac{1}{x} e^{-\frac{(\ln(x)-\mu)^2}{2\sigma^2}} & \text{für } x > 0 \\ 0 & \text{sonst} \end{cases},$$

die Verteilungsfunktion

$$F_X(x) = \begin{cases} \Phi\left(\frac{\ln(x)-\mu}{\sigma}\right) & \text{für } x > 0 \\ 0 & \text{sonst} \end{cases} \tag{8.19}$$

und es gilt

$$\mathbb{E}[X] = e^{\mu + \frac{\sigma^2}{2}} \quad \text{und} \quad \mathbb{V}[X] = e^{2\mu + \sigma^2}(e^{\sigma^2} - 1).$$

Definition 8.10 (Exponentialverteilung) Eine Zufallsvariable X heißt *exponentialverteilt* mit Parameter $\lambda > 0$ und ihre Verteilung heißt *Exponentialverteilung*, falls X die Dichtefunktion

$$f_X(x) = \begin{cases} \lambda e^{-\lambda x} & \text{für } x \geq 0 \\ 0 & \text{sonst} \end{cases}$$

besitzt. Notation: $X \sim \text{Exp}(\lambda)$ oder $\text{Vert}[X] = \text{Exp}(\lambda)$

Eine Zufallsvariable $X \sim \text{Exp}(\lambda)$ hat die Verteilungsfunktion

$$F_X(x) = \begin{cases} 1 - e^{-\lambda x} & \text{für } x \geq 0 \\ 0 & \text{sonst} \end{cases} \tag{8.20}$$

und es gilt

$$\mathbb{E}[X] = \frac{1}{\lambda} \quad \text{und} \quad \mathbb{V}[X] = \frac{1}{\lambda^2}.$$

Üblich ist auch eine abweichende Parametrisierung mit $\alpha = 1/\lambda$.

Definition 8.11 (Weibull-Verteilung) Eine Zufallsvariable X heißt *Weibull-verteilt* mit den Parametern $\alpha > 0$ und $\beta > 0$ und ihre Verteilung heißt *Weibull-Verteilung*, falls X die Dichtefunktion

$$f_X(x) = \begin{cases} \frac{\beta x^{\beta-1}}{\alpha^\beta} \exp(-(x/\alpha)^\beta) & \text{für } x > 0 \\ 0 & \text{sonst} \end{cases}$$

besitzt. Notation: $X \sim \text{Weibull}(\alpha, \beta)$ oder $\text{Vert}[X] = \text{Weibull}(\alpha, \beta)$.

Es gilt $\text{Weibull}(1/\lambda, 1) = \text{Exp}(\lambda)$. Üblich ist auch eine andere Parametrisierung mit $\lambda = 1/\alpha$. Eine Zufallsvariable $X \sim \text{Weibull}(\alpha, \beta)$ hat die Verteilungsfunktion

$$F_X(x) = \begin{cases} 1 - \exp(-(x/\alpha)^\beta) & \text{für } x \geq 0 \\ 0 & \text{sonst} \end{cases}, \tag{8.21}$$

den Erwartungswert

$$\mathbb{E}[X] = \alpha \Gamma(1 + 1/\beta) \tag{8.22}$$

und die Varianz

$$\mathbb{V}[X] = \alpha^2 \left(\Gamma(1 + 2/\beta) - \Gamma^2(1 + 1/\beta) \right),$$

wobei Γ die Gammafunktion (7.4) bezeichnet.

Definition 8.12 (Betaverteilung) Eine Zufallsvariable X heißt *betaverteilt* mit den Parametern $\alpha > 0$ und $\beta > 0$ und ihre Verteilung heißt *Betaverteilung*, falls X die Dichtefunktion

$$f_X(x) = \begin{cases} \frac{1}{\text{B}(\alpha,\beta)} x^{\alpha-1}(1-x)^{\beta-1} & \text{für } 0 < x < 1 \\ 0 & \text{sonst} \end{cases} \tag{8.23}$$

besitzt. Dabei bezeichnet B die Betafunktion (7.6). Notation: $X \sim \text{Beta}(\alpha, \beta)$ oder $\text{Vert}[X] = \text{Beta}(\alpha, \beta)$

Es gilt $\text{Beta}(1, 1) = \text{Uni}(0, 1)$. Für $X \sim \text{Beta}(\alpha, \beta)$ gilt

$$\mathbb{E}[X] = \frac{\alpha}{\alpha + \beta} \quad \text{und} \quad \mathbb{V}[X] = \frac{\alpha\beta}{(\alpha + \beta)^2(\alpha + \beta + 1)}. \tag{8.24}$$

Das p-Quantil wird mit $B_{\alpha,\beta,p}$ bezeichnet.

Bei Vertauschung der Parameter gilt, dass die Dichtefunktion von $X' \sim \text{Beta}(\beta, \alpha)$ aus der Dichtefunktion von $X \sim \text{Beta}(\alpha, \beta)$ durch Spiegelung an $x = 1/2$ entsteht (Rinne 2008, S. 340, 345). Es gilt also

$$f_X(x) = f_{X'}(1 - x), \quad F_X(x) = 1 - F_{X'}(1 - x) \quad \text{und} \quad B_{\alpha,\beta,p} = 1 - B_{\beta,\alpha,1-p}.$$

Definition 8.13 (Chi-Quadrat-Verteilung) Eine Zufallsvariable X heißt *Chi-Quadrat-verteilt* mit Parameter $v \in \mathbb{N}$ und ihre Verteilung heißt *Chi-Quadrat-Verteilung*, falls X die Dichtefunktion

$$f_X(x) = \begin{cases} \frac{1}{2^{v/2}\Gamma(v/2)}x^{v/2-1}e^{-x/2} & \text{für } x > 0 \\ 0 & \text{sonst} \end{cases}$$

besitzt. Dabei bezeichnet Γ die Gammafunktion (7.4). Notation: $X \sim \chi^2(v)$ oder $\mathrm{Vert}[X] = \chi^2(v)$

Der Parameter v heißt *Anzahl der Freiheitsgrade*. Die Chi-Quadrat-Verteilung heißt auch *zentrale* Chi-Quadrat-Verteilung zur Unterscheidung von der *nichtzentralen* oder *dezentralen* Chi-Quadrat-Verteilung (Rinne 2008, S. 323 ff.).
  Für $X \sim \chi^2(v)$ gilt

$$\mathbb{E}[X] = v \quad \text{und} \quad \mathbb{V}[X] = 2v.$$

Das p-Quantil wird mit $\chi^2_{v,p}$ bezeichnet.

Definition 8.14 (F-Verteilung) Eine Zufallsvariable X heißt *F-verteilt* mit den Parametern $v_1 \in \mathbb{N}$ und $v_2 \in \mathbb{N}$ und ihre Verteilung heißt *F-Verteilung*, falls X die Dichtefunktion

$$f_X(x) = \begin{cases} \frac{v_1^{v_1/2}v_2^{v_2/2}}{B(\frac{v_1}{2},\frac{v_2}{2})}\frac{x^{\frac{v_1}{2}-1}}{(v_2+v_1x)^{(v_1+v_2)/2}} & \text{für } x > 0 \\ 0 & \text{sonst} \end{cases}$$

besitzt. Dabei bezeichnet B die Betafunktion (7.6). Notation: $X \sim F(v_1, v_2)$ oder $\mathrm{Vert}[X] = F(v_1, v_2)$

Die Parameter v_1 und v_2 heißen *Anzahl der Zähler-* bzw. *Nennerfreiheitsgrade*. Die F-Verteilung heißt auch *zentrale* F-Verteilung zur Unterscheidung von der *nichtzentralen* oder *dezentralen* F-Verteilung (Rinne 2008, S. 334 ff.).
  Für $X \sim F(v_1, v_2)$ gilt

$$\mathbb{E}[X] = \frac{v_2}{v_2 - 2} \quad \text{für } v_2 = 3, 4, \ldots$$

und

$$\mathbb{V}[X] = \frac{2v_2^2(v_1 + v_2 - 2)}{v_1(v_2 - 2)^2(v_2 - 4)} \quad \text{für } v_2 = 5, 6, \ldots$$

Für $v_2 \in \{1, 2\}$ ist $\mathbb{E}[X] = \infty$ und $\mathbb{V}[X]$ ist nicht definiert. Für $v_2 \in \{3, 4\}$ ist $\mathbb{V}[X] = \infty$. Das p-Quantil wird mit $F_{v_1,v_2,p}$ bezeichnet. Bei Vertauschung der Parameter gilt (Rinne 2008, S. 332)

$$F_{v_1,v_2,p} = \frac{1}{F_{v_2,v_1,1-p}}. \tag{8.25}$$

Definition 8.15 (t-Verteilung) Eine Zufallsvariable X heißt *t-verteilt* mit dem Parameter $v \in \mathbb{N}$ und ihre Verteilung heißt *t-Verteilung*, falls X die Dichtefunktion

$$f_X(x) = \frac{\Gamma[(v+1)/2)]}{\sqrt{v\pi}\Gamma(v/2)} \left(1 + \frac{x^2}{v}\right)^{-(v+1)/2} \quad \text{für } x \in \mathbb{R}$$

besitzt. Dabei bezeichnet Γ die Gammafunktion (7.4). Notation: $X \sim t(v)$ oder $\text{Vert}[X] = t(v)$

Der Parameter v heißt *Anzahl der Freiheitsgrade*.
  Für $X \sim t(v)$ gilt

$$\mathbb{E}[X] = 0 \quad \text{für } v = 2, 3, \ldots$$

und

$$\mathbb{V}[X] = \frac{v}{v-2} \quad \text{für } v = 3, 4, \ldots$$

Für $v = 1$ sind $\mathbb{E}[X]$ und $\mathbb{V}[X]$ nicht definiert. Für $v = 2$ ist $\mathbb{V}[X] = \infty$. Aus $X \sim t(v)$ folgt $X^2 \sim F(1, v)$. Für stochastisch unabhängige Zufallsvariablen $Y \sim \chi^2(v)$ und $Z \sim N(0, 1)$ gilt

$$\frac{Z}{\sqrt{Y/v}} \sim t(v). \tag{8.26}$$

Die Verteilung $t(1)$ ist eine Cauchy-Verteilung (Rinne 2008, S. 347 ff.). Das p-Quantil wird mit $t_{v,p}$ bezeichnet.
  Die t-Verteilung heißt auch *zentrale* t-Verteilung zur Unterscheidung von der *nichtzentralen* oder *dezentralen* t-Verteilung (Rinne 2008, S. 328 ff.).

Definition 8.16 (Nichtzentrale t-Verteilung) Eine Zufallsvariable X heißt *nichtzentral t-verteilt* mit dem Parameter $v \in \mathbb{N}$ und dem *Nichtzentralitätsparameter* $\delta \in \mathbb{R}$, falls X dieselbe Wahrscheinlichkeitsverteilung wie die Zufallsvariable

$$\frac{Z + \delta}{\sqrt{Y/v}}$$

hat, wobei die Zufallsvariablen $Z \sim N(0, 1)$ und $Y \sim \chi^2(v)$ stochastisch unabhängig sind. Die Verteilung von X heißt *nichtzentrale t-Verteilung*. Notation: $X \sim t(v, \delta)$ oder $\text{Vert}[X] = t(v, \delta)$

Der Parameter v heißt *Anzahl der Freiheitsgrade*. Das p-Quantil wird mit $t_{v,\delta,p}$ bezeichnet. Der Vergleich mit (8.26) zeigt, dass die nichtzentrale t-Verteilung eine Verallgemeinerung der zentralen t-Verteilung ist mit $t(v, 0) = t(v)$.

8.6   Transformierte Zufallsvariablen

Die Zufallsvariable $F_X(X)$, die dadurch entsteht, dass eine Zufallsvariable X mit ihrer eigenen Verteilungsfunktion F_X transformiert wird, ist in der Statistik von großer Bedeutung. Für eine Zufallsvariable X mit Verteilungsfunktion F_X gilt (Shorack 2017, S. 112)

$$P(F_X(X) \leq t) \leq t \quad \text{für alle } 0 \leq t \leq 1. \tag{8.27}$$

Aus (8.27) folgt

$$P(F_X(X) > t) \geq 1 - t \quad \text{für alle } 0 \leq t \leq 1. \tag{8.28}$$

Für die Funktion $G_X(x) \overset{\text{def}}{=} P(X \geq x)$, $x \in \mathbb{R}$ gelten die zu (8.27) und (8.28) analogen Aussagen

$$P(G_X(X) \leq t) \leq t \quad \text{für alle } 0 \leq t \leq 1 \tag{8.29}$$

und

$$P(G_X(X) > t) \geq 1 - t \quad \text{für alle } 0 \leq t \leq 1. \tag{8.30}$$

Für die Zufallsvariable $Y \overset{\text{def}}{=} -X$ gilt

$$F_Y(t) = P(Y \leq t) = P(-X \leq t) = P(X \geq -t) = G_X(-t) \quad \text{für alle } t \in \mathbb{R}.$$

Somit gilt $F_Y(Y) = G_X(-Y) = G_X(X)$ und (8.29) folgt aus (8.27), da (8.27) auch für $F_Y(Y)$ und damit für $G_X(X)$ gilt.

Wahrscheinlichkeitsintegraltransformation (engl. probability integral transformation) Für eine Zufallsvariable X mit stetiger Verteilungsfunktion F gilt $F(X) \sim \text{Uni}(0, 1)$ und somit

$$P(F(X) \leq t) = t \quad \text{für alle } 0 \leq t \leq 1 \tag{8.31}$$

und

$$P(F(X) \geq t) = 1 - t \quad \text{für alle } 0 \leq t \leq 1. \tag{8.32}$$

Inverse Transformation (engl. inverse transformation) Es sei $U \sim \text{Uni}(0, 1)$ und F^{-1} die Quantilfunktion aus (8.5) zu einer Verteilungsfunktion F, dann hat $X = F^{-1}(U)$ die Verteilungsfunktion F.

8.7   Zufallsvektor und mehrdimensionale Wahrscheinlichkeitsverteilung

Zufallsvektor und Realisation Der n-dimensionale Vektor $\mathbf{X} = (X_1, \ldots, X_n)$ heißt *Zufallsvektor*, wenn die einzelnen Komponenten des Vektors Zufallsvariablen sind und die Wahrscheinlichkeiten

$$P(X_1 \leq x_1, \ldots, X_n \leq x_n) \quad \text{für } x_1, \ldots, x_n \in \mathbb{R}$$

definiert sind. Realisationen von $\mathbf{X} = (X_1, \ldots, X_n)$ sind Vektoren $\mathbf{x} = (x_1, \ldots, x_n) \in \mathbb{R}^n$.

Verteilungsfunktion
Die Funktion $F_{\mathbf{X}} : \mathbb{R}^n \to [0, 1]$ mit

$$F_{\mathbf{X}}(\mathbf{x}) = P(X_1 \leq x_1, \ldots, X_n \leq x_n) \quad \text{für } \mathbf{x} \in \mathbb{R}^n$$

ist die *Verteilungsfunktion* des Zufallsvektors $\mathbf{X}$.

Mehrdimensionale oder multivariate Wahrscheinlichkeitsverteilung Durch eine Verteilungsfunktion $F_{\mathbf{X}}$ sind die Wahrscheinlichkeiten $P(\mathbf{X} \in I_{\mathbf{x}})$ für die n-dimensionalen Intervalle $I_{\mathbf{x}} = (-\infty, x_1] \times \ldots \times (-\infty, x_n]$ für alle $\mathbf{x} \in \mathbb{R}^n$ gegeben. Ausgehend von den mehrdimensionalen Intervallen $I_{\mathbf{x}}$ für $\mathbf{x} \in \mathbb{R}^n$ können durch sukzessive mengentheoretische Operationen komplexere Mengen gebildet werden, für die Wahrscheinlichkeiten definiert sind. Damit liegen dann auch die Wahrscheinlichkeiten $P(\mathbf{X} \in B)$ für alle $B \in \mathbb{B}_n$ fest, wobei $\mathbb{B}_n$ das System der sogenannten Borelschen Teilmengen von $\mathbb{R}^n$ ist. Die Gesamtheit aller Wahrscheinlichkeiten $P(\mathbf{X} \in B)$ für $B \in \mathbb{B}_n$ bildet die *Wahrscheinlichkeitsverteilung* von $\mathbf{X}$ oder kurz die *Verteilung* von $\mathbf{X}$.

Stochastische Unabhängigkeit Die Zufallsvariablen $X_1, \ldots, X_n$ heißen *stochastisch unabhängig*, falls

$$P(X_1 \leq x_1, \ldots, X_n \leq x_n) = \prod_{i=1}^{n} P(X_i \leq x_i) \quad \text{für alle } x_1, \ldots, x_n \in \mathbb{R}$$

gilt.

Erwartungswert, Kovarianz und Korrelation Der *Erwartungswert* des Zufallsvektors $\mathbf{X}$ ist der komponentenweise definierte Vektor

$$\mathbb{E}[\mathbf{X}] = (\mathbb{E}[X_1], \ldots, \mathbb{E}[X_n]).$$

Für zwei Zufallsvariablen X und Y mit gemeinsamer Wahrscheinlichkeitsverteilung und endlichen Varianzen ist

$$\mathbb{C}\mathrm{ov}[X, Y] = \mathbb{E}[(X - \mathbb{E}[X])(Y - \mathbb{E}[Y])]$$

die *Kovarianz* von X und Y. Wenn beide Varianzen positiv sind, ist

$$\mathbb{C}\mathrm{orr}[X, Y] = \frac{\mathbb{C}\mathrm{ov}[X, Y]}{\sqrt{\mathbb{V}[X]\mathbb{V}[Y]}}$$

die *Korrelation* von X und Y. Die *Kovarianzmatrix*

$$\mathbb{C}\text{ov}[\mathbf{X}] = [\mathbb{C}\text{ov}[X_i, X_j]]_{i,j=1,\ldots,n}$$

des Zufallsvektors $\mathbf{X}$ enthält die paarweisen Kovarianzen. Da die Diagonalelemente von $\mathbb{C}\text{ov}[\mathbf{X}]$ die Varianzen $\mathbb{C}\text{ov}[X_i, X_i] = \mathbb{V}[X_i]$ für $i = 1, \ldots, n$ sind, wird $\mathbb{C}\text{ov}[\mathbf{X}]$ auch als *Varianz-Kovarianzmatrix* bezeichnet. Die *Korrelationsmatrix*

$$\varrho[\mathbf{X}] = [\mathbb{C}\text{orr}[X_i, X_j]]_{i,j=1,\ldots,n}$$

des Zufallsvektors $\mathbf{X}$ enthält die paarweisen Korrelationen. Die Diagonalelemente von $\varrho[\mathbf{X}]$ sind $\mathbb{C}\text{orr}[X_i, X_i] = 1$ für $i = 1, \ldots, n$.

8.8   Konvergenz und Asymptotik

Während für Zahlenfolgen das Konzept der Nullfolge, also einer gegen Null konvergierenden Folge von Zahlen, eindeutig ist, kann sich eine Folge von Zufallsvariablen $(X_n)_{n\in\mathbb{N}}$ auf verschiedene Arten für zunehmendes n auf die Zahl Null konzentrieren.

Konvergenzarten gegen Null Eine Folge von Zufallsvariablen $(X_n)_{n\in\mathbb{N}}$ *konvergiert*

- *in Wahrscheinlichkeit* gegen Null, notiert als $X_n \xrightarrow{\text{P}} 0$, falls

$$\lim_{n\to\infty} \text{P}(|X_n| \geq c) = 0 \quad \text{für alle } c > 0 ,$$

- *in Verteilung* gegen Null, notiert als $X_n \xrightarrow{\text{V}} 0$, falls

$$\lim_{n\to\infty} \text{P}(X_n \leq t) = \begin{cases} 0 & \text{für } t < 0 \\ & \text{für } t > 0 \end{cases} ,$$

- *im quadratischen Mittel* gegen Null, notiert als $X_n \xrightarrow{2} 0$, falls

$$\lim_{n\to\infty} \mathbb{E}[X_n^2] = 0 ,$$

- *fast sicher* gegen Null, notiert als $X_n \xrightarrow{\text{f.s.}} 0$, falls

$$\text{P}\left(\lim_{n\to\infty} X_n = 0\right) = 1 .$$

Es gelten die Äquivalenz (Karr 1993, Propositions 5.13 und 5.14)

$$X_n \overset{P}{\to} 0 \iff X_n \overset{V}{\to} 0 \,,$$

die Implikation (Karr 1993, Propositions 5.11 und 5.12)

$$X_n \overset{2}{\to} 0 \implies X_n \overset{P}{\to} 0$$

und die Implikation (Karr 1993, Proposition 5.10)

$$X_n \overset{f.s.}{\to} 0 \implies X_n \overset{P}{\to} 0.$$

Konvergenz gegen eine Konstante Für eine Folge von Zufallsvariablen $(X_n)_{n \in \mathbb{N}}$ und eine Zahl $a \in \mathbb{R}$ ist $(X_n - a)_{n \in \mathbb{N}}$ ebenfalls eine Folge von Zufallsvariablen und die Konvergenz $X_n \to a$ ist durch die Konvergenz $X_n - a \to 0$ definiert, wobei $\to$ für eine der Konvergenzarten $\overset{P}{\to}, \overset{V}{\to}, \overset{2}{\to}$ und $\overset{f.s.}{\to}$ steht.

Konvergenz in Verteilung Eine Folge von Zufallsvariablen $(X_n)_{n \in \mathbb{N}}$ *konvergiert in Verteilung* gegen eine Zufallsvariable X, falls

$$\lim_{n \to \infty} P(X_n \leq t) = P(X \leq t) \quad \text{für alle } t \in \mathbb{S}_X,$$

wobei $\mathbb{S}_X$ die Menge der Stetigkeitsstellen der Verteilungsfunktion von X ist. Dies wird notiert als

$$X_n \overset{V}{\to} X.$$

Falls $X_n \overset{V}{\to} X$ und $X \sim N(\mu, \sigma^2)$ schreibt man auch verkürzend $X_n \overset{V}{\to} N(\mu, \sigma^2)$.

Literatur

Bamberg G, Baur F, Krapp M (2017) Statistik: Eine Einführung für Wirtschafts- und Sozialwissenschaftler, 18. Aufl. Walter de Gruyter, Berlin
Casella G, Berger RL (2002) Statistical inference, 2. Aufl. Duxbury, Pacific Grove
Gouriéroux C, Montfort A (1995) Statistics and econometric models, Bd 2. Cambridge University Press, Cambridge
Karr AF (1993) Probability. Springer, New York
Lehmann EL, Romano JP, (2005) Testing statistical hypotheses, 3. Aufl. Springer, New York
Rinne H (2008) Taschenbuch der Statistik, 4. Aufl. Harri Deutsch, Frankfurt a. M.
Schmidt KD (2011) Maß und Wahrscheinlichkeit, 2. Aufl. Springer, Heidelberg
Shorack GR (2017) Probability for statisticians, 2. Aufl. Springer, Cham
Witting H (1985) Mathematische Statistik I. Parametrische Verfahren bei festem Stichprobenumfang. Teubner, Stuttgart

Anhang C: Statistische Konzepte

9

9.1 Grundbegriffe

Grundbegriffe der deskriptiven Statistik Ausgangspunkt ist ein zahlenmäßig kodiertes Merkmal X mit Werten in $\mathbb{R}$. Es liegen n *beobachtete Werte* $x_1, \ldots, x_n \in \mathbb{R}$ vor, dabei ist $n \in \mathbb{N}$ die *Anzahl der Beobachtungen*. Häufig verwendete Kennzahlen der beobachten Werte sind:

- *Arithmetischer Mittelwert:* $\bar{x} = \frac{1}{n} \sum_{i=1}^{n} x_i$
- *Varianz:* $s^2 = \frac{1}{n} \sum_{i=1}^{n} (x_i - \bar{x})^2 = \frac{1}{n} \sum_{i=1}^{n} x_i^2 - \bar{x}^2$
- *Standardabweichung:* $s = \sqrt{\frac{1}{n} \sum_{i=1}^{n} (x_i - \bar{x})^2}$
- *Kleinster beobachteter Wert:* $x_{min} = \min\{x_1, \ldots, x_n\}$
- *Größter beobachteter Wert:* $x_{max} = \max\{x_1, \ldots, x_n\}$
- *Spannweite:* $x_{max} - x_{min}$

Die Varianz heißt auch *mittlere quadratische Abweichung*. Die Darstellung der Varianz nach dem zweiten Gleichheitszeichen ist die sogenannte *Verschiebungsdarstellung der Varianz*.

Grundgesamtheit und Stichprobe Für die induktive oder schließende Statistik ist die Unterscheidung zwischen *Grundgesamtheit* (engl. population) und *Stichprobe* (engl. sample) von wesentlicher Bedeutung. Gegenstand der induktiven Statistik ist der Rückschluss von den beobachteten Eigenschaften einer endlichen Stichprobe auf unbekannte Eigenschaften der Grundgesamtheit. Häufig wird von Kennzahlen der Stichprobe auf Kennzahlen der Grundgesamtheit geschlossen. Die n beobachteten Werte einer Stichprobe $x_1, \ldots, x_n$ heißen *Stichprobenwerte* und n heißt in diesem Zusammenhang *Umfang der Stichprobe* oder *Stichprobenumfang*.

© Springer-Verlag GmbH Deutschland, ein Teil von Springer Nature 2022
S. Höse und S. Huschens, *Ereignisrisiko*,
https://doi.org/10.1007/978-3-662-64691-5_9

Kennzahlen der Stichprobe Der *arithmetische Mittelwert der Stichprobenwerte* $x_1, \ldots, x_n$ ist

$$\bar{x} = \frac{1}{n} \sum_{i=1}^{n} x_i$$

und heißt auch *Stichprobenmittelwert*. Die Varianz der Stichprobenwerte $x_1, \ldots, x_n$ ist

$$s^2 = \frac{1}{n} \sum_{i=1}^{n} (x_i - \bar{x})^2$$

und heißt auch *Stichprobenvarianz* oder *empirische Varianz,* um sie von der Grundgesamtheitsvarianz zu unterscheiden, die in diesem Zusammenhang auch *theoretische Varianz* genannt wird.

Stichprobenvariablen und -funktionen Die Stichprobenwerte $x_1, \ldots, x_n$ sind Realisationen von Zufallsvariablen $X_1, \ldots, X_n$, den sogenannten *Stichprobenvariablen*. Funktionen der Stichprobenvariablen heißen *Stichprobenfunktionen*.

Stichprobenmodell und i.i.d.-Zufallsvariablen Ein *Stichprobenmodell* spezifiziert die zugelassenen, im allgemeinen n-dimensionalen, gemeinsamen Wahrscheinlichkeitsverteilungen der Stichprobenvariablen $X_1, \ldots, X_n$. Im Fall von stochastisch unabhängigen und identisch verteilten (engl. stochastically **i**ndependent and **i**dentically **d**istributed) Zufallsvariablen spricht man auch in der deutschsprachigen Literatur von *i.i.d.-Zufallsvariablen*. Wenn die Stichprobenvariablen i.i.d.-Zufallsvariablen sind, spricht man auch von einer *mathematischen Stichprobe* oder *i.i.d.-Stichprobe*. Im Kontext statistischer Erhebungen aus endlichen Grundgesamtheiten entstehen i.i.d.-Zufallsvariablen beim sogenannten *Ziehungsschema mit Zurücklegen*. Das Modell der stochastisch unabhängigen und identisch verteilten Zufallsvariablen ist ein Standardmodell der Statistik, das auch als Referenzfall dient, wenn Abweichungen von der Unabhängigkeitsannahme vorliegen. Im Standardfall stochastisch unabhängiger und identisch verteilter Zufallsvariablen ist nur eine Familie eindimensionaler Wahrscheinlichkeitsverteilungen zu spezifizieren, um die zugelassenen gemeinsamen Wahrscheinlichkeitsverteilungen der Stichprobenvariablen $X_1, \ldots, X_n$ festzulegen.

Verteilung und Grundgesamtheit Die Verteilung eines interessierenden statistischen Merkmals in der Grundgesamtheit wird durch eine Wahrscheinlichkeitsverteilung charakterisiert. So fungiert eine Bernoulli-Verteilung Ber(π) als abstrakte Grundgesamtheit, in welcher die Zahlenwerte 1 und 0 im Verhältnis π zu $1 - \pi$ vertreten sind, ohne dass die Werte der Grundgesamtheit aufgezählt werden oder ein Umfang der Grundgesamtheit spezifiziert wird. Zur Interpretation im Spezialfall endlicher Grundgesamtheiten siehe Abschn. 9.6.

Parametrisches und nichtparametrisches Verteilungsmodell Ein *parametrisches Verteilungsmodell* besteht aus einer Familie von Wahrscheinlichkeitsverteilungen für die Stichprobenvariablen, die durch einen, unter Umständen k-dimensionalen, Parameter θ indiziert ist. Der Parameter θ ist ein Element aus dem Parameterraum $\Theta \subseteq \mathbb{R}^k$, der die Indexmenge bildet. In der Regel kann von einem Parameterwert eindeutig auf eine Wahrscheinlichkeitsverteilung zurückgeschlossen werden. Eine Familie von Wahrscheinlichkeitsverteilungen, die nicht durch einen endlich-dimensionalen Parametervektor parametrisierbar ist, heißt *nichtparametrisches Verteilungsmodell*.

Schätzer und Schätzwerte Eine Stichprobenfunktion, die zur Schätzung einer Kennzahl der Grundgesamtheit verwendet wird, heißt *Schätzer* (engl. estimator) oder *Schätzfunktion* (engl. estimation function). Eine Realisation eines Schätzers heißt *Schätzwert* (engl. estimate). Häufig verwendete Schätzer und deren zugehörige Schätzwerte sind:

- das *zufällige Stichprobenmittel* $\bar{X} = \frac{1}{n} \sum_{i=1}^{n} X_i$ als arithmetisches Mittel der Stichprobenvariablen und der zugehörige Schätzwert $\bar{x} = \frac{1}{n} \sum_{i=1}^{n} x_i$ als arithmetischer Mittelwert der Stichprobenwerte,
- die *zufällige Stichprobenvarianz* $S^2 = \frac{1}{n} \sum_{i=1}^{n} (X_i - \bar{X})^2$ als Schätzfunktion und der zugehörige Schätzwert $s^2 = \frac{1}{n} \sum_{i=1}^{n} (x_i - \bar{x})^2$,
- die *zufällige korrigierte Stichprobenvarianz* $S^{*2} = \frac{1}{n-1} \sum_{i=1}^{n} (X_i - \bar{X})^2$ als Schätzfunktion und der zugehörige Schätzwert $s^{*2} = \frac{1}{n-1} \sum_{i=1}^{n} (x_i - \bar{x})^2$.

Die zufällige korrigierte Stichprobenvarianz wird auch unverzerrte Stichprobenvarianz genannt, da $\mathbb{E}[S^{*2}] = \sigma^2$ gilt, falls der Standardfall stochastisch unabhängiger und identisch verteilter Stichprobenvariablen mit $\mathbb{V}[X_i] = \sigma^2$ für $i = 1, \ldots, n$ vorliegt. Zum Begriff des unverzerrten Schätzers siehe Abschn. 9.2.1.

Terminologische Unschärfen Mit „Beobachtungen" sind manchmal die Stichprobenwerte, manchmal die Stichprobenvariablen (zufälligen Beobachtungen) gemeint. Ebenso sind Formulierungen wie „arithmetisches Mittel der Stichprobe" unscharf, da $\bar{x}$, der arithmetische Mittelwert der Stichprobenwerte, oder die Zufallsvariable $\bar{X}$, das arithmetische Mittel der Stichprobenvariablen, gemeint sein kann.

9.2   Eigenschaften von Schätzern

Um einen Parameter θ mit Werten im Parameterraum Θ zu schätzen, wird eine Funktion $T = T(X_1, \ldots, X_n)$ der Stichprobenvariablen $X_1, \ldots, X_n$ gebildet, die selbst eine Zufallsvariable ist und *Schätzer* oder *Schätzfunktion* heißt. Die Verteilung des Schätzers T hängt über die Stichprobenvariablen vom Parameter θ ab, was im Folgenden den Index θ an den Operatoren $\mathbb{E}[\ ]$, $\mathbb{V}[\ ]$ und $\sigma[\ ]$ begründet.

9.2.1 Eigenschaften für endlichen Stichprobenumfang

Zufälliger Schätzfehler Da der Schätzer T eine Zufallsvariable ist, muss mit einer zufälligen Abweichung des Schätzers T vom zu schätzenden Parameter θ gerechnet werden. Die zufällige Abweichung

$$\Delta \stackrel{\mathrm{def}}{=} T - \theta$$

wird *zufälliger Schätzfehler* oder *zufälliger Stichprobenfehler* des Schätzers T für den Parameter θ genannt.

Verzerrung Für einen Schätzer T des Parameters θ heißt

$$\mathrm{Bias}[T, \theta] \stackrel{\mathrm{def}}{=} \mathbb{E}_\theta[T] - \theta = \mathbb{E}_\theta[\Delta]$$

Verzerrung (engl. bias). Die Verzerrung ist somit der erwartete Schätzfehler.

Erwartungstreue Ein Schätzer T heißt *erwartungstreu* oder *unverzerrt* (engl. unbiased) für einen Parameter θ, falls

$$\mathbb{E}_\theta[T] = \theta \quad \text{für alle } \theta \in \Theta$$

bzw. $\mathrm{Bias}[T, \theta] = 0$. Die für Anwendungen wichtigste Konsequenz der Erwartungstreue ist, dass der zufällige Schätzfehler Δ den Erwartungswert Null hat, $\mathbb{E}_\theta[\Delta] = 0$, so dass sich positive und negative Abweichungen des Schätzers vom Parameter im Mittel ausgleichen.

Standardfehler Die Standardabweichung $\sigma_\theta[T] = \sqrt{\mathbb{V}_\theta[T]}$ des Schätzers T heißt *Standardfehler* des Schätzers T.

Mittlerer quadratischer Fehler und Quadratwurzelfehler Die mittlere quadratische Abweichung

$$\mathrm{MSE}[T, \theta] \stackrel{\mathrm{def}}{=} \mathbb{E}_\theta[(T - \theta)^2] = \mathbb{E}_\theta[\Delta^2] \tag{9.1}$$

heißt *mittlerer quadratischer Fehler* (engl. mean squared error) des Schätzers T für den Parameter θ und

$$\sqrt{\mathrm{MSE}[T, \theta]} = \sqrt{\mathbb{E}_\theta[\Delta^2]}$$

heißt *Quadratwurzelfehler* (engl. root mean squared error) des Schätzers T für den Parameter θ.

MSE-Zerlegung Wegen der Zerlegung

$$\mathrm{MSE}[T, \theta] = \mathbb{V}_\theta[T] + (\mathrm{Bias}[T, \theta])^2 \tag{9.2}$$

des mittleren quadratischen Fehlers gilt für einen erwartungstreuen Schätzer

$$\mathrm{MSE}[T, \theta] = \mathbb{V}_\theta[T] \quad \text{und} \quad \sqrt{\mathrm{MSE}[T, \theta]} = \sigma_\theta[T].$$

Gleichmäßig bester erwartungstreuer Schätzer Ein Schätzer T^* für $\theta \in \Theta$ heißt *gleichmäßig bester erwartungstreuer Schätzer* (engl. uniformly minimum variance unbiased estimator, UMVUE), falls T^* ein erwartungstreuer Schätzer für θ mit endlicher Varianz ist und falls

$$\mathbb{V}_\theta[T^*] \le \mathbb{V}_\theta[T] \quad \text{für alle } \theta \in \Theta$$

für jeden anderen erwartungstreuen Schätzer T für θ gilt.

Maximum-Likelihood-Schätzer Mit $f_{\mathbf{X}}(\cdot; \theta)$ für $\theta \in \Theta$ sei die n-dimensionale Dichte- oder Wahrscheinlichkeitsfunktion des Vektors $\mathbf{X} = (X_1, \dots, X_n)$ der Stichprobenvariablen bezeichnet. Der Vektor der beobachteten Stichprobenwerte sei $\mathbf{x} = (x_1, \dots, x_n)$. Ein Schätzwert $t \in \Theta$ heißt *Maximum-Likelihood-Schätzwert* (engl. maximum likelihood estimate) für den Parameter $\theta \in \Theta$, falls

$$f_{\mathbf{X}}(\mathbf{x}; t) = \max_{\theta \in \Theta} f_{\mathbf{X}}(\mathbf{x}; \theta) \tag{9.3}$$

gilt. Der zu maximierende Ausdruck, aufgefasst als Funktion von θ für fixierten Vektor $\mathbf{x}$, heißt *Likelihoodfunktion*. Der Maximum-Likelihood-Schätzwert t hängt implizit von den beobachteten Werten $\mathbf{x}$ ab. Die zugehörige Zufallsvariable T ist eine Funktion der Stichprobenvariablen $\mathbf{X}$ und heißt *Maximum-Likelihood-Schätzer* (engl. maximum likelihood estimator, MLE) für den Parameter $\theta \in \Theta$.

Wenn die Stichprobenvariablen $X_1, \dots, X_n$ stochastisch unabhängig und identisch verteilt mit der Dichte- oder Wahrscheinlichkeitsfunktion $f_X(\cdot; \theta)$ sind, spezialisiert sich (9.3) zu

$$\prod_{i=1}^{n} f_X(x_i; t) = \max_{\theta \in \Theta} \prod_{i=1}^{n} f_X(x_i; \theta).$$

9.2.2 Asymptotische Eigenschaften

Es ist zweckmäßig, für die Definition folgender Begriffe die Abhängigkeit des Schätzers vom Stichprobenumfang n durch einen Index zu symbolisieren, da sich diese Begriffe auf eine Folge von Schätzern T_n für $n \in \mathbb{N}$ beziehen.

Konsistenzarten Ein Schätzer T_n für einen Parameter θ heißt

- *konsistent im quadratischen Mittel*, falls $T_n \overset{2}{\to} \theta$,
- *konsistent*, falls $T_n \overset{P}{\to} \theta$,
- *stark konsistent*, falls $T_n \overset{\text{f.s.}}{\to} \theta$.

Zu den Konvergenzarten $\overset{2}{\to}$, $\overset{P}{\to}$, $\overset{f.s.}{\to}$ für Zufallsvariablen siehe Abschn. 8.8. Die Konsistenz heißt auch *gewöhnliche Konsistenz* oder *schwache Konsistenz*. Aus der Konsistenz eines Schätzers im quadratischen Mittel folgt dessen gewöhnliche Konsistenz. Aus der starken Konsistenz eines Schätzers folgt dessen gewöhnliche Konsistenz. Für einen erwartungstreuen Schätzer ist wegen (9.2) die Konsistenz im quadratischen Mittel äquivalent zu $\lim_{n \to \infty} \mathbb{V}[T_n] = 0$.

Konsistenz und Schätzfehler Die Konsistenzbegriffe formalisieren implizit, auf welche Art der zufällige Schätzfehler $\Delta_n = T_n - \theta$ des Schätzers T_n für den Parameter θ mit wachsendem Stichprobenumfang n asymptotisch verschwindet:

- Konsistenz im quadratischen Mittel bedeutet $\Delta_n \overset{2}{\to} 0$,
- gewöhnliche Konsistenz bedeutet $\Delta_n \overset{P}{\to} 0$,
- starke Konsistenz bedeutet $\Delta_n \overset{f.s.}{\to} 0$.

Da es sich bei der gewöhnlichen Konsistenz um die Konvergenz in Wahrscheinlichkeit einer Folge von Zufallsvariablen gegen eine Konstante handelt, ist diese äquivalent zur *Konvergenz in Verteilung*, d. h. $\Delta_n \overset{V}{\to} 0$.

Asymptotische Normalverteilung Für eine Statistik T_n gilt häufig

$$\sqrt{n} \frac{T_n - \theta}{\sigma(\theta)} \overset{V}{\to} N(0, 1) \quad \text{mit } \sigma(\theta) > 0,$$

bzw. äquivalent dazu

$$\sqrt{n}(T_n - \theta) \overset{V}{\to} N(0, \sigma^2(\theta)) \quad \text{mit } \sigma(\theta) > 0, \tag{9.4}$$

wobei $\sigma(\theta)$ vom unbekannten Parameter θ abhängen kann. Damit folgt auch

$$W_n \overset{\text{def}}{=} \sqrt{n} \frac{T_n - \theta}{\hat{\sigma}_n} \overset{V}{\to} N(0, 1) \tag{9.5}$$

für einen konsistenten Schätzer $\hat{\sigma}_n$ von $\sigma(\theta)$.

Wald-Approximation Die auf (9.5) beruhenden Approximationen

$$\text{Vert}[W_n] \approx N(0, 1) \quad \text{und} \quad \text{Vert}[W_n^2] \approx \chi^2(1) \tag{9.6}$$

für endlichen Stichprobenumfang n heißen *Wald-Approximationen*.

Delta-Theorem *Für die Folge $(T_n)_{n \in \mathbb{N}}$ von Statistiken gelte (9.4). Die Funktion $g : \mathbb{R} \to \mathbb{R}$ sei an der Stelle θ differenzierbar mit $g'(\theta) \neq 0$. Dann gilt*

$$\sqrt{n}(g(T_n) - g(\theta)) \xrightarrow{\text{v}} \mathrm{N}\left(0, [g'(\theta)]^2 \sigma^2(\theta)\right).$$

Delta-Methode Die Anwendung des Delta-Theorems in der statistischen Methodik wird als *Delta-Methode* bezeichnet. Das Delta-Theorem findet sich z. B. in DasGupta (2008, S. 40) und Casella und Berger (2002, S. 243). Der Beweis beruht auf Taylor-Approximationen der Funktion g und Slutskys Theorem (DasGupta 2008, S. 4).

Die Voraussetzung $g'(\theta) \neq 0$ ist wesentlich, da im Fall $g'(\theta) = 0$ für $\sqrt{n}(g(T_n) - g(\theta))$ nur eine Einpunktverteilung als Grenzverteilung existiert. Allerdings existiert im Fall $g'(\theta) = 0$ unter Umständen eine nichtdegenerierte Grenzverteilung für $n(g(T_n) - g(\theta))$, welche aber keine Normalverteilung ist (DasGupta 2008, S. 41). Für die Konvergenz gegen eine Chi-Quadrat-Verteilung im Fall $g'(\theta) = 0$ siehe Casella und Berger (2002, S. 244).

Für eine multivariate Version des Delta-Theorems siehe DasGupta (2008, S. 41) und für eine verallgemeinerte Delta-Methode, die sich nicht auf eine Konvergenz gegen eine Normalverteilung beschränkt, siehe Shorack (2017, S. 238).

9.3   Erwartungswertschätzung

Ein Standardschätzproblem ist die Schätzung des Erwartungswerts μ von n stochastisch unabhängigen und identisch verteilten Stichprobenvariablen $X_1, \ldots, X_n$ mit $\mathbb{E}[X_1] = \mu$ und $\mathbb{V}[X_1] = \sigma^2$, wobei $0 \leq \sigma < \infty$.

Schätzer Das arithmetische Mittel

$$\bar{X}_n = \frac{1}{n} \sum_{i=1}^{n} X_i$$

der Stichprobenvariablen ist der übliche Schätzer für μ. Dieser Schätzer ist erwartungstreu, d. h. $\mathbb{E}[\bar{X}_n] = \mu$, mit Varianz $\mathbb{V}[\bar{X}_n] = \sigma^2/n$ und Standardabweichung

$$\sigma_{\bar{X}_n} \stackrel{\text{def}}{=} \sigma[\bar{X}_n] = \frac{\sigma}{\sqrt{n}}, \tag{9.7}$$

die auch *Standardfehler der Erwartungswertschätzung* heißt.

Konsistenz und Gesetze der großen Zahlen Der Schätzer $\bar{X}_n$ für μ ist konsistent, konsistent im quadratischen Mittel und stark konsistent. Die Konsistenz des Schätzers $\bar{X}_n$ für μ ist ein Spezialfall des schwachen Gesetzes der großen Zahlen. Die starke Konsistenz des Schätzers $\bar{X}_n$ für μ ist ein Spezialfall des starken Gesetzes der großen Zahlen (Karr 1993, Theorem 7.7).

Asymptotische Normalverteilung Der Schätzer $\bar{X}_n$ für μ ist im Fall $\sigma > 0$ asymptotisch normalverteilt in dem Sinn, dass die Verteilungskonvergenz

$$Y_n \overset{\text{def}}{=} \frac{\bar{X}_n - \mu}{\sigma_{\bar{X}_n}} = \sqrt{n} \frac{\bar{X}_n - \mu}{\sigma} \overset{\text{V}}{\to} \text{N}(0, 1) \tag{9.8}$$

gegen die Standardnormalverteilung gilt. Falls σ durch einen konsistenten Schätzer $\hat{\sigma}_n$ für σ, z. B. S_n oder S_n^*, ersetzt wird, gilt auch (Casella und Berger 2002, S. 240)

$$\sqrt{n} \frac{\bar{X}_n - \mu}{\hat{\sigma}_n} \overset{\text{V}}{\to} \text{N}(0, 1).$$

Daher gilt

$$Z_n \overset{\text{def}}{=} \sqrt{n} \frac{\bar{X}_n - \mu}{S_n} \overset{\text{V}}{\to} \text{N}(0, 1) \quad \text{und} \quad Z_n^* \overset{\text{def}}{=} \sqrt{n} \frac{\bar{X}_n - \mu}{S_n^*} \overset{\text{V}}{\to} \text{N}(0, 1) \tag{9.9}$$

mit den für σ konsistenten Schätzern

$$S_n \overset{\text{def}}{=} \sqrt{\frac{1}{n} \sum_{i=1}^{n} (X_i - \bar{X}_n)^2} \quad \text{und} \quad S_n^* \overset{\text{def}}{=} \sqrt{\frac{1}{n-1} \sum_{i=1}^{n} (X_i - \bar{X}_n)^2}. \tag{9.10}$$

Normalverteilungsapproximation Die asymptotischen Normalverteilungen gelten für endlichen, aber hinreichend großen Stichprobenumfang n als Rechtfertigung der folgenden Approximationen. Bei bekanntem σ kann die Approximation

$$\text{Vert}[Y_n] \approx \text{N}(0, 1)$$

mit Y_n aus (9.8) verwendet werden. Bei unbekanntem σ können die Approximationen

$$\text{Vert}[Z_n] \approx \text{N}(0, 1) \quad \text{und} \quad \text{Vert}[Z_n^*] \approx \text{N}(0, 1)$$

mit Z_n und Z_n^* aus (9.9) verwendet werden. Hierbei handelt es sich um *Wald-Approximationen* im Sinne der linken Approximation aus (9.6). Diese Verteilungsapproximationen führen z. B. für Y_n zu

$$P(Y_n \leq z_p) \approx p \quad \text{für alle } 0 < p < 1$$

mit den Quantilen $z_p = \Phi^{-1}(p)$ der Standardnormalverteilung.

9.4   Intervallschätzung

Betrachtet wird ein Parameter θ mit Werten im Parameterraum Θ. Der Parameter θ bestimmt die Verteilung der Stichprobenvariablen. Im Folgenden werden Stichprobenfunktionen verwendet, die von den Stichprobenvariablen abhängen, wodurch die Verteilungen der Stichprobenfunktionen vom Parameter θ abhängen. Gegeben ist außerdem eine, in der Regel kleine, Wahrscheinlichkeit $0 < \alpha < 1$, mit der die Genauigkeit der Intervallschätzung bestimmt wird.

Untere und obere Konfidenzschranken Eine Stichprobenfunktion U heißt *untere Konfidenzschranke* (engl. lower confidence bound)

- *zum Konfidenzniveau* (engl. confidence level) $1 - \alpha$ für den Parameter θ, falls

$$P_\theta(U \leq \theta) \geq 1 - \alpha \quad \text{für alle } \theta \in \Theta, \tag{9.11}$$

- *mit Konfidenzkoeffizient* (engl. confidence coefficient) $1 - \alpha$ für den Parameter θ, falls

$$\inf_{\theta \in \Theta} P_\theta(U \leq \theta) = 1 - \alpha, \tag{9.12}$$

- *mit konstanter Überdeckungswahrscheinlichkeit* (engl. constant coverage probability) $1 - \alpha$ für den Parameter θ, falls

$$P_\theta(U \leq \theta) = 1 - \alpha \quad \text{für alle } \theta \in \Theta. \tag{9.13}$$

Eine Stichprobenfunktion V heißt *obere Konfidenzschranke* (engl. upper confidence bound)

- *zum Konfidenzniveau* $1 - \alpha$ für den Parameter θ, falls

$$P_\theta(V \geq \theta) \geq 1 - \alpha \quad \text{für alle } \theta \in \Theta, \tag{9.14}$$

- *mit Konfidenzkoeffizient* $1 - \alpha$ für den Parameter θ, falls

$$\inf_{\theta \in \Theta} P_\theta(V \geq \theta) = 1 - \alpha, \tag{9.15}$$

- *mit konstanter Überdeckungswahrscheinlichkeit* $1 - \alpha$ für den Parameter θ, falls

$$P_\theta(V \geq \theta) = 1 - \alpha \quad \text{für alle } \theta \in \Theta. \tag{9.16}$$

Statt von unteren und oberen Konfidenzschranken spricht man auch von *unteren* und *oberen Konfidenzgrenzen*. Eine Konfidenzschranke zum Konfidenzniveau $1 - \alpha$ wird auch $(1 - \alpha)$-Konfidenzschranke genannt (Witting 1985, S. 292).

Die drei Arten unterer Konfidenzschranken in (9.11) bis (9.13) sind unterschiedlich streng. Es gelten die Implikationen: Aus (9.13) folgt (9.12) und aus (9.12) folgt (9.11); die jeweilige Umkehrung gilt nicht. Entsprechende Implikationen gelten für die drei Arten oberer Konfidenzschranken in (9.14) bis (9.16).

Einseitig unten und oben begrenzte Konfidenzintervalle Ein zufälliges Intervall $[U, \infty)$ mit einer Stichprobenfunktion U heißt *einseitig unten begrenztes Konfidenzintervall*

- *zum Konfidenzniveau* $1 - \alpha$ für den Parameter θ, falls

$$P_\theta(\theta \in [U, \infty)) \geq 1 - \alpha \quad \text{für alle } \theta \in \Theta, \tag{9.17}$$

- *mit Konfidenzkoeffizient* $1 - \alpha$ für den Parameter θ, falls

$$\inf_{\theta \in \Theta} P_\theta(\theta \in [U, \infty)) = 1 - \alpha, \tag{9.18}$$

- *mit konstanter Überdeckungswahrscheinlichkeit* $1 - \alpha$ für den Parameter θ, falls

$$P_\theta(\theta \in [U, \infty)) = 1 - \alpha \quad \text{für alle } \theta \in \Theta. \tag{9.19}$$

Ein zufälliges Intervall $(-\infty, V]$ mit einer Stichprobenfunktion V heißt *einseitig oben begrenztes Konfidenzintervall*

- *zum Konfidenzniveau* $1 - \alpha$ für den Parameter θ, falls

$$P_\theta(\theta \in (-\infty, V]) \geq 1 - \alpha \quad \text{für alle } \theta \in \Theta, \tag{9.20}$$

- *mit Konfidenzkoeffizient* $1 - \alpha$ für den Parameter θ, falls

$$\inf_{\theta \in \Theta} P_\theta(\theta \in (-\infty, V]) = 1 - \alpha, \tag{9.21}$$

- *mit konstanter Überdeckungswahrscheinlichkeit* $1 - \alpha$ für den Parameter θ, falls

$$P_\theta(\theta \in (-\infty, V]) = 1 - \alpha \quad \text{für alle } \theta \in \Theta. \tag{9.22}$$

Aus den einseitig begrenzten Konfidenzintervallen $[U, \infty)$ und $(-\infty, V]$ können häufig kürzere Intervalle der Form $[U, \infty) \cap \Theta$ und $(-\infty, V] \cap \Theta$ gebildet werden.

Die drei Arten einseitig unten begrenzter Konfidenzintervalle in (9.17) bis (9.19) sind unterschiedlich streng. Es gelten die Implikationen: Aus (9.19) folgt (9.18) und aus (9.18) folgt (9.17); die jeweilige Umkehrung gilt nicht. Entsprechende Implikationen gelten für die drei Arten einseitig oben begrenzter Konfidenzintervalle in (9.20) bis (9.22).

Zwischen einseitig begrenzten Konfidenzintervallen und Konfidenzschranken bestehen enge formale Beziehungen. Die untere Intervallgrenze eines einseitig unten begrenzten Konfidenzintervalls ist eine untere Konfidenzschranke. Umgekehrt kann aus einer unteren Konfidenzschranke U ein einseitig unten begrenztes Konfidenzintervall $[U, \infty)$ gebildet werden. Analog ist die Beziehung zwischen einer oberen Konfidenzschranke und einem einseitig oben begrenzten Konfidenzintervall.

Konfidenzintervall Für zwei Stichprobenfunktionen mit $U \leq V$ heißt das zufällige Intervall $[U, V]$ *Konfidenzintervall* (engl. confidence interval)

- *zum Konfidenzniveau* $1 - \alpha$ für den Parameter θ, falls

$$P_\theta(U \leq \theta \leq V) \geq 1 - \alpha \quad \text{für alle } \theta \in \Theta, \tag{9.23}$$

- *mit Konfidenzkoeffizient* $1 - \alpha$ für den Parameter θ, falls

$$\inf_{\theta \in \Theta} P_\theta(U \leq \theta \leq V) = 1 - \alpha, \tag{9.24}$$

- *mit konstanter Überdeckungswahrscheinlichkeit* $1 - \alpha$ für den Parameter θ, falls

$$P_\theta(U \leq \theta \leq V) = 1 - \alpha \quad \text{für alle } \theta \in \Theta. \tag{9.25}$$

Für diese drei Arten von Konfidenzintervallen gelten die Implikationen: Aus (9.25) folgt (9.24), aus (9.24) folgt (9.23); die jeweilige Umkehrung gilt nicht.

Aus dem Konfidenzintervall $[U, V]$ kann unter Umständen ein kürzeres Intervall der Form $[U, V] \cap \Theta$ gebildet werden.

Für einige häufig verwendete stetige Verteilungen lassen sich Konfidenzintervalle mit der Eigenschaft (9.25) angeben, während für diskrete Verteilungen in der Regel nur Konfidenzintervalle mit den Eigenschaften (9.23) oder (9.24) angegeben werden können.

Ein Konfidenzintervall $[U, V]$ zum Konfidenzniveau $1 - \alpha$ für den Parameter θ heißt *zentral* (engl. central), falls $P_\theta(\theta > V) \leq \alpha/2$ und $P_\theta(\theta < U) \leq \alpha/2$ gilt.

Anmerkung 9.1 (Abgeschlossene versus offene Intervalle) Es ist üblich, Konfidenzintervalle als abgeschlossene Intervalle $[U, V]$ anzugeben, auch wenn es manchmal methodisch möglich wäre, die Aussage

$$P_\theta(U < \theta < V) \geq 1 - \alpha \quad \text{für alle } \theta \in \Theta \tag{9.26}$$

zu machen, die etwas schärfer als (9.23) ist. Wegen

$$P_\theta(U \leq \theta \leq V) \geq P_\theta(U < \theta < V)$$

folgt (9.23) aus (9.26). Analoges gilt für abgeschlossene versus offene einseitig begrenzte Konfidenzintervalle.

Werte von Konfidenzschranken und -intervallen Für beobachtete Stichprobenwerte $x_1, \ldots, x_n$ ergeben sich Realisationen u und v der Zufallsvariablen U und V. Dann heißt u *Wert der unteren Konfidenzschranke U*, $[u, \infty)$ heißt *Wert des einseitig unten begrenzten Konfidenzintervalls* $[U, \infty)$, v heißt *Wert der oberen Konfidenzschranke V*, $(-\infty, v]$ heißt *Wert des einseitig oben begrenzten Konfidenzintervalls* $(-\infty, V]$ und $[u, v]$ heißt *Wert des Konfidenzintervalls* $[U, V]$. Zwei weitere Bezeichnungsweisen für diese Werte sind *realisierte* oder *konkrete* Konfidenzschranken und -intervalle. In vielen Anwendungsbereichen wird terminologisch keine Unterscheidung zwischen den Werten u und v und den Stichprobenfunktion U und V gemacht. Dann werden beispielsweise die Konzepte $[u, v]$ und $[U, V]$ beide unterschiedslos als Konfidenzintervalle bezeichnet.

Überdeckungswahrscheinlichkeit, Irrtumswahrscheinlichkeit und Irrtumsniveau Die Wahrscheinlichkeiten $P_\theta(U \leq \theta)$, $P_\theta(\theta \in [U, \infty))$, $P_\theta(V \geq \theta)$, $P_\theta(\theta \in (-\infty, V])$ und $P_\theta(U \leq \theta \leq V)$ heißen *Überdeckungswahrscheinlichkeiten* (engl. coverage probabilities). Das Komplement einer Überdeckungswahrscheinlichkeit heißt *Irrtumswahrscheinlichkeit* und ist höchstens gleich dem sogenannten *Irrtumsniveau* α. Häufig verwendete Werte für α sind $10\,\%$, $5\,\%$ und $1\,\%$.

Frequentistische Interpretation Die Aussagen zu den Überdeckungswahrscheinlichkeiten beziehen sich auf die Zufallsvariablen U und V und damit auf das statistische Verfahren, nicht aber auf die konkreten Werte u und v. Bei dem Gedankenexperiment wiederholter unabhängiger Stichprobenziehungen ist auf lange Sicht und im Durchschnitt die relative Häufigkeit der konkreten Intervalle $[u_j, v_j]$ für $j = 1, 2, \ldots$, die den Parameter θ enthalten, größer als oder gleich $1 - \alpha$, wenn diese Intervalle Realisationen von Konfidenzintervallen $[U_j, V_j]$ für $j = 1, 2, \ldots$ mit der Eigenschaft (9.23) sind. Dabei ist j ein Index für die Stichprobenwiederholungen. Analog können die Überdeckungswahrscheinlichkeiten von Konfidenzschranken frequentistisch interpretiert werden.

Konfidenzkoeffizient Die minimalen (im Sinn des Infimums) Überdeckungswahrscheinlichkeiten auf den linken Seiten der Gl. (9.12), (9.15), (9.18), (9.21) und (9.24) sind die *Konfidenzkoeffizienten*.

9.5 Statistisches Testen

Null- und Gegenhypothese, Fehler 1. und 2. Art Das Testen statistischer Hypothesen basiert auf der Spezifikation eines Hypothesenpaares bestehend aus *Nullhypothese* einerseits und *Gegenhypothese* oder *Alternativhypothese* andererseits. Daraus ergibt sich die Unterscheidung von zwei Fehlerarten. Ein *Fehler 1. Art* (engl. type I error) wird begangen, wenn eine richtige Nullhypothese abgelehnt wird. Ein *Fehler 2. Art* (engl. type II error) wird begangen, wenn eine falsche Nullhypothese beibehalten und damit eine richtige Gegenhypothese nicht erkannt wird. Die *Fehlerwahrscheinlichkeit 1. Art* bzw. *2. Art* ist die Wahrscheinlichkeit, dass bei einem Testverfahren der Fehler 1. Art bzw. 2. Art auftritt.

Signifikanzniveau Ein durch den Anwender vorgegebenes *Signifikanzniveau* (engl. level of significance) $0 \leq \alpha \leq 1$ beschränkt die Fehlerwahrscheinlichkeit 1. Art nach oben. Man sagt auch, dass die Fehlerwahrscheinlichkeit 1. Art durch das Signifikanzniveau statistisch kontrolliert wird. Ein vorgegebenes Signifikanzniveau heißt auch zugelassene Irrtumswahrscheinlichkeit (Witting 1985, S. 36 f.). Aus der asymmetrischen Behandlung der beiden Fehlerarten ergibt sich: „Prinzipiell muß eine Hypothese, die durch einen Test statistisch gesichert werden soll, als Alternative H_1 formuliert werden" (Rüger 2002, S. 9).

Ablehn- und Annahmebereich Der Stichprobenraum $\mathcal{X} \subseteq \mathbb{R}^n$ enthält alle Stichprobenwerte $\mathbf{x} = (x_1, \ldots, x_n)$, die der Vektor $\mathbf{X} = (X_1, \ldots, X_n)$ der Stichprobenvariablen annehmen kann. Der *Ablehnbereich* $\mathcal{X}_1$ ist eine Teilmenge des Stichprobenraums und enthält alle Stichprobenwerte, die zu einer Ablehnung der Nullhypothese führen. Er wird so konstruiert, dass zu vorgegebenem Signifikanzniveau die Fehlerwahrscheinlichkeit 2. Art möglichst klein wird. Der Ablehnbereich wird auch als *Verwerfungsbereich, Rückweisungsbereich* (engl. rejection region) oder *kritischer Bereich* (engl. critical region) bezeichnet. Der Teil des Stichprobenraums, der nicht zum Ablehnbereich gehört, ist der *Annahmebereich*.

Testentscheidung Die Nullhypothese H_0 wird abgelehnt oder verworfen, falls $\mathbf{x}$ im Ablehnbereich liegt. Dies gilt als Bestätigung der Gegenhypothese H_1. Dafür sind verschiedene Formulierungen üblich: ‚die Beobachtung $\mathbf{x}$ steht im signifikanten Widerspruch zu H_0‘, ‚die Beobachtung $\mathbf{x}$ ist signifikant unverträglich mit H_0‘, ‚die Gegenhypothese H_1 ist statistisch bestätigt‘, ‚H_1 ist statistisch gesichert‘, ‚H_1 ist signifikant‘, ‚H_1 wird durch die Beobachtung $\mathbf{x}$ statistisch nachgewiesen‘.

Stichprobenwerte im Annahmebereich führen nicht zu einer Ablehnung der Nullhypothese. „Kann die **Nullhypothese nicht abgelehnt** werden, [...] so bedeutet dies **nicht die Bestätigung von** H_0, sondern nur, dass die Beobachtung nicht zur Verwerfung ausreicht (Freispruch mangels Beweis)" (Rinne 2008, S. 507, Hervorhebungen im Original). Dies wird mit Formulierungen wie ‚die Beobachtung $\mathbf{x}$ steht nicht im signifikanten Widerspruch zu H_0‘, ‚die Beobachtung $\mathbf{x}$ ist mit der Hypothese H_0 verträglich‘, ‚die Gegenhypothese H_1 ist nicht statistisch bestätigt‘ oder ‚H_1 ist nicht signifikant‘ zum Ausdruck gebracht. Dieser Fall kann nur als eine schwache Bestätigung der Nullhypothese H_0 angesehen werden, da der Fehler 2. Art nicht kontrolliert wird. Wenn eine zu bestätigende Hypothese H als Nullhypothese formuliert wird, dann kann dieses Vorgehen „in der Praxis als Notbehelf auch zur ‚Absicherung‘ von H im Sinne einer ‚Vereinbarkeit von H mit der beobachteten Stichprobe‘ verwendet werden, wenn das betreffende α nicht sehr nahe bei Null vorgegeben wird" (Rüger 2002, S. 22).

Testvariable In der Regel wird ein Test mit Hilfe einer reellwertigen Stichprobenfunktion $T = T(\mathbf{X})$ ausgeführt, die dann *Testvariable* oder *Testfunktion* heißt. Anstelle des Ablehn-bereichs $\mathcal{X}_1$ als Teil des Stichprobenraums, wird ein Ablehnbereich $A \subseteq \mathbb{R}$ so konstruiert, dass $T(\mathbf{x}) \in A \iff \mathbf{x} \in \mathcal{X}_1$ gilt. Die Nullhypothese wird abgelehnt, falls die *Testgröße* $t = T(\mathbf{x})$ im Ablehnbereich A liegt.

Niveau und Umfang eines Tests Betrachtet wird ein Parameter θ mit Werten im Parame-terraum Θ. Der Parameter bestimmt die Verteilung des Vektors $\mathbf{X}$ der Stichprobenvariablen, wodurch auch die Verteilung der Testvariablen $T = T(\mathbf{X})$ vom Parameter θ abhängt.

Ein Test für die Hypothesen $H_0 : \theta \in \Theta_0$ versus $H_1 : \theta \in \Theta_1$ mit der Testvariable T, dem Ablehnbereich A und dem vorgegebenen Signifikanzniveau α heißt *Test zum Niveau α* oder kurz *Niveau-α-Test*, falls

$$\mathrm{P}_\theta(T \in A) \leq \alpha \quad \text{für alle } \theta \in \Theta_0$$

gilt. Falls sogar

$$\sup_{\theta \in \Theta_0} \mathrm{P}_\theta(T \in A) = \alpha$$

gilt, so liegt ein *Test mit Umfang α* oder kurz *Umfang-α-Test* vor, wobei die linke Seite der Gleichung den *Umfang* (engl. size) des Tests definiert. Rüger (2002, S. 13) bezeichnet den Umfang als das *tatsächliche Niveau* des Tests. Jeder Test mit Umfang α ist auch ein Test zum Niveau α; die Umkehrung gilt nicht. Wenn der Umfang eines Tests kleiner als das vorgegebene Signifikanzniveau ist, heißt der Test *konservativ* (Rinne 2008, S. 507). Typischerweise gilt bei einem Test mit Umfang α die Gleichheit $\mathrm{P}_\theta(T \in A) = \alpha$ für einen Parameter θ auf der Grenze zwischen Θ_0 und Θ_1.

Macht und Gütefunktion eines Tests Für einen Parameter $\theta \in \Theta_1$ heißt $\mathrm{P}_\theta(T \in A)$ *Macht* (engl. power) des Tests gegen die Alternative θ. Die Funktion

$$G(\theta) = \mathrm{P}_\theta(T \in A) \quad \text{für } \theta \in \Theta_0 \cup \Theta_1$$

heißt *Gütefunktion* oder *Machtfunktion* (engl. power function). Für $\theta \in \Theta_0$ ist $G(\theta)$ eine Fehlerwahrscheinlichkeit 1. Art. Für $\theta \in \Theta_1$ ist $1 - G(\theta)$ eine Fehlerwahrscheinlichkeit 2. Art. Je größer die Macht eines Tests gegen die Alternative θ ist, umso kleiner ist die entsprechende Fehlerwahrscheinlichkeit 2. Art. Die Macht eines Tests heißt auch *Schärfe* des Tests (Witting 1985, S. 39).

Unverfälschtheit eines Tests Ein Test mit der Gütefunktion G heißt *unverfälscht* oder *unver-zerrt* (engl. unbiased), falls

$$G(\theta_1) \geq G(\theta_0) \quad \text{für alle } \theta_1 \in \Theta_1 \text{ und alle } \theta_0 \in \Theta_0,$$

und *strikt unverfälscht*, falls

$$G(\theta_1) > G(\theta_0) \quad \text{für alle } \theta_1 \in \Theta_1 \text{ und alle } \theta_0 \in \Theta_0.$$

Falls ein Test mit Umfang α vorliegt, so ist dieser unverfälscht, falls $G(\theta_1) \geq \alpha$ für alle $\theta_1 \in \Theta_1$, und strikt unverfälscht, falls $G(\theta_1) > \alpha$ für alle $\theta_1 \in \Theta_1$.

Gleichmäßig beste Tests Ein Test zum Niveau α für die Hypothesen $H_0 : \theta \in \Theta_0$ versus $H_1 : \theta \in \Theta_1$ mit der Gütefunktion G^* heißt *gleichmäßig bester Test* (engl. uniformly most powerful test, UMP-test) *zum Niveau* α, falls

$$G^*(\theta) \geq G(\theta) \quad \text{für alle } \theta \in \Theta_1$$

für die Gütefunktion G jedes anderen Tests zum Niveau α für dasselbe Hypothesenpaar ist.

Klassische versus p-Wert-basierte Testdurchführung Neben der oben beschrieben klassischen Testdurchführung mittels Ablehnbereich ist mit der Verbreitung von Software die p-Wert-basierte Testdurchführung üblich geworden. Dabei wird nicht überprüft, ob der beobachtete Wert einer Testvariablen im Ablehnbereich liegt, sondern es wird eine als *p-Wert* oder *empirisches Signifikanzniveau* bezeichnete Maßzahl p als Entscheidungsgrundlage bestimmt. Dieser p-Wert hängt von den Stichprobenwerten, der Null- und der Gegenhypothese ab und wird so konzipiert, dass die Nullhypothese abgelehnt wird, falls $p \leq \alpha$ bei Testvariablen mit diskreter Verteilung ist oder falls $p < \alpha$ bei Testvariablen mit stetiger Verteilung ist. Sowohl bei der klassischen als auch bei der p-Wert-basierten Testdurchführung wird durch das vorgegebene Signifikanzniveau die Wahrscheinlichkeit für den Fehler 1. Art kontrolliert.

Randomisierte Tests Eine umfassende Klasse von Tests sind *randomisierte Tests*, bei denen der Stichprobenraum in drei disjunkte Teilmengen zerlegt wird: den Annahme-, den Indifferenz- und den Ablehnbereich. Für Stichprobenwerte im *Indifferenzbereich* erfolgt die Ablehnung oder Beibehaltung der Nullhypothese mit Hilfe eines künstlichen Zufallsexperimentes mit zwei Ausgängen. Wir betrachten in diesem Buch nur nicht-randomisierte Tests, die sich als Spezialfall randomisierter Tests ergeben, wenn der Indifferenzbereich leer ist. Randomisierte Tests werden zwar in Darstellungen der mathematischen Statistik bevorzugt (Witting 1985; Lehmann und Romano 2005; Rüger 2002), haben aber für praktische Anwendungen geringe Bedeutung, insbesondere da für eine p-Wert-basierte Testdurchführung ein randomisierter p-Wert verwendet werden muss. Für eine stringente Darstellung der Testtheorie ohne randomisierte Tests verweisen wir auf Casella und Berger (2002).

Konstruktionsverfahren für Tests Spezielle Konstruktionsverfahren für Tests würden den Rahmen dieses Buches sprengen. Für einfache Konstellationen können Tests mit Hilfe von Likelihoodverhältnissen basierend auf dem Neyman-Pearson-Lemma (Casella und Berger 2002, S. 388) konstruiert werden.

Signifikanztest und p-Wert im Sinn von R. A. Fisher Ein Fischerscher Signifikanztest dient der statistischen Überprüfung einer Verteilungshypothese oder -annahme H ohne explizite Spezifikation einer Gegenhypothese. Aus einem beobachteten Wert t der Testvariablen T wird die Menge

$$A(t) \stackrel{\mathrm{def}}{=} \{x \mid f_H(x) \leq f_H(t)\}$$

aller möglichen Werte der Testvariablen bestimmt, deren Likelihood f_H (Dichte- oder Wahrscheinlichkeitsfunktion der Testvariablen T bei Gültigkeit von H) nicht größer als die Likelihood des beobachteten Wertes t ist. Der beobachtete p-Wert im Sinn von Fisher ist die Wahrscheinlichkeit

$$p_F \stackrel{\mathrm{def}}{=} \mathrm{P}_H(T \in A(t)),$$

wobei der Index an der Wahrscheinlichkeit P_H anzeigt, dass diese Wahrscheinlichkeit unter der Verteilungshypothese H berechnet wird. Der Fischersche p-Wert ist ein Bestätigungsmaß für diese Verteilungshypothese H. Kleine p-Werte sprechen eher gegen die Verteilungshypothese H, größere p-Werte sprechen eher für die Verteilungshypothese H. Gibt man sich eine kleine Wahrscheinlichkeit α vor, z. B. $\alpha = 5\,\%$, die in diesem Zusammenhang als Signifikanzniveau bezeichnet wird, so sprechen Beobachtungen, die zu einem p-Wert mit $p_F \leq \alpha$ führen, signifikant gegen die Verteilungshypothese H.

9.6   Stichproben aus endlichen Grundgesamtheiten

Ausgangspunkt ist eine *endliche Grundgesamtheit vom Umfang* $N \in \mathbb{N}$ mit Werten $\xi_1, \dots, \xi_N \in \mathbb{R}$ eines interessierenden Merkmals.

Kennzahlen der Grundgesamtheit Der (arithmetische) *Mittelwert der Grundgesamtheit* (engl: population mean)

$$\mu = \frac{1}{N} \sum_{j=1}^{N} \xi_j \tag{9.27}$$

und die *Varianz der Grundgesamtheit* (engl: population variance)

$$\sigma^2 = \frac{1}{N} \sum_{j=1}^{N} (\xi_j - \mu)^2, \tag{9.28}$$

die auch verkürzend als *Grundgesamtheitsvarianz* bezeichnet wird, sind Kennzahlen der Grundgesamtheit, die typischerweise unbekannt sind.

Wird aus der Grundgesamtheit $\{1, \dots, N\}$ ein Element zufällig so gezogen, dass jedes Element die Ziehungswahrscheinlichkeit $1/N$ hat, dann kann dies durch eine diskrete

Zufallsvariable J mit $P(J = j) = 1/N$ für $j \in \{1, \ldots, N\}$ formalisiert werden. Für die Zufallsvariable $X \stackrel{\text{def}}{=} \xi_J$ gilt dann

$$\mathbb{E}[X] = \sum_{j=1}^{N} P(J = j)\xi_j = \sum_{j=1}^{N} \frac{1}{N}\xi_j = \mu$$

und

$$\mathbb{V}[X] = \sum_{j=1}^{N} P(J = j)(\xi_j - \mu)^2 = \sum_{j=1}^{N} \frac{1}{N}(\xi_j - \mu)^2 = \sigma^2.$$

Die Kennzahlen μ und σ^2 der Grundgesamtheit werden so zu Kennzahlen einer Wahrscheinlichkeitsverteilung und die relative Häufigkeit mit der ein bestimmter Zahlenwert in der Grundgesamtheit vertreten ist, ist bei der zufälligen Ziehung einer Einheit die Wahrscheinlichkeit mit der dieser Zahlenwert beobachtet wird.

Abhängigkeit bei Stichproben aus endlichen Grundgesamtheiten Eine spezielle Abhängigkeit der Stichprobenvariablen entsteht bei einer Stichprobe ohne Zurücklegen aus einer endlichen Grundgesamtheit.

Die beobachteten Stichprobenwerte $x_1, \ldots, x_n \in \mathbb{R}$ sind beobachtete Werte eines Merkmals an den n Elementen einer Stichprobe $s = \{s_1, \ldots, s_n\} \subseteq \{1, \ldots, N\}$, wobei $\{1, \ldots, N\}$ die Menge der Elemente der Grundgesamtheit vom Umfang N bezeichnet.

Beim *Ziehen* einer Stichprobe vom Umfang n *ohne Zurücklegen* aus einer Grundgesamtheit vom Umfang N mit $1 \leq n \leq N$ gibt es insgesamt

$$g = \binom{N}{n} = \frac{N!}{n!(N-n)!}$$

mögliche Stichproben vom Umfang n. Bei einer sogenannten *einfachen Zufallsstichprobe* (engl. simple random sample) haben alle möglichen Stichproben vom Umfang n dieselbe Wahrscheinlichkeit $1/g$ gezogen zu werden. Im Fall $n = N$ handelt es sich um eine *Voll-* oder *Totalerhebung*.

Durch das Ziehungsschema ohne Zurücklegen entsteht ein Zufallsvektor $(X_1, \ldots, X_n)$ von n Stichprobenvariablen, dessen Komponenten nicht stochastisch unabhängig, sondern negativ korreliert mit

$$\mathbb{C}\text{orr}[X_i, X_j] = -\frac{1}{N-1}$$

für $i \neq j$ sind. Je größer der Umfang N der Grundgesamtheit ist, um so weniger ist diese Korrelation von Null verschieden und es gilt

$$\lim_{N \to \infty} -\frac{1}{N-1} = 0.$$

Betrachtet man eine Grundgesamtheit mit reellwertigen Merkmalswerten $\xi_1, \ldots, \xi_N$, dann sind (9.27) und (9.28) der Mittelwert und die Varianz der Grundgesamtheit. Der beobachtete Stichprobenmittelwert $\bar{x}_n$ ist ein Schätzwert für μ. Für den zugehörigen Schätzer $\bar{X}_n = \frac{1}{n} \sum_{i=1}^{n} X_i$ können Erwartungswert, Varianz und Standardabweichung wie folgt angegeben werden:

$$\mathbb{E}[\bar{X}_n] = \mu, \quad \mathbb{V}[\bar{X}_n] = \frac{N-n}{N-1} \frac{\sigma^2}{n}, \quad \sigma[\bar{X}_n] = \sqrt{\frac{N-n}{N-1}} \frac{\sigma}{\sqrt{n}}. \tag{9.29}$$

Bei fixiertem Umfang N der Grundgesamtheit gilt für zunehmenden Stichprobenumfang

$$\mathbb{V}[\bar{X}_1] > \mathbb{V}[\bar{X}_2] > \cdots > \mathbb{V}[\bar{X}_N] = 0.$$

Im Fall $n = N$ ist die gesamte Grundgesamtheit erfasst, so dass $\bar{X}_N$ und μ zusammenfallen. Der *Standardfehler der Mittelwertschätzung*, $\sigma[\bar{X}_n]$ aus (9.29), unterscheidet sich um den Faktor $\sqrt{\frac{N-n}{N-1}}$ vom Standardfehler $\sigma/\sqrt{n}$ aus (9.7) bei einer i. i. d.-Stichprobe. Dieser Faktor wird wegen

$$\lim_{N \to \infty} \sigma[\bar{X}_n] = \lim_{N \to \infty} \sqrt{\frac{N-n}{N-1}} \frac{\sigma}{\sqrt{n}} = \frac{\sigma}{\sqrt{n}}$$

auch *Endlichkeitskorrektur* genannt.

Superpopulationsmodell Im *Superpopulationsmodell* wird vorausgesetzt, dass der Vektor der N Werte $(\xi_1, \ldots, \xi_N) \in \mathbb{R}^N$ in der Untersuchungsgesamtheit als Realisation eines Zufallsvektors $(X_1^*, \ldots, X_N^*)$ aufgefasst wird, dessen Wahrscheinlichkeitsverteilung die Superpopulation definiert (Pokropp (1996, S. 155); Chaudhuri und Stenger (2005, S. 45); Chaudhuri (2014, S. 118)). Die in der Untersuchungsgesamtheit vorliegenden Werte $(\xi_1, \ldots, \xi_N)$, aus denen eine Stichprobe vom Umfang n gezogen wird, charakterisieren damit einen Zustand von vielen möglichen alternativen Zuständen. Wenn die N Zufallsvariablen $X_1^*, \ldots, X_N^*$ als stochastisch unabhängig und identisch verteilt angenommen werden und ein Auswahlverfahren zu einer Teilmenge $\{X_1, \ldots, X_n\}$ von n Zufallsvariablen aus der Menge $\{X_1^*, \ldots, X_N^*\}$ führt, sind auch die $X_1, \ldots, X_n$ i. i. d.-Zufallsvariablen. Die beobachteten Stichprobenwerte $x_1, \ldots, x_n$ werden als Realisationen der $X_1, \ldots, X_n$ i. i. d.-Zufallsvariablen aufgefasst. Wenn es also in einem Anwendungsfall möglich oder beabsichtigt ist, mit der Inferenz über die vorliegende konkrete Untersuchungsgesamtheit hinauszugehen und diese selbst als Stichprobe aus einer Superpopulation aufzufassen, bietet das Superpopulationsmodell die Möglichkeit, den Fall des Ziehens aus einer endlichen Grundgesamtheit auf den Standardfall stochastisch unabhängiger und identisch verteilter Zufallsvariablen zurückzuführen.

Ein anderer Aspekt des Superpopulationsmodell ist, dass die N Werte in der Untersuchungsgesamtheit gedanklich als Teil einer größeren Gesamtheit aufgefasst werden, und mit diesem Konzept asymptotische Untersuchungen für $N \to \infty$ gemacht werden können (Lohr 2010, S. 41 ff.). Wenn man diese Überlegung beim Ziehen ohne Zurücklegen z. B. auf die hypergeometrische Verteilung anwendet, so geht diese für $N \to \infty$ in die Binomialverteilung über.

Literatur

Casella G, Berger RL (2002) Statistical inference, 2. Aufl. Duxbury, Pacific Grove

Chaudhuri A (2014) Modern survey sampling. CRC Press, Boca Raton

Chaudhuri A, Stenger H (2005) Survey sampling: theory and methods, 2. Aufl. Chapman & Hall/CRC, Boca Raton

DasGupta A (2008) Asymptotic theory of statistics and probability. Springer, New York

Karr AF (1993) Probability. Springer, New York

Lehmann EL, Romano JP (2005) Testing statistical hypotheses, 3. Aufl. Springer, New York

Lohr SL (2010) Sampling: design and analysis, 2. Aufl. Brooks/Cole, Boston

Pokropp F (1996) Stichproben - Theorie und Verfahren, 2. Aufl. Oldenbourg, München

Rinne H (2008) Taschenbuch der Statistik, 4. Aufl. Harri Deutsch, Frankfurt a. M

Rüger B (2002) Test- und Schätztheorie, Band II: Statistische Tests. Oldenbourg, München

Shorack GR (2017) Probability for statisticians, 2. Aufl. Springer, Cham

Witting H (1985) Mathematische Statistik I. Parametrische Verfahren bei festem Stichprobenumfang. Teubner, Stuttgart

Stichwortverzeichnis

A

A-posteriori-Verteilung, 209
A-priori-Verteilung, 209
    Jeffreys, 210
Ablehnbereich, 295, 297
Abrundungsfunktion, 261
Alternativhypothese, 294
Annahmebereich, 295
Anzahl
    der Freiheitsgrade. *siehe* Freiheitsgrad
    der Nennerfreiheitsgrade. *siehe*
        Nennerfreiheitsgrad
    der Zählerfreiheitsgrade. *siehe* Zähler-
        freiheitsgrad
Aufrundungsfunktion, 261

B

Backtestingverfahren, 4
bayesianische Schätzung, 209
Behandlungsgruppe, 217
Beobachtungszeitraum
    notwendige Länge des, 146, 201
    Planung der Länge des, 146
Bernoulli-Modell, 12, 189, 191
Bernoulli-Parameter, 10, 270
Bernoulli-Variable, 10
Bernoulli-verteilt, 270
Bernoulli-Verteilung, 270
Betafunktion, 262
betaverteilt, 275
Betaverteilung, 19, 275
Binomialkoeffizient, 261
Binomialtest, 32
binomialverteilt, 271

Binomialverteilung, 13, 271

C

Chancenvariable, 65
Chi-Quadrat-verteilt, 276
Chi-Quadrat-Verteilung, 150, 276

D

Delta-Methode, 289
Delta-Theorem, 288
deskriptive Statistik, 283
Dichtefunktion, 266
Dirac-Verteilung, 270

E

Effektivität, 219, 233
einpunktverteilt, 270
Einpunktverteilung, 10, 270
Eintrittsindikator, 10
Eintrittswahrscheinlichkeit, 4, 9
    kleine, 189
Endlichkeitskorrektur, 300
Ereignis
    ungünstiges, 9
Ereignishäufigkeit
    beobachtete, 143
    zufällige, 144
Ereignisintensität, 6, 144
    kleine, 190
    zeitkonstante, 144
Ereignisrate, 143
    zufällige, 144
Ereignisrisiko, 3

© Springer-Verlag GmbH Deutschland, ein Teil von Springer Nature 2022
S. Höse und S. Huschens, *Ereignisrisiko*,
https://doi.org/10.1007/978-3-662-64691-5

Erwartungstreue, 286
Erwartungswert, 267, 279
Erwartungswertschätzung, 289
exponentialverteilt, 274
Exponentialverteilung, 274
Exzessrisiko, 218

F
F-verteilt, 276
F-Verteilung, 22, 276
Fakultät, 261
Faustregel
    für Normalverteilungsapproximation, 165
Fehler 1. Art, 294
Fehler 2. Art, 294
Fehlerfunktion, 263
Fehlerwahrscheinlichkeit 1. Art, 32, 33, 42,
        58, 160, 295
Fehlerwahrscheinlichkeit 2. Art, 35, 42, 163,
        295
Fraktil. *siehe* *p*-Fraktil
Freiheitsgrad, 276, 277
Funktion
    monoton fallende, 263
    monoton wachsende, 263
    streng monoton fallende, 263
    streng monoton wachsende, 263

G
Gammafunktion, 262, 275–277
    logarithmierte, 262
Gauß-Test, 128
Gaußklammer, 262
Gegenhypothese, 31, 42, 169, 294
Gesetz der großen Zahlen
    schwaches, 289
    starkes, 289
Gewinnvariable, 65
gleichverteilt, 272
Gleichverteilung, 272
Grundgesamtheit, 283
    endliche, 298
    Mittelwert der, 298
    Varianz der, 298
Gütefunktion, 296

H
Häufigkeit
    absolute, 10
    relative, 10
hypergeometrisch verteilt, 272
hypergeometrische Verteilung, 272

I
i. i. d.-Zufallsvariablen, 284
Indifferenzbereich, 297
induktive Statistik, 283
Intensitätsparameter, 272
Intervallschätzung
    frequentistische Interpretation der, 294
Irrtumsniveau, 294
Irrtumswahrscheinlichkeit, 294
    zugelassene, 295

K
Konfidenzgrenze
    obere, 291
    untere, 291
Konfidenzintervall, 16, 79, 147, 293, 294
    einseitig oben begrenztes, 16, 79, 147,
        195, 203, 292
    für das Odds-Verhältnis, 239
    für das Risikoverhältnis, 232
    für die absolute Risikoreduktion, 228
    für die Ereignisintensität, 149, 151,
        154, 203
    für die relative Risikoerhöhung, 233
    für die relative Risikoreduktion, 235
    für die Risikodifferenz, 225
    für eine Eintrittswahrscheinlichkeit
        nach Clopper und Pearson, 18, 20,
        195
    für eine Eintrittswahrscheinlichkeit
        nach Wald, 24
    für eine Überschreitungswahrschein-
        lichkeit, 81, 94, 110
    für eine Unterschreitungswahrschein-
        lichkeit, 83, 97, 111
    Wert eines, 16, 79, 147, 294
    einseitig unten begrenztes, 16, 79, 147,
        292
    für das Odds-Verhältnis, 238
    für das Risikoverhältnis, 231

für die absolute Risikoreduktion, 228
für die Ereignisintensität, 149, 150,
    154
für die relative Risikoerhöhung, 233
für die relative Risikoreduktion, 235
für die Risikodifferenz, 225
für eine Eintrittswahrscheinlichkeit
    nach Clopper und Pearson, 17, 19
für eine Eintrittswahrscheinlichkeit
    nach Wald, 23
für eine Überschreitungswahrschein-
    lichkeit, 80, 93, 109
für eine Unterschreitungswahrschein-
    lichkeit, 83, 96, 111
Wert eines, 16, 79, 147, 294
für das Odds-Verhältnis, 237
für das Risikoverhältnis, 229
für die absolute Risikoreduktion, 227
für die Ereignisintensität, 149, 151, 155
für die relative Risikoerhöhung, 233
für die relative Risikoreduktion, 234
für die Risikodifferenz, 222
für eine Eintrittswahrscheinlichkeit nach
    Clopper und Pearson, 18, 20
für eine Eintrittswahrscheinlichkeit nach
    Wald, 25
für eine Überschreitungswahrscheinlich-
    keit, 81, 95, 110
für eine Unterschreitungswahrscheinlich-
    keit, 83, 97, 112
Wert eines, 16, 79, 147, 294
zentrales, 293
Konfidenzkoeffizient, 291–294
Konfidenzniveau, 16, 79, 147, 291–293
Konfidenzschranke
    obere, 16, 79, 147, 195, 203, 291
        für das Odds-Verhältnis, 239
        für das Risikoverhältnis, 231
        für die absolute Risikoreduktion, 228
        für die Ereignisintensität, 149, 150,
            154, 203
        für die relative Risikoerhöhung, 233
        für die relative Risikoreduktion, 235
        für die Risikodifferenz, 225
        für eine Eintrittswahrscheinlichkeit
            nach Clopper und Pearson, 17, 19,
            195
        für eine Eintrittswahrscheinlichkeit
            nach Wald, 24

für eine Überschreitungswahrschein-
    lichkeit, 81, 94, 109
für eine Unterschreitungswahrschein-
    lichkeit, 83, 96, 111
Wert einer, 16, 79, 147, 211, 294
untere, 16, 79, 147, 291
    für das Odds-Verhältnis, 238
    für das Risikoverhältnis, 231
    für die absolute Risikoreduktion, 228
    für die Ereignisintensität, 148, 150,
        153
    für die relative Risikoerhöhung, 233
    für die relative Risikoreduktion, 234
    für die Risikodifferenz, 224
    für eine Eintrittswahrscheinlichkeit
        nach Clopper und Pearson, 17, 19
    für eine Eintrittswahrscheinlichkeit
        nach Wald, 23
    für eine Überschreitungswahrschein-
        lichkeit, 80, 93, 108
    für eine Unterschreitungswahrschein-
        lichkeit, 82, 96, 111
    Wert einer, 16, 79, 147, 294
Konsistenz, 46, 287
    gewöhnliche, 288
    im quadratischen Mittel, 46, 287, 288
    schwache, 288
    starke, 46, 287, 288
Kontrollgruppe, 217
Konvergenz
    fast sichere, 280
    im quadratischen Mittel, 280
    in Verteilung, 280, 281, 288
    in Wahrscheinlichkeit, 280
Konvergenzarten, 280
Korrelation, 280
Korrelationsmatrix, 280
Kovarianz, 279
Kovarianzmatrix, 280
kritischer Bereich, 295

L
Likelihoodfunktion, 193, 287
    bei Null-Beobachtung
        im Bernoulli-Modell, 194
        im Poisson-Modell, 201
Likelihoodintervall
    bei Null-Beobachtung

im Bernoulli-Modell, 194
im Poisson-Modell, 202
log-normalverteilt, 274
Log-Normalverteilung, 274

M
Macht eines Tests, 296
Machtfunktion, 296
Maximum-Likelihood-Methode, 76
Maximum-Likelihood-Schätzer, 287
Maximum-Likelihood-Schätzwert, 287
Minimax-Schätzer, 208
    eindeutiger, 209
Minimax-Schätzung, 207
Mittelwert
    arithmetischer, 12
mittlerer quadratischer Fehler, 208, 286
MSE-Zerlegung, 286

N
Nennerfreiheitsgrad, 276
Nichtzentralitätsparameter, 107, 277
Niveau-α-Test, 296
normalverteilt, 273
Normalverteilung, 273
    asympotische, 288, 290
Normalverteilungsapproximation, 290
Normalverteilungsmodell, 105
    mit bekanntem Erwartungswert, 89
    mit bekannter Standardabweichung, 76
Null-Beobachtung, 189
Nullhypothese, 31, 42, 294

O
Odds, 218
Odds-Verhältnis, 218, 221
    empirisches, 219

P
p-Fraktil, 269
p-Quantil, 269
p-Wert, 32, 34, 37, 38, 44, 86, 87, 100, 102,
        115, 116, 165, 172, 241, 297, 298
Placebogruppe, 217
Poisson-Approximation, 145
Poisson-Modell, 145, 190, 199

für disjunkte Zeitintervalle, 169
Poisson-Prozess, 170
Poisson-Strom, 170
Poisson-verteilt, 272
Poisson-Verteilung, 144, 145, 272
Punktverteilung, 270

Q
Quadratwurzelfehler, 286
Quantil. *siehe* p-Quantil
Quantilfunktion, 269

R
Realisation, 265
Reliabilitätsfunktion, 71
Risiko, 1
    attribuierbares, 218
    relatives, 218
Risikodifferenz, 218, 221
    empirische, 219
Risikoeinschätzung, 1
Risikoerhöhung, 218
    absolute, 218, 221
    relative, 218, 221, 232
Risikofunktion, 208
Risikomanagement, 1
Risikomaßzahl, 9, 143
Risikomessung, 3
Risikomodellierung, 3
Risikoquantifizierung, 1, 3
Risikoreduktion, 218
    absolute, 219, 221, 226
    relative, 219, 221, 233
Risikosteuerung, 1
Risikovariable, 65
Risikoverhältnis, 218, 221, 229
    empirisches, 219
Rückweisungsbereich, 295

S
Schadenereignis, 9
Schadenvariable, 65
Schadenwahrscheinlichkeit, 218
Schätzer, 285
    erwartungstreuer, 46, 286
    gleichmäßig bester erwartungstreuer, 287

unverzerrter, 286
zulässiger, 209
Schätzfehler
    zufälliger, 286, 288
Schätzfunktion, 285
Schätzwert, 285
    für das Odds-Verhältnis, 236
    für das Risikoverhältnis, 229
    für die absolute Risikoreduktion, 226
    für die Eintrittswahrscheinlichkeit, 12
    für die Ereignisintensität, 145
    für die relative Risikoerhöhung, 232
    für die relative Risikoreduktion, 234
    für die Risikodifferenz, 221
    für die Überschreitungswahrscheinlich-
        keit, 74, 77, 90, 106
    für die Unterschreitungswahrscheinlich-
        keit, 74, 77, 90, 106
Score-Statistik, 39
Signifikanzniveau, 32, 295
    empirisches, 297
Standardabweichung, 268
Standardfehler, 13, 145, 286
    der Erwartungswertschätzung, 289
    der Mittelwertschätzung, 300
    der Schätzung der absoluten Risikoreduk-
        tion, 226
    der Schätzung der Risikodifferenz, 222
    geschätzter, 13, 75, 146
    für das Odds-Verhältnis, 236
    für das Risikoverhältnis, 229
    für die absolute Risikoreduktion, 227
    für die relative Risikoerhöhung, 232
    für die relative Risikoreduktion, 234
    für die Risikodifferenz, 222
standardnormalverteilt, 273
Standardnormalverteilung, 273
    Dichtefunktion der, 273
    Verteilungsfunktion der, 263, 273
Stichprobe, 283
    i. i. d.-, 12, 284
    mathematische, 284
Stichprobenfehler
    zufälliger, 286
Stichprobenfunktion, 284
Stichprobenmittelwert, 284
Stichprobenmodell, 11, 284
    für zwei unabhängige Zufallsstichproben,
        220

verteilungsfreies, 73
Stichprobenraum, 295
Stichprobenumfang, 11, 283
    Faustregel für den, 37
    notwendiger, 14, 15, 27, 193
    Planung des, 14, 27
Stichprobenvariablen, 11, 284
Stichprobenvarianz, 284
Stichprobenwerte, 11, 283
stochastische Unabhängigkeit, 279
Superpopulationsmodell, 300

T
t-verteilt, 277
    nichtzentral, 277
t-Verteilung, 277
    nichtzentrale, 107, 277
Test
    für den Vergleich von zwei Schadenwahr-
        scheinlichkeiten, 240
    für ein Odds-Verhältnis, 243
    für ein Risikoverhältnis, 243
    für eine absolute Risikoreduktion, 243
    für eine Eintrittswahrscheinlichkeit
        approximativer, 36
        exakter, 32, 197
    für eine Ereignisintensität
        approximativer, 164
        exakter, 159, 205
    für eine relative Risikoerhöhung, 243
    für eine relative Risikoreduktion, 243
    für eine Risikodifferenz, 240, 243
    für eine Überschreitungswahrscheinlich-
        keit, 85, 99, 114
    für eine Unterschreitungswahrscheinlich-
        keit, 87, 101, 116
    für einen Anteilswert, 32
    gleichmäßig bester, 297
    konservativer, 296
    mit Umfang α, 296
    randomisierter, 297
    statistischer, 4
    strikt unverfälschter, 296
    unverfälschter, 296
    unverzerrter, 296
    zum Niveau α, 296
Testdurchführung

klassische, 31, 32, 36, 86, 87, 100, 101,
    115, 116, 160, 164, 240, 297
p-Wert-basierte, 32, 34, 37, 86, 87, 100,
    102, 115, 116, 162, 165, 241, 297
Testfunktion, 296
Testgröße, 32, 296
Testvariable, 296
Totalerhebung, 299

U
Überdeckungswahrscheinlichkeit, 291–294
Überlebensfunktion, 71, 265
Überschreitungshäufigkeit
    absolute, 71
    relative, 72
Überschreitungswahrscheinlichkeit, 5, 65, 66
Umfang der Stichprobe, 283
Umfang eines Tests, 296
Umfang-α-Test, 296
Unterschreitungshäufigkeit
    absolute, 72
    relative, 72
Unterschreitungswahrscheinlichkeit, 5, 65,
    66
Untersuchungsgruppe, 217

V
Varianz, 268
Varianz-Kovarianzmatrix, 280
Verlustfunktion, 207
    gewichtete quadratische, 209
    quadratische, 208
Verlustvariable, 65
Verschiebungsdarstellung der Varianz, 283
Verteilung, 266, 279
    degenerierte, 270

seltener Ereignisse, 145
Verteilungsfunktion, 265, 279
Verteilungsmodell
    nichtparametrisches, 285
    parametrisches, 285
Verumgruppe, 217
Verwerfungsbereich, 295
Verzerrung, 286
Volatilität, 78
Vollerhebung, 299

W
Wahrscheinlichkeitsfunktion, 266
Wahrscheinlichkeitsintegraltransformation,
    278
Wahrscheinlichkeitsverteilung, 266, 279
Wald-Approximation, 23, 288, 290
Weibull-verteilt, 275
Weibull-Verteilung, 275
Wirksamkeit, 219, 233

Z
Zählerfreiheitsgrad, 276
Ziehungsschema
    mit Zurücklegen, 284
    ohne Zurücklegen, 299
Zufallsstichprobe
    einfache, 299
    einfache ohne Zurücklegen, 299
Zufallsvariable, 265
    diskrete, 266
    erweiterte, 249, 267
    gemischte, 266
    stetige, 266
Zufallsvektor, 278

 **Springer**

springer.com

Willkommen zu den Springer Alerts

Unser Neuerscheinungs-Service für Sie:
aktuell | kostenlos | passgenau | flexibel

Mit dem Springer Alert-Service informieren wir Sie individuell und kostenlos über aktuelle Entwicklungen in Ihren Fachgebieten.

Jetzt anmelden!

Abonnieren Sie unseren Service und erhalten Sie per E-Mail frühzeitig Meldungen zu neuen Zeitschrifteninhalten, bevorstehenden Buchveröffentlichungen und speziellen Angeboten.

Sie können Ihr Springer Alerts-Profil individuell an Ihre Bedürfnisse anpassen. Wählen Sie aus über 500 Fachgebieten Ihre Interessensgebiete aus.

Bleiben Sie informiert mit den Springer Alerts.

Mehr Infos unter: springer.com/alert

Part of **SPRINGER NATURE**

Printed in the United States
by Baker & Taylor Publisher Services